"十二五"普通高等教育本科国家级规划教材配套辅导

国家工科物理教学基地　国家级精品课程使用教材配套辅导

大学物理
解题方法与技巧 第四版

胡盘新　主编

上海交通大学出版社
SHANGHAI JIAO TONG UNIVERSITY PRESS

内容提要

本书系作者根据长期教学经验,并参考国内外有关资料,把大学物理中常用的解题方法加以归纳总结而编写。全书由"总论"和"解题方法与技巧"组成。前者介绍了常用的各种解题方法,并举例说明;后者根据当前通用教材的结构,按章给出了每章的基本概念、基本规律、习题分类、解题方法和示例。全书精选了典型例题 200 多题,每题都附有解题思路和方法的详尽分析。

本书可供各高等学校讲授和学习大学物理的师生参考,也可作为读者自学时的辅助读物。

图书在版编目(CIP)数据

大学物理解题方法与技巧/ 胡盘新主编. —4 版
.—上海:上海交通大学出版社,2024.1
ISBN 978 - 7 - 313 - 29987 - 1

Ⅰ.①大… Ⅱ.①胡… Ⅲ.①物理学-高等学校-题解 Ⅳ.①04 - 44

中国国家版本馆 CIP 数据核字(2023)第 251560 号

大学物理解题方法与技巧(第四版)

DAXUE WULI JIETI FANGFA YU JIQIAO(DISIBAN)

主　　编:胡盘新

出版发行:上海交通大学出版社		地　　址:上海市番禺路 951 号
邮政编码:200030		电　　话:021 - 64071208
印　　制:常熟市文化印刷有限公司		经　　销:全国新华书店
开　　本:710 mm×1000 mm　1/16		印　　张:24.5
字　　数:460 千字		
版　　次:2004 年 8 月第 1 版　2024 年 1 月第 4 版		印　　次:2024 年 1 月第 8 次印刷
书　　号:ISBN 978 - 7 - 313 - 29987 - 1		
定　　价:49.00 元		

要勤奋地做练习，只有这样，你才会发现，哪些你理解了，哪些你还没有理解。

A·索末菲写信告诫他的学生海森堡

第四版前言

岁月匆匆,本书出版至今已经历了 20 个年头,现应读者的建议、出版社的要求,重新加以修订。本次修订主要包括以下各方面。

(1)在解题方法中增加了量纲法和计算机作图法。

(2)解题方法中所举的例题与教学进度不符,现一并移至有关章节,在此仅作文字说明。

(3)各章所选的例题尽量与一般的教材有所区别,避免重复。

(4)精选例题,把例题分为一般的和较难的两类,后者用 * 号标记。

(5)几何光学在教育部高等学校物理学与天文学教学指导委员会编写的《理工科类大学物理课程教学基本要求》中列为 A 类内容,故补充了这一章。

本书的例题选自国内外教材及相关资料,谨在此向相关作者表示衷心感谢。由于编者年事已高,疏漏之处难免,恳请读者不吝纠正。

编 者

2022 年

时年 95

前　言

　　"物理题目难做"，这是编者经常听到的一种感叹。有的读者做了不少题目，可是一遇到新问题，却又束手无策。究其原因，是要明确做题的目的。有的读者认为学物理就是解物理习题，有的甚至对教材内容不加复习，对基本概念和基本规律不甚理解，就一头扎在题目堆里，乱套公式，拼凑答案。

　　我们应该明确，做习题主要是检查自己对基本概念和基本规律掌握的情况，也可以启发自己将已学的理论用于分析和解决实际问题。所以做习题必须把阅读和钻研教材内容放在首位，不能颠倒顺序，不分主次。接下来是要掌握正确解题方法。针对不同的问题，要采用不同的解题方法，包括思维方法和数学方法。不得其法，则事倍功半。编者有鉴于此，根据多年来积累的教学经验，并参考国内外有关资料，把大学物理中常用的解题方法加以归纳总结，撰写成本书，希望能帮助广大读者掌握物理解题方法，启迪思维，提高分析问题和求解问题的能力。

　　本书分为两部分，第一部分是总论，介绍大学物理中常用的解题方法，对每种解题方法都举例加以说明。第二部分是针对物理学中各种运动形式的特点，分章讨论。为了使读者方便和节省解题时间，所以在每章开头均列出本章的基本概念和基本规律，对一些基本公式一般不作详细说明。然后将每章的习题加以分类，对各类问题的解题方法作不同的介绍，并举例说明之。本书共精选典型例题 200多题。

　　本书由胡盘新教授主编，参加编写的有杨绮娟、胡彬、景浩旻、董英瀚等老师。在本书的编写和出版过程中，得到了上海交通大学出版社的大力支持和帮助，在此表示深切感谢。

　　由于编者水平所限，书中有不当和错误之处，恳请专家和读者批评指正。

编　者

2004 年 6 月于上海交大

目　　录

总　　论

0.1　解题的目的

在大学物理教学过程中,做习题是一个很重要的环节。著名理论物理学家索末菲(A. Sommerfeld)曾写信告诫他的学生海森堡(W. K. Heisenberg,理论物理学家,量子力学的创建者,诺贝尔物理学奖获得者):"要勤奋地去做练习,只有这样,你才会发现,哪些你理解了,哪些你还没有理解。"由此可见,做习题的目的主要是:通过做题可以及时地发现自己对物理学的基本概念、基本原理和基本规律在理解上和应用上存在的问题,从而达到巩固所学的知识,加深对教学内容的理解。

不仅如此,解题的过程,也就是使用所掌握的知识进行分析、判断和逻辑思维的过程。根据题中所给的条件和物理现象之间相互联系的规律,经过分析,找出正确的解题线索。所以解题还可以培养分析问题和解决问题的能力。

在解题的过程中,还可以养成正确的思维习惯和良好的工作习惯。所谓思维习惯,就是指独立思考、善于估计、周到全面、有条有理、步步有据等。所谓工作习惯,就是指顽强、细心、认真、负责等。

要做适当数量的习题,并不是说做得愈多愈好,而是重在分析,务求透彻,讲究质量,提炼出解题规律和解题技巧,启迪思维,打开思路,做到举一反三,触类旁通,这是培养和提高解题能力的关键。

"大学物理"研究的运动形式是多种多样的,有机械运动、分子热运动、电磁运动以及微观粒子的运动等。各种运动形式都具有特殊性又有交互性,因此大学物理中的问题就显得比较复杂,给读者解题带来了困难。为此,编者根据长期教学经验,并参考国内外有关资料,把大学物理中常用的解题方法从数学方法和思维方法上加以归纳总结,并针对各种运动形式的特点,对解题方法作出分章讨论,期冀能帮助读者掌握解题方法,启迪思维,提高分析问题的能力。当然,这些解题方法尚不可能归纳得齐全完备,可能挂一漏万,期盼以后再逐步完善。

0.2　解题的要求和建议

为了帮助读者顺利地解物理题,提出一些要求和建议,供参考。

1. 认真复习

做题前必须认真复习教学内容,认真钻研和理解其内容,掌握其科学规律。必须纠正先做题后看书的颠倒顺序以及死记硬背、乱套公式的错误做法。只有在认真复习的基础上做题,才能取得"事半功倍"的学习效果。

2. 仔细审题

做题时一定要仔细审题,真正理解题意,简要写出该题的已知条件和待求的物理量。根据题意,画出必要的示意图,这样有助于梳理解题的思路。

3. 寻找规律

抓住问题的本质,找出解题的正确途径和适合本题的全部物理规律。注意弄清所用公式或定律的物理本质、适用范围和成立条件。有时一道题往往可用不同的物理规律来求解,解题后则要加以比较其简繁。

4. 列式求解

解题时,一般先求文字解,在对文字解做量纲检查及合理性分析后(如果文字解比较简明,量纲分析可省略),再代入数据,计算出数值结果。这样做便于检查计算结果是否正确。个别情况,如电路的计算、文字解比较复杂,则另行推证。

5. 讨论结果

对结果进行必要的讨论,常常可以加深对问题的理解,收到举一反三的效果。有的还需对结果的合理性进行讨论。

以上建议也是解题的一般顺序。只有坚持高标准、严要求,认真做好每一道题,才能培养出严谨的科学作风和素质。

0.3　解题示例

下面举例说明解题的一般步骤,以此作为示范,供读者参考。

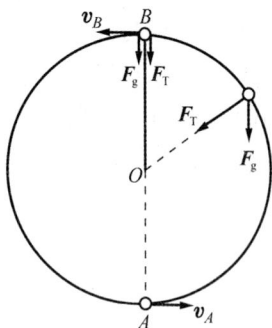

图 0-1

示例　一质量 $m = 2.0\,\text{kg}$ 的装满水的水桶,拎手上拴有绳子,手抓住绳子的一端,使水桶在铅直面内做圆周运动,其圆半径 $R = 0.80\,\text{m}$。欲使水桶在最高点时不会掉下,问水桶在最低点时速率的最小值应为多少?

解　(1)审清题意。

题中要求水桶在圆轨道的最高点时不会掉下,计算水桶在最低点时的最小速率。

(2)分析运动及受力情况。

以水桶为研究对象,它受到重力 $\boldsymbol{F}_\text{g}$ 和绳子的拉力 $\boldsymbol{F}_\text{T}$,$\boldsymbol{F}_\text{T}$ 恒与运动方向垂直,画出受力图(见图 0-1)。由

于合力的大小和方向时刻在变化，所以水桶在铅直面内做变速率圆周运动。

水桶在最高点时，$\boldsymbol{F}_g$ 和 $\boldsymbol{F}_T$ 两力的方向都是垂直向下，所以只有法向加速度，其大小 $a_n = \dfrac{v_B^2}{R}$。

（3）列式求解。

将水桶视为质点，根据牛顿运动定律，水桶在最高点的运动方程为

$$\boldsymbol{F}_g + \boldsymbol{F}_T = m\boldsymbol{a}_n$$

代入得
$$mg + \boldsymbol{F}_T = m\frac{v_B^2}{R} \qquad\qquad ①$$

由于水桶在最高点 B 处的速率 v_B 是未知的，而题中要求的是水桶在最低点 A 处的最小速率 $v_{A\min}$，所以尚需在 A、B 两点间找出它们的运动规律。

根据水桶的受力情况，重力是保守力，对于水桶和地球系统来说，水桶具有重力势能，而绳子的拉力处处与运动方向垂直，所以在运动过程中，拉力不做功，符合机械能守恒定律。如取水桶在最低点处为势能零点，则得

$$\frac{1}{2}mv_A^2 = \frac{1}{2}mv_B^2 + mg(2R) \qquad\qquad ②$$

由式①和式②可解得

$$F_T = m\frac{v_B^2}{R} - mg = m\frac{v_A^2}{R} - 5mg$$

$$= \frac{m}{R}(v_A^2 - 5Rg) \qquad\qquad ③$$

欲使水桶在最高点时不掉下，且在最低点时速率最小，必须满足 $F_T = 0$，于是

$$v_{A\min} = \sqrt{5Rg}$$

经量纲法检查等式右边的量纲为 $[L]^{1/2}[LT^{-2}]^{1/2} = [LT^{-1}]^{1/2}$ 与左边的速度量纲相符。最后代入数据，得

$$v_{A\min} = \sqrt{5 \times 0.80 \times 9.8}\ \text{m/s} = 6.3\ \text{m/s}$$

（4）讨论。

由式③可以知道，绳子的拉力 $\boldsymbol{F}_T$ 不能小于零。所以，当 $\boldsymbol{F}_T \geq 0$，即要求 $v_A^2 - 5Rg \geq 0$，或 $v_A \geq \sqrt{5Rg}$ 时，水桶都能通过最高点而不掉下来。如果 $v_A < \sqrt{5Rg}$，那么水桶尚未到达最高点时，绳子的拉力已为零，此时水桶仅受重力的作用，但它具有沿圆轨道的速度，所以它将做斜抛运动。

0.4   大学物理中常用的解题方法

0.4.1   建模法

物理建模方法是物理学的基本研究方法之一。由于物理问题一般是复杂的,因此处理问题时,常突出主要矛盾,暂时略去一些次要因素,把实际问题抽象成一个理想模型,如质点、刚体、理想气体、点电荷等都是理想化模型。大学物理习题,一般都作了简化,但读者在解答问题时,必须自问一下,它忽略了哪些因素,如果考虑了这些因素,将得到怎样的结果。

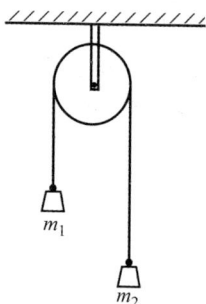

图 0-2

如图 0-2 所示的阿特武德机,这是大家熟悉的力学题目,可是题中忽略了很多因素。例如,绳子的质量不计。如果考虑了绳子的质量,那么绳子中的张力处处不同,绳子对两物体的拉力也不同。假设绳子是不能伸长的,那么较重的物体下降的距离等于较轻的物体上升的距离,即两物体的加速度大小相同。滑轮的质量不计,否则滑轮将做转动,滑轮两侧绳的拉力也不相等。绳与滑轮间的摩擦不计,因如有了摩擦,则通过摩擦将带动滑轮转动;且如有摩擦,滑轮两侧绳的拉力也不相等。除了以上忽略因素外,还有绳子与滑轮间没有相对滑动,轮轴上的摩擦忽略不计,等等。经过这样的处理,才把一个复杂的问题简化为简单的质点动力学问题,应用牛顿运动定律就可以求出物体的运动加速度和绳子的张力。

又如,计算单摆做简谐运动的周期时,单摆也是做了简化的理想模型。实际的单摆,摆球总有一定的大小,摆线也有一定的质量,且会伸长。因此,单摆做小角度振动时,才是简谐运动。如果不加以简化,单摆的周期将是如何,读者可参看第 7 章例 7-8。

对于复杂问题,读者可以自行加以简化,得到结果后再把简化的条件一个一个加上去进行研究,这对能力的培养大有裨益。

0.4.2   矢量法

物理学中,很多物理量既有大小,又有方向,常用矢量表示,如位移、速度、加速度、力、动量、冲量、角动量、力矩、电场强度、磁感应强度、电流密度等。无论计算力学问题还是电磁学问题,画出相关物理量的矢量图非常必要。例如在计算力学问题时,应画出物体的受力图,正确的受力图为解决问题打下了基础。又如,计算相对运动问题时,画出相关物理量的矢量图,它们之间的关系一目了然,问题就可以迎刃而解。

在矢量运算时,常会遇到矢量的加减法、矢量的乘法(两个矢量的点积和叉积),还有旋转矢量法等。

1. 矢量的加减法

矢量加减法的处理方法有二:一是几何法,即两个矢量合成的平行四边形法则或三角形法则;另一是解析法,即把每一个矢量分解为分矢量,一般按平面直角坐标系分成分矢量,将各矢量的 x 轴分量相加,各矢量的 y 轴分量相加,然后再进行合成。有时也按平面极坐标系分成 r 和 θ 方向的分矢量。这个方法也称矢量的分解合成法。

2. 矢量的乘法

两个矢量相乘,有两种结果,其结果是标量的称为标积(或称点积),如计算功、势能、电势、电磁能量、电通量、磁通量以及电场强度环流、磁感应强度环流等,都要用到矢量的标积。两矢量的标积表示为 $\boldsymbol{A} \cdot \boldsymbol{B}$,其大小为 $|\boldsymbol{A} \cdot \boldsymbol{B}| = AB \cos \theta$。另一结果是矢量的称为矢积(或称叉积),如计算力矩、角动量、磁感应强度、安培力、洛伦兹力以及电磁辐射强度等都要用到矢量的矢积。两矢量的矢积表示为 $\boldsymbol{A} \times \boldsymbol{B}$,其大小为 $|\boldsymbol{A} \times \boldsymbol{B}| = AB \sin \varphi$,方向由 $\boldsymbol{A}$ 转向 $\boldsymbol{B}$,按右螺旋法则确定。

有时还利用两个矢量的标积 $\boldsymbol{A} \cdot \boldsymbol{B} = 0$,证明这两个矢量相互垂直。请参看第 1 章例 1-2 等。

3. 旋转矢量法

物理中有些物理量随着时间按余弦或正弦规律变化的,如简谐运动中位移、交流电路中的电压和电流、波动光学的光矢量等。在处理这些量时,引入它们的旋转矢量作为辅助工具,就显得比较简便。例如一物体在 x 轴上做简谐运动,在不同时刻物体所处的位置,如用振幅旋转矢量表示(见图 0-3),则它们之间的相位关系显而易见。在计算振动合成问题时,利用振幅旋转矢量法尤为方便。

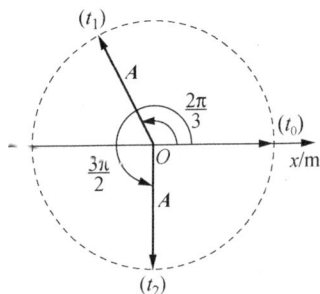

图 0-3

0.4.3　求导法

中学物理中所讨论的物理量大多是均匀变化的,而大学物理中所讨论的物理量一般都是非均匀变化的,因而需用求导数方法来解决这类问题。利用求导法可以计算物体运动的速度、加速度、角速度、角加速度以及利用电势梯度可以计算电场强度等。除此以外,还可以利用求导法计算物理中的极值问题。例如,已知一质

点沿 x 轴做直线运动的运动学方程 $x(t)$,则根据求导法得到 $v = \dfrac{\mathrm{d}x}{\mathrm{d}t}$,加速度为 $\dfrac{\mathrm{d}^2 x}{\mathrm{d}t^2}$。又如,已知某电场在平面上的电势函数,$V(x, y)$,根据求导法可以得到

$$E_x = -\frac{\partial V}{\partial x}, \quad E_y = -\frac{\partial V}{\partial y}$$

于是电场强度为

$$E = \sqrt{E_x^2 + E_y^2}$$

方向为与 x 轴成角

$$\theta = \arctan \frac{E_y}{E_x}$$

关于求极值问题,可参看第 2 章例 2-1。

0.4.4 积分法

在物理学中,很多物理量是变化的或不均匀的,例如变速运动中的速度、加速度,物体受变力的作用,载流导线在非均匀磁场中等。因此,要计算这类问题,必须要用到积分法。

例如,已知一质点在 Ox 轴上做加速运动,其加速度 a 是时间 t 或速度 v 等函数关系,根据加速度的定义及初始条件,利用积分法就可以得质点在任一时刻的速度和运动学方程。在讨论连续体的物理性质时,如计算物体的质心、转动惯量,带电体激发的电场等,都要选取积分元,然后积分,这类问题在大学物理中经常遇到,如质元、电荷元、电流元等,其计算步骤在这里稍作详细介绍。所以,积分法在大学物理中是一个很重要的、很有用的数学工具。

(1)选取积分元。

根据问题的性质,建立坐标系,选取积分元(如质量元 $\mathrm{d}m$,电荷元 $\mathrm{d}q$,电流元 $I\mathrm{d}l$ 等),并图示有关各量。

(2)列出关系式。

根据基本公式列出积分元的待求量的关系式(如转动惯量 $\mathrm{d}I$,电场强度 $\mathrm{d}\boldsymbol{E}$,磁感应强度 $\mathrm{d}\boldsymbol{B}$,安培力 $\mathrm{d}\boldsymbol{F}$ 等)。

(3)统一变量,确定积分上下限。

寻找几何关系,列出变量关系式,把多变量关系式化为独立变量关系式。如待求量是矢量,还需列出其分量式,即把矢量积分化为分量积分,然后确定积分上

下限。

（4）积分求解。

如待求量是矢量，不仅要计算其量值，还要计算其方向。

在选取积分元时，除选取线元外，还可以选取面元和体元。例如计算质量均匀分布的半圆形薄板的质心时，可采用如图 0-4(a) 所示的面元。在计算球体的物理性质时，可选取半径为 r、宽为 dy 的薄板作为体积元，如图 0-4(b) 所示。

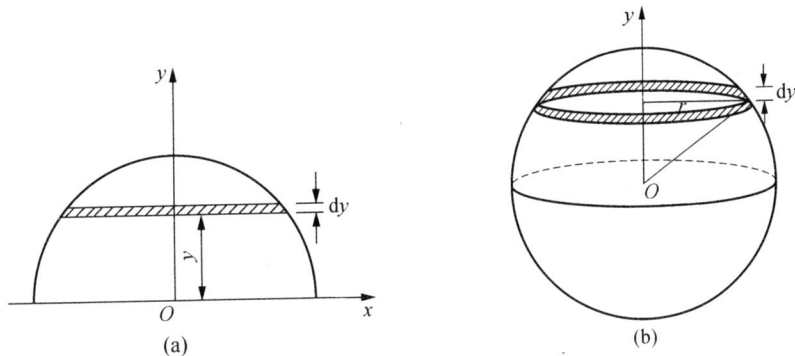

图 0-4

0.4.5　建立微分方程求解法

大学物理用到的数学知识，除求导数和积分外，还有求解微分方程。例如物体做阻尼振动时，物体除受到弹性力作用外，还受到与速度成正比的阻力（$\boldsymbol{F} = -\gamma \boldsymbol{v}$），它的运动方程为

$$m \frac{\mathrm{d}^2 x}{\mathrm{d} t^2} = -kx - \gamma v$$

变形上式改写为

$$\frac{\mathrm{d}^2 x}{\mathrm{d} t^2} + 2\beta \frac{\mathrm{d} x}{\mathrm{d} t} + \omega^2 x = 0$$

这就是常系数二阶线性微分方程。

0.4.6　图解法

物理量之间的函数关系，除了可用公式表示外，还常用图示的方法来表示，如 s-t 图，v-t 图，p-V 图，电场强度和电势的分布图，磁感应强度的分布图等。它们比较直观，有助于分析问题。

例如一辆汽车沿着笔直的公路行驶,速度和时间的关系如图 0 - 5 中的折线 *OABCDEF* 所示。

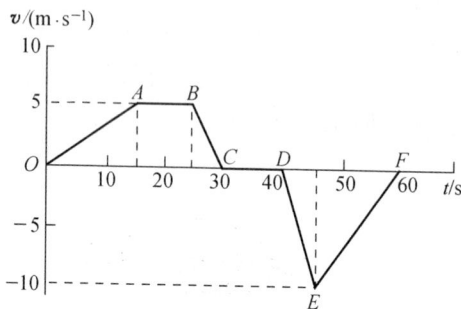

图 0 - 5

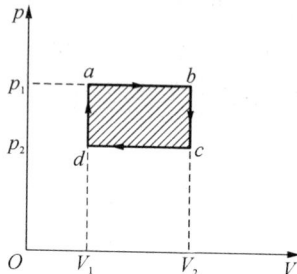

图 0 - 6

由图可知,路程＝梯形 *OABC* 面积加三角形 *DEF* 面积:

$$S = |S_{OABC}| + |S_{DEF}|$$

位移　　　　　　　$$\Delta x = |S_{OABC}| - |S_{DEF}| = 0$$

又如一定量的气体经历如图 0 - 6 所示的循环过程 *abcda*,按热力学中气体做功的定义,该气体进行一次循环所做的功就等于它所包围的面积。

利用作图法计算,得到结果比较便捷。

0.4.7　估算法

在研究物理问题时,常会遇到有些问题没有直接的关系式可以应用,必须首先建立物理模型,然后根据相关的理论进行估算,得到近似的结果。

例如估算地球大气的温度随高度下降的递减率。我们首先建立地球大气的简单模型。地球大气最下层里频繁地进行着垂直方向上的对流,较暖的气体缓慢上升,气体的压强随之逐渐减小。因气流上升缓慢,过程可视为准静态的;又因为干燥空气导热性能较差,过程又可视为绝热的。所以地球大气可视为气团绝热上升模型。如取 z 轴竖直向上,考虑高度从 z 到 $z + dz$ 的一层大气。在单位面积上,它的下部受到向上的压强 p,上部受到向下的压强 $p + dp$,两者之差应与这层大气的重力 $\rho g\,dz$ 平衡,经过运算,可得 $\dfrac{dT}{dz}$ 的关系式,有

$$\frac{dT}{dz} = -\frac{\gamma - 1}{\gamma}\frac{\overline{M}g}{R}$$

对于空气,平均摩尔质量 $\overline{M} = 0.029\ \mathrm{kg/mol}$, $\gamma = 7/5$(常温下双原子分子气体),得大气随高度的温度递减率

$$\frac{\mathrm{d}T}{\mathrm{d}z} = -9.8\ \mathrm{K/km}$$

0.4.8 近似计算法

有些问题在计算过程中,得到的函数关系比较复杂,处理比较困难,一般根据条件将函数关系用级数展开,取其第一、二项,然后进行计算,这样可得到简化。

例如,单摆振动时的回复力为 $mg\sin\theta$,当小角度振动时,以 $\sin\theta \approx \theta$ 来处理。如要进一步修正,可把 $\sin\theta$ 按幂级数展开,即

$$\sin\theta = \theta - \frac{1}{3!}\theta^3 + \frac{1}{5!}\theta^5 - \cdots$$

对于最低级修正,取最先两项,于是,摆球的运动方程为

$$-mg\left(\theta - \frac{1}{3!}\theta^3\right) = m\frac{\mathrm{d}^2\theta}{\mathrm{d}t^2}$$

解此方程可得

$$T = 2\pi\sqrt{\frac{l}{g}}\left(1 + \frac{1}{16}\theta^2\right)$$

0.4.9 求平均值法

下面举例说明求平均值问题的解法。

根据平均值的定义有

$$\bar{y} = \frac{1}{(a-b)}\int_a^b f(x)\mathrm{d}x$$

即某物理量 $y = f(x)$ 对 x 的平均值 $\bar{y}$ 等于 $y = f(x)$ 的定积分与区间宽度的商。

例如在一纯电阻的交流电路中通过的电流

$$i = i(t) = I_\mathrm{m}\sin\omega t$$

计算平均功率。由于通过电阻的电流 i 不是常量,所以它所做的功也不是均匀分布的,所以采用积分法。考虑在 $t \to t + \mathrm{d}t$ 时间内,电流可视为不变的,电流所做的元功

$$dW = i^2 R \, dt$$

则在一个周期内电流的平均功率为 $P = \dfrac{1}{T} \displaystyle\int_0^T dW$

0.4.10　补偿法

　　有些物体被挖去一块,要计算这种空心物体的某些物理量,如质心、转动惯量、电场强度、磁感应强度等,可以设想把具有正、负物理性质的物体补在挖去的部分,这样就形成一个完整的物体和带异号性质的补回的小物体,分别计算这两个物体的待求物理量,然后进行叠加,这种方法称为补偿法。

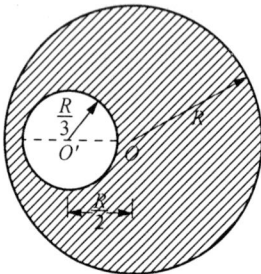

　　例如,半径为 R 的均匀薄圆盘,挖去一小圆孔,如图 0-7 所示,计算剩余部分对于过圆盘中心且与圆盘垂直的轴线的转动惯量时,设想在挖去部分填上同样材料的具有正、负质量的两个小圆盘,这样就成为完整的薄圆盘及有负质量的小圆盘这样两个圆盘。这就是补偿法,也称负质量法。这个方法很巧妙,也很实用。请参看第 5 章例 5-2。

图 0-7

0.4.11　类比法

　　类比法也是物理学中常用的方法,一是把已知的关系式或求出的关系式与标准式比较,确定有关的物理量或确定运动的性质,这在振动和波动问题中用得较多。另外对相关的内容进行比较,如质点平移与刚体转动的比较、机械振动与电磁振荡的比较、电场与磁场的比较等。

　　例如阻尼机械振动的微分方程为

$$m \frac{d^2 x}{dt^2} = -\gamma \frac{dx}{dt} - kx$$

其振动频率为

$$\nu = \frac{1}{2\pi} \sqrt{\frac{k}{m} - \left(\frac{\gamma}{2m}\right)^2}$$

相应地,阻尼电磁振荡的微分方程为

$$L \frac{d^2 q}{dt^2} = -R \frac{dq}{dt} - \frac{1}{C} q$$

其振动频率为

$$\nu = \frac{1}{2\pi}\sqrt{\frac{1}{LC} - \left(\frac{R}{2L}\right)^2}$$

0.4.12　反证法

反证法也是物理中常用的方法之一。例如："在导体达到静电平衡时,导体内部处处没有净电荷,电荷只分布在导体的外表面上。"这样的命题无法直接证明,只能用反证法,假设导体内部有净电荷,必得出谬误的结论。反证法是逻辑论证方法。

例如证明一条等温线与一条绝热线不能有两个交点。

假设一条等温线 acb 与一条绝热线 adb 相交于 a, b 两点,如图 0-8 所示。这样构成一循环过程 $acbda$,而这一循环过程仅在等温过程时吸热,而绝热过程无热量交换,即只有一个热源并对外做功,这种单热源的循环违背热力学第二定律——"不可能制成一种循环动作的热机,只从一个热源吸取热量,使之全部变为有用的功,而其他物体不发生任何变化。"因此上述假设必不成立。即一条等温线与一条绝热线必不可能有两个交点。

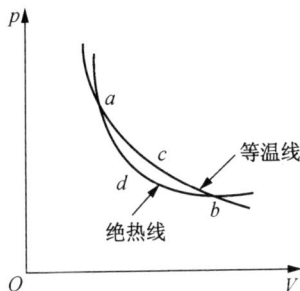

图 0-8

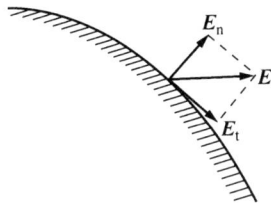

图 0-9

又如,证明导体在静电平衡状态时,导体表面的电场强度必垂直于导体表面。论证这个命题也只能用反证法。假设导体表面的电场强度与表面不垂直(见图 0-9),那么,电场强度将有沿表面的切向分量 E_t,则该电场强度的分量将使分布在表面上的电荷沿表面运动,从而破坏了静电平衡状态。所以,在静电平衡时,导体表面的电场强度必垂直于导体表面。

0.4.13　量纲法

为了给出导出量与基本量的关系,常用量纲来表示。力学中的量纲是 L、M、

T,例如,力的量纲式

$$\dim F = MLT^{-2}$$

量纲式可用来检验公式及计算中的文字式是否正确,例如复摆振动的周期公式,曾记得 $T = \sqrt{\dfrac{mga}{J}}$,其中,g 的量纲是 LT^{-2},a 的量纲是 L,转动惯量 J 的量纲是 ML^2,这样周期公式右边的量纲是

$$[MLT^{-2}LM^{-1}L^{-2}]^{1/2} = T^{-1}$$

显然,公式记错了!

0.4.14 计算机作图法

在计算问题时,有时可能出现非线性方程或超越方程,一般无法得到结果,这时可用计算机作图法进行求解,请参看第 1 章例 1-13。

第1章 质点运动学

1.1 基本概念和基本规律

1. 参考系

描述物体的机械运动时被选作参考的其他物体,称为参考系。

2. 位矢和运动学方程

质点在空间的位置可以用由坐标原点到质点所在位置的矢量 r 来表示,此矢量 r 称为质点的位矢(即位置矢量)。

质点的位置随时间变化的函数式,称为质点的运动学方程,可表示为

$$r = r(t)$$

在直角坐标系中

$$r(t) = x(t)i + y(t)j + z(t)k$$

在平面极坐标系中

$$r(t) = r(t)e_r(t)$$

即

$$\begin{cases} r = r(t) \\ \theta = \theta(t) \end{cases}$$

3. 位移、速度和加速度

位移:

$$\Delta r = r(t + \Delta t) - r(t)$$

速度:

$$v = \frac{\mathrm{d}r}{\mathrm{d}t}$$

加速度:

$$a = \frac{\mathrm{d}v}{\mathrm{d}t} = \frac{\mathrm{d}^2 r}{\mathrm{d}t^2}$$

在直角坐标系中

$$\Delta r = \Delta x\, i + \Delta y\, j + \Delta z\, k$$

$$v = v_x i + v_y j + v_z k = \frac{\mathrm{d}x}{\mathrm{d}t}i + \frac{\mathrm{d}y}{\mathrm{d}t}j + \frac{\mathrm{d}z}{\mathrm{d}t}k$$

$$a = a_x \boldsymbol{i} + a_y \boldsymbol{j} + a_z \boldsymbol{k} = \frac{\mathrm{d}^2 x}{\mathrm{d}t^2} \boldsymbol{i} + \frac{\mathrm{d}^2 y}{\mathrm{d}t^2} \boldsymbol{j} + \frac{\mathrm{d}^2 z}{\mathrm{d}t^2} \boldsymbol{k}$$

在自然坐标系中

$$\boldsymbol{a} = \boldsymbol{a}_n + \boldsymbol{a}_t = \frac{v^2}{\rho} \boldsymbol{e}_n + \frac{\mathrm{d}v}{\mathrm{d}t} \boldsymbol{e}_t$$

4. 几种简单运动的规律

1) 匀加速运动

$$\boldsymbol{a} = 常矢量$$

$$\boldsymbol{v} = \boldsymbol{v}_0 + \boldsymbol{a}t$$

$$\boldsymbol{r} = \boldsymbol{r}_0 + \boldsymbol{v}_0 t + \frac{1}{2} \boldsymbol{a}t^2$$

2) 抛体运动

在直角坐标系中

$$a_x = 0, \qquad a_y = -g$$

$$v_x = v_0 \cos\theta, \qquad v_y = v_0 \sin\theta - gt$$

$$x = v_0 (\cos\theta)t, \qquad y = v_0 (\sin\theta)t - \frac{1}{2} gt^2$$

3) 曲线运动

$$\boldsymbol{a} = a_n \boldsymbol{e}_n + a_t \boldsymbol{e}_t$$

法向加速度： $a_n = \dfrac{v^2}{\rho}$ （指向曲率圆心）

切向加速度： $a_t = \dfrac{\mathrm{d}v}{\mathrm{d}t}$ （沿轨道的切线方向）

5. 相对运动

伽利略坐标变换：

$$\boldsymbol{r}' = \boldsymbol{r} - \boldsymbol{v}t$$

$$t' = t$$

速度变换： $\boldsymbol{v}_{AK} = \boldsymbol{v}_{AK'} + \boldsymbol{v}_{K'K}$

加速度变换： $\boldsymbol{a}_{AK} = \boldsymbol{a}_{AK'} + \boldsymbol{a}_{K'K}$

1.2　习题分类、解题方法和示例

本章的习题可分为以下几类：

（1）已知运动学方程求速度和加速度；

（2）已知速度或加速度求运动学方程；

（3）直线运动方程的应用；

（4）曲线运动的切向加速度和法向加速度；

（5）相对运动；

（6）计算机作图法解题示例。

下面分别讨论各类问题的解题方法，并举例加以说明。

1.2.1　已知运动学方程求速度和加速度

对于这类问题需用求导法来求解。将已知 $r(t)$ 函数对时间求导即可得待求的速度和加速度，即

$$v = \frac{\mathrm{d}r}{\mathrm{d}t}, \quad a = \frac{\mathrm{d}v}{\mathrm{d}t} = \frac{\mathrm{d}^2 r}{\mathrm{d}t^2}$$

要确定 v 与 a 的量值和方向，需要求出它们的分量式：

$$|v| = \sqrt{\left(\frac{\mathrm{d}x}{\mathrm{d}t}\right)^2 + \left(\frac{\mathrm{d}y}{\mathrm{d}t}\right)^2}, \quad \theta = \arctan\frac{v_y}{v_x}$$

$$|a| = \sqrt{\left(\frac{\mathrm{d}v_x}{\mathrm{d}t}\right)^2 + \left(\frac{\mathrm{d}v_y}{\mathrm{d}t}\right)^2}, \quad \varphi = \arctan\frac{a_y}{a_x}$$

有些习题还需要根据题设条件、几何关系确定质点的运动学方程。为正确写出质点的运动学方程，先要确定参考系，选择坐标系，找出质点坐标随时间变化的函数关系（见例 1-2）。

【例 1-1】　一质点沿 Ox 轴做直线运动，其运动学方程

$$x = 5.0 + 3t^2 - t^3$$

式中 x 的单位是 m，t 的单位为 s。

（1）试描述该质点的运动情况；

（2）试求最初 4 s 内质点的平均速度和平均速率。

分析　已知质点的运动学方程，用求导数方法即可得质点运动的速度和加速

度。速度和加速度的正负仅说明它们的方向是否与 x 轴一致。$a>0$,并不表示质点做加速运动;$a<0$ 也并不一定是减速运动。只有当 a 与 v 同号时,即 $\boldsymbol{v}$ 与 $\boldsymbol{a}$ 同方向,才为加速运动。当 v 与 a 异号时,即 $\boldsymbol{v}$ 与 $\boldsymbol{a}$ 反向,质点做减速运动。平均速度和平均速率是两个不同的概念,计算时要区分位移和路程。路程一般不等于位移,只有在直线运动中速度不改变方向的那段时间内,路程才与位移的大小相等。

解　(1) 由已知的运动学方程求导得质点运动的速度和加速度:

$$v = \frac{\mathrm{d}x}{\mathrm{d}t} = 6t - 3t^2 \qquad ①$$

$$a = \frac{\mathrm{d}v}{\mathrm{d}t} = 6 - 6t \qquad ②$$

由式①和式②得 $t=0\,\mathrm{s}$, $t=2\,\mathrm{s}$ 时,$v=0$; $t=1\,\mathrm{s}$ 时,$a=0$,即

$$v = 6t - 3t^2 \begin{cases} >0, & 0\,\mathrm{s}<t<2\,\mathrm{s} \\ =0, & t=2\,\mathrm{s} \\ <0, & t>2\,\mathrm{s} \end{cases}$$

$$a = 6 - 6t \begin{cases} >0, & 0\,\mathrm{s}<t<1\,\mathrm{s} \\ =0, & t=1\,\mathrm{s} \\ <0, & t>1\,\mathrm{s} \end{cases}$$

由此可知质点的运动情况:

① 在 $0\,\mathrm{s}<t<1\,\mathrm{s}$ 内,$v>0$,$a>0$,质点从初始位置 $x_0=5\,\mathrm{m}$ 处以初速度 $v_0=0$ 向 x 轴正方向加速运动,速率增加得愈来愈缓慢。在 $t=1\,\mathrm{s}$ 时,质点的加速度 $a=0$,此时质点的速率不再增加,质点正以速率 $v=3\,\mathrm{m/s}$ 沿 x 轴正方向运动。

② 在 $1\,\mathrm{s}<t<2\,\mathrm{s}$ 内,$v>0$,$a<0$,质点沿 x 轴正方向减速运动,其速率减小得愈来愈快。

③ 在 $t>2\,\mathrm{s}$ 时,$v<0$,$a<0$,质点已从 $x_2=9\,\mathrm{m}$ 处回头沿 x 轴负方向加速运动。

质点运动的 $x\text{-}t$ 图、$v\text{-}t$ 图和 $a\text{-}t$ 图如图 1-1 所示。

(2) 在最初 4 s 内质点的位移

$$\Delta x = x_4 - x_0 = -16.0\,\mathrm{m}$$

由于在 $t=2\,\mathrm{s}$ 时质点的速度开始转变方向,所以最初 4 s 内质点经过的路程

$$\begin{aligned} \Delta s &= |x_2 - x_0| + |x_4 - x_2| \\ &= (|9-5| + |-11-9|)\mathrm{m} = 24.0\,\mathrm{m} \end{aligned}$$

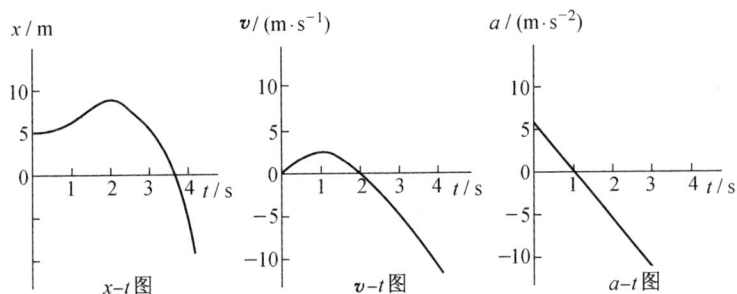

图 1 - 1

因此质点在 4 s 内的平均速度

$$|\bar{\boldsymbol{v}}| = \frac{\Delta x}{\Delta t} = \frac{-16.0}{4} \text{ m/s} = -4.0 \text{ m/s}$$

式中负号表示平均速度的方向是沿 x 轴负方向。

质点在 4 s 内的平均速率

$$v = \frac{\Delta s}{\Delta t} = \frac{24.0}{4} \text{ m/s} = 6.0 \text{ m/s}$$

【例 1 - 2】　已知质点的运动学方程

$$\boldsymbol{r} = 2t\boldsymbol{i} + (6 - 2t^2)\boldsymbol{j}$$

式中,r 的单位是 m;t 的单位是 s。试求:

(1) 质点的轨迹方程,并作图表示。

(2) $t_1 = 1$ s 和 $t_2 = 2$ s 之间的 Δr、$|\Delta r|$ 和平均速度。

(3) $t_1 = 1$ s 和 $t_2 = 2$ s 时刻的速度和加速度。

(4) 在什么时刻质点离原点最近,其距离多大。

(5) 在什么时刻质点的位矢与其速度矢量恰好垂直,并求这时它的坐标。

分析　已知质点的运动学方程,利用求导法可以计算它的速度和加速度,特别要注意各物理量矢量和标量的意义。求两物理量垂直时,可用两矢量的标积 $\boldsymbol{A} \cdot \boldsymbol{B} = 0$ 得到。

解　(1) 按题意,质点在 Oxy 平面内运动,其运动学方程为

$$x = 2t, \quad y = 6 - 2t^2$$

将以上两式消去 t,得质点运动的轨迹方程

$$y = 6 - \frac{x^2}{2}$$

其轨迹是一抛物线,如图 1-2 所示。

(2) 质点在 $t_1 = 1$ s 和 $t_2 = 2$ s 时的位矢分别是

$$\boldsymbol{r}_1 = 2\boldsymbol{i} + 4\boldsymbol{j}$$

$$\boldsymbol{r}_2 = 4\boldsymbol{i} - 2\boldsymbol{j}$$

所以位移

$$\Delta\boldsymbol{r} = \boldsymbol{r}_2 - \boldsymbol{r}_1 = (4\boldsymbol{i} - 2\boldsymbol{j}) - (2\boldsymbol{i} + 4\boldsymbol{j}) = (2\boldsymbol{i} - 6\boldsymbol{j})\text{m}。$$

其大小和方向(与 Ox 轴正方向之间的夹角)分别为

$$|\Delta\boldsymbol{r}| = \sqrt{(\Delta x)^2 + (\Delta y)^2} = \sqrt{2^2 + 6^2}\ \text{m} = 6.32\ \text{m}$$

$$\theta = \arctan\frac{\Delta y}{\Delta x} = \arctan\frac{-6}{2} = -71.5°$$

而

$$\Delta r = \Delta|r| = r_2 - r_1 = \sqrt{x_2^2 + y_2^2} - \sqrt{x_1^2 + y_1^2}$$

$$= \sqrt{4^2 + (-2)^2} - \sqrt{2^2 + 4^2} = 0$$

质点的平均速度的大小为

$$\bar{v} = \frac{|\Delta\boldsymbol{r}|}{\Delta t} = \frac{6.32}{2-1}\ \text{m/s} = 6.32\ \text{m/s}$$

方向为 $|\Delta\boldsymbol{r}|$ 的方向,即与 Ox 轴成 $-71.5°$。

(3) 由质点的运动学方程,用求导法可得速度和加速度的表示式

$$\boldsymbol{v} = \frac{\mathrm{d}\boldsymbol{r}}{\mathrm{d}t} = (2\boldsymbol{i} - 4t\boldsymbol{j})\ \text{m}$$

$$\boldsymbol{a} = \frac{\mathrm{d}\boldsymbol{v}}{\mathrm{d}t} = -4\boldsymbol{j}\ \text{m/s}^2$$

$t = 1$ s 时, $\boldsymbol{v}_1 = 2\boldsymbol{i} - 4\boldsymbol{j}$ m/s, $\boldsymbol{a}_1 = -4\boldsymbol{j}$ m/s^2

其大小和方向分别为

$$v_1 = \sqrt{2^2 + (-4)^2}\ \text{m/s} = 4.47\ \text{m/s}$$

$$\theta_1 = \arctan\left(\frac{-4}{2}\right) = -63.5°$$

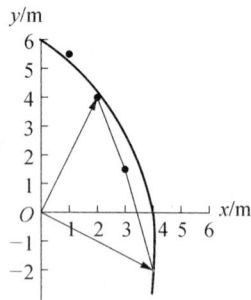

图 1-2

$$t = 2 \text{ s 时}, \boldsymbol{v}_2 = 2\boldsymbol{i} - 8\boldsymbol{j} \text{ m/s}, \boldsymbol{a}_2 = -4\boldsymbol{j} \text{ m/s}^2$$

其大小和方向分别为

$$v_2 = \sqrt{2^2 + (-8)^2} \text{ m/s} = 8.25 \text{ m/s}$$

$$\theta_2 = \arctan\left(\frac{-8}{2}\right) = -76.0°$$

加速度　　　　　　$a_1 = a_2 = -4 \text{ m/s}^2$，沿 Oy 轴负方向。

（4）质点离原点的距离就是位矢的量值，即

$$r = |\boldsymbol{r}| = \sqrt{x^2 + y^2} = \sqrt{(2t^2)^2 + (6 - 2t^2)^2}$$

要使质点离原点的距离最近时，对 r 取极值。令 $\dfrac{\mathrm{d}r}{\mathrm{d}t} = 0$，得

$$\frac{\mathrm{d}r}{\mathrm{d}t} = \frac{4t(2t^2 - 5)}{\sqrt{(2t)^2 + (6 - 2t^2)^2}} = 0$$

即　　　　　　　　$$4t(2t^2 - 5) = 0$$

$$t = 0 \text{ 或 } t = \sqrt{\frac{5}{2}} \text{ s} = 1.58 \text{ s}, \ t = -1.58 \text{ s（舍去）}$$

当 $t = 0$ 时，$r_0 = 6.0 \text{ m}$；

当 $t = 1.58 \text{ s}$ 时，$r_0 = 3.0 \text{ m}$。

显然，当 $t = 1.58 \text{ s}$ 时，质点距离原点最近，其位置坐标为（3.16，1）。

（5）当 $\boldsymbol{r}$ 与 $\boldsymbol{v}$ 恰好垂直时，则 $\boldsymbol{r} \cdot \boldsymbol{v} = 0$，即

$$[2t\boldsymbol{i} + (6 - 2t^2)\boldsymbol{j}] \cdot (2\boldsymbol{i} - 4t\boldsymbol{j}) = 0$$

得　　　　　　　　$$4t(7 - 2t^2) = 0$$

$$t = 0 \text{ 或 } t = \sqrt{\frac{7}{2}} \text{ s} = 1.87 \text{ s}, \ t = -\sqrt{\frac{7}{2}} \text{ s} = 1.87 \text{ s（舍去）}$$

当 $t = 0$ 时，$x = 0$，$y = 6 \text{ m}$；

当 $t = 1.87 \text{ s}$ 时，$x = 3.74 \text{ m}$，$y = -1.0 \text{ m}$。

*【例 1-3】　如图 1-3(a)所示，直杆 AB 两端可以分别在两个固定且相互垂直的直线导槽上滑动，试求杆上任意点 M 的轨迹方程。已知 M 点距 A 端的距离为 a，距 B 端的距离为 b。又设杆上 A 端以匀速率 v_0 运动，求 M 点的速度和加速度。

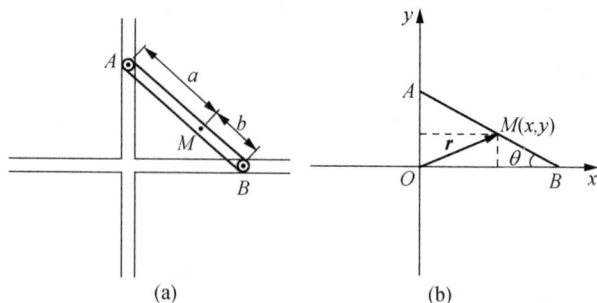

图 1-3

分析　在这道题中,没有直接给出质点的运动学方程,因此首先要建立运动学方程。在运动过程中的任意一位置,可运用几何关系把质点的位置坐标表示为时间的函数。

解　沿直线导槽作直角坐标系 xOy,如图 1-3(b)所示。设某时刻 t,直杆 AB 与 x 轴间的夹角为 θ,它是 t 的函数,那么,M 的坐标有

$$x = a \cos \theta$$

$$y = b \sin \theta$$

这就是用直角坐标系表示的 M 点的运动学方程。

从坐标原点 O 向 M 点作位矢 $\boldsymbol{r}$,有

$$\boldsymbol{r} = x\boldsymbol{i} + y\boldsymbol{j} = a \cos \theta \boldsymbol{i} + b \sin \theta \boldsymbol{j}$$

在运动学方程两式中消去 t,即消去 θ,得 M 点的轨迹方程为

$$\frac{x^2}{a^2} + \frac{y^2}{b^2} = 1$$

它是一椭圆。椭圆的中心在坐标原点,半轴长分别为 a 和 b。

M 点的速度分量分别为

$$v_x = \frac{\mathrm{d}x}{\mathrm{d}t} = -a \sin \theta \frac{\mathrm{d}\theta}{\mathrm{d}t}$$

$$v_y = \frac{\mathrm{d}y}{\mathrm{d}t} = b \cos \theta \frac{\mathrm{d}\theta}{\mathrm{d}t}$$

式中 $\dfrac{\mathrm{d}\theta}{\mathrm{d}t}$ 是未知的。为求 $\dfrac{\mathrm{d}\theta}{\mathrm{d}t}$,可从 A 端的运动情况来分析。因 A 端在任意时刻的坐标为

$$x_A = 0, \quad y_A = (a+b)\sin\theta$$

所以 A 端的运动速度分量为

$$v_{Ax} = \frac{\mathrm{d}x_A}{\mathrm{d}t} = 0, \quad v_{Ay} = \frac{\mathrm{d}y_A}{\mathrm{d}t} = (a+b)\cos\theta\,\frac{\mathrm{d}\theta}{\mathrm{d}t}$$

按题意，$v_A = v_0$，得

$$\frac{\mathrm{d}\theta}{\mathrm{d}t} = \frac{v_0}{(a+b)\cos\theta}$$

代入 v_x 和 v_y 则得

$$v_x = -a\sin\theta\,\frac{v_0}{(a+b)\cos\theta} = -\frac{a}{a+b}v_0\tan\theta$$

$$v_y = b\cos\theta\,\frac{v_0}{(a+b)\cos\theta} = \frac{b}{a+b}v_0$$

所以，M 的速度大小为

$$v = \sqrt{v_x^2 + v_y^2} = \frac{\sqrt{a^2\tan^2\theta + b^2}}{a+b}v_0$$

速度的方向为与 x 轴正方向所成的夹角

$$\theta = \arctan\frac{v_y}{v_x} = \arctan\left(-\frac{b}{a\tan\theta}\right)$$

M 点的加速度分量分别为

$$a_x = \frac{\mathrm{d}v_x}{\mathrm{d}t} = -a\cos\theta\left(\frac{\mathrm{d}\theta}{\mathrm{d}t}\right)^2 - a\sin\theta\,\frac{\mathrm{d}^2\theta}{\mathrm{d}t^2}$$

$$a_y = \frac{\mathrm{d}v_y}{\mathrm{d}t} = -b\sin\theta\left(\frac{\mathrm{d}\theta}{\mathrm{d}t}\right)^2 + b\cos\theta\,\frac{\mathrm{d}^2\theta}{\mathrm{d}t^2}$$

式中的 $\dfrac{\mathrm{d}^2\theta}{\mathrm{d}t^2}$ 可由杆的 A 端运动加速度求得。由于杆的 A 端沿 y 轴做匀速直线运动，所以 $a_A = 0$，即 $a_{Ay} = 0$，而

$$a_{Ay} = \frac{\mathrm{d}v_{Ay}}{\mathrm{d}t} = -(a+b)\sin\theta\left(\frac{\mathrm{d}\theta}{\mathrm{d}t}\right)^2 + (a+b)\cos\theta\,\frac{\mathrm{d}^2\theta}{\mathrm{d}t^2} = 0$$

由此得

$$\frac{\mathrm{d}^2\theta}{\mathrm{d}t^2}=\tan\theta\left(\frac{\mathrm{d}\theta}{\mathrm{d}t}\right)^2$$

代入 a_x 和 a_y 可得 M 点的加速度分量

$$a_x=-a\cos\theta\left(\frac{\mathrm{d}\theta}{\mathrm{d}t}\right)^2-a\sin\theta\tan\theta\left(\frac{\mathrm{d}\theta}{\mathrm{d}t}\right)^2$$

$$=-\frac{a}{\cos\theta}\left(\frac{\mathrm{d}\theta}{\mathrm{d}t}\right)^2$$

$$a_y=0$$

所以 M 点的加速度大小

$$a=\sqrt{a_x^2+a_y^2}=\frac{a}{\cos\theta}\left(\frac{\mathrm{d}\theta}{\mathrm{d}t}\right)^2=\frac{a}{(a+b)^2}\frac{1}{\cos^3\theta}v_0^2$$

加速度的方向是沿 y 轴的负方向。

【例 1-4】 如图 1-4(a)所示,湖中有一小船,岸上有人用绳跨定滑轮拉船靠岸,当人以匀速 v 拉绳,试求船运动的速度和加速度。

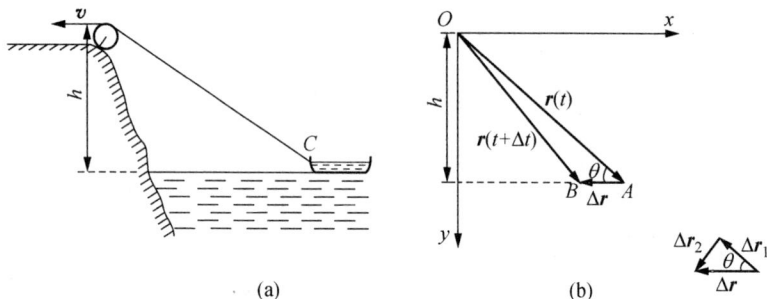

图 1-4

分析 此题一般很容易引起错误,认为船向岸靠拢的速度为 $v'=v\cos\theta$(设绳与水平的夹角为 θ),这是错误的,解题必须从概念出发。

解法一 以滑轮为原点 O,建立直角坐标系,如图 1-4(b)所示。在任一时刻,船的位矢为 $r(t)$,此时船位于 A 点,在 Δt 时间内,船运动到 B 点,船的位矢为 $r(t+\Delta t)$,位移为 Δr,根据定义,船的运动速度

$$v'=\lim_{\Delta t\to0}\frac{\Delta r}{\Delta t}$$

将 Δr 分成两个分矢量 Δr_1 和 Δr_2,Δr_1 沿着 r 的方向,是 r 的大小变化所产生的位

移，$\Delta \boldsymbol{r}_2$ 垂直于 $\boldsymbol{r}_1$ 的方向，是 $\boldsymbol{r}$ 的方向改变所产生的位移。显然

$$v = \lim_{\Delta t \to 0} \frac{\Delta r_1}{\Delta t}$$

由图 1-4(b)可知

$$|\Delta \boldsymbol{r}_1| = |\Delta \boldsymbol{r}| \cos \theta = \Delta r$$

由此得

$$v' = \frac{v}{\cos \theta}$$

这个结果才是正确的，又因

$$\cos \theta = \frac{x}{\sqrt{h^2 + x^2}}$$

所以

$$v' = \frac{v\sqrt{h^2 + x^2}}{x}$$

由于位移 Δr 沿 x 轴负方向，所以

$$\boldsymbol{v}' = -\frac{v\sqrt{h^2 + x^2}}{x}\boldsymbol{i}$$

负号表示船速与图中的 x 轴正方向相反，即向岸靠拢。

　　解法二　设某时刻船的坐标为 (x, y)，则船的位矢

$$\boldsymbol{r} = x\boldsymbol{i} + y\boldsymbol{j}$$

而

$$x = \sqrt{r^2 - h^2}, \quad y = h$$

$$v_x = \frac{\mathrm{d}x}{\mathrm{d}t} = \frac{\mathrm{d}}{\mathrm{d}t}\sqrt{r^2 - h^2} = -\frac{r}{\sqrt{r^2 - h^2}}$$

而收绳速率 $v = \lim_{\Delta t \to 0} \dfrac{\Delta l}{\Delta t} = -\lim_{\Delta t \to 0} \dfrac{\Delta r}{\Delta t} = -\dfrac{\mathrm{d}r}{\mathrm{d}t}$，所以船的运动速度

$$\boldsymbol{v}' = -\frac{rv}{\sqrt{r^2 - h^2}}\boldsymbol{i} = -\frac{\sqrt{x^2 + h^2}}{x}v\boldsymbol{i}$$

以上用两种方法求得船的运动速度,再由加速度定义得

$$a' = \frac{\mathrm{d}v'}{\mathrm{d}t} = -\frac{\mathrm{d}}{\mathrm{d}t}\frac{\sqrt{x^2+h^2}}{x}v\boldsymbol{i}$$

$$= -\frac{\mathrm{d}}{\mathrm{d}x}\frac{\sqrt{x^2+h^2}}{x}v\frac{\mathrm{d}x}{\mathrm{d}t}\boldsymbol{i} = -\frac{h^2v^2}{x^3}\boldsymbol{i}$$

式中负号表示船的加速度指向岸。由于 a' 与 v' 方向相同,所以船向岸做加速运动,而且是变加速运动。

讨论　前面指出的错误原因就在于把收绳速率 $\left|\dfrac{\mathrm{d}r}{\mathrm{d}t}\right|$ 当成了绳的端点 C 运动的速率 $\left|\dfrac{\mathrm{d}\boldsymbol{r}}{\mathrm{d}t}\right|$,混淆了 $|\mathrm{d}\boldsymbol{r}|$ 与 $|\mathrm{d}r|$ 的区别,同时还误认为端点 C 就是沿绳子收缩方向运动的。

1.2.2　已知速度或加速度求运动学方程

处理这类问题需用积分法。根据已知的加速度与时间的函数关系和必要的初始条件,应用积分法才能求出质点的运动速度,再一次积分才能得到质点的运动学方程。如果加速度是速度的函数,则以速度为变量,分离变量后积分可得速度与时间的关系。如果加速度是坐标的函数,则需变换变量,由 $a = \dfrac{\mathrm{d}v}{\mathrm{d}t} = \dfrac{\mathrm{d}v}{\mathrm{d}x}\dfrac{\mathrm{d}x}{\mathrm{d}t} = v\dfrac{\mathrm{d}v}{\mathrm{d}x}$,然后积分可得速度与坐标的函数关系。

【例 1-5】　一质点沿 x 轴做加速运动,开始时质点位于 x_0 处,初速为 v_0。
(1) 当 $a = k_1 t + c$ 时,求任意时刻质点的速度及位置;
(2) 当 $a = k_2 v$ 时,求任意时刻质点的速度及位置;
(3) 当 $a = k_3 x$ 时,求任意时刻质点的速度。

分析　已知加速度是时间、速度或坐标的函数,求任意时刻质点的速度及位置,可用积分法计算。积分时应注意变量的变换以及积分上下限的确定。

解　(1) 由 $a = \dfrac{\mathrm{d}v}{\mathrm{d}t}$ 得 $\mathrm{d}v = a\,\mathrm{d}t = (k_1 t + c)\mathrm{d}t$,两边积分,得

$$\int_{v_0}^{v}\mathrm{d}v = \int_{0}^{t}a\,\mathrm{d}t = \int_{0}^{t}(k_1 t + c)\mathrm{d}t$$

$$v - v_0 = \frac{1}{2}k_1 t^2 + ct$$

$$v = v_0 + ct + \frac{1}{2}k_1 t^2$$

再由 $v = \dfrac{\mathrm{d}x}{\mathrm{d}t}$ 得 $\mathrm{d}x = v\,\mathrm{d}t = \left(v_0 + ct + \dfrac{1}{2}k_1 t^2\right)\mathrm{d}t$。两边积分，得

$$\int_{x_0}^{x}\mathrm{d}x = \int_{0}^{t} v\,\mathrm{d}t = \int_{0}^{t}\left(v_0 + ct + \dfrac{1}{2}k_1 t^2\right)\mathrm{d}t$$

$$x - x_0 = v_0 t + \dfrac{1}{2}ct^2 + \dfrac{1}{6}k_1 t^3$$

$$x = x_0 + v_0 t + \dfrac{1}{2}ct^2 + \dfrac{1}{6}k_1 t^3$$

（2）由 $a = \dfrac{\mathrm{d}v}{\mathrm{d}t} = k_2 v$ 分离变量得

$$\dfrac{\mathrm{d}v}{v} = k_2\,\mathrm{d}t$$

两边积分，得

$$\int_{v_0}^{v}\dfrac{\mathrm{d}v}{v} = \int_{0}^{t} k_2\,\mathrm{d}t$$

$$\ln\dfrac{v}{v_0} = k_2 t$$

$$v = v_0\,\mathrm{e}^{k_2 t}$$

再由 $v = \dfrac{\mathrm{d}x}{\mathrm{d}t}$ 得 $\mathrm{d}x = v\,\mathrm{d}t = v_0\mathrm{e}^{k_2 t}\,\mathrm{d}t$，两边积分，得

$$\int_{x_0}^{x}\mathrm{d}x = \int_{0}^{t} v\,\mathrm{d}t = \int_{0}^{t} v_0\mathrm{e}^{k_2 t}\,\mathrm{d}t$$

$$x - x_0 = \dfrac{v_0}{k_2}(\mathrm{e}^{k_2 t} - 1)$$

$$x = x_0 + \dfrac{v_0}{k_2}(\mathrm{e}^{k_2 t} - 1)$$

（3）由 $a = \dfrac{\mathrm{d}v}{\mathrm{d}t} = \dfrac{\mathrm{d}v}{\mathrm{d}x}\dfrac{\mathrm{d}x}{\mathrm{d}t} = v\dfrac{\mathrm{d}v}{\mathrm{d}x}$ 得

$$v\,\mathrm{d}v = a\,\mathrm{d}x = k_3 x\,\mathrm{d}x$$

两边积分，得

$$\int_{v_0}^{v} v\,\mathrm{d}v = \int a\,\mathrm{d}x = \int_{x_0}^{x} k_3 x\,\mathrm{d}x$$

$$\frac{1}{2}v^2 - \frac{1}{2}v_0^2 = \frac{1}{2}k_3 x^2 - \frac{1}{2}k_3 x_0^2$$

$$v^2 = v_0^2 + k_3(x^2 - x_0^2)$$

$$v = \sqrt{v_0^2 + k_3(x^2 - x_0^2)}$$

【例 1-6】 一质点以初速度 v_0 做直线运动,其加速度 a 与速度 v 成正比反向,试求质点在何时达到它所能行经的总距离的一半。

分析 已知质点的加速度 $a = -kv$, k 是常数,结合初始条件,利用积分法可得到 $x(t)$,再根据题设要求,就得到所需的时间。

解 在任意时刻,质点的加速度为

$$a = \frac{\mathrm{d}v}{\mathrm{d}t} = -kv$$

分离变量积分

$$\int_{v_0}^{v} \frac{\mathrm{d}v}{v} = \int_0^t -k\,\mathrm{d}t$$

得

$$v = v_0 \mathrm{e}^{-kt}$$

根据速度的定义,有

$$v = \frac{\mathrm{d}x}{\mathrm{d}t} = v_0 \mathrm{e}^{-kt}$$

积分

$$\int_0^x \mathrm{d}x = \int_0^t v_0 \mathrm{e}^{-kt}\,\mathrm{d}t$$

得

$$x = \frac{v_0}{k}(1 - \mathrm{e}^{-kt}) = x_\mathrm{m}(1 - \mathrm{e}^{-kt})$$

这是质点行经的距离 x 随时间 t 的变化关系,式中 $x_\mathrm{m} = \dfrac{v_0}{k}$, x_m 是 $t \to \infty$ 时的 x 值,即质点所能行经的总距离。

当质点行经总距离一半时,即 $x = \dfrac{x_\mathrm{m}}{2}$,代入上式得

$$\mathrm{e}^{-kt} = \frac{1}{2}$$

取对数得

$$t = \frac{\ln 2}{k}$$

讨论 理论上只有当 $t \to \infty$ 时,质点才能达到最大行经的距离,但是实际上,当 $t = 10k$ 时,由于 $\mathrm{e}^{-10} \approx 1/(2 \times 10^4)$,已非常接近最大值。这类问题,在物理学领域

中有很多,例如,物体在黏滞液体中运动,电容器的放电等。

1.2.3　直线运动方程的应用

　　研究质点的直线运动时,总是要先确定参考系,选好坐标系,一般取与直线轨道相重合的坐标轴。由于直线运动学方程表示运动的全过程,所以不必分段处理。同时,由于运动总是沿着直线,因而质点的位移、速度和加速度均可看作代数量,它们为正时,表示方向沿着轴的正向;为负时,表示沿着轴的反向。

　　【例 1-7】　高度为 2.50 m 的升降机,由静止开始以 0.20 m/s^2 的加速度匀加速上升,8 s 后升降机顶板上有一螺母松落,问螺母落到升降机底板上所需的时间和它相对地面下落的距离以及通过的路程。

　　分析　本题可选取不同的参考系,一种是以地面为参考系,另一种是以升降机为参考系。对于不同的参考系,螺母的运动描述是不同的;对于同一参考系,坐标原点的选取不同,螺母的运动学方程也是不同的。如以地面为参考系,由于螺母在升降机加速上升过程中落下,所以螺母是做竖直上抛运动。分别列出螺母和升降机的运动学方程,然后联立求解。当它们的位矢相同处即为相遇的地方。如以升降机为参考系,那么螺母的运动加速度为它们的相对加速度,螺母做初速为零的加速运动。升降机的高度就是螺母实际运动的路程。

　　解　(1) 以地面为参考系,坐标系的原点可任意选取,y 轴向上为正。取螺母从升降机顶板松落时为计时开始,$t=0$,此时升降机底板离地面的距离为 y_0,螺母的坐标为 y_0+h,如图 1-5 所示。升降机底板和螺母的运动学方程分别为

$$y_1 = y_0 + v_0 t + \frac{1}{2} a t^2$$

$$y_2 = y_0 + h + v_0 t - \frac{1}{2} g t^2$$

式中 $v_0 = at' = 0.20 \times 8 \text{ m/s} = 1.60 \text{ m/s}$,为螺母开始运动时的初速,方向竖直向上。

　　如以升降机的底板为坐标原点,y 轴向上为正,则升降机螺母的运动学方程可简化为

$$y_1 = v_0 t + \frac{1}{2} a t^2$$

$$y_2 = h + v_0 t - \frac{1}{2} g t^2$$

　　如以升降机的顶板为坐标原点,y 轴向下为正,则升降

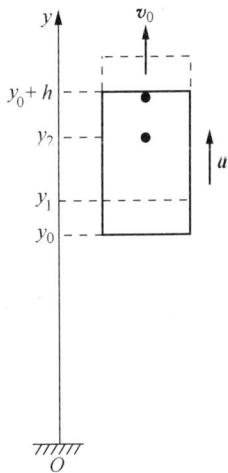

图 1-5

机和螺母的运动学方程可写成

$$y_1 = h - v_0 t - \frac{1}{2} a t^2$$

$$y_2 = -v_0 t + \frac{1}{2} g t^2$$

读者要学会熟练地建立在不同条件下的运动学方程。

当螺母落到底板时,有 $y_1 = y_2$,即

$$v_0 t + \frac{1}{2} a t^2 = h + v_0 t - \frac{1}{2} g t^2$$

由此得

$$t = \sqrt{\frac{2h}{g+a}} = \sqrt{\frac{2 \times 2.50}{9.8 + 0.2}} = 0.707 \text{(s)}$$

螺母相对地面下落的距离

$$\Delta y = y_2(t) - y_2(0) = v_0 t - \frac{1}{2} g t^2$$

$$= \left[1.60 \times 0.707 - \frac{1}{2} \times 9.8 \times (0.707)^2 \right] \text{m}$$

$$= -1.32 \text{(m)}$$

负号表示螺母下降。

由于螺母相对地面做竖直上抛运动,因此计算螺母实际经过的路程需要包括两部分:以初速 v_0 上升至最高点,再由最高点自由下落,故

$$s = s_1 + s_2 = \frac{v_0^2}{2g} + \left| v_0 t - \frac{1}{2} g t^2 \right|$$

$$= \left[\frac{(1.60)^2}{2 \times 9.8} + \left| 1.60 \times 0.707 - \frac{1}{2} \times 9.8 \times (0.707)^2 \right| \right] \text{m}$$

$$= 1.44 \text{(m)}$$

(2) 以升降机为参考系,取升降机底板为坐标原点,y 轴向上为正,以螺母松落时为计时开始。在此参考系中,升降机静止不动,而螺母相对于升降机做初速 $v_0 = 0$,加速度 $a_{螺对机} = a_{螺对地} - a_{机对地} = -g - a$ 的加速运动,螺母相对升降机的运动学方程

$$y = h - \frac{1}{2}(g+a) t^2$$

当螺母落到升降机底板时，$y=0$，代入得

$$t=\sqrt{\frac{2h}{g+a}}$$

得到与上相同的结果。

【例 1-8】 一卡车司机为了超车，以 90 km/h 的车速驶入左侧的逆行道时，猛然发现前方 80 m 处有一辆汽车迎面驶来。设两司机的反应时间都是 0.70 s（即司机发现险情到实际制动所经过的时间），他们制动后的加速度大小都是 7.5 m/s²。试问，两车是否会碰撞？如果会相撞，试问卡车的车速小于多少时，才能避免碰撞。

分析 相向而行的两车，都经过 0.70 s 的匀速直线运动，它们以相同的加速度做匀减速直线运动直到停车。两车行驶的总距离若大于 80 m，就要发生碰撞。

解 卡车的初速度大小为 $v_{10}=90$ km/h$=25$ m/s，汽车的初速度大小为 $v_{20}=65$ km/h$=18$ m/s，$L=80$ m。

在两司机的反应时间 $\Delta t_1=0.70$ s 内，两车行驶的路程为

$$s=s_{10}+s_{20}=(v_{10}+v_{20})\Delta t=(25+18)\times 0.7 \text{ m}$$
$$=30\text{(m)}$$

两车制动后，卡车的速率降为零时所行驶的路程为

$$s_1=\frac{v_{10}^2}{2a}=\frac{25^2}{2\times 7.5}=41.7\text{(m)}$$

汽车的速率降为零时所行驶的路程为

$$s_2=\frac{v_{20}^2}{2a}=\frac{15^2}{2\times 7.5}=21.6\text{(m)}$$

从发现险情到两车停下时，他们共行驶的路程为

$$s=s_{10}+s_{20}+s_1+s_2=93.3\text{(m)}>80\text{(m)}$$

所以，两车会相撞。

设从制动开始到发生碰撞的时间间隔为 Δt_2，则有

$$L=(s_{10}+s_{20})+\left[v_{10}\Delta t_2-\frac{1}{2}a(\Delta t_2)^2\right]+\left[v_{20}\Delta t-\frac{1}{2}a(\Delta t_2)^2\right]$$

代入数据，整理后得方程

$$7.5(\Delta t_2)^2-43\Delta t_2+50=0$$

解方程得　　　　　　　　$\Delta t_2 = 1.62$ s(舍去 $\Delta t_2 = 4.11$ s)

所以,发生碰撞时,卡车的速率

$$v_1 = v_{10} - a(\Delta t) = 25 - 7.5 \times (1.625) \text{ m/s} = 12.8 \text{ m/s} \approx 46 \text{ km/h}$$

即卡车的车速小于 46 km/h 时才能避免碰撞。

1.2.4　曲线运动的切向加速度和法向加速度

曲线运动的加速度在自然坐标系中,常分解为切向加速度和法向加速度,求解这类问题时,可用自然坐标系表示的运动学方程 $s = s(t)$,通过求导数可以得到质点运动的速度和加速度:

$$v = \frac{\mathrm{d}s}{\mathrm{d}t}, \quad a_t = \frac{\mathrm{d}v}{\mathrm{d}t}, \quad a_n = \frac{v^2}{\rho}$$

反之,如果知道速度 v 或切向加速度 a_t 与时间的关系式,利用积分法可以求得质点的运动方程和速度方程。

【例 1-9】　汽车沿一圆周以 $v_0 = 7.0$ m/s 的初速匀减速行驶。经过 $t_1 = 5$ s 后,汽车的加速度与速度之间的夹角 $\theta_1 = 135°$。又经过 3 s 后,其加速度与速度之间的夹角 $\theta_2 = 150°$。求它的切向加速度和这两时刻的法向加速度。

分析　汽车沿圆周做匀减速运动时,其加速度可分解为切向加速度和法向加速度。切向加速度的方向与速度的方向相反,其量值是一恒量;由于各时刻速度的量值不同,所以法向加速度也不同。

解　在任一时刻,切向加速度、法向加速度与速度的关系如图 1-6 所示,其量值分别如下:

$$a_t = a|\cos\theta|, \quad a_n = a|\sin\theta|$$

而　　　　　　　　$$v = v_0 - a_t t, \quad a_n = \frac{v^2}{R}$$

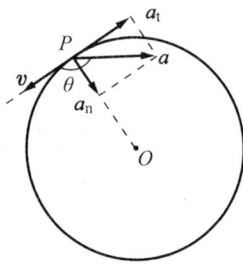

图 1-6

在时刻 t_1:

$$\frac{a_{n1}}{a_{t1}} = \frac{(v_0 - a_t t_1)^2}{R a_t} = \frac{\sin 135°}{|\cos 135°|} = 1 \tag{①}$$

在时刻 t_2:

$$\frac{a_{n2}}{a_{t2}} = \frac{(v_0 - a_t t_2)^2}{R a_t} = \frac{\sin 150°}{|\cos 150°|} = \frac{1}{\sqrt{3}} \tag{②}$$

将式①和式②相除可得

$$(v_0 - a_t t_1)^2 = \sqrt{3}\,(v_0 - a_t t_2)^2$$

将 v_0 及 t_1 和 t_2 的数值代入，解得

$$a_t = 0.4 \text{ m/s}^2$$

由式①得

$$(v_0 - a_t t_1)^2 = R a_t$$

所以，圆半径

$$R = \frac{(v_0 - a_t t_1)^2}{a_t} = 62.5 \text{ m}$$

于是

$$a_{n1} = \frac{(v_0 - a_t t_1)^2}{R} = 0.4 \text{ m/s}^2$$

$$a_{n2} = \frac{(v_0 - a_t t_2)^2}{R} = 0.23 \text{ m/s}^2$$

*【例 1-10】　一半径为 R 的圆环，在水平面上以角速度 ω 做纯滚动，求：(1) 环上一点 P 的运动轨迹；(2) 在任意时刻，P 的切向加速度和法向加速度；(3) 轨迹线上最高点处的曲率半径。

分析　首先要建立环上任一点的运动学方程，要计算点 P 的切向加速度，必须先确定速度的时间变化率 $\dfrac{\mathrm{d}v}{\mathrm{d}t}$。要计算法向加速度，因任一点的曲率半径未知，所以先要计算加速度 a，利用 $\sqrt{a_n^2 + a_t^2} = a$ 求得。

解　取环上点 P 在水平面接触处为坐标原点 O，并将时刻定为 $t=0$。
(1) 在任一时刻，点 P 的坐标为

$$x = \overline{OA} - \overline{BA} = \overset{\frown}{AP} - \overline{BA} = R\theta - R\sin\theta$$
$$= R\omega t - R\sin\omega t = R(\omega t - \sin\omega t)$$

$$y = \overline{AC} - \overline{DC} = R - R\cos\theta = R - R\cos\omega t = R(1 - \cos\omega t)$$

这就是点 P 的运动学方程，也就是点 P 轨迹的参数方程，其轨迹是一摆线（见

图 1-7)。

(2) 点 P 的速度分量为

$$v_x = \frac{\mathrm{d}x}{\mathrm{d}t} = R\omega - R\omega\cos\omega t$$

$$v_y = \frac{\mathrm{d}y}{\mathrm{d}t} = R\omega\sin\omega t$$

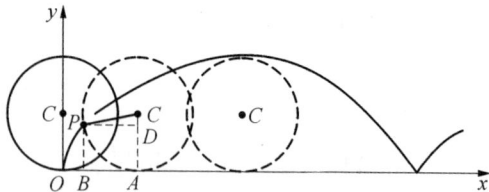

图 1-7

点 P 的速度为

$$v = \sqrt{v_x^2 + v_y^2} = R\omega\sqrt{2(1-\cos\omega t)}$$

点 P 的加速度分量为

$$a_x = \frac{\mathrm{d}v_x}{\mathrm{d}t} = R\omega^2\sin\omega t$$

$$a_y = \frac{\mathrm{d}v_y}{\mathrm{d}t} = R\omega^2\cos\omega t$$

点 P 的加速度为

$$a = \sqrt{a_x^2 + a_y^2} = R\omega^2$$

加速度的大小不变。

点 P 的切向加速度为

$$a_t = \frac{\mathrm{d}v}{\mathrm{d}t} = \frac{R\omega^2\sin\omega t}{\sqrt{2(1-\cos\omega t)}}$$

法向加速度

$$a_n = \sqrt{a^2 - a_t^2} = R\omega^2\sqrt{1 - \frac{\sin^2\omega t}{2(1-\cos\omega t)}}$$

(3) 根据 $a_n = \frac{v^2}{\rho}$ 可求得曲率半径，在轨迹线的最高点 Q，相当于 $\omega t = \pi$，则点 Q 的曲率半径为

$$\rho_Q = \frac{v_Q^2}{a_{nQ}} = \frac{(2R\omega)^2}{R\omega^2} = 4R$$

讨论　本题也可用相对运动的观点来分析。

以 S 系代表地面参考系，S' 系代表环心为原点并随之一起的参考系，S 系的坐标原点放在开始时点 P 与地面相接触处,如图 1-8 所示,并将该时刻作为 $t=0$ 的时刻。

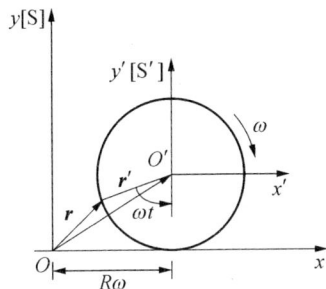

图 1-8

在任一时刻 t,点 P 在 S 系和 S′ 系中的位矢分别用 r 和 r' 表示,而 OO' 用 b 表示,于是,按几何关系,有

$$r' = -R\sin\omega t i - R\omega\cos\omega t j$$

$$b = R\omega i + R j$$

再按 S 系和 S′ 系之间位矢的变换关系得

$$r = b + r' = (R\omega t - R\sin\omega t)i - (R - R\cos\omega t)j$$

因此,相对于地面(S 系)点 P 的位矢分量式为

$$x = R\omega t - R\sin\omega t$$

$$y = R - R\cos\omega t$$

得到与上相同的结果。

【例 1-11】 一条笔直的河流,宽度为 d,河水以恒定的速度 u 流动,小船从河岸点 A 处出发,为了到达对岸的点 O,相对于河水以恒定的速率 $v(v>u)$ 运动,不论小船驶到何处,它的运动方向总是指向点 O(见图 1-9)。已知 $|AO|=r$,$\angle AOB = \theta_0$,试求小船的运动轨迹。

分析　本题可用极坐标来计算,根据已知的速度分量 v_r 和 v_θ,积分后得小船的运动轨迹。

解　取极坐标,原点为点 O,极轴为 OP,在任一时刻 t,小船的位置为 (r,θ),小船速度的径向分量和横向分量分别为

$$v_r = \frac{\mathrm{d}r}{\mathrm{d}t} = -v + u\cos\theta$$

$$v_\theta = r\frac{\mathrm{d}\theta}{\mathrm{d}t} = -u\sin\theta$$

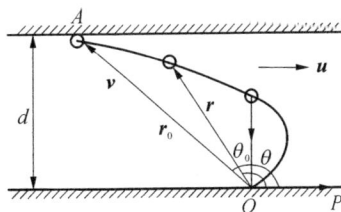

图 1-9

两式相除得

$$r\frac{\mathrm{d}\theta}{\mathrm{d}r} = \frac{-u\sin\theta}{-v + u\cos\theta}$$

分离变量

$$\frac{\mathrm{d}r}{r} = \frac{-v + u\cos\theta}{-u\sin\theta}\mathrm{d}\theta = \left(\frac{v}{u\sin\theta} - \cot\theta\right)\mathrm{d}\theta$$

对上式积分,得

$$-\int_{r_0}^{r} \frac{dr}{r} = \int_{\theta_0}^{\theta} \left(\frac{v}{u \sin \theta} - \cot \theta \right) d\theta$$

$$\ln \frac{r}{r_0} = \frac{v}{u} \left(\ln \tan \frac{\theta}{2} - \ln \tan \frac{\theta_0}{2} \right) - \left(\ln \sin \theta_0 - \ln \sin \theta \right)$$

$$= \ln \left[\left(\frac{\tan \dfrac{\theta}{2}}{\cos \dfrac{\theta_0}{2}} \right)^{\frac{v}{u}} \left(\frac{\sin \theta_0}{\sin \theta} \right) \right]$$

又因为

$$d = r_0 \sin \theta_0$$

于是

$$r = \frac{d}{\sin \theta} \left(\frac{\tan \dfrac{\theta}{2}}{\tan \dfrac{\theta_0}{2}} \right)^{\frac{v}{u}}$$

这就是用极坐标表示的小船的轨迹方程。

讨论　若点 O 恰好在点 A 的对面,则

$$r_0 = d, \quad \theta_0 = \frac{\pi}{2}$$

代入得

$$r = \frac{d}{\sin \theta} \left(\tan \frac{\theta}{2} \right)^{\frac{v}{u}}$$

1.2.5　相对运动

对于相对运动问题,在计算相对速度和相对加速度时,应首先明确研究对象和参考系的关系,即谁相对于谁,然后根据相关的矢量式求解。也可以根据矢量式画出矢量图来求解,这是一种简明有效的解题方法。

【例 1-12】　一架飞机在速率 $u = 150$ km/h 的西风中行驶,机头指向正北,相对于空气的航速为 750 km/h,飞机中的雷达员在荧屏上发现一目标正相对于飞机从东北方向以 950 km/h 的速率逼近飞机,求目标相对于地面的速度。

分析　这里要搞清楚几个速度之间的关系。飞机相对于地面的速度 $\boldsymbol{v}_1$,飞机相对于气流的速度 $\boldsymbol{v}_1'$,目标物相对于地面的速度 $\boldsymbol{v}_2$,目标物相对于飞机的速度 $\boldsymbol{v}_2'$,以及风速 $\boldsymbol{u}$。

解　由于
$$\boldsymbol{v}_{机气}=\boldsymbol{v}_{机地}-\boldsymbol{v}_{风地}$$
即
$$\boldsymbol{v}_1'=\boldsymbol{v}_1-\boldsymbol{u}$$

由图 1 - 10 可得

$$v_1=\sqrt{v_1'^2+u^2}=\sqrt{(750)^2+(150)^2}$$
$$=765\ \text{km/h}$$

$$\theta_1=\arctan\frac{u}{v_1'}=\arctan\frac{150}{750}=11.3°$$

即飞机相对于地面的速度为 765 km/h,方向为北偏
东 11.3°。

又因
$$\boldsymbol{v}_{物机}=\boldsymbol{v}_{物地}-\boldsymbol{v}_{机地}$$
即
$$\boldsymbol{v}_2'=\boldsymbol{v}_2-\boldsymbol{v}_1$$

因此由图 1 - 10 可得

$$v_2=\sqrt{v_2'^2+v_1^2-2v_2'v_1\cos\theta_2}$$
$$=\sqrt{(950)^2+(765)^2-2(950)(765)\cos(45°-11.3°)}$$
$$=527\ \text{km/h}$$

$$\varphi=\arctan\frac{v_1'-v_2'\sin45°}{v_2'\cos45°-u}$$
$$=\arctan\frac{750-950\sin45°}{950\cos45°-150}=8.5°$$

图 1 - 10

即目标物相对地面以 527 km/h 的速率沿西偏北 8.5°的方向飞行。

【例 1 - 13】　一条船平行于平直岸边航行,离岸的距离为 D,速率为 V,一艘速
率为 $v(v<V)$ 的小艇从港口出发拦截这条船[见图 1 - 11(a)]。

(1) 小艇必须在该船到达港口之前多远处出发才能拦截成功?

(2) 如小艇尽可能迟出发,在它出发后什么时间、离港口多远处截住这条船?

分析　这也是一个相对运动问题,船与艇之间有相对运动。如以岸为静参考
系,船为动参考系,那么小艇相对于船的相对速度 $\boldsymbol{v}_{艇船}=\boldsymbol{v}_{艇岸}-\boldsymbol{v}_{船岸}$。要使小艇能
拦截到船,小艇相对于船沿岸方向需行走 x 距离,沿垂直岸方向需行走 D 距离。
小艇在离船最近处能拦到船,需用求导法求极值得到。

解法一　(1) 取港口为坐标原点,沿岸与垂直于岸作 x 轴与 y 轴,如图 1 - 11(b)
所示。以小艇出发的时间为 $t=0$,小艇相对于船的相对速度

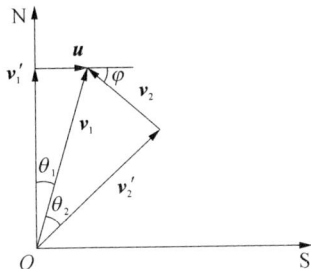

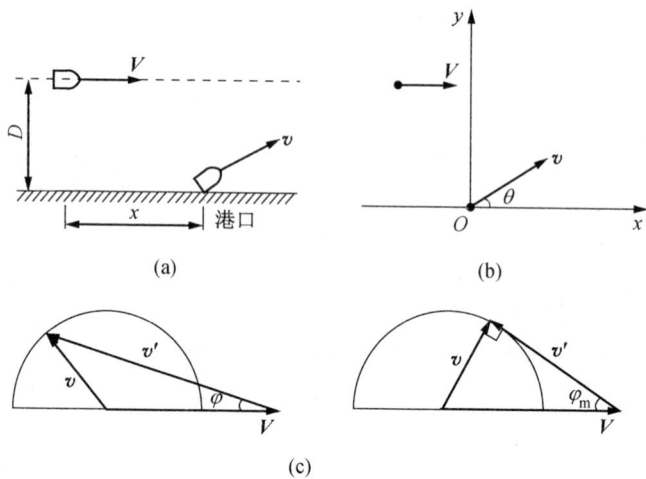

图 1-11

$$v' = v - V$$

设小艇对岸的速度 v 与岸边(x 轴)的夹角为 θ，小艇相对于船的速度分量式为

$$v'_x = v \cos \theta - V$$

$$v'_y = v \sin \theta$$

若经过 t 时间截住船，则

$$x = v'_x t = (v \cos \theta)t - Vt$$

$$y = v'_y t = (v \sin \theta)t = D$$

消去 t 得

$$x = \frac{D(v \cos \theta - V)}{v \sin \theta}$$

x 要最小，则求极值

$$\frac{\mathrm{d}x}{\mathrm{d}\theta} = \frac{D(-v + V \cos \theta)}{v \sin^2 \theta} = 0$$

得

$$\cos \theta = \frac{v}{V}, \quad \sin \theta = \frac{\sqrt{V^2 - v^2}}{V}$$

代入得

$$x = -\frac{\sqrt{V^2 - v^2}}{v} D$$

而$\dfrac{\mathrm{d}^2 x}{\mathrm{d}t^2}<0$，所以 x 是极大值，但因为 x 是负值，所以这是小艇拦截住船离船的最小距离。

（2）小艇拦截住此船最迟出发的时间

$$t=\frac{D}{v\sin\theta}=\frac{DV}{v\sqrt{V^2-v^2}}$$

截住此船时离港口的距离

$$s=vt=\frac{DV}{\sqrt{V^2-v^2}}$$

解法二　此题也可用矢量图来求解。小艇相对于该船的相对速度

$$\boldsymbol{v}'=\boldsymbol{v}-\boldsymbol{V}$$

由于小艇的速度可取各种不同的方向，即与岸间的夹角可取 $0°\sim180°$ 之间的任一值。

在港口处，以小艇的速率 v 作一半圆，并作相对速度的矢量图，如图 $1-11(\mathrm{c})$ 所示，则 v' 矢量的端点必落在此半圆上。设 v' 与岸间的夹角为 φ，v' 与 v 相垂直时，φ 有一极大值 φ_m，则 $\sin\varphi_\mathrm{m}=\dfrac{v}{V}$。

如果小艇出发时，艇与船连线与岸间的夹角 $\alpha=\arctan\left(-\dfrac{D}{x}\right)$。当 α 较小时，则 x 较大，$\alpha\leqslant\varphi\leqslant\varphi_\mathrm{m}$，小艇可在船头前面拦截此船。如果 α 较大，则 x 较小，当 $\alpha>\varphi_\mathrm{m}$ 时，则不管 v 取什么方向，小艇已落在船尾之后，不能拦截此船。因此，只有当 $\alpha=\varphi_\mathrm{m}$ 时恰能拦截此船，即

$$\arctan\left(-\frac{D}{x}\right)=\arcsin\frac{v}{V}$$

解得

$$x=-\frac{D\sqrt{V^2-v^2}}{v}$$

得到与解法一相同的结果。

1.2.6　计算机作图法解题示例

【例 $1-14$】　在距离我方前沿阵地 $1\,000$ m 处，有一座高 50 m 的山丘，山上建有敌方的一座碉堡，求我方的大炮在什么角度下以最小的速度发射炮弹就能摧毁这座碉堡。

分析　这是一道常见的抛体运动问题(见图 1-12),可是它给出的数据无法得到要求的结果,这里介绍用计算机作图法来解决此问题。

解　抛体运动的轨迹方程(这里不推导,请参看有关教程)是

$$y = x\tan\theta_0 - \frac{gx^2}{2v_0^2\cos\theta_0}$$

由此式可得到发射速度 v_0 与发射角 θ_0 的关系为

$$v_0 = \sqrt{\frac{g}{2}} \, \frac{1}{\cos\theta_0 - \sqrt{x\tan\theta_0 - y}}$$

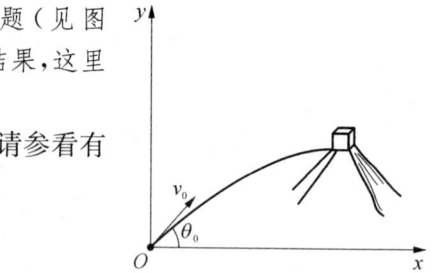

图 1-12

按常规的解法,令 $\dfrac{\mathrm{d}v_0}{\mathrm{d}\theta_0}=0$,将 x、y 的数值代入方程,即可求出击中目标炮弹的最小速度及相应的角度。可是这是一个超越方程,无法求导运算得到结果。对这样的问题,可用计算机作图法来解决。本题的计算机 MATLAB 程序附后,绘出击中目标发射炮弹的初速度与发射角度的关系曲线,如图 1-13 所示。从图中的曲线可以看到,在 $\theta_0=46.4°$ 时,摧毁敌军碉堡的最小发射速度 $v_0=101.5$ m/s。

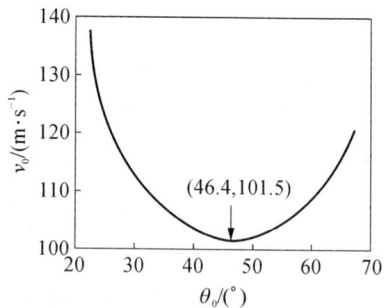

图 1-13

MATLAB 程序:

```
% 抛体运动分析(1): 图示解法
Clear
L = 1000; h = 50; g = 9.8;        % 按题意设定参数(距离,高度和重力加速度)
sita = (h/L: 1.22);                % 建立发射角度的数组
asita = 180 * sita/pi              % 将弧度转换为度
v0 = L * sqrt(g/z)./((cos(sita)). * sqrt(L * tan(sita) - h)
                                   % 按(例1-13)式计算速度数组
plot(asita, v0)                    % 画出抛射角度与发射速度的关系曲线
axia([20, 70, 100, 140])          % 设定显示图形范围
xlabel('发射角度');                  ylabel('发射速度/m/s');
[v0, n] = min(v0)                  % 取出最小速度及相应的角度序号
angle = ((n-1) * 0.01 + h/L) * 180/pi    % 计算序号为 n 的角度
```

第 2 章　牛顿运动定律

2.1　基本概念和基本规律

1. 牛顿运动三定律

1) 第一定律

又称惯性定律。任何物体都保持静止或匀速直线运动状态,直到其他物体的作用迫使它改变这种状态为止。

2) 第二定律

物体的动量对时间的变化率与该物体所受的合外力成正比,并与合外力的方向相同,即

$$\sum \boldsymbol{F} = \frac{\mathrm{d}\boldsymbol{p}}{\mathrm{d}t} = \frac{\mathrm{d}(m\boldsymbol{v})}{\mathrm{d}t}$$

当 m 为常量时,

$$\sum \boldsymbol{F} = m\boldsymbol{a}$$

3) 第三定律

两个物体相互作用时,作用力和反作用力大小相等,方向相反,且在同一直线上,即

$$\boldsymbol{F}_{12} = -\boldsymbol{F}_{21}$$

2. 力学中常见的几种力

1) 万有引力

$$\boldsymbol{F}_{21} = -G\frac{m_1 m_2}{r^2}\boldsymbol{e}_r$$

式中,$\boldsymbol{e}_r$ 为质点 1 指向质点 2 的单位矢量,$\boldsymbol{F}_{21}$ 为质点 2 对质点 1 的万有引力。G 为引力常量,$G = 6.67 \times 10^{-11} \text{ m}^3/(\text{kg} \cdot \text{s}^2)$。

重力:
$$\boldsymbol{F}_G = m\boldsymbol{g}$$

2) 弹力

包括物体对支承面的压力、支承面给物体的支承力、绳子中的张力以及弹簧作

用于物体的弹性力。

弹簧作用于物体上的弹力：$\qquad F_x = -kx\boldsymbol{i}$

式中 $\boldsymbol{i}$ 为 x 方向的单位矢量。

3) 摩擦力

滑动摩擦力：$\qquad F_{fk} = \mu_k F_N$

静摩擦力：$\qquad F_{fsmax} = \mu_s F_N$

静摩擦力的大小要根据受力情况来确定，它的大小变化范围是 $0 \leqslant F_{fk} \leqslant F_{fsmax}$。

3. 惯性系和非惯性系

惯性系是使惯性定律严格成立的参考系。在一般情况下，地球是相对较好的惯性系。

一切相对于惯性系做匀速直线运动的参考系都是惯性系。

相对于惯性系做加速运动的参考系是非惯性系。在非惯性系中，牛顿运动定律是不成立的。

4. 惯性力

在非惯性系中应用牛顿运动定律时，除了考虑物体相互作用引起的力以外，还需附加一个由于非惯性系而引起的力——惯性力，在非惯性系中适用牛顿第二定律的表达式为

$$\sum \boldsymbol{F} + \boldsymbol{F}_{惯} = m\boldsymbol{a}'$$

式中 $\boldsymbol{a}'$ 为物体相对于非惯性系的加速度。

平移加速参考系中质点所受的惯性力：

$$\boldsymbol{F}_{惯} = -m\boldsymbol{a}_0$$

式中 $\boldsymbol{a}_0$ 为非惯性系相对于惯性系的加速度。

匀速转动参考系中静止质点所受的惯性力：

$$\boldsymbol{F}_{惯} = -m\boldsymbol{a}_n = m\frac{v^2}{R}\boldsymbol{e}_r = m\omega^2 R\boldsymbol{e}_r$$

式中 $\boldsymbol{e}_r$ 为位矢 $\boldsymbol{r}$ 的单位矢量。

匀速转动参考系中质点运动时所受的惯性力为

$$\boldsymbol{F}_{惯} = mr\omega^2 \boldsymbol{e}_r + 2m\boldsymbol{v}' \times \boldsymbol{\omega}$$

科里奥利力为

$$F_{\text{科}} = 2mv' \times \boldsymbol{\omega}$$

5. 质心和质心运动定理

质心是质点系或物体的质量分布相关的一个代表点。

$$\text{质点系 } r_c = \frac{\sum m_i r_i}{\sum m_i}, \quad \text{连续体 } r_c = \frac{\int r \, dm}{\int dm}$$

质心运动定理

$$\sum \boldsymbol{F} = m \frac{d\boldsymbol{v}_c}{dt} = m\boldsymbol{a}_c$$

2.2 习题分类、解题方法和示例

应用牛顿运动定律求解质点运动的问题,按受力情况可分成恒力问题和变力问题两类。按受力的性质又可分为重力、摩擦力、张力和弹力等问题。按质点运动情况,也可分为直线运动、圆周运动或曲线运动。按不同的参考系又可以分为在惯性系中运动和在非惯性系中运动两类。

本章的习题将分成以下几种情况进行讨论。

(1) 恒力作用下的直线运动;

(2) 恒力作用下的曲线运动;

(3) 非惯性参考系中物体的运动;

(4) 变力问题;

(5) 质心的计算,质心运动定理的应用。

下面将分别讨论各类问题的解题方法,并举例加以说明。

2.2.1 恒力作用下的直线运动

对于应用牛顿运动定律的问题,一般可按下列的解题步骤进行。

1) 选取研究对象

在有关的问题中,选取一个从一切有牵连的其他物体中"隔离"出来的物体作为研究对象,加以分析,被"隔离"出来的物体称为"隔离体"。这隔离体也可以是几个物体的组合或一个物体的一部分。

2) 分析受力情况,画出受力图

分析受力情况是研究力学问题的关键。隔离体的受力情况,可用受力图来表示,受力图上应画出它受到的全部力,还必须正确地标明力的方向。这种分析物体受力的方法,叫作"隔离体法"。隔离体法是分析物体受力的有效方法,读者应熟练地掌握这种方法。应当注意,在画隔离体的示力图时,要避免多画或漏画作用力。

3) 分析物体的运动情况

先确定参考系,然后在各物体上标出它相对参考系的加速度及速度。要分清在不同条件下的运动情况。

4) 选取坐标系

根据题目的具体条件选取坐标系是解动力学问题的一个重要步骤。若坐标系选取得适当可使运算简化。

5) 列方程求解

根据选取的坐标系,由牛顿第二定律列出每一个隔离体的运动方程式。

在直角坐标系中:

$$\sum_i F_{ix} = ma_x, \quad \sum_i F_{iy} = ma_y, \quad \sum_i F_{iz} = ma_z$$

对于平面曲线运动,常采用自然坐标系:

$$\sum_i F_{it} = ma_t = m\frac{\mathrm{d}v}{\mathrm{d}t}, \quad \sum_i F_{in} = ma_n = m\frac{v^2}{\rho}$$

列方程时,如运动方程数少于未知量的数目时,还需列出必要的辅助方程,如摩擦力与支承力的关系,弹性力的关系式以及用几何关系找出加速度之间的关系式等。

列方程时,如力或加速度的方向事先不能判定,则可先假定一个方向,然后按假定方向列出方程并进行演算,演算结果为正值时,表示假定方向与实际方向一致,为负值时,则假定方向与实际方向相反。

解方程时,一般先进行文字运算,得到文字结果后,用量纲分析是否正确再代入数据,求得最后结果。这样可以避免数字重复运算,同时便于检查运算正确与否。数值运算中还应注意单位的正确使用。

6) 对结果进行分析和讨论

最后还要对结果进行分析和讨论,分析不同条件下的结果,并判断结果是否正确合理。

【例 2 - 1】 质量 $m = 10\,\text{kg}$ 的物体放在水平地面上,静摩擦因数 $\mu = 0.40$。试问:(1) 今要拉动或推动这物体,需要最小的力是多大? 方向如何? (2) 如果将这物体放在斜面上,静摩擦因数 μ 也是 0.40,斜面的倾角为 α,且 $\tan\alpha = 0.10$。现要向上或向下拉动物体,需要最小的力是多大? 方向如何?

分析　按"解题步骤",先画物体各情况的受力图,然后根据牛顿运动定律列式。考虑到推动物体,所以要克服最大静摩擦力,要求用力最小。在求得用力 **F** 的一般式后,必须求导得极值。

解　(1)(a) 在水平地面上拉的情况。

物体的受力如图 2-1 所示。要使物体开始移动,**F** 在水平方向的分力至少要等于最大静摩擦力 $F_{fmax} = \mu F_N$,于是

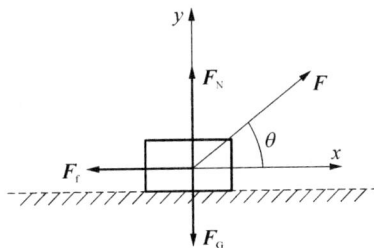

$$F\cos\theta - F_{fmax} = 0$$

$$F\sin\theta + F_N - mg = 0$$

图 2-1

由此得　$F = \dfrac{\mu mg}{\cos\theta + \mu\sin\theta}$

为了求 **F** 的最小值,则要求上式的分母为极大值,令 $\cos\theta + \mu\sin\theta = y$,求 y 的一阶导数,并令 $\theta = \theta_0$ 时等于零,即

$$\left.\frac{dy}{d\theta}\right|_{\theta_0} = -\sin\theta_0 + \mu\cos\theta_0 = 0$$

得　　　　　　　　　　　$\theta_0 = \arctan\mu = 21.8°$

于是　　　　　　　　　　$F_{min} = 36.4\ N$

求 y 的二阶导数,令 $\theta = \theta_0$,

$$\left.\frac{d^2 y}{d\theta^2}\right|_{\theta_0} = -\cos\theta_0 - \mu\sin\theta_0$$

当 $\theta_0 = \arctan\mu$ 时,$\left.\dfrac{d^2 y}{d\theta}\right|_{\theta_0} < 0$,则 y 有极大值,故 **F** 为最小值。

(b) 在水平地面上推的情况。

物体受力情况如图 2-2 所示。同样可得

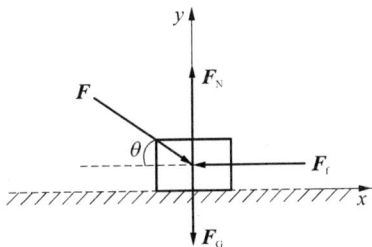

$$F = \frac{\mu mg}{\cos\theta' - \mu\sin\theta}$$

$$\left.\frac{dy}{d\theta}\right|_{\theta_0} = -\sin\theta_0 - \mu\cos\theta_0 = 0$$

$$\theta_0 = \arctan(-\mu) = -21.8°$$

$$F = 50.3\ N$$

图 2-2

当 $\theta_0 = -21.8°$ 时，$\dfrac{\mathrm{d}^2 y}{\mathrm{d}\theta}\Big|_{\theta_0} < 0$，故推力 F 也是最小值。因 θ 是负值，所以推力的方向应斜向上方，与水平面的夹角为 θ。

（2）（a）在斜面上往上拉的情况。

设外力 $\boldsymbol{F}$ 与斜面的夹角仍为 θ，物体的受力情况如图 2-3 所示，并建立坐标系，则

$$F\cos\theta - F_f - mg\sin\alpha = ma$$

$$F\sin\theta + F_N - mg\cos\alpha = 0$$

刚好可以往上拉动时，$F_{f\max} = \mu F_N$，拉动物体时所需的最小力为

$$F = \frac{mg\sin\alpha + \mu mg\cos\alpha}{\cos\theta + \mu\sin\theta}$$

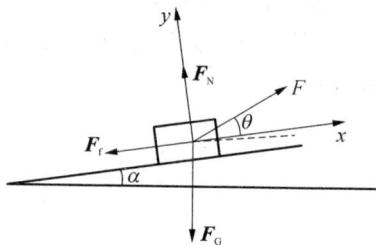

图 2-3

同上，当 $\theta = \arctan\mu = 21.8°$ 时，$\boldsymbol{F}$ 达到最小值，即

$$F_{\min} = 45.3\ \text{N}$$

（b）在斜面上往下拉物体的情况。

设外力 $\boldsymbol{F}$ 与斜面的夹角为 θ，物体的受力情况如图 2-4 所示，并建立坐标系，则

$$F\cos\theta + mg\sin\alpha - F_f = ma$$

$$F\sin\theta + F_N - mg\cos\alpha = 0$$

刚好可以往下拉动时，$F_{f\max} = \mu F_N$，由此得

$$F = \frac{\mu mg\cos\alpha - mg\sin\alpha}{\cos\theta + \mu\cos\theta}$$

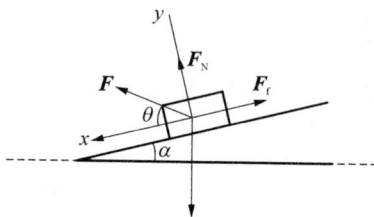

图 2-4

同上，$\boldsymbol{F}$ 的最小值对应 $\theta = \arctan\mu = 21.8°$，而

$$F = 27.0\ \text{N}$$

事实上，即使不施外力 $\boldsymbol{F}$，物体也将自行下滑。

【例 2-2】 质量为 M 的滑块 C 放置在光滑桌面上，质量均为 m 的两个重物 A 和 B 用细绳相连通过滑轮放置如图 2-5(a)所示。设重物 A 与滑块间的摩擦因数为 μ，若忽略细绳和滑轮的质量以及滑轮转轴的摩擦力，以水平力 $\boldsymbol{F}$ 作用于滑块，为使重物 A 和 B 与滑块保持相对静止，试问 F 至少应多大？

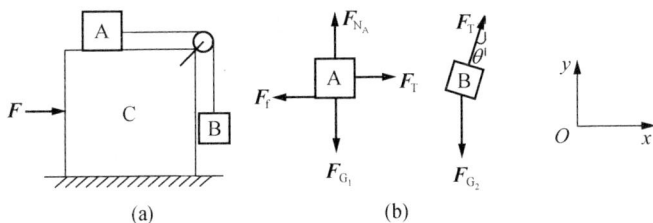

图 2 - 5

分析　当重物 A 和 B 与滑块相对静止时,它们在水平力 **F** 的作用下具有共同的加速度 **a** ,这时重物 A 应受到静摩擦力,由于重物 B 也以加速度 **a** 运动(相对于地面),所以悬挂重物 B 的细绳必定向后(向左边)倾斜,以便使 B 所受绳的拉力有向右的水平分量,提供 B 以 **a** 向右运动所需的作用力。

解　分别以重物 A 和 B 为研究对象画出受力图,如图 2 - 5(b)所示。因细绳、滑轮的质量可忽略,滑轮转轴又无摩擦力,故 A 和 B 所受绳子拉力的大小相同,均为 F_T。F_f 是静摩擦力,取直角坐标系如图所示。运用牛顿第二定律,得如下方程。

重物 A:　　x 方向　　$F_T - F_f = ma$ 　　　　　　　　①

　　　　　　y 方向　　$F_{N_A} - mg = 0$ 　　　　　　②

重物 B:　　x 方向　　$F_T \sin\theta = ma$ 　　　　　　③

　　　　　　y 方向　　$F_T \cos\theta - mg = 0$ 　　　　④

如果以两个重物 A、B 和滑块 C 整体作为一系统,此时仅受水平外力 **F** 的作用(摩擦力、绳子的张力以及重物 A 与滑块间相互作用力均为内力),三者具有相同的加速度 **a**,所以

$$F = (M + 2m)a \tag{⑤}$$

由式①、式③、式④可求得维持 A、B、C 三者相对静止所需的静摩擦力

$$F_f = ma\left[\sqrt{1 + \left(\frac{g}{a}\right)^2} - 1\right] \tag{⑥}$$

从式⑥可知,不论 a 的大小如何,总有 $F_f > 0$,即滑块施加于重物 A 的静摩擦力 F_f 的方向总是沿水平指向左方。

由于静摩擦力 $F_f \leqslant F_{f\,max}$,而由式②得

$$F_{f\,max} = \mu F_{N_A} = \mu\, mg \tag{⑦}$$

结合式⑥和式⑦得

$$ma\left[\sqrt{1+\left(\frac{g}{a}\right)^2}-1\right]\leqslant\mu\,mg$$

即

$$a\geqslant\frac{1-\mu^2}{2\mu}g$$

代入式⑤可得

$$F\geqslant\frac{1-\mu^2}{2\mu}(M+2m)g$$

讨论　因 $\mu<1$，上式右边为正值，表明 F 存在一个最小值。

【例 2 - 3】　在光滑水平面上，放一质量为 M 的三棱柱 B，它的斜面的倾角为 θ。现把一质量为 m 的滑块 A 放在三棱柱的斜面上，如图 2 - 6(a)所示。试求三棱柱相对地面的加速度、滑块相对于地面的加速度以及滑块与三棱柱之间的正压力。

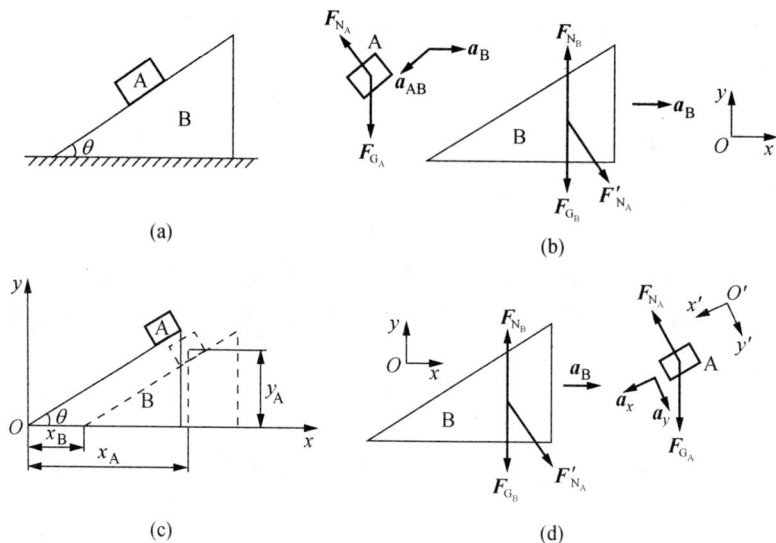

图 2 - 6

分析　三棱柱受到滑块对它的正压力作用，使它在水平面上做加速运动，滑块与三棱柱之间有相对加速度。因此解题时，如取地面为参考系，那么应用牛顿运动定律时，滑块的加速度必须是相对地面的加速度。如取棱柱为参考系，滑块除受常力外，还要考虑惯性力，此时应用牛顿定律时，滑块的加速度应是相对棱柱的加速度。

解法一 选滑块和棱柱分别为研究对象,取地面为参考系,受力情况如图 2 - 6(b) 所示。设棱柱的加速度为 a_B,滑块相对于地面的加速度为 a_A,则滑块相对于棱柱的加速度为 a_{AB},$a_{AB}=a_A-a_B$,它的方向永远沿着斜面,但 a_A 的大小和方向都是未知的。取如图的直角坐标系,设 a_A 沿坐标轴的分量为 a_{Ar} 和 a_{Ay}。根据牛顿运动定律,得滑块和棱柱的运动方程分别为

滑块: x 方向　　$-F_{NA}\sin\theta=ma_{Ar}$ 　　　　　①

　　　　y 方向　　$F_{NA}\cos\theta-mg=ma_{Ay}$ 　　　②

棱柱: x 方向　　$F_{NA}\sin\theta=Ma_B$ 　　　　　　③

　　　　y 方向

$$F_{NB}-F_{NA}\cos\theta-Mg=0(此式对解本题无用,可不列)。$$

根据相对加速度的关系式,得

$$a_{Ar}=a_B-a_{AB}\cos\theta \qquad ④$$

$$a_{Ay}=-a_{AB}\sin\theta \qquad ⑤$$

解上述方程组可得三棱柱相对地面的加速度

$$a_B=\left(\frac{m\sin\theta\cos\theta}{M+m\sin^2\theta}\right)g$$

滑块相对地面的加速度 a_A 在 x 和 y 轴上的分量

$$a_{Ar}=-\left(\frac{M\sin\theta\cos\theta}{M+m\sin^2\theta}\right)g$$

$$a_{Ay}=-\left[\frac{(M+m)\sin^2\theta}{M+m\sin^2\theta}\right]g$$

滑块相对地面的加速度的大小

$$a_A=\sqrt{a_{Ar}^2+a_{Ay}^2}=\left(\frac{\sqrt{M^2+m^2\sin^2\theta+2Mm\sin^2\theta}}{M+m\sin^2\theta}\sin\theta\right)g$$

加速度 a_A 的方向与 x 轴间的夹角

$$\varphi=\arctan\frac{v_{Ay}}{v_{Ar}}=\arctan\left[\frac{(M+m)\tan\theta}{M}\right]$$

滑块与棱柱间的正压力

$$F_{NA}=\frac{Mmg\cos\theta}{M+m\sin^2\theta}$$

　　滑块与棱柱加速度之间的关系也可以通过约束关系得到。由于滑块只能在棱柱斜面上运动,不能脱离斜面,所以它们与坐标之间存在一定的约束关系。设在某时刻,滑块与棱柱的坐标如图 2 - 6(c)所示,可以得到约束方程

$$y_A = (x_A - x_B)\tan\theta$$

两边对时间 t 求导二次,得

$$a_{Ay} = (a_A - a_{Br})\tan\theta$$

结合滑块和棱柱的运动方程式①~式③,也可以得到相同的结果。

　　解法二　如果对滑块取一轴沿斜面方向的直角坐标系,对棱柱仍取一轴沿地面的直角坐标系,如图 2 - 6(d)所示。这样滑块和棱柱的运动方程分别为

滑块:　　x 方向　　$mg\sin\theta = ma_{Ar}$

　　　　　y 方向　　$mg\cos\theta - F_{NA} = ma_{Ay}$

棱柱:　　x 方向　　$F_{NA}\sin\theta = Ma_B$

加速度之间的关系为

$$a_{Ar} = a_{AB} - a_B\cos\theta$$

$$a_{Ay} = a_B\sin\theta$$

　　联立解方程组可得

$$a_{Ar} = g\sin\theta$$

$$a_{Ay} = \left(\frac{m\sin^2\theta\cos\theta}{M + m\sin^2\theta}\right)g$$

于是滑块加速度 $\boldsymbol{a}_A$ 的大小

$$a_A = \sqrt{a_{Ar}^2 + a_{Ay}^2} = \left(\frac{\sqrt{M^2 + m^2\sin^2\theta + 2Mm\sin^2\theta}}{M + m\sin^2\theta}\sin\theta\right)g$$

滑块加速度 $\boldsymbol{a}_A$ 的方向与斜面成角

$$\varphi' = \arctan\frac{v_{Ay}}{v_{Ar}} = \arctan\frac{m\sin\theta\cos\theta}{M + m\sin^2\theta}$$

可见 $\boldsymbol{a}_A$ 的数值与上相同,但在不同坐标系中,它的分量是不同的。由此可见,坐标系的选择是任意的,但对解题的简繁影响很大。显然,第二种取坐标法较为方便。一般来说,常取其中一坐标轴方向与运动方向一致的坐标系,这样可使解题简化。

　　解法三　用非惯性系解题,请参看例 2 - 11。

【例 2 - 4】　一滑轮与一定滑轮连接三个物体,如图 2-7(a)所示。已知物体的质量分别为 m_1、m_2 和 m_3,且 $m_1 > m_2 > m_3$。略去动滑轮的质量,设绳长不变、绳子的质量不计,所有摩擦都略去。求每个物体的加速度及各绳的张力。

分析　画出各物体及动滑轮的受力图,并假设各物体的加速度方向。注意牛顿运动定律仅适用于惯性系,因此列式时,物体的加速度应以惯性系为参考。

解　以 m_1、m_2 和 m_3 为研究对象,画出受力图[见图 2-7(b)]。以地面为参考系,取坐标向下为正,设此三个物体的加速度分别 a_1、a_2、a_3,方向假设如图 2-7(b)中所示。根据牛顿运动定律,有

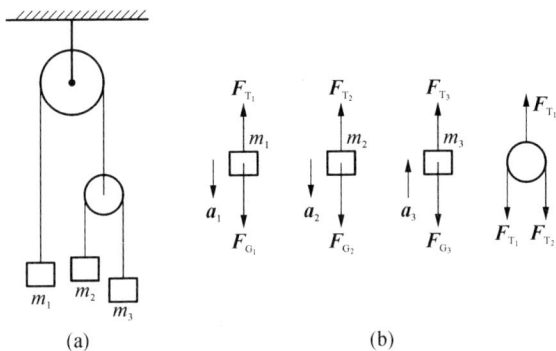

图 2 - 7

对 m_1:　　　　　　　　　　$m_1 g - F_{T_1} = m_1 a_1$　　　　　　　　　　　　①

对 m_2:　　　　　　　　　　$m_2 g - F_{T_2} = m_2 a_2$　　　　　　　　　　　　②

对 m_3:　　　　　　　　　　$mg - F_{T_2} = -ma_3$　　　　　　　　　　　　③

由于绳子的质量不计且不计摩擦,所以

$$F_{T_1} = 2F_{T_2}　　　　　　　　　　　　④$$

这里有 5 个未知数,但只有 4 个方程,尚需根据各物体运动间的关系补充方程。设物体 m_2 相对于动滑轮向下的加速度为 a'。相应地,物体 m_3 相对于动滑轮以 a' 向上做加速运动,由相对运动关系,有

$$a_2 = a' + a_1　　　　　　　　　　　　⑤$$

$$-a_3 = -a' + a_1　　　　　　　　　　　　⑥$$

联立后解以上方程,得

$$a_1 = \frac{m_1m_2 + m_1m_3 - 4m_2m_3}{m_1m_2 + m_1m_3 + 4m_2m_3}g$$

$$a' = \frac{2m_1(m_2 - m_3)}{m_1m_2 + m_1m_3 + 4m_2m_3}g$$

于是

$$a_2 = a' + a_1 = \frac{3m_1m_2 - m_1m_3 - 4m_2m_3}{m_1m_2 + m_1m_3 + 4m_2m_3}g$$

$$a_3 = a' - a_1 = \frac{-m_1m_2 + 3m_1m_3 - 4m_2m_3}{m_1m_2 + m_1m_3 + 4m_2m_3}g$$

绳子中的张力为

$$T_1 = \frac{8m_1m_2m_3}{m_1m_2 + m_1m_3 + 4m_2m_3}g$$

$$T_2 = \frac{4m_1m_2m_3}{m_1m_2 + m_1m_3 + 4m_2m_3}g$$

讨论 本题也可先假设物体 m_2 和 m_3 相对于滑轮的加速度,再根据相对运动的速度变换,得到相对于地面的加速度,这样就可以直接根据牛顿运动定律列出方程。

*【例 2-5】 在桌上有质量 $m_1 = 1.0$ kg 的木板,板与桌面间的摩擦因数 $\mu_1 = 0.5$。板上又放有质量 $m_2 = 2$ kg 的物体[见图 2-8(a)],物体与板间的摩擦因数 $\mu_2 = 0.25$。今以水平力 $F = 19.6$ N 将板从物体下抽出,试问能不能抽出?

分析 作用力 F 拉动木板时,板上物体的运动有两种可能性:一种是物体相对于木板静止;另一种可能性是物体的加速度小于木板的加速度,即物体的运动滞后于木板的运动,抽动木板时将从物体下抽出。因此,判断能否抽出,需要计算物体和木板的加速度。

解 现分两种情况分别讨论。

(1) 物体的运动滞后于木板运动的情况。

物体和木板的受力如图 2-8(b)所示。注意桌面给予木板的摩擦力以及木板与物体间的摩擦力均为滑动摩擦力,设木板的加速度为 a_1,物体的加速度为 a_2,木板和物体的运动方程为

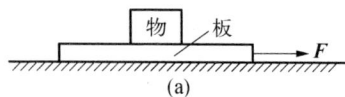

(a)

$$F - F_{f_1} - F_{f_2} = m_1 a_1$$

$$F_{N_1} - F_{N_2} - m_1 g = 0$$

$$F_{f_2} = m_2 a_2$$

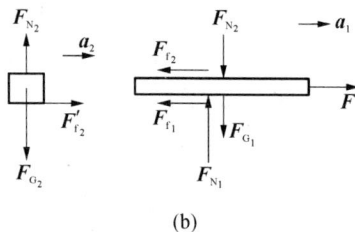

(b)

图 2-8

$$F_{N_2} - m_2 g = 0$$

又根据 $F_{f_1} = \mu_1 F_{N_1}$，$F_{f_2} = \mu_2 F_{N_2}$，联立解以上方程得

$$a_1 = \frac{F - \mu_2 m_2 g - \mu_1 (m_1 + m_2) g}{m_1}$$

$$a_2 = \mu_2 g$$

代入数据得

$$a_1 = 0, \quad a_2 = 0.25 g = 2.45 \text{ m/s}^2$$

由此可见，$a_2 > a_1$，这显然是不合理的。

（2）物体与木板相对静止，即物体与木块一起运动的情况。

在这种情况中，桌面给予木板的摩擦力为滑动摩擦力，而物体与木板间的摩擦力为静摩擦力，木板和物体的加速度相同，设为 a，于是木板与物体的运动方程为

$$F - F_{f_1} - F_{f_2} = m_1 a$$

$$F_{N_1} - F_{N_2} - m_1 g = 0$$

$$F_{f_2} = m_2 a$$

$$F_{N_2} - m_2 g = 0$$

又根据 $F_{f_1} = \mu_1 F_{N_1}$，联立解方程得

$$a = \frac{F - \mu_1 (m_1 + m_2) g}{m_1 + m_2}$$

$$F_{f_2} = m_2 \frac{F - \mu_1 (m_1 + m_2) g}{m_1 + m_2}$$

代入数据得

$$a = 1.63 \text{ m/s}^2 \quad F_{f_2} = 3.26 \text{ N}$$

由此可见，所求得的静摩擦力 F_{f_2} 小于最大静摩擦力（$F_{f_2 \max} = \mu_2 F_{N_2} = 4.9 \text{ N}$），所以物体和木块相对静止。

那么，用多大的力才能把木板抽出呢，由第一种情况可知，只有 $a_1 > a_2$ 时才能将木板从物体下抽出，根据以上计算结果得

$$\frac{F - \mu_2 m_2 g - \mu_1 (m_1 t + m_2) g}{m_2} > \mu g$$

或 $\qquad\qquad\qquad F > (\mu_1 + \mu_2)(m_1 + m_2)g$

代入数据,得

$$F > 2.25g = 22.05 \text{ N}$$

2.2.2　恒力作用下的曲线运动

【例 2 - 6】　在顶角为 2α 的圆锥顶点上,系一轻弹簧,劲度系数为 k,不挂重物时原长为 l_0,弹簧质量不计。今在弹簧的另一端挂一质量为 m 的物体,使其在光滑的圆锥面上绕圆锥轴线(竖直线)做圆周运动〔见图 2 - 9(a)〕。试求恰使物体离开圆锥面时的角速度和此时弹簧的长度。

分析　物体受到重力、弹簧的拉力以及圆锥面的支承力的作用,它在圆锥面上做圆周运动时,必受到一与向心加速度相对应的力(向心力),这个力是由这三个力的合力在圆运动半径方向上的分量提供的。当物体刚离开圆锥面时,圆锥面对它的支承力不再存在,等于零,这是计算问题的关键。

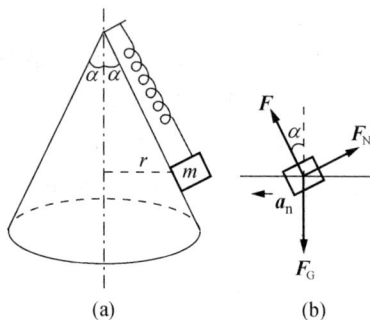

图 2 - 9

解　物体所受的力如图 2 - 9(b)所示,设物体刚要离开圆锥面时的角速度为 ω,弹簧的长度为 l,拉力为 F,应用牛顿第二定律于径向和竖直方向,则有

$$F \sin \alpha - F_N \cos \alpha = ma_n = m\omega^2 r = m\omega^2 l \sin \alpha$$

$$F \cos \alpha + F_N \sin \alpha - mg = ma_t = 0$$

此时弹簧的拉力

$$F = k(l - l_0)$$

令 $F_N = 0$,可得

$$l = l_0 + \frac{mg}{k \cos \alpha}$$

$$\omega = \sqrt{\frac{kg}{kl_0 \cos \alpha + mg}}$$

【例 2 - 7】　在半径为 R 的空心球壳内壁,有一质量为 m 的小球沿内壁的固定水平圆周做匀速转动,如图 2 - 10(a)所示。若小球与内壁之间的摩擦因数为 μ,试求小球能稳定转动的转速范围。

分析　小球在球壳内壁运动时，其所受的摩擦力的方向有两种可能：一是阻止小球下滑，摩擦力的方向沿球壳的切线向上；另一是阻止小球上滑，摩擦力的方向沿球壳的切线向下，而且它是静摩擦力，它的大小可在零和最大值 μF_N 之间。因此，讨论小球稳定转动的转速范围需从这两种情况出发。

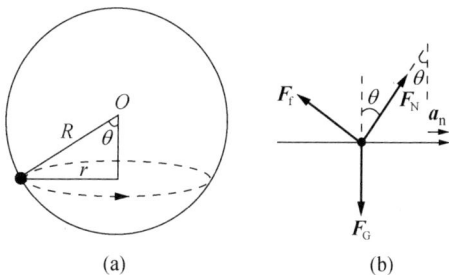

图 2-10

解　设小球所受的摩擦力沿球壳的切线向上，小球的受力情况如图 2-10(b) 所示，则小球沿径向和竖直方向的运动方程为

$$F_N \sin\theta - F_f \cos\theta = ma_n = m\omega^2 r$$

$$F_N \cos\theta + F_f \sin\theta - mg = 0$$

而

$$r = R\sin\theta$$

联立解方程得

$$F_f = m(g\sin\theta - \omega^2 R\sin\theta\cos\theta)$$

$$F_N = m(g\cos\theta - \omega^2 R\sin^2\theta)$$

由 F_f 的表达式可知：

(1) 当 $g = \omega^2 R\cos\theta$，即当 $\omega = \sqrt{\dfrac{g}{R\cos\theta}}$ 时，$F_f = 0$。

(2) 当 $g > \omega^2 R\cos\theta$，即当 $\omega < \sqrt{\dfrac{g}{R\cos\theta}}$ 时，$F_f > 0$，即方向向上。

(3) 当 $g < \omega^2 R\cos\theta$，即当 $\omega > \sqrt{\dfrac{g}{R\cos\theta}}$ 时，$F_f < 0$，即方向向下。

在 $F_f > 0$ 的情况下，若 ω 减小，则所需的摩擦力增大。设当 $\omega = \omega_{min}$ 时，$F_f = F_{f_{max}} = \mu F_N$，则由 F_f 与 F_N 的表达式，有

$$m(g\sin\theta - \omega_{min}^2 R\sin\theta\cos\theta) = \mu m(g\cos\theta + \omega_{min}^2 R\sin^2\theta)$$

解得

$$\omega_{min} = \sqrt{\frac{g(\sin\theta - \mu\cos\theta)}{R(\mu\sin\theta + \cos\theta)\sin\theta}}$$

在 $F_f < 0$ 的情况下，若 ω 增大，则所需的摩擦力的绝对值也增大。设当 $\omega = \omega_{max}$ 时，$|F_f| = |F_{f max}| = \mu F_N$，则由 F_f 与 N 的表达式，有

$$m(g \sin \theta - \omega_{max}^2 R \sin \theta \cos \theta) = -\mu m(g \cos \theta + \omega_{max}^2 R \sin^2 \theta)$$

解得

$$\omega_{max} = \sqrt{\frac{g(\sin \theta + \mu \cos \theta)}{R(\cos \theta - \mu \sin \theta) \sin \theta}}$$

由此，小球能在球壳内壁 $r = R \sin \theta$ 处稳定转动的转速范围是

$$\omega_{min} \leqslant \omega \leqslant \omega_{max}$$

即

$$\sqrt{\frac{g(\sin \theta - \mu \cos \theta)}{R(\mu \sin \theta + \cos \theta) \sin \theta}} \leqslant \omega \leqslant \sqrt{\frac{g(\sin \theta + \mu \cos \theta)}{R(\cos \theta - \mu \sin \theta) \sin \theta}}$$

【例 2-8】 一轻绳两端各系一个物体，质量分别为 m_1 和 m_2（$m_2 > m_1$），置于匀速转动的水平转盘上，两物体与盘心的距离分别为 r_1 和 r_2，设 $r_2 > r_1$（见图 2-11），物体与转盘间的摩擦因素为 μ。设讨论在不同角速度时，物体所受的摩擦力和镜子张力；求保持物体在转盘上静止所允许的最大角速度。

解 两物体的受力如图 2-11 所示，F_{f_1} 和 F_{f_2} 为两物体所受的静摩擦力，其大小将随物体运动而变化。

（1）在 ω 较小时，两物体所受的静摩擦力未达到最大静摩擦力，此时

$$F_T = 0, \quad F_{f_1} = m_1 \omega^2 r_1, \quad F_{f_2} = m_2 \omega^2 r_2$$

（2）当 ω 增至一定值 ω_1 时，F_{f_1} 和 F_{f_2} 都将增大，而 F_{f_2} 先于 F_{f_1} 达到最大静摩擦力，$F_{f_2} = F_{f_2 max} = \mu m_2 g$，此时的转速为 ω_1，由 $\mu m_2 g = m_2 \omega_1^2 r_2$ 得

图 2-11

$$\omega_1 = \sqrt{\frac{\mu g}{r_2}}$$

于是
$$F_{f_1} = m_1 \omega_1^2 r_1 = \frac{\mu m_1 g r_1}{r_2}, \quad F_{T_1} = 0$$

（3）当 $\omega > \omega_1$ 时，$F_{f_2 max}$ 保持不变，F_{f_1} 未达到最大静摩擦力，此时两物体成为

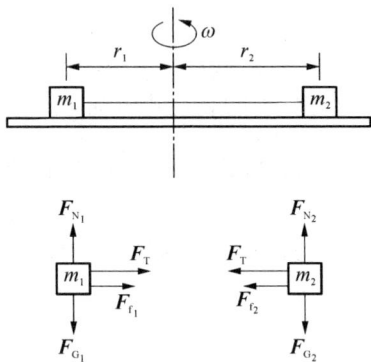

连接体,保持相对于转盘静止。应用牛顿运动定律列出两物体的运动方程:

$$F_T + F_{f2\,max} = m_2 a_2 = m_2 \omega^2 r_2$$

$$F_T + F_{f_1} = m_1 a_1 = m_1 \omega^2 r$$

可解得

$$F_{f_1} = \mu m_2 g - (m_2 r_2 - m_1 r_1)\omega^2$$

$$F_T = m(\omega^2 r - \mu g)$$

(4) ω 继续增大,直到 F_{f_1} 也达到最大静摩擦力 $F_{f1\,max} = \mu m_1 g$,此时,两物体将发生朝 m_2 向外的滑动趋势,因而,此时 F_{f_1} 的方向将与图示的方向相反,相应的 ω 是两物体能够在转盘上静止所允许的最大角速度 ω_{max},由牛顿运动定律得

$$F_T + F_{f2\,max} = m_2 a_2 = m_2 \omega_{max}^2 r_2$$

$$F_T - F_{f1\,max} = m_1 a_1 = m_1 \omega_{max}^2 r_1$$

可解得

$$\omega_{max} = \sqrt{\frac{\mu(m_1 + m_2)g}{m_2 r_2 - m_1 r_1}}$$

$$F_T = \frac{m_1 m_2 (r_1 + r_2)}{m_2 r_2 - m_1 r_1}\mu g$$

(5) 当 $\omega > \omega_{max}$ 后,两物体将不能保持相对静止,不再随圆盘做圆周运动。

*【例 2 - 9】 两个质量均为 m 的小球 A 和 B,周长为 l 的两根绳子相连,如图 2 - 12 所示。它们始终保持在同一铅直面内以恒定的角速度旋转,成为两个连在一起的圆锥摆。当摆线与铅垂线间夹角很小时,求摆的转动角速度。

分析 两球都在做圆周运动,因此必须考虑它们的法向加速度。当旋转角度很小时,可作 $\sin\theta \sim \theta$,$\tan\theta \sim \theta$ 的近似。

解 两摆球的受力情况如图 2 - 12 所示,对 A 摆,有

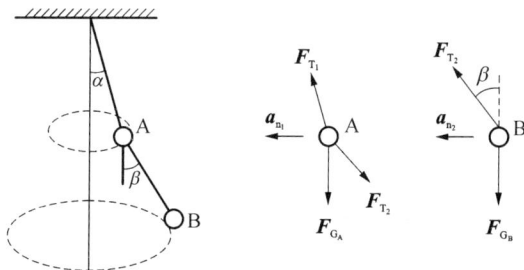

图 2 - 12

$$F_{T_1} \sin \alpha - F_{T_2} \sin \beta = ma_n = mw^2 l \sin \alpha \qquad ①$$

$$F_{T_1} \cos \alpha - F_{T_2} \cos \beta - mg = 0 \qquad ②$$

对 B 摆,有

$$F_{T_2} \sin \beta = ma'_n = m\omega^2 l (\sin \alpha + \sin \beta) \qquad ③$$

$$F_{T_2} \cos \beta - mg = 0 \qquad ④$$

由式②和式④得

$$F_{T_1} = \frac{2mg}{\cos \alpha} \quad F_{T_2} = \frac{mg}{\cos \beta}$$

代入式①和式③,消去 F_{T_1} 和 F_{T_2},可得

$$2\tan \alpha - \tan \beta = \frac{\omega^2 l}{g} \sin \alpha \qquad ⑤$$

$$\tan \beta = \frac{\omega^2 l}{g} (\sin \alpha + \sin \beta) \qquad ⑥$$

当 α 和 β 很小时,式⑤和式⑥可简化为

$$(\omega^2 l - 2g)\alpha g \beta = 0$$

$$\omega^2 l \alpha + (\omega^2 l - g)\beta = 0$$

为使以上两式的 α 和 β 有非零解,其系数行列式需满足以下条件:

$$\begin{vmatrix} (\omega^2 l - 2g) & g \\ \omega^2 l & (\omega^2 l - g) \end{vmatrix} = 0$$

即

$$\omega^4 - 4\left(\frac{g}{l}\right)\omega^2 + 2\left(\frac{g}{l}\right)^2 = 0$$

解得

$$\omega^2 = (2 \pm \sqrt{2})\frac{g}{l}$$

$$\omega = \sqrt{(2 \pm \sqrt{2})\frac{g}{l}}$$

2.2.3　非惯性参考系中物体的运动

当一个物体相对另一个做加速运动的物体做加速运动时,处理这类问题常有两种方法:一是在惯性系中,从它们之间的相对加速度得到相对于惯性系的加速

度;另一是在非惯性系中附加惯性力。

【例 2 - 10】 在升降机内的桌面上有用绳子跨过滑轮连接的两个物体,质量分别为 $m_1 = 0.1$ kg 和 $m_2 = 0.2$ kg,如图 2-13(a)所示。如升降机以加速度 $a = \dfrac{g}{2} = 4.9$ m/s² 上升。

(1)在升降机内的观察者看来,这两个物体的加速度是多少?

(2)在升降机外的观察者看来,这两个物体的加速度是多少?

分析 在机内观察,因为升降机加速上升,它是一非惯性系,两个物体都要受到惯性力。在机外观察,物体相对于地面的加速度应是物体相对升降机的加速度和升降机的加速度的合加速度。

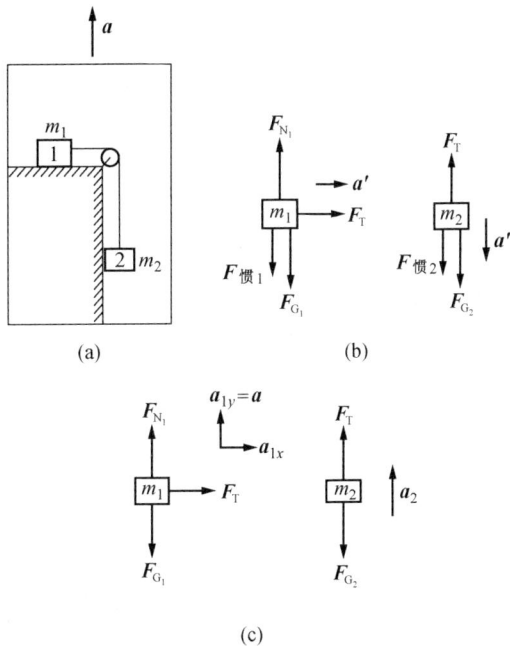

图 2 - 13

解 (1)以升降机为参考系,物体 1 受到惯性力 $F_{惯1} = -m_1 a$,物体 2 受到惯性力 $F_{惯2} = -m_2 a$,其中 a 为升降机的加速度,两个物体的受力图如图 2-13(b)所示。设在非惯性系中两物体的加速度为 a',两个物体的运动方程为

物体 1:
$$F_T = m_1 a'$$

$$F_N - m_1 g - m_1 a = 0 \qquad (此式与本题要求无关)$$

物体 2:
$$F_T - m_2 g - m_2 a = -m_2 a'$$

联立解以上两式可得
$$a' = \frac{m_2(g+a)}{m_1 + m_2}$$

代入数据得
$$a' = 9.8 \text{ m/s}^2$$

(2)以地面为参考系,设两物体相对地面的加速度分别为 a_1 和 a_2,相对升降机的加速度为 a'[见图 2-13(c)],则两物体的运动方程为

物体 1:
$$F_T = m_1 a_{1x}$$

物体 2:
$$F_T - m_2 g = m_2 a_2$$

而
$$a_{1x} = a'$$

$$a_2 = a - a'$$

联立以上方程可解得
$$a' = \frac{m_2(g+a)}{m_1+m_2} = 9.8 \text{ m/s}^2$$

于是
$$a_1 = \sqrt{a_{1x}^2 + a_{1y}^2} = \sqrt{a'^2 + a^2} = 10.8 \text{ m/s}^2$$

a_1 与竖直方向的夹角

$$\theta = \arctan\frac{a_{1x}}{a_{1y}} = \arctan\frac{a'}{a} = \arctan\frac{9.8}{4.9} = 63°26'$$

$$a_2 = a - a' = \frac{g}{2} - \frac{m_2(g+a)}{m_1+m_2} = -4.9 \text{ m/s}^2$$

所以,在地面惯性系看来,物体 2 仍然是向着地面下落,但其加速度 $a_2 = 4.9 \text{ m/s}^2$,而物体 1 不像在机内观察到的那样做水平直线运动,而是沿竖直方向成夹角 $\theta = 63°26'$ 的方向,做 $a_1 = 10.8 \text{ m/s}^2$ 的匀加速运动。

【例 2-11】 试用非惯性系观点解例 2-3。

分析 如果取三棱柱为参考系,因滑块下滑时,棱柱做加速运动,因此它是一非惯性系。滑块在此参考系中,还需考虑惯性力。

解 设棱柱的加速度为 a_B,则滑块受到惯性力 $F_惯 = -ma_B$(见图 2-14)。取轴线沿斜面的坐标系,则滑块与棱柱的运动方程分别为

滑块:
$$mg\sin\theta + ma_B\cos\theta = ma_{AB} \quad ①$$

$$mg\cos\theta - F_{N_A} - ma_B\sin\theta = 0 \quad ②$$

棱柱: $F_{N_A}\sin\theta = Ma_B \quad ③$

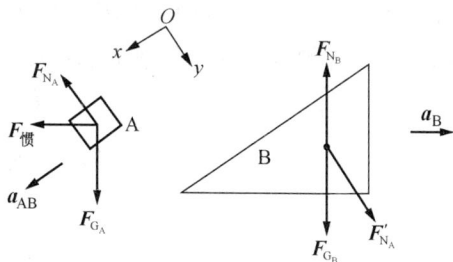

图 2-14

由式②和式③可解得

$$a_B = \frac{m\sin\theta\cos\theta}{M+m\sin^2\theta}g, \quad F_{N_A} = \frac{Mmg\cos\theta}{M+m^2\sin^2\theta}$$

代入式①得

$$a_{AB} = \frac{(M+m)\sin\theta}{M+m\sin^2\theta}g$$

由 a_A、a_B 和 a_{AB} 三者的矢量关系可得

$$a_{Ar} = a_B - a_{AB}\cos\theta, \quad a_{Ay} = -a_{AB}\sin\theta$$

代入得

$$a_A = \frac{\sqrt{M^2 + 2mM\sin^2\theta + m^2\sin^2\theta}}{M + m\sin^2\theta}\sin\theta g$$

从本例看来,用非惯性系的力学定律求解是比较方便的。

2.2.4 变力问题

物体在运动过程中所受的力随时间,或随物体的位置,或随物体的速度而变化,这时物体的加速度也是变化的。要解决这类问题,除按上述"解题步骤"进行外,还需应用牛顿运动定律的微分形式。因此,根据物体的受力情况及运动情况,正确建立物体运动的微分方程,并注意初始条件,通过解微分方程可求出物体在任一瞬时的运动情况(速度或位置)。

【例 2-12】 质量为 m 的摩托车,在恒定的牵引力 F 的作用下工作,它所受的阻力与其速率的二次方成正比,它能达到的最大速率为 v_m,试计算从静止加速到 $\dfrac{v_m}{2}$ 所需的时间以及走过的路程。

分析 这是求解在变力作用下的速度和位置问题,因此需用微分形式的动力学方程,求解时需用积分的方法。题中未给出阻力与速率之间关系的比例系数,但是我们知道,当阻力随速率增加到与牵引力大小相等时,加速度为零,此时速率达到最大。因此,根据速率最大值可以求出比例关系。

解 设摩托车沿 x 轴正方向运动,阻力 $f = -kv^2 i$,故根据牛顿定律有

$$F - kv^2 = m\frac{dv}{dt}$$

当加速度 $a = \dfrac{dv}{dt} = 0$ 时,摩托车的速率最大,因此可得

$$k = \frac{F}{v_m^2}$$

由以上两式可得

$$F\left(1 - \frac{v^2}{v_m^2}\right) = m\frac{dv}{dt}$$

分离变量,根据始末条件积分,有

$$\int_0^t \mathrm{d}t = \frac{m}{F} \int_0^{\frac{v_\mathrm{m}}{2}} \left(1 - \frac{v^2}{v_\mathrm{m}^2}\right)^{-1} \mathrm{d}v$$

得

$$t = \frac{mv_\mathrm{m}}{2F} \ln 3$$

在求摩托车所走路程时,需对变量作变换,利用 $\dfrac{\mathrm{d}v}{\mathrm{d}t} = \dfrac{\mathrm{d}v}{\mathrm{d}x}\dfrac{\mathrm{d}x}{\mathrm{d}t} = v\dfrac{\mathrm{d}v}{\mathrm{d}x}$,代入运动方程,有

$$F\left(1 - \frac{v^2}{v_\mathrm{m}^2}\right) = m\,\frac{\mathrm{d}v}{\mathrm{d}t} = mv\,\frac{\mathrm{d}v}{\mathrm{d}x}$$

分离变量,根据始末条件积分,有

$$\int_0^x \mathrm{d}x = \frac{m}{F} \int_0^{\frac{v_\mathrm{m}}{2}} v\left(1 - \frac{v^2}{v_\mathrm{m}^2}\right)^{-1} \mathrm{d}v$$

得

$$x = \frac{mv_\mathrm{m}^2}{2F} \ln\frac{4}{3}$$

【例 2-13】 某直升机的旋翼长 6.0 m。若按宽度一定、厚度均匀的薄片计算,当旋翼以 400 r/min 的转速旋转时,其根部受的拉力为其重力的几倍?

分析 因为机翼有一定的质量,当它旋转时,各部分的加速度不同,因此不能用牛顿运动定律直接求解。如果把机翼分割成许多小段,使每段的长度很小,可视作为质点处理。这样,选取机翼上任一小段分析其受力情况,列出运动方程,然后用积分法求解。对于质量连续分布的系统,这是常用的处理方法。

解 如图 2-15 所示,在旋翼上离转轴 r 处的一质元的质量

$$\mathrm{d}m = \rho S \mathrm{d}r$$

式中 ρ 为旋翼材料的密度,S 为旋翼的截面积。此质元所受的法向(沿半径指向转轴)力为 F 和 $F + \mathrm{d}F$,由牛顿运动定律有

图 2-15

$$F - (F + \mathrm{d}F) = \mathrm{d}ma_\mathrm{n} = \rho S\omega^2 r\,\mathrm{d}r$$

$$-\,\mathrm{d}F = \rho S \omega^2 r\,\mathrm{d}r$$

对上式积分，并利用条件 $r = L$ 时 $F(l) = 0$；$r = 0$ 时 $F = F_0$，有

$$\int_{F_0}^{0} \mathrm{d}F = \int_{0}^{L} -\,\rho S \omega^2 r\,\mathrm{d}r$$

得

$$F_0 = \frac{1}{2}\rho S \omega^2 L^2 = \frac{1}{2}m\omega^2 L$$

由于指向转轴（法向）的力为正值，所以旋翼根部所受的力是拉力。此拉力大小是旋翼所受重力的倍数为

$$\frac{F_0}{mg} = \frac{\omega^2 L}{2g} = \frac{(2\pi \times 400/60)^2 \times 6.0}{2 \times 9.8} = 536$$

*【例 2 - 14】 飞机以 v_0 的水平速度着陆滑行，滑行期间受到空气的阻力为 $c_x v^2$，升力为 $c_y v^2$，其中 v 是飞机滑行时的速度。设飞机轮胎与地面间的摩擦因数为 μ。试求飞机从着地到静止所滑行的时间。

分析 飞机受到的力，在滑行水平方向有地面的摩擦力、空气的阻力；在竖直方向有重力、地面支撑力以及升力。其中，阻力及升力都是与速度有关的变力，计算时需要用到积分。

解 根据受力分析，列出飞机的运动方程，取坐标系如图 2 - 16 所示。

水平方向 　$-F_f - c_x v^2 = m\dfrac{\mathrm{d}v}{\mathrm{d}t}$ 　　①

竖直方向 　$F_N + c_y v^2 - mg = 0$ 　　②

而 $F_f = \mu F_N$，代入式①，并由以上两式消去 F_N，得

$$m\frac{\mathrm{d}v}{\mathrm{d}t} = -\mu mg - (c_x - \mu c_y)v^2$$

利用 $\dfrac{\mathrm{d}v}{\mathrm{d}t} = \dfrac{\mathrm{d}v}{\mathrm{d}x}\dfrac{\mathrm{d}x}{\mathrm{d}t} = v\dfrac{\mathrm{d}v}{\mathrm{d}t}$，得

$$mv\frac{\mathrm{d}v}{\mathrm{d}t} = -\mu mg - (c_x - \mu c_y)v^2$$

图 2 - 16

分离变量积分

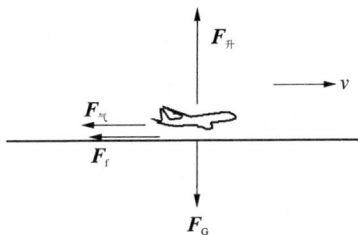

$$\int_{v_0}^{v}\frac{mv\mathrm{d}v}{\mu mg+(c_x-\mu c_y)v^2}=\int_0^x-\mathrm{d}x$$

得
$$x=-\frac{m}{2(c_x-\mu c_y)}\ln\left[\frac{\mu mg+(c_x-\mu c_y)v^2}{\mu mg+(c_x-\mu c_y)v_0^2}\right]$$

在飞机着地的瞬间，$v=v_0$，支持力 $F_N=0$，由运动方程得

$$c_y v_0^2=mg$$

于是
$$x=\frac{c_y v_0^2}{2g(c_x-\mu c_y)}\ln\left[\frac{\mu c_y v^2+(c_x-\mu c_y)v^2}{c_x v_c^2}\right]$$

设 $v_0=90\ \mathrm{km/h}$，$\dfrac{c_y}{c_x}=5$(称为升阻比)，$\mu=0.10$，计算得滑行距离 $x=221\mathrm{(m)}$。

2.2.5　质心的计算及质心运动定理的应用

对于质点系的质心，可用 $x_c=\dfrac{\sum m_i x_i}{\sum m_i}$ 计算；对于连续体的质心，则用 $x_c=\dfrac{\int x\mathrm{d}m}{\int\mathrm{d}m}$ 计算，使用时，先要选好积分元。

使用质心运动定理时，先要计算物体的质心位置，两次求导得到质心加速度。

【例 2-15】 匀质哑铃，两球的半径分别为 R_1 和 R_2，中间的圆柱半径为 r，长为 l。求此哑铃的质心。

分析　本例可视为质点系质心的计算。

解　取两球中心连线为 x 轴，原点取在圆柱的中心(见图 2-17)。设球的质量密度为 ρ。

由于对称性，质心位于两球的中心连线上，质心的位置

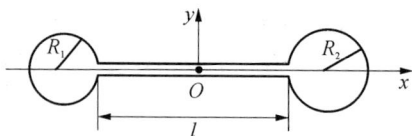

图 2-17

$$
\begin{aligned}
x_c&=\frac{m_1 x_1+m_2 x_2}{m_1+m_2+m}=\frac{\rho\dfrac{4}{3}\pi R_1^3\left[-\left(R_1+\dfrac{l}{2}\right)\right]+\rho\dfrac{4}{3}\pi R^3\left(R_2+\dfrac{l}{2}\right)}{\rho\dfrac{4}{3}\pi R_1^3+\rho\dfrac{4}{3}\pi R_2^3+\rho\pi r^2 l}\\
&=\frac{2l(R_2^3-R_1^3)+4(R_2^4-R_1^4)}{4R_1^3+4R_2^3+3r^2 l}
\end{aligned}
$$

【例 2－16】　一个半径为 R 的半圆形均匀铁丝,求它的质心。

分析　这是计算连续体的质心,需用取元积分法。

解　取坐标系如图 2－18 所示,以圆心为坐标原点。由于半圆对 y 轴对称,所以质心在 y 轴上。任意取一小段铁丝,长度为 $\mathrm{d}l$,设铁丝的线密度为 λ,则有

$$\mathrm{d}m = \lambda\,\mathrm{d}l$$

其质心　　$$y_c = \frac{\int y\,\mathrm{d}m}{\int \mathrm{d}m} = \frac{\int yn\,\mathrm{d}l}{m}$$

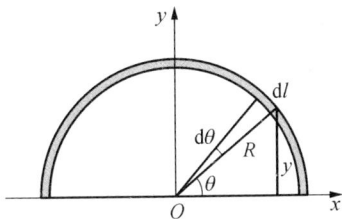

图 2－18

由于 $y = R\sin\theta$, $\mathrm{d}l = R\,\mathrm{d}\theta$, 所以

$$y_c = \frac{\int_0^\pi R\sin\theta\lambda R\,\mathrm{d}\theta}{m} = \frac{2\lambda R^2}{\lambda\pi R} = \frac{2}{\pi}R$$

即质心在 y 轴上离圆心 $\dfrac{2R}{\pi}$ 处。注意,这弯曲的半圆形铁丝的质心并不在铁丝中心处。

【例 2－17】　试求半径为 R,密度为 ρ 匀质的半球的质心。

分析　选取适当的质元,便于积分,才能得到结果。

解　取坐标轴如图 2－19 所示,由于球对称,所以质心在 y 轴上,在半球上任取一半径为 r、厚度为 $\mathrm{d}y$ 的薄圆盘作为体积元,$\mathrm{d}V = \pi r^2\mathrm{d}y$,因而

$$\mathrm{d}m = \rho\pi r^2\mathrm{d}y$$

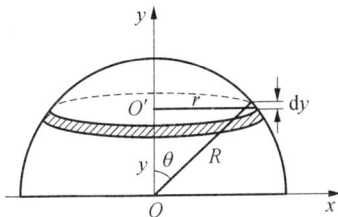

图 2－19

因 $r = R\sin\theta$, $y = R\cos\theta$, $\mathrm{d}y = -R\sin\theta\mathrm{d}\theta$

代入求质心公式并积分,得

$$
\begin{aligned}
y_c &= \frac{\int y\,\mathrm{d}m}{\int \mathrm{d}m} = \frac{\int_0^{\pi/2} R\cos\theta\rho\pi(R\sin\theta)^2(-R\sin\theta\,\mathrm{d}\theta)}{\int \mathrm{d}m}\\[2mm]
&= \frac{\rho\pi R^4\int_0^{\pi/2} -\sin^3\theta\cos\theta\,\mathrm{d}\theta}{\dfrac{1}{2}\rho\,\dfrac{4}{3}\pi R^3}\\[2mm]
&= \frac{3}{8}R
\end{aligned}
$$

【例 2 - 18】　一水泥电线杆是截顶的圆锥体(也称为圆台),如图 2 - 20 所示。两端的半径分别为 $R_1 = 20$ cm 和 $R_2 = 10$ cm,质量 $m = 100$ kg,密度均匀,但粗端着地,在细端用向上的垂直力 F 把它提起,问 F 至少应为多少?

分析　先要求出电线杆的质心位置,然后就可以根据力矩关系求得 F 的大小。

解　取电线杆的中心线为 x 轴,原点取在电线杆的粗端(见图 2 - 20),由于电线杆的粗细不均匀,在距离原点 x 处取长度为 $\mathrm{d}x$、半径为 r 的柱元,则质心位置为

$$x_c = \frac{1}{m}\int x\,\mathrm{d}m = \frac{1}{m}\int x\rho\pi r^2\,\mathrm{d}x$$

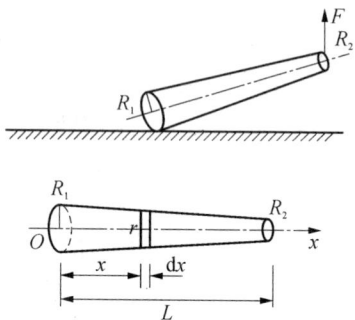

图 2 - 20

设电线杆的长度为 L,由于电线杆是截顶的圆锥体,粗端的半径是细端的 2 倍,所以此圆锥体的长度为 $2L$,于是 $\dfrac{r}{R_1} = \dfrac{2L - x}{2L}$,即 $r = \dfrac{2L - x}{2L}R$,代入得

$$x_c = \frac{\rho\pi R_1^2}{4L^2 m}\int_0^L x(2L - x)\,\mathrm{d}x$$

$$= \frac{11}{48}\frac{\rho\pi R_1^2 L^2}{m} = \frac{11}{48}\frac{\pi R_1^2 L^2}{V}$$

式中,V 为电线杆的体积。

$$V = \frac{1}{3}\pi L(R_1^2 + R_2^2 + R_1 R_2)$$

$$= \frac{1}{3}\pi L\left[R_1^2 + \left(\frac{R_1}{2}\right)^2 + R_1\left(\frac{R_1}{2}\right)\right] = \frac{7}{12}\pi L R_1^2$$

于是
$$x_c = \frac{\pi R_1^2}{4V}\frac{11}{48}L^2 = \frac{11}{28}L$$

以 O 点取力矩,有

$$FL = mgx_c$$

$$F = \frac{mgx_c}{L} = \frac{mg\,\frac{11}{28}L}{L} = \frac{11}{28}mg$$

代入数据得

$$F = 3\ 830\ \text{N}$$

力的方向竖直向上。

【例 2 - 19】 一根长为 l、质量线密度为 λ 的柔软轻链,从静止竖直自由下落,开始时轻链下端刚好与地面接触,试求下落过程中地面所受的压力。

分析 本题有多种解法,用质心运动定理时,把全部轻链看作质点组,其质心位置随着轻链的下落而降落。求出质心位置关系式后,用求导方法得到质心加速度,然后用质心运动定理进行计算。

解 设已有 $(l - g)$ 段轻链落在地面上,则质心位置

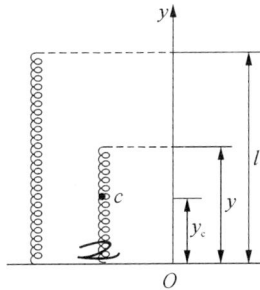

图 2 - 21

$$y_c = \frac{\sum m_i y_i}{\sum m_l} = \frac{\lambda(l - y) \cdot 0 + \lambda y \cdot \dfrac{y}{2}}{\lambda l} = \frac{y^2}{2l}$$

于是 $v_c = \dfrac{\mathrm{d}y_c}{\mathrm{d}t} = \dfrac{\mathrm{d}}{\mathrm{d}t}\left(\dfrac{y}{2l}\right) = \dfrac{y}{l}\dfrac{\mathrm{d}y}{\mathrm{d}t} = -\dfrac{y}{l}\sqrt{2g(l - y)}$

$$
\begin{aligned}
a_c = \frac{\mathrm{d}v_c}{\mathrm{d}t} &= \frac{y}{l}\frac{\mathrm{d}^2 y}{\mathrm{d}t^2} + \frac{1}{l}\left(\frac{\mathrm{d}y}{\mathrm{d}t}\right)^2 \\
&= -\frac{y}{l}g + \frac{1}{l}\left[-\sqrt{2g(l - y)}\right]^2 \\
&= \frac{2gl - 3gy}{l}
\end{aligned}
$$

由质心运动定理,有

$$F_N - \lambda l g = \lambda l a_c$$

把 a_c 代入,得地面的支持力:

$$
\begin{aligned}
F_N = \lambda l g + \lambda l a_c &= \lambda l g + \lambda l\left(\frac{2gl - 3gy}{l}\right) \\
&= 3\lambda g(l - y)
\end{aligned}
$$

这结果说明,在下落过程中,地面所受的压力等于已经落在地面上的轻链质量的 3 倍。

用动量定理求解。设已有 $(l - y)$ 一段轻链落在地面上,接着在 $\mathrm{d}t$ 时间内有 $\mathrm{d}y$ 一小段以速度 $\sqrt{2g(l - y)}$ 下落到地面上,落地后其速度降为零,故其动量改变了 $\lambda \mathrm{d}y\sqrt{2g(l - y)}$。由动量定理,这一小段给予地面的压力为 F_{N_1},根据

$$\lambda \, dy \sqrt{2g(l-y)} = F_{N_1} \, dt$$

得
$$F_{N_1} = \lambda \sqrt{2g(l-y)} \, \frac{dy}{dt}$$
$$= \lambda \sqrt{2g(l-y)} \cdot \sqrt{2g(l-y)}$$
$$= 2g\lambda(l-y)$$

地面对已落下 $(l-y)$ 段的支持力为

$$F_{N_2} = \lambda(l-y)g$$

由此得地面所受的总压力为

$$F_N = F_{N_1} + F_{N_2} = 3\lambda g(l-y)$$

第 3 章 功 和 能

3.1 基本概念和基本规律

1. 功

质点在力 $\boldsymbol{F}$ 的作用下有位移 $\mathrm{d}\boldsymbol{r}$，则力 $\boldsymbol{F}$ 做的功

$$\mathrm{d}A = \boldsymbol{F} \cdot \mathrm{d}\boldsymbol{r} = F \cos\theta \, \mathrm{d}s$$

在有限路程 $a \rightarrow b$ 中力 $\boldsymbol{F}$ 所做的功

$$A = \int_a^b \mathrm{d}A = \int_a^b \boldsymbol{F} \cdot \mathrm{d}\boldsymbol{r} = \int_a^b F \cos\theta \, \mathrm{d}s$$

重力的功：
$$A = mgh_a - mgh_b$$

弹力的功：
$$A = \frac{1}{2} k x_a^2 - \frac{1}{2} k x_b^2$$

万有引力的功：
$$A = -\left(G\,\frac{m_1 m_2}{r_a} - G\,\frac{m_1 m_2}{r_b} \right)$$

2. 动能定理

质点的动能定理：合外力对质点做的功等于质点动能的增量。公式为

$$A_{ab} = E_{kb} - E_{ka} = \frac{1}{2} m v_b^2 - \frac{1}{2} m v_a^2$$

质点系的动能定理：外力对质点系做的功和内力对质点做的功之和等于质点系总动能的增量。公式为

$$A_{外} + A_{内} = E_{kb} - E_{ka}$$

3. 势能

保守力的功：
$$\oint \boldsymbol{F} \cdot \mathrm{d}\boldsymbol{r} \equiv 0$$

保守力所做的功等于势能增量的负值,即

$$A_{ab} = -(E_{pb} - E_{pa})$$

重力势能:$E_p = mgh$,h 为相对于重力零势能处的高度。

引力势能:$E_p = -G\dfrac{m_1 m_2}{r}$,以两质点相距无限远时的引力势能为零。

弹簧的弹性势能:$E_p = \dfrac{1}{2}kx^2$,以弹簧自然长度时的势能为零,x 为弹簧的形变量。

4. 系统的功能原理

系统所受合外力做的功和非保守内力做的功的总和,等于系统机械能的增量,即

$$A_{外} + A_{非内} = E_b - E_a$$

5. 机械能守恒定律

如果一个系统只有保守内力做功,其他内力和一切外力都不做功,则系统的机械能保持不变。即

$$当 A_{外} = 0,A_{非内} = 0 时,\quad E = E_k + E_p = 常量$$

3.2 习题分类、解题方法和示例

本章的习题可分为以下几类:
(1) 功的计算;
(2) 动能定理、功能原理和机械能守恒定律的应用。
下面将分别讨论各类问题的解题方法,并举例加以说明。

3.2.1 功的计算

做功可以根据功的定义或动能定理、功能原理进行计算。对于变力做功的计算,必须先计算力作用于质点经位移元所做的元功,然后用积分法得到。在计算功时,必须认清"谁"做功,在哪个参照系中的哪一段位移上做功。

【例 3-1】 如图 3-1 所示,高为 h 的平台上有一质量为 m 的小车,用绳子跨过滑轮,由地面上的人以匀速率 v_0 行走向右拉动。当人从平台底脚处向右走了 s 的距离时,人对小车做了多少功?

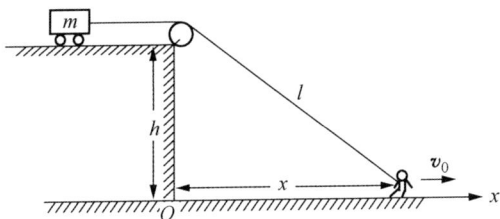

图 3 - 1

分析　人向右行走拉动小车,这是运动学第一类问题,可用求导方法得到小车运动的加速度。小车在不同的位置,它所受的拉力是不同的,它在运动过程中,人对小车做的功是变力的功,需用积分法得到。

解　取平台底脚处为坐标原点 O,则人沿 x 轴做匀速运动,其速度 $v_0 = \dfrac{\mathrm{d}x}{\mathrm{d}t}$,由题意可知,它为一定值。而小车运动速度 v 的大小应为斜绳 l 的长度变化率,即 $v = \dfrac{\mathrm{d}l}{\mathrm{d}t}$。由图可知 $l = \sqrt{h^2 + x^2}$,于是得到小车运动的速度和加速度为

$$v = \frac{\mathrm{d}l}{\mathrm{d}t} = \frac{x}{\sqrt{h^2 + x^2}} \frac{\mathrm{d}x}{\mathrm{d}t} = \frac{v_0 x}{\sqrt{h^2 + x^2}}$$

$$a = \frac{\mathrm{d}v}{\mathrm{d}t} = \frac{v_0^2 h^2}{(h^2 + x^2)^{\frac{3}{2}}}$$

所以小车所受的拉力为

$$F = ma = \frac{m v_0^2 h^2}{(h^2 + x^2)^{\frac{3}{2}}}$$

当小车移动距离 $\mathrm{d}s$ 时,人对小车所做的元功

$$\mathrm{d}A = F \mathrm{d}s = \frac{m v_0^2 h^2}{(h^2 + x^2)^{\frac{3}{2}}} \mathrm{d}s$$

小车移动的距离

$$s = l - h$$

$$\mathrm{d}s = \mathrm{d}(l - h) = \mathrm{d}l$$

代入得

$$\mathrm{d}A = \frac{mv_0^2 h^2}{(h^2 + x^2)^{\frac{3}{2}}}\mathrm{d}l = mv_0^2 h^2 \frac{\mathrm{d}l}{l^3}$$

所以小车移动 s 距离时人做的总功

$$A = \int \mathrm{d}A = \int_h^{\sqrt{h^2+s^2}} mv_0^2 h^2 \frac{\mathrm{d}l}{l^3} = \frac{mv_0^2 s^2}{2(h^2+s^2)}$$

【例 3-2】 如图 3-2 所示,传送机通过滑道将长为 L、质量为 m 的柔软匀质物体以初速 v_0 向右送上水平台面,物体前端在台面上滑动 s 距离后停下来。已知物体在滑道上的摩擦可不计,物体与台面间的摩擦因数为 μ,而且 $s > L$,试计算物体的初速。

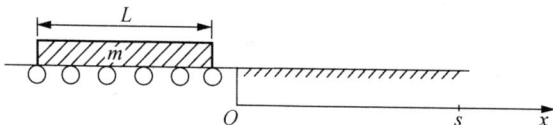

图 3-2

分析　由于物体是柔软匀质的,在物体完全滑上台面之前,它与台面之间的正压力可认为只与滑上台面的那部分物体有关,所以受到台面的摩擦力是变化的,台面对物体的摩擦力做的功需用积分法计算。由质点的动能定理可以进一步求出物体运动的速度。

解　取坐标原点 O 在台面的左端,物体所受的摩擦力大小可表示为

$$F_f = \mu F_N = \mu \frac{m}{L}gx, \quad 0 < x < L$$

$$F_f = \mu mg, \quad x \geqslant L$$

因此,当物体前端在 s 处停下来时,台面对物体的摩擦力做的功

$$A_f = \int \boldsymbol{F}_f \cdot \mathrm{d}\boldsymbol{x} = \int -F_f \,\mathrm{d}x$$

$$= -\int_0^L \mu \frac{m}{L}gx \,\mathrm{d}x - \int_L^s \mu mg \,\mathrm{d}x$$

$$= -\mu mg\left(\frac{L}{2} + s - L\right)$$

$$= -\mu mg\left(s - \frac{L}{2}\right)$$

由质点的动能定理 $A_f = \Delta E_k = 0 - \frac{1}{2}mv_0^2$，得

$$-\mu mg\left(s - \frac{L}{2}\right) = 0 - \frac{1}{2}mv_0^2$$

$$v_0 = \sqrt{2\mu g\left(s - \frac{L}{2}\right)}$$

【例 3 - 3】 一劲度系数为 k 的弹簧，一端固定在点 A，另一端连一个质量为 m 的物体，靠在光滑的半径为 R 的圆柱体表面上，如图 3 - 3(a) 所示。设弹簧的原长为 AB。在变力 $\boldsymbol{F}$ 作用下，物体极缓慢地沿表面从原长位置 B 移到圆柱体的最高点 C。求力 $\boldsymbol{F}$ 所做的功。

(a)

(b)

图 3 - 3

分析 "物体极缓慢地运动"表示物体在运动过程的每一时刻都处于力的平衡状态，物体运动的速度和加速度都可以视为零。

解 作物体的受力图［见图 3 - 3(b)］。因受力平衡，合力为零，有

$$\boldsymbol{F} + \boldsymbol{F}_N + \boldsymbol{F}_G + \boldsymbol{F}_T = 0$$

物体沿圆柱体从点 B 移到点 A，变力 $\boldsymbol{F}$ 所做的功为

$$A = \int \boldsymbol{F} \cdot d\boldsymbol{r} = \int -(\boldsymbol{F}_N + \boldsymbol{F}_G + \boldsymbol{F}_T) \cdot d\boldsymbol{r}$$

其中，$\boldsymbol{F}_N$ 与 $d\boldsymbol{r}$ 的方向互相垂直，$A_{\boldsymbol{F}_N} = 0$。

重力所做的功 $\quad A_{\boldsymbol{F}_G} = \int F_G ds = \int_0^{\pi/2} mgR\cos\theta\, d\theta = mgR$

弹性力所做的功 $\quad A_{\boldsymbol{F}_T} = \int F_T ds = \int ks\, ds = \int_0^\theta kR\theta R\, d\theta$

$$= \frac{1}{2}kR^2\left(\frac{\pi}{2}\right)^2$$

注意：$R\theta = s$ 表示弧长。$\frac{1}{4}$ 圆弧 $l = \frac{1}{4} \cdot 2\pi R = \frac{\pi}{2}R$，所以

$$A_{\boldsymbol{F}_T} = \frac{1}{2}kl^2$$

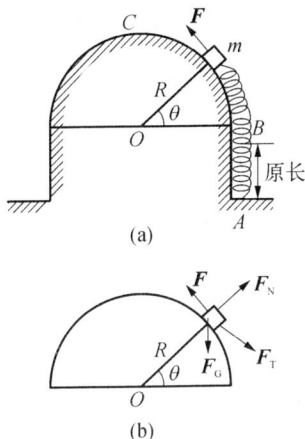

所以力 F 所做的总功为

$$A = mgR + \frac{1}{2}kl^2$$

可见,上式右侧第一项就是重力势能,第二项就是弹性势能。在地球、物体和弹簧的系统中,外力所做的功等于重力势能和弹性势能的增量。

【例 3-4】 如图 3-4 所示,一质点在外力 $F = 2y\boldsymbol{i} + 4x^2\boldsymbol{j}$ 的作用下,从原点沿 Oac、Obc、Oc 不同的路径到达 c 点,求力 F 所做的功(力的单位为 N,位移的单位为 m)。

分析　根据功的定义:

$$A = \int \boldsymbol{F} \cdot \mathrm{d}\boldsymbol{r} = \boldsymbol{F} \cdot \boldsymbol{s} = (F_x\boldsymbol{i} + F_y\boldsymbol{j}) \cdot (x\boldsymbol{i} + y\boldsymbol{j})$$

计算中用到 $\boldsymbol{i} \cdot \boldsymbol{i} = \boldsymbol{j} \cdot \boldsymbol{j} = 1$, $\boldsymbol{i} \cdot \boldsymbol{j} = \boldsymbol{j} \cdot \boldsymbol{j} = 0$。

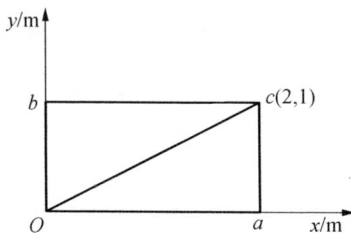

图 3-4

解　(1)质点沿路径 Oac 运动时,$\boldsymbol{F}_{Oa} = 4x^2\boldsymbol{j}$,$\boldsymbol{F}_{ac} = 2y\boldsymbol{i} + 16\boldsymbol{j}$,所做的功为

$$\begin{aligned} A_{Oa} + A_{ac} &= \int_0^a \boldsymbol{F}_{Ox} \cdot \mathrm{d}x\boldsymbol{i} + \int_a^c \boldsymbol{F}_{ac} \cdot \mathrm{d}y\boldsymbol{j} \\ &= \int_0^2 4x^2\boldsymbol{j} \cdot \mathrm{d}x\boldsymbol{i} + \int_0^1 (4y\boldsymbol{i} + 16\boldsymbol{j}) \cdot \mathrm{d}y \cdot \boldsymbol{j} \\ &= 0 + \int_0^1 16\mathrm{d}y = 16 \text{ J} \end{aligned}$$

(2)质点沿 Obc 运动时,$\boldsymbol{F}_{Ob} = 2y\boldsymbol{i}$,$\boldsymbol{F}_{bc} = 2\boldsymbol{i} + 4x^2\boldsymbol{j}$,所做的功为

$$\begin{aligned} A_{Ob} + A_{bc} &= \int_0^1 \boldsymbol{F}_{Ob} \cdot \mathrm{d}y\boldsymbol{j} + \int_0^2 \boldsymbol{F}_{bc} \cdot \mathrm{d}x\boldsymbol{j} \\ &= \int_0^1 2y\boldsymbol{i} \cdot \mathrm{d}y\boldsymbol{j} + \int_0^2 (2\boldsymbol{i} + 4x^2\boldsymbol{j}) \cdot \mathrm{d}x \cdot \boldsymbol{i} \\ &= 0 + \int_0^2 2\mathrm{d}x = 4 \text{ J} \end{aligned}$$

(3)质点沿 Oy 运动时,$\boldsymbol{F} = 2y\boldsymbol{i} + 4x^2\boldsymbol{j}$,$\mathrm{d}\boldsymbol{s} = \mathrm{d}x\boldsymbol{i} + \mathrm{d}y\boldsymbol{j}$ 所做的功为

$$\begin{aligned} A_{Oc} &= \int \boldsymbol{F} \cdot \mathrm{d}\boldsymbol{s} = \int (2y\boldsymbol{i} + 4x^2\boldsymbol{j}) \cdot (\mathrm{d}x\boldsymbol{i} + \mathrm{d}y\boldsymbol{j}) \\ &= \int_0^2 2y\mathrm{d}x + \int_0^1 4x^2\mathrm{d}y \end{aligned}$$

对于路径 Oc,$y = \dfrac{x}{2}$,则 $\mathrm{d}y = \dfrac{1}{2}\mathrm{d}x$,代入得

$$A_{Oc} = \int_0^1 2\left(\frac{x}{2}\right) \mathrm{d}x + \int_0^1 4x^2\left(\frac{1}{2}\right) \mathrm{d}x$$

$$= (2 + 0.67)\mathrm{J} = 2.67\,\mathrm{J}$$

讨论　由上结果可知,物体运动的始末位置相同,但沿不同路径外力所做的功不同。

【例 3 - 5】　用铁锤将一横铁钉击入木板,设铁钉受到的阻力与其进入木板的深度成正比,如铁锤每次击钉的速度相同,第一次将钉击入木板内 1.0 cm,问第二次能击入多少深度?

分析　由于铁钉受到的阻力与其进入木板的深度成正比,这是个变力,因此计算做功时需要用积分法。铁锤击钉时,铁锤的动能全部用来克服铁钉所受阻力做的功。

解　铁钉进入木板所受的阻力的大小为

$$F = kx$$

式中,x 为铁钉进入木板的深度;k 为常数。

设第一次击钉时,钉子进入木块的深度为 x_1,根据动能定理,有

$$A_1 = \int_0^{x_1} F\mathrm{d}x = \int_0^{x_1} kx\,\mathrm{d}x = \frac{1}{2}kx_1^2 = E_k \tag{①}$$

设第二次进入木板的深度为 x_2,则

$$A_2 = \int_{x_1}^{x_2} F\mathrm{d}x = \int_{x_1}^{x_2} kx\,\mathrm{d}x = \frac{1}{2}k(x_2^2 - x_1^2) = E_k \tag{②}$$

由于每次打击的速度相同,即它的动能 E_k 相同,由式①和式②,得

$$\frac{1}{2}kx_1^2 = \frac{1}{2}k(x_2^2 - x_1^2)$$

第二次打击的深度为

$$x_2 - x_1 = (\sqrt{2} - 1)x_1 = 0.4\,\mathrm{cm}$$

【例 3 - 6】　质量为 M 的卡车载有一质量为 m 的木箱,以速度 v 沿平直路面行驶,因故突然刹车,卡车向前滑行了一段距离,同时木箱在车上滑行了距离 l(见图 3 - 5)。已知木箱与车厢间的摩擦因数为 μ_1,卡车与地面间的摩擦因数为 μ_2。试求卡车滑行的距离。

分析　木箱在车上滑行距离 l,应用动能

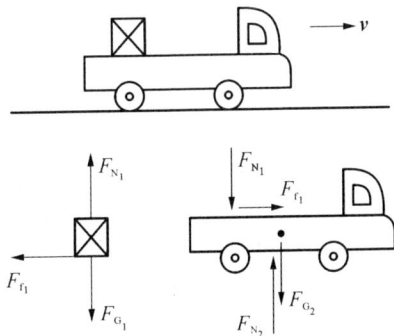

图 3 - 5

定理时,应考虑相对地面的距离。

解 (1)设卡车滑行的距离为L,则木箱相对地面滑行的距离为$l+L$。 对木箱应用动能定理,有

$$-F_{f_1}(l+L)=0-\frac{1}{2}mv^2$$

对卡车应用动能定理,有

$$-F_{f_2}L+F_{f_1}L=0-\frac{1}{2}Mv^2$$

再根据牛顿运动定律建立木箱和卡车的运动方程。

木箱:　　　　　　　$F_{f_1}=\mu F_{N_1},\quad F_{N_1}=mg$

卡车:　　　　　$F_{f_2}=\mu F_{N_2},\quad F_{N_2}=F_{N_1}+Mg$

结合以上各式,得

$$-F_{f_1}l-F_{f_2}L=-\frac{1}{2}(m+M)v^2$$

$$L=\frac{v^2}{2\mu_2 g}-\frac{\mu_1 ml}{\mu_2(M+m)}$$

(2)如以木箱与卡车作为一物体系统,应用动能定理,有

$$-F_{f_1}l-F_{f_2}L=0-\frac{1}{2}(m+M)v^2=-\frac{1}{2}(m+M)V^2$$

可得同样的结果。

讨论 对于木箱与卡车的物体系统,它们之间的摩擦力是一对内力,由于这对力的位移不同,因此这对力做的功不能抵消,它们做的元功为

$$dA=dA_1+dA_2=\boldsymbol{F}_{f_1}\cdot d\boldsymbol{r}_1-\boldsymbol{F}_{f_1}\cdot d\boldsymbol{r}_2$$

$$=\boldsymbol{F}_{f_1}\cdot(d\boldsymbol{r}_1-d\boldsymbol{r}_2)=\boldsymbol{F}_{f_1}\cdot d\boldsymbol{r}_{12}$$

即一对力做的功等于其中一个力与受该力作用的物体相对于另一物体的元位移(相对位移)的标积,故题中的摩擦力为$-F_{f_1}l_1$,它恒为负值。

3.2.2　动能定理、功能原理和机械能守恒定律的应用

力学中的很多问题,既可用动能定理计算,也可用功能原理求解。但在应用动能定理时,研究的对象一般为单个质点,它所受的外力中包括重力、弹力等一切作用力,而合外力做功的总效果等于动能的增量,对于质点系,还需考虑内力做的功。

在动能定理中各物理量均需对同一惯性参考系而言的。

应用功能原理时,研究的对象是质点系,系统中包括了地球、弹簧等有保守力作用的物体,此时重力、弹力是系统的内力,保守力的功已用势能来表示。计算势能时,必须规定势能的零点。势能零点的选取以处理问题简化为原则。

应用机械能守恒定律时,研究对象是质点系,必须把有保守力相互作用的物体都包括在内。应用该定律解题时,务必注意它的适用条件:$A_{外} = 0$,$A_{非保内} = 0$。该条件包括以下三种情况:① 在系统的状态变化过程中,没有外力和非保守内力的作用;② 虽有外力和非保守内力的作用,但都不做功;③ 外力和内力都做功,但在任一位移元中,它们所做功之和始终为零。还需注意,其中动能是对同一惯性参考系而言的。

【例 3 - 7】　一质量为 m 的重环,悬挂于弹簧上,弹簧的劲度系数为 k,其另一端固定在沿垂面内圆环的最高点 A,如图 3 - 6 所示。设弹簧的原长与圆环的半径 R 相等。将小环套在圆环上,并使弹簧从原长 B 点无初速地沿着圆环滑至最低点 C 时,它的速度是多大? 它对圆环的压力多大?

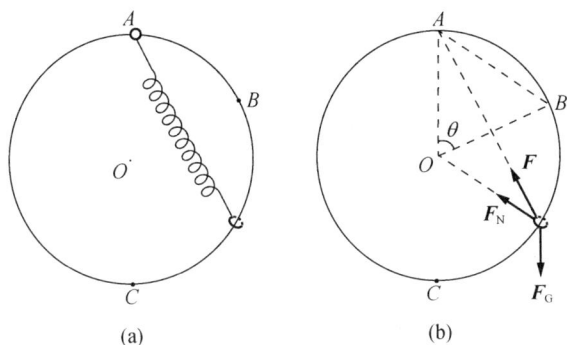

(a)　　　　　(b)

图 3 - 6

分析　本题可用多种方法求解,既可用牛顿运动定律求解,也可用动能定理、功能原理或机械能守恒定律求解。但是,不管用哪种方法求解,首先要弄清物体的受力情况,然后选取单个物体或物体系作为研究对象,确定使用这些规律是否满足已知的条件,最后根据所适用的规律列式求解。

解法一　用动能定理求解。

小环在任一位置受到三个力的作用:重力 $\boldsymbol{F}_G$,弹簧的弹力 $\boldsymbol{F}$ 和圆环对小环的支承力 $\boldsymbol{F}_N$,如图 3 - 6(b)所示。小环在圆环上滑动过程中,支承力 $\boldsymbol{F}_N$ 不做功,只有重力和弹性力做功。如用动能定理来计算小环到达 C 点时的速度,那么只以小环为研究对象,重力和弹性力都是外力。由质点的动能定理有

$$A_F + A_{F_G} = \Delta E_k$$

由于重力和弹性力是保守力,它做的功与路径无关,所以从 B 点到 C 点的运动过程中有

$$A_F = 0 - \frac{1}{2}k(2R - R)^2 = -\frac{1}{2}kR^2$$

$$A_{F_G} = mg(R + R\cos\theta) = mg(R + R\cos\theta)$$

即弹性力做负功,而重力做正功,于是

$$-\frac{1}{2}kR^2 + mg(R + R\cos 60°) = \frac{1}{2}mv_C^2 - 0$$

$$v_C = \sqrt{\frac{3mgR - kR^2}{m}}$$

在最低点 C 处,小环的运动方程

$$F + F_N - mg = m\frac{v_C^2}{R}$$

$$k(2R - R) + F_N - mg = m\frac{v_C^2}{R}$$

$$F_N = mg + m\frac{v_C^2}{R} - kR$$

$$= 4mg - 2kR$$

解法二 用功能原理求解。

这时小环和地球、弹簧组成一系统,重力和弹性力为系统的内力,由于它们是保守力,所以小环具有重力势能和弹性势能。计算势能时,必须选零势能面。现在取通过 C 点的水平面为重力场的零势能面;取以 A 为中心、以弹簧原长为半径的球面为弹性力场的零势能面。于是,由功能原理 $A_{外} + A_{内} = E_B - E_C$ 有

$$0 = mg(R + R\cos 60°) - \left[\frac{1}{2}mv_C^2 + \frac{1}{2}k(2R - R)^2\right]$$

得到与上相同的结果。

解法三 用机械能守恒定律求解。

对小环与地球、弹簧组成的系统来说,在小环滑动过程中,没有外力和内力做

功,所以机械能守恒,由此得

$$\frac{1}{2}mv_C^2 + \frac{1}{2}k(2R-R)^2 = mg(R+R\cos 60°)$$

同样得到与上相同的结果。

【例 3-8】 一长为 l,质量为 m 的均匀柔软链条,一段水平放在桌面上,另有一小段自桌上下垂[见图 3-7(a)]。链条与桌面间的摩擦因数为 μ,与桌边的摩擦不计。(1)下垂部分的长度 x_0 为多大时,链条开始下滑?(2)当整个链条刚脱离桌面时,其下落的速度为多大?

分析 对于链条刚脱离桌面时下落的速度,可用牛顿运动定律求解,也可用动能定理或功能原理求解。如以链条为研究对象,它受到重力、桌面的摩擦力以及链条间的相互作用力。链条在运动过程中,重力和摩擦力要做功,链条间的相互作用力是一对内力,总功为零。应用动能定理求解

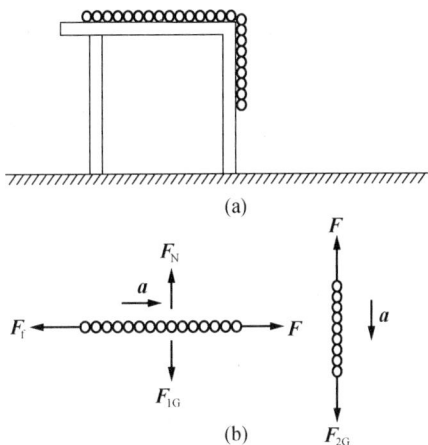

图 3-7

时,研究对象是链条,它所受的重力和摩擦力是外力;而应用功能原理求解时,研究对象是链条和地球组成的系统,则重力是内力,摩擦力是外力。对于这样的系统,在运动过程中,外力摩擦力要做功,所以机械能不再守恒。

解 (1)把链条分成桌上和下垂的两部分,设下垂部分的长为 x,则桌上的部分长 $l-x$,其受力图如图 3-7(b)所示。由牛顿运动定律得

$$F - F_f = \frac{m}{l}(l-x)a \qquad ①$$

$$F_f = \mu F_N = \mu \frac{m}{l}(l-x)g \qquad ②$$

$$\frac{m}{l}xg - F = \frac{m}{l}xa \qquad ③$$

当 $F \geqslant F_{max}$ 时链条下滑,设链条开始下滑时的长度为 x_0,由式①和式②两式可得

$$\frac{m}{l}x_0 g - \mu \frac{m}{l}(l-x_0)g = 0$$

$$x_0 = \frac{\mu}{1+\mu}l$$

(2) **解法一**　用牛顿运动定律求解。

由式①、式②、式③得

$$\frac{m}{l}xg - \mu\frac{m}{l}(l-x)g = ma$$

而 $a = \dfrac{\mathrm{d}v}{\mathrm{d}t} = \dfrac{\mathrm{d}v}{\mathrm{d}x}\dfrac{\mathrm{d}x}{\mathrm{d}t} = v\dfrac{\mathrm{d}v}{\mathrm{d}x}$，代入上式可得

$$\frac{1}{l}(1+\mu)xg - \mu g = v\frac{\mathrm{d}v}{\mathrm{d}x}$$

分离变量积分得

$$v\,\mathrm{d}v = \left[\frac{1}{l}(1+\mu)gx - \mu g\right]\mathrm{d}x$$

$$\int_0^v v\,\mathrm{d}v = \int_{x_0}^l \left[\frac{1}{l}(1+\mu)gx - \mu g\right]\mathrm{d}x$$

$$\frac{1}{2}v^2 = \left[\frac{1}{2l}(1+\mu)g(l^2-x_0^2) - \mu g(l-x_0)\right]$$

以 x_0 值代入，化简得

$$v = \sqrt{\frac{gl}{l+\mu}}$$

解法二　用动能定理求解。

以整个链条为研究对象，所受的外力为重力和摩擦力，在链条下滑过程中，重力做的功

$$A_P = \int_{x_0}^l \frac{m}{l}xg\,\mathrm{d}x = \frac{m}{2l}(l^2-x_0^2) = \frac{mgl(1-2\mu)}{2(1+\mu)^2}$$

摩擦力做的功

$$A_f = \int_{x_0}^l -\mu\frac{m}{l}(l-x)g\,\mathrm{d}x = -\frac{\mu mg}{2l}(l-x_0)^2$$

$$= -\frac{\mu mgl}{2(1+\mu)^2}$$

由动能定理得
$$A_P + A_f = \frac{1}{2}mv^2$$

$$v = \sqrt{\frac{gl}{1+\mu}}$$

解法三 用功能原理求解。

以链条与地球为系统,取桌面为重力势能的零点,则由系统的功能原理得

$$A_f = (E_k + E_p) - (E_{k0} - E_{p0}) -$$

$$\frac{\mu mgl}{2(1+\mu)^2} = \left[\frac{1}{2}mv^2 + \left(-\frac{l}{2}mg\right)\right] - \left[0 + \left(-\frac{m}{l}l_0\frac{l_0}{2}g\right)\right]$$

整理可得

$$-\frac{\mu mgl}{2(1+\mu)^2} = \frac{1}{2}mv^2 - \frac{ml}{2}g + \frac{ml_0^2}{2R}g$$

同样可解得

$$v = \sqrt{\frac{gl}{1+\mu}}$$

【例 3 - 9】 质量为 m 的地球卫星,沿圆轨道绕地球运行。已知地球的质量为 M_E,半径为 R_E。(1) 要使卫星进入半径 $r = 2R_E$ 的圆轨道,其发射速度至少应多大? (2) 要使卫星飞离地球至无穷远处,至少应做多少功?

分析 由于卫星在地球引力作用下绕地球作圆周运动,所以对卫星和地球系统来说,卫星既有动能又有引力势能。在没有其他外力的作用下,机械能是守恒的,由此可求出发射卫星的速度。

解 (1) 在 $r = 2R_E$ 轨道上运行的卫星,其动能和引力势能分别为

$$E_{k1} = \frac{1}{2}mv^2, \quad E_{p1} = -G\frac{mM_E}{2R_E}$$

而由万有引力定律及牛顿运动定律得

$$G\frac{mM_E}{(2R_E)^2} = m\frac{v^2}{2R_E}$$

$$v^2 = G\frac{M_E}{2R_E}$$

所以

$$E_{k_1} = G\,\frac{mM_E}{4R_E}$$

在地面上发射的卫星,其引力势能

$$E_{p_2} = -G\,\frac{M_E m}{R_E}$$

设发射时的速度为 v_2,则动能

$$E_{k_2} = \frac{1}{2}mv_2^2$$

由机械能守恒定律可知

$$E_{p_1} + E_{k_1} = E_{p_2} + E_{k_2}$$

$$-G\,\frac{M_E m}{2R_E} + G\,\frac{M_E m}{4R_E} = -G\,\frac{M_E m}{R_E} + \frac{1}{2}mv_2^2$$

由此可得最小发射速度

$$v_2 = \sqrt{\frac{3}{2}\,\frac{GM_E}{R_E}} = \sqrt{\frac{3}{2}R_E g}$$

(2)卫星沿圆轨道绕地球运行时,其机械能

$$E = E_k + E_p = -G\,\frac{mM_E}{R_E} + G\,\frac{mM_E}{2R_E} = -G\,\frac{mM_E}{2R_E}$$

在无穷远处的机械能 $E' = 0$,所以使卫星飞离地球至无穷远处做功的最小值

$$A = E' - E = G\,\frac{mM_E}{2R_E} = \frac{1}{2}mgR_E$$

*【例 3-10】　一轻质光滑圆环,半径为 R,用细线悬挂起来。两个质量都是 m 的小圆环套在大圆环上,可以无摩擦地滑动。今使两小圆环从大圆环顶端同时向两边下滑。问滑到何处(用 θ 表示),大圆环刚能升起。

分析　小圆环下落过程中,给大环作用力,其大小和方向随小环的运动速度和角度而变化,由压力转变为拉力,因而必须找到大圆环上升的必要条件。

解　小环受到重力和大圆环的支持力,由于小环在做圆周运动,当小环在角 θ 位置以速度 v 运动时,有

$$mg\cos\theta - F_N = m\,\frac{v^2}{R} \qquad\qquad ①$$

由于大圆环对小圆环的支持力不做功,两小圆环在重力场中机械能守恒,故有

$$\frac{1}{2}mv^2 = mgR(1-\cos\theta) \qquad ②$$

其中,取大圆环的中心为重力势能零点。

两小圆环对大圆环的合力为 $2F_N\cos\theta$,当 θ 很小时,此合力向下,当 $\boldsymbol{F}_N$ 反向后,此合力向上,因此开始上升的条件是

$$2F_N\cos\theta = 0,即 \ F_N = 0 \qquad ③$$

由式①和式②结合条件(式③)解得

$$mg\cos\theta = 2mg(1-\cos\theta)$$

即

$$\cos\theta = \frac{2}{3}, \ \theta = \arccos\frac{2}{3} = 46.8°$$

当 $\cos\theta > \dfrac{2}{3}$ 时,$F_N > 0$ 为压力;当 $\cos\theta < \dfrac{2}{3}$ 时,$F_N < 0$,为拉力。

如考虑大圆环的质量为 M,且小圆环给予大圆环向上的正压力,从而减小悬挂大圆环的绳子中的张力 $\boldsymbol{F}_T$。当 $\boldsymbol{F}_T$ 减到零时,大圆环开始升起,其关系式如下:

$$F_N + mg\cos\theta = \frac{mv^2}{R}$$

$$\frac{1}{2}mv^2 = mgR(1-\cos\theta)$$

$$F_T - Mg + 2F_N\cos\theta = 0$$

联立解以上三式,得

$$\cos\theta = \frac{1}{3}\left(1 \pm \sqrt{1-\frac{3M}{2m}}\right)$$

求小角,取正号,即

$$\theta_{\min} = \arccos\left[\frac{1}{3}\left(1+\sqrt{1-\frac{3M}{2m}}\right)\right]$$

当 $m = \dfrac{2}{3}M$ 或 $\dfrac{m}{M} = \dfrac{3}{2}$,大圆环上升时,小圆环的位置是

$$\theta_{\min} = \arccos\frac{1}{3} = 70.5°$$

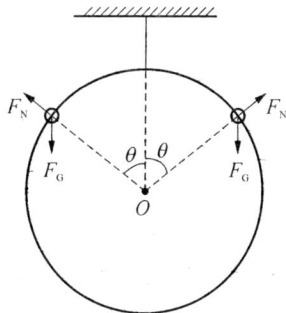

图 3-8

第 4 章　动量与角动量

4.1　基本概念和基本规律

1. 动量和冲量

动量
$$p = mv$$

冲量
$$I = F(t_2 - t_1) \quad （恒力）$$
$$I = \int_{t_1}^{t_2} F \, \mathrm{d}t \quad （变力）$$

2. 动量定理

合外力的冲量等于质点(或质点系)动量的增量。

对质点：
$$\int_{t_1}^{t_2} F \, \mathrm{d}t = m v_2 - m v_1$$

对质点系：

$$\int_{t_1}^{t_2} \sum_{i=1}^{n} F_i \, \mathrm{d}t = \sum_{i=1}^{n} m_i v_{i2} - \sum_{i=1}^{n} m_i v_{i1}$$

3. 动量守恒定律

若系统不受外力或所受外力的合力为零时,则系统的总动量保持不变。即

$$当 \sum F_i = 0 \ 时, \quad \sum m_i v_i = 常矢量$$

4. 质心运动定理

质心：

$$r_c = \frac{\sum m_i r_i}{\sum m_i}, \quad r_c = \frac{\int r \, \mathrm{d}m}{\int \mathrm{d}m}$$

质心运动定理：

$$\sum F_i = \frac{\mathrm{d}}{\mathrm{d}t}\left(\sum m_i v_i\right) = m a_c$$

5. 质点的角动量和角动量守恒定律

对于某一定点的角动量：$L = r \times mv$　　r 为质点相对定点的位矢。

角动量定理：质点或质点系所受的合外力矩 M 等于它的角动量对时间的变化率，即

$$M = \frac{\mathrm{d}L}{\mathrm{d}t} \quad \text{或} \quad \int_{t_1}^{t_2} M \,\mathrm{d}t = L_2 - L_1$$

而力 F 对定点的力矩

$$M = r \times F$$

r 为力 F 的作用点对定点的位矢。

角动量守恒定律：对于某定点，质点所受的合外力矩为零时，则此质点对该定点的角动量守恒。即

$$\text{当 } M = 0 \text{ 时}, \quad L = \text{常矢量}$$

4.2　习题分类、解题方法和示例

（1）动量定理和动量守恒定律的应用；

（2）变质量问题；

（3）质点的角动量定理和角动量守恒定律的应用；

（4）力学运动规律对质点的综合应用。

下面将分别讨论各类问题的解题方法，并举例加以说明。

4.2.1　动量定理和动量守恒定律的应用

动量是矢量，在考虑动量的变化时，需用矢量法计算，用矢量图或用矢量投影法求解。对于力对时间的累积作用问题，如果不考虑作用过程的细节，只考虑某段时间内力对物体的总效果，可用动量定理来解题，它比用牛顿运动定律解题简便。

使用动量定理时应注意：① 作用于质点上的冲量是合力的冲量；② 动量定理的表达式是矢量式，计算时可用它的分量式；③ 只适用于惯性系。在冲击问题中，冲力作用的时间是短暂的，但冲力很大，所以一些常见力（例如重力、摩擦力等）的冲量可略去。

动量守恒定律适用于系统，系统选择后，应分清内力和外力，只有当系统所受的合外力为零时，系统的动量才守恒。但有时在极短的时间内，系统所受的合外力

远小于系统内相互作用的内力,故可以忽略不计,此时系统仍然可以满足动量守恒定律。在实际问题中,虽然系统所受的合外力不为零,但合外力在某方向的分量为零,则动量在该方向的分量守恒。动量守恒定律只适用于惯性系,系统内各质点的速度都是相对于同一惯性系的。

【例 4 - 1】　质量为 50 g 的乒乓球,以速率 $v_1 = 10$ m/s 飞向乒乓板,推挡后以速率 $v_2 = 8$ m/s 飞出。设推挡前后乒乓球的运动方向与板的夹角分别为 $30°$ 和 $60°$,如图 4 - 1(a)所示。如碰撞时间是 0.1 s,求板施于小球的冲力。

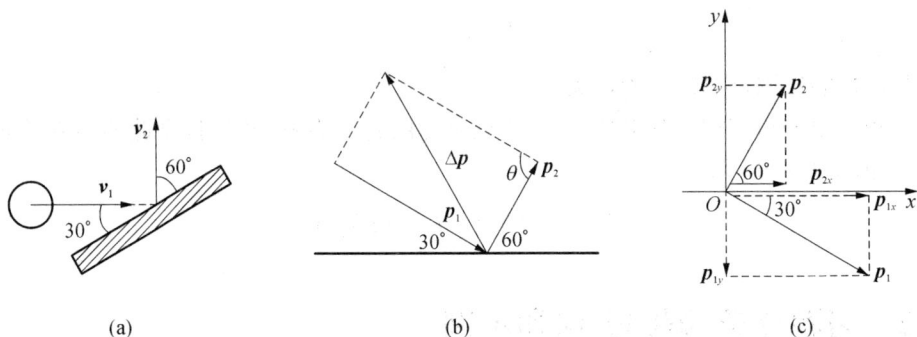

(a)　　　　　　　　　(b)　　　　　　　　　(c)

图 4 - 1

分析　由于小球与板的碰撞时间很短,而且它们之间的相互作用是变力,每一瞬时的运动情况无法确定,但此过程的始末状态是已知的,因此可用动量定理来求解。由于动量和冲量都是矢量,所以计算时需用矢量运算法则。

解法一　几何法。

小球的动量增量

$$\Delta \boldsymbol{p} = \boldsymbol{p}_2 - \boldsymbol{p}_1 = \boldsymbol{p}_2 + (-\boldsymbol{p}_1)$$

作矢量图如图 4 - 1(b)所示,得

$$
\begin{aligned}
|\Delta \boldsymbol{p}| &= \sqrt{p_1^2 + p_2^2 - 2 p_1 p_2 \cos \theta} \\
&= \sqrt{p_1^2 + p_2^2 - 2 p_1 p_2 \cos(30° + 60°)} \\
&= m \sqrt{v_1^2 + v_2^2 - 2 v_1 v_2 \cos 90°} \\
&= 0.05 \sqrt{(10)^2 + (8)^2 - 2 \times 10 \times 8 \times (1)} \text{ kg} \cdot \text{m/s} \\
&= 0.64 \text{ kg} \cdot \text{m/s}
\end{aligned}
$$

根据动量定理,小球所受的平均冲力大小

$$f = \frac{I}{\Delta t} = \frac{\Delta p}{\Delta t} = \frac{0.64}{0.1} \text{ N} = 6.40 \text{ N}$$

冲力的方向与 x 轴间的夹角

$$\varphi = \arctan \frac{p_1 \sin 30° + p_2 \sin 60°}{p_2 \cos 60° - p_1 \cos 30°}$$

$$= \arctan \frac{m \times \left(10 \times \dfrac{1}{2} + 20 \times \dfrac{\sqrt{3}}{2}\right)}{m \times \left(20 \times \dfrac{1}{2} - 10 \times \dfrac{\sqrt{3}}{2}\right)}$$

$$= \arctan\left(\frac{0.60}{0.23}\right) = 111°$$

解法二　解析法。

将小球的动量 $\boldsymbol{p}_1$ 和 $\boldsymbol{p}_2$ 分成 x 方向和 y 方向的分矢量[见图 4 - 5(c)]，则 x 方向和 y 方向的动量增量

$$\Delta p_x = p_{2x} - p_{1x}$$
$$= mv_2 \cos 60° - mv_1 \cos 30°$$
$$= 0.05 \times \left(20 \times \frac{1}{2} - 10 \times \frac{\sqrt{3}}{2}\right) \text{ kg} \cdot \text{m/s} = 0.23 \text{ kg} \cdot \text{m/s}$$

$$\Delta p_y = p_{2y} - p_{1y}$$
$$= mv_2 \sin 60° - (- mv_1 \sin 30°) = 0.60 \text{ kg} \cdot \text{m/s}$$

所以

$$\Delta p = \sqrt{\Delta p_x^2 + \Delta p_y^2} = \sqrt{(0.23)^2 + (0.60)^2} \text{ kg} \cdot \text{m/s} = 0.64 \text{ kg} \cdot \text{m/s}$$

$\Delta \boldsymbol{p}$ 与 x 轴间的夹角

$$\varphi = \arctan \frac{\Delta p_y}{\Delta p_x} = \arctan \frac{0.60}{0.23} = 111°$$

得到与解法一相同的结果。

【例 4 - 2】　如图 4 - 2(a)所示，用传送带运送煤粉，料斗口在传送带上方高 $h = 0.5$ m 处，煤粉自料斗口连续自由落在传送带上。单位时间落煤量 $q_m = 40$ kg/s，如传送带以 $v = 2.0$ m/s 恒定的水平速度运动，求煤粉落于传送带过程中对传送带的作用力(不计落在传送带上相对静止煤粉的质量)。

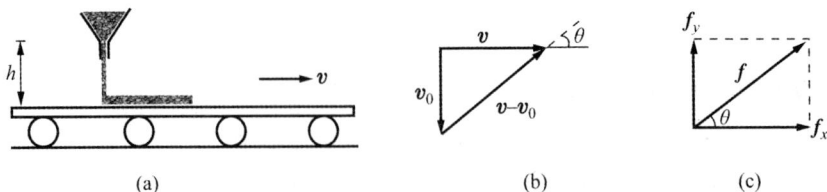

图 4 - 2

分析　由于煤粉落在传送带上为连续碰撞,考虑这类问题,应取在 Δt 时间内落在传送带上质量 Δm 的煤粉为研究对象,在碰撞过程中,遵从动量原理,由此可求出平均冲力。

解法一　取 t 到 $t + \Delta t$ 时间内落到传送带上的煤粉为研究对象,在此时间内,落到传送带上煤粉的质量

$$\Delta m = q_m \Delta t$$

煤粉在碰撞传送带前的瞬间,由于自由下落具有竖直向下的速度 $v_0 = \sqrt{2gh}$,因此,初动量 $\boldsymbol{p} = \Delta m v_0$。在受到传送带作用后,煤粉随传送带一起以速度 v 运动,末动量 $\boldsymbol{p} = \Delta m v$。故煤粉受到传送带的作用力 $\boldsymbol{f}$ 及自身的重力 $\Delta m \boldsymbol{g}$。由动量定理,有

$$(\boldsymbol{f} + \Delta m \boldsymbol{g}) \Delta t = \Delta m \boldsymbol{v} - \Delta m \boldsymbol{v}_0$$

则

$$\boldsymbol{f} = \frac{\Delta m}{\Delta t}(\boldsymbol{v} - \boldsymbol{v}_0) - \Delta m \boldsymbol{g}$$

$$= q_m(\boldsymbol{v} - \boldsymbol{v}_0) - \Delta m \boldsymbol{g}$$

在这类问题中,动量的变化率,即 $q_m(\boldsymbol{v} - \boldsymbol{v}_0)$ 是有限量,而 Δt 时间内落下的煤粉的质量却是一个微小量,因而可以忽略不计。所以,煤粉受到的作用力

$$\boldsymbol{f} = q_m(\boldsymbol{v} - \boldsymbol{v}_0)$$

由矢量图[见图 4 - 2(b)]可知

$$f = q_m\sqrt{v^2 + v_0^2} = q_m\sqrt{v^2 + 2gh}$$

代入数据得

$$f = 40 \times \sqrt{(2.0)^2 + 2 \times 9.8 \times 0.5} \text{ N} = 149 \text{ N}$$

f 与传送带间的夹角

$$\theta = \arctan \frac{v_0}{v} = \arctan \frac{\sqrt{2gh}}{v}$$

$$= \arctan \frac{\sqrt{2 \times 9.8 \times 0.5}}{2.0} = 57°4'$$

由牛顿第三定律,煤粉对传送带的作用力 $f' = f = 149$ N,方向与 $\boldsymbol{f}$ 相反。

解法二　把传送带给煤粉的平均作用力 $\boldsymbol{f}$ 分解成 f_x 和 f_y 两个分量[见图 4 - 2(c)],由动量定理得

$$f_x \Delta t = \Delta m v - 0$$

$$f_y \Delta t = 0 - (-\Delta m \boldsymbol{v}_0)$$

将 $\Delta m = q_{\mathrm{m}} \Delta t$ 代入得

$$f_x = q_{\mathrm{m}} v, \quad f_y = q_{\mathrm{m}} v_0 = q_{\mathrm{m}} \sqrt{2gh}$$

于是

$$f = \sqrt{f_x^2 + f_y^2} = q_{\mathrm{m}} \sqrt{v^2 + 2gh}$$

$$\theta = \arctan \frac{f_y}{f_x} = \arctan \frac{\sqrt{2gh}}{v}$$

得到与上相同的结果。

解法三　设 t 时刻传送带上煤粉的质量为 M,在此后 Δt 时间内有 Δm 的煤粉落在传送带上。取 $M + \Delta m$ 为研究对象,则 t 时刻的总动量在水平方向的分量

$$p_x(t) = Mv + \Delta m \cdot 0 = Mv$$

在 $t + \Delta t$ 时刻系统的总动量在水平方向的分量

$$p_x(t + \Delta t) = (M + \Delta m)v$$

由动量定理可知

$$f_x \Delta t = p_x(t + \Delta t) - p_x(t) = \Delta m v$$

$$f_x = \frac{\Delta m}{\Delta t} v = q_{\mathrm{m}} v$$

y 方向的分力同解法二,

$$f_y \Delta t = 0 - (-\Delta m v_0) = \Delta m v_0$$

$$f_y = \frac{\Delta m}{\Delta t} v_0 = q_{\mathrm{m}} v_0$$

与上面的结果相同。

【例 4 - 3】　一个表面光滑的楔形物体,斜面长为 l,倾角为 θ,质量为 m_1,静止于一光滑水平桌面上。今将一质量为 m_2 的物体放在斜面顶端,让它自由滑下,如图 4 - 3(a)所示。求当物体滑到桌面时,楔形物体移动的距离和速度。

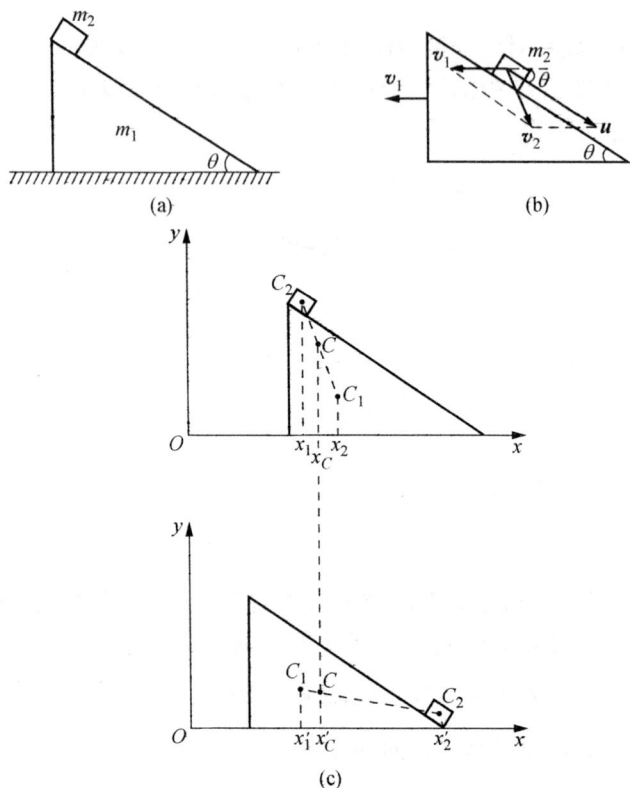

图 4 - 3

分析　物体在楔形物体上下滑时,楔形物体将要向左移动。如果以物体和楔形物体作为系统,它们虽受重力和桌面正压力的作用,但在水平方向上不受外力,所以系统的水平分量动量守恒。由此可求出楔形物体移动的距离。注意,应用动量守恒定律时,物体和楔形物体的速度都是相对地面这个惯性系的。楔形物体滑行的距离也可用质心水平位置不变来求解。

该系统除受重力外,一对正压力是内力,运动过程中做功之和为零,所以系统的机械能守恒,由此可求楔形物体滑行的速度。

解法一　设楔形物体对地的速度为 v_1,方向向左;物体 m_2 对地的速度为 v_2,物体相对于楔形物体的速度为 u,注意,u 的方向总是沿着斜面向下,如图 4 - 3(b)所示。

由于系统的水平方向动量守恒,有

$$-m_1 v_1 + m_2 v_{2x} = 0$$

$$v_{2x} = u \cos \theta - v_1$$

联立求得

$$v_1 = \frac{m_2}{m_1 + m_2} u \cos \theta$$

楔形物体向左移动的距离

$$s = \int_0^{t_1} v_1 \mathrm{d}t = \frac{m_2}{m_1 + m_2} \cos \theta \int_0^{t_1} u \ \mathrm{d}t$$

因 $\int_0^{t_1} u \ \mathrm{d}t$ 就是物体沿斜面滑行的距离,所以

$$s = \frac{m_2}{m_1 + m_2} l \cos \theta$$

解法二　下面用质心运动定理来求解。

由于两物系在水平方向不受外力作用,故质心在水平方向上应保持原有的静止状态,即质心水平位置不变。

开始时:

$$x_C = \frac{m_1 x_1 + m_2 x_2}{m_1 + m_2}$$

终了时:

$$x_C' - \frac{m_1 x_1' + m_2 x_2'}{m_1 + m_2}$$

如图 $4-3(\mathrm{c})$ 所示,因 $x_C' = x_C$,得

$$m_1 x_1' + m_2 x_2' = m_1 x_1 + m_2 x_2$$

$$m_1 (x_1' - x_1) + m_2 (x_2' - x_2) = 0$$

$$m_1 \Delta x_1 + m_2 \Delta x_2 = 0$$

显然

$$s = -\Delta x_1$$

$$\Delta x_2 = l \cos \theta - s$$

于是解得与解法一相同的结果

$$s = \frac{m_2}{m_1 + m_2} l \cos \theta$$

在物体运动过程中,由于机械能守恒,有

$$m_2 gl \sin \theta = \frac{1}{2} m_1 v_1^2 + \frac{1}{2} m_2 v_2^2$$

而

$$v_2 = v_1^2 + u^2 - 2v_1 u \cos \theta$$

以上两式联立解得

$$v_1 = \left[\frac{2m_2^2 gl \sin \theta \cos^2 \theta}{(m_1 + m_2)(m_1 + m_2 \sin^2 \theta)} \right]^{\frac{1}{2}}$$

*【例 4-4】   在军训中常见这样的现象,战士在距墙 s_0 处以速度 v_0 起跳,当到达墙时,再用脚蹬墙面一下,使身体变为竖直向上的运动以继续升高,如图 4-4 所示。如墙面与鞋底的摩擦因数为 μ,求能使人体重心有最大升高高度的起跳角。

分析   当战士从距墙 s_0 处以速度 v_0 起跳到达墙时,由于竖直方向的分速度使人体的重心升高 h_1,脚蹬墙面,利用摩擦力的冲量,使人向上的动量增加,因而竖直向上方向的速度增加,人体重心也进一步升高。

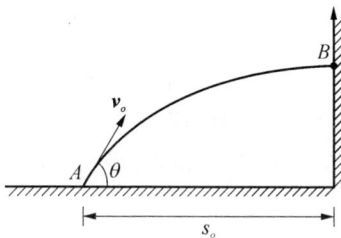

图 4-4

解   设战士的起跳角为 θ,从起跳点到达墙时,经历时间 t,人体的重心由 A 点升高到 B 点。这时人体的分速度为

$$v_x = v_0 \cos \theta, \quad v_y = v_0 \sin \theta - gt$$

此时人体重心升高

$$h_1 = v_0 t \sin \theta - \frac{1}{2} gt^2$$

式中,$t = \frac{s_0}{v_0 \cos \theta}$,则有

$$h_1 = s_0 \tan \theta - \frac{1}{2} g \left(\frac{s_0}{v_0 \cos \theta} \right)^2$$

用脚蹬墙面时,利用最大静摩擦力的冲量,可使人体向上的动量增加,即

$$\Delta p = M\Delta v = F_{f\max}\Delta t = \mu F_N \Delta t$$

由题意知,蹬墙时使人体变为垂直向上运动,即正压力的冲量恰可使人体的水平方向动量为零,即

$$F_N \Delta t = Mv_x$$

故
$$\Delta v_y = \mu v_x$$

人体的重心在 B 点时,蹬墙后,其竖直向上的速度变为

$$v_y + \Delta v_y = v_{多} + \mu v_x$$

以此为初速度,重心继续升高的高度为

$$h_2 = \frac{(v_y + \mu v_x)^2}{2g}$$

因此,人体重心的总升高高度为

$$H = h_1 + h_2 = \frac{v_0^2}{2g}(\mu\cos\theta + \sin\theta)^2 - \mu s_0$$

H 最大,必须满足条件 $\dfrac{\mathrm{d}H}{\mathrm{d}\theta} = 0$,即

$$\frac{v_0^2}{4g}(\mu\cos\theta + \sin\theta)(-\mu\sin\theta + \cos\theta) = 0$$

因为 $\mu\cos\theta + \sin\theta$ 不可能等于零,于是

$$-\mu\sin\theta + \cos\theta = 0$$

$$\tan\theta = \frac{1}{\mu}$$

即 $\theta = \arctan\dfrac{1}{\mu}$ 时,人体重心的总升高高度最大。

4.2.2　变质量问题

这里所谓变质量问题是指在运动过程中主体排出或吸附一部分质量的问题,一般用动量定理来处理,具体方法如下:

设在某时刻 t,主体质量为 m,速度为 v,在 $\mathrm{d}t$ 时间内,吸附的物体为 $\mathrm{d}m$,速度为 u(相对于与 v 相同的惯性系),因此在 $t + \mathrm{d}t$ 时刻,主体的质量变为 $m + \mathrm{d}m$,速度变为 $(v + \mathrm{d}v)$。在 t 到 $t + \mathrm{d}t$ 时间内,系统(主体和附着物)动量的变化为

$$d\boldsymbol{p} = (m + dm)(\boldsymbol{v} + d\boldsymbol{v}) - (m\boldsymbol{v} + dm\,\boldsymbol{u})$$
$$= m\,d\boldsymbol{v} - dm(\boldsymbol{u} - \boldsymbol{v}) + dm\,d\boldsymbol{v}$$

忽略二阶小量 $dm\,d\boldsymbol{v}$,而 $\boldsymbol{u} - \boldsymbol{v} = \boldsymbol{v}_r$ 为吸附前被吸物质对于运动主体的相对速度,则

$$d\boldsymbol{p} = m\,d\boldsymbol{v} - \boldsymbol{v}_r dm$$

由动量定理 $\boldsymbol{F}dt = d\boldsymbol{p}$ 可得

$$\boldsymbol{F} = m\frac{d\boldsymbol{v}}{dt} - \boldsymbol{v}_r\frac{dm}{dt}$$

这里 $\boldsymbol{F}$ 是运动主体及吸附物所受的外力。

对于排出质量的情况,上式仍然适用,而 $\boldsymbol{v}_r$ 应理解为被排出的那部分物质在排出后对于运动主体的相对速度,在此情况下,$\dfrac{dm}{dt} < 0$。

【例 4‑5】 雨滴在重力场中下落,下落过程中水蒸气不断凝结为雨滴。如视雨滴为球形,其质量增加率 $\dfrac{dm}{dt}$ 正比于它的表面积,设开始时雨滴的半径近似为零,试求雨滴下落的速度和加速度。

分析 这是一个变质量问题,不能用牛顿运动定律 $\boldsymbol{F} = m\boldsymbol{a}$ 来求解,但可用动量定理来求解。

解 根据动量定理得

$$\boldsymbol{F} = m\frac{d\boldsymbol{v}}{dt} - \boldsymbol{v}_r\frac{dm}{dt}$$

雨滴下落过程中受重力作用,所以 $\boldsymbol{F} = m\boldsymbol{g}$,吸附前水汽是静止的,即 $\boldsymbol{u} = 0$,所以 $\boldsymbol{v}_r = -\boldsymbol{v}$,代入上式得

$$m\boldsymbol{g} = m\frac{d\boldsymbol{v}}{dt} + \boldsymbol{v}\frac{dm}{dt}$$

由于雨滴下落时,$\boldsymbol{g}$ 与 $\boldsymbol{v}$ 的方向一致,所以取其分量式

$$mg = m\frac{dv}{dt} + v\frac{dm}{dt}$$

上式可改写为

$$d(mv) = mg\,dt \qquad ①$$

设水的密度为 ρ,有

$$m = \rho \frac{4}{3}\pi r^3$$

将上式对时间求导得

$$\frac{\mathrm{d}m}{\mathrm{d}t} = \rho 4\pi r^2 \frac{\mathrm{d}r}{\mathrm{d}t}$$

由于 $\dfrac{\mathrm{d}m}{\mathrm{d}t}$ 与雨滴的表面积 $4\pi r^2$ 成正比,即

$$\frac{\mathrm{d}m}{\mathrm{d}t} = \rho \cdot 4\pi r^2 \frac{\mathrm{d}r}{\mathrm{d}t} \propto 4\pi r^2$$

得

$$\frac{\mathrm{d}r}{\mathrm{d}t} = k \quad （常量）$$

$$\int_0^r \mathrm{d}r = \int_0^t k \, \mathrm{d}t$$

$$r = kt$$

所以

$$m = \rho \frac{4}{3}\pi (kt)^3 \qquad\qquad ②$$

代入式①得

$$\mathrm{d}(mv) = mg \, \mathrm{d}t = \rho \frac{4}{3}\pi (kt)^3 g \, \mathrm{d}t$$

对上式等号两边积分得

$$\int_0^{mv} \mathrm{d}(mv) = \int_0^t \rho \frac{4}{3}\pi (kt)^3 g \, \mathrm{d}t$$

$$mv = \rho \frac{4}{3}\pi k^3 \frac{t^4}{4} g$$

将式②代入得

$$v = \frac{g}{4} t$$

上式对 t 求导得

$$a = \frac{g}{4}$$

4.2.3　质点的角动量定理和角动量守恒定律的应用

这两条规律的地位与动量定理和动量守恒定律相当,它们既适用于质点,也适用于质点系转动的情况。应用角动量守恒定律时,必须认定研究对象,当它所受的合力矩为零时,角动量才守恒。还需注意,角动量必须是对某一定点转动的。

【例 4-6】 两个滑冰运动员,体重分别为 $m_A=60\ kg$ 和 $m_B=70\ kg$,他们的速率分别为 $v_A=7\ m/s$ 和 $v_B=6\ m/s$,在相距 1.5 m 的两条平行线上相向而行。当他们最接近时,便拉起手来,开始绕质心做圆周运动,并保持他们间的距离为 1.5 m。求该瞬时他们的角速度和两人拉手前后能量的变化。

分析　以两人为系统,对过质心的竖直轴,合外力矩为零,所以系统的角动量守恒。质心的位置可根据质心的定义来计算。

解　将两人看作质点,质心在他们的连线上。设两人离质心的距离分别为 l_A 和 l_B。根据质心的定义可得

$$l_A+l_B=1.5\ m$$

$$m_A l_A=m_B l_B$$

解得

$$l_A=0.808\ m,\quad l_B=0.692\ m$$

两人拉手前两人对质心的总角动量

$$L_1=m_A v_A l_A+m_B v_B l_B$$

拉手后的角速度设为 ω,两人对质心的总角动量

$$L_2=m_A l_A^2\omega+m_B l_B^2\omega$$

由角动量守恒定律得

$$m_A v_A l_A+m_B v_B l_B=(m_A l_A^2+m_B l_B^2)\omega$$

则

$$\begin{aligned}
\omega&=\frac{m_A l_A v_A+m_B l_B v_B}{m_A l_A^2+m_B l_B^2}\\
&=\frac{60\times0.808\times7+70\times0.692\times6}{60\times(0.808)^2+70\times(0.692)^2}\ rad/s=8.67\ rad/s
\end{aligned}$$

拉手前的总动能

$$E_{k1} = \frac{1}{2} m_A v_A^2 + \frac{1}{2} m_B v_B^2$$

$$= \left[\frac{1}{2} \times 60 \times (7)^2 + \frac{1}{2} \times 70 \times (6)^2 \right] \text{J}$$

$$= 2.73 \times 10^3 \text{ J}$$

拉手后的总动能

$$E_{k2} = \frac{1}{2} (m_A l_A^2 + m_B l_B^2) \omega^2$$

$$= \frac{1}{2} \times \left[60 \times (0.808)^2 + 70 \times (0.692)^2 \right] \times (8.67)^2 \text{J}$$

$$= 2.73 \times 10^3 \text{ J}$$

由此可见,$E_{k1} = E_{k2}$,即机械能守恒。

*【例 4 - 7】 如图 4 - 5 所示,一根绳子跨过一个定滑轮,两个小孩在同一高度处开始进行攀绳比赛,两小孩的质量分别为 m_1 和 m_2,且 $m_1 > m_2$。若忽略不计绳和滑轮的质量以及轴上的摩擦等,哪个小孩先到达顶端?

分析 把两个小孩、绳子和滑轮作为一个系统,可视为一个原点系,他们都在通过滑轮平面的竖直面内运动。计算系统的角动量时,以滑轮 O 为定点。由于绳子的张力 $\boldsymbol{F}_T$ 通过 O 点,所以 $\boldsymbol{F}_T$ 对 O 点的角动量为零。同理,$\boldsymbol{F}_T$ 对 O 点的力矩也为零。可根据角动量的定义 $\boldsymbol{L} = \boldsymbol{r} \times m\boldsymbol{v}$ 和力矩的定义 $\boldsymbol{M} = \boldsymbol{r} \times \boldsymbol{F}$ 进行计算,注意正负号。

图 4 - 5

解 设任一时刻两小孩的速度为 $\boldsymbol{v}_1$ 和 $\boldsymbol{v}_2$,取垂直于系统所在平面(纸面)向外方向为正,则系统的角动量为

$$L = -m_1 R v_1 + m_2 R v_2$$

由角动量定理

$$M = \frac{\mathrm{d}L}{\mathrm{d}t} = -m_1 R \frac{\mathrm{d}v_1}{\mathrm{d}t} + m_2 R \frac{\mathrm{d}v_2}{\mathrm{d}t}$$

$$= -m_1 R a_1 + m_2 R a_2 \qquad \qquad ①$$

而系统所受的外力矩为

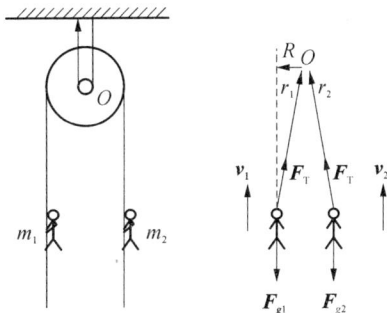

$$M = m_1 gR - m_2 gR \qquad ②$$

结合式①和式②,得

$$(m_1 - m_2)g = m_2 a_2 - m_1 a_1$$

由于 $m_1 > m_2$,所以 $\qquad m_2 a_2 - m_1 a_1 > 0$

由此得 $\qquad a_2 > \dfrac{m_1}{m_2} a_1 > a_1 \quad \left(因为 \dfrac{m_1}{m_2} > 0\right)$

已知两小孩在同一高度处同时出发,因 $a_2 > a_1$,所以质量小的小孩上升速度大,先到达顶端。

讨论　分析这个问题时,可以先从两个小孩有相同的质量开始思考,$m_1 = m_2$,即系统所受的外力矩为零,由此断定系统的角动量守恒,即

$$m_1 v_1 R = m_2 v_2 R$$

由此得

$$v_1 = v_2$$

即任一时刻,两小孩有相同的速度,他们将同时到达顶端。

4.2.4　力学运动规律对质点运动的综合应用

注意分清各守恒定律的应用条件。

【例 4 - 8】　一劲度系数为 k 的轻弹簧,一端竖直固定在桌面上,另一端与一质量为 M 的平板相连,如图 4 - 6 所示。现有一质量为 m 的物体在距平板高 h 处由静止开始自由下落。(1)当物体与平板发生完全非弹性碰撞时,(2)当物体与平板发生完全弹性碰撞时,问弹簧被再压缩的长度分别是多少?

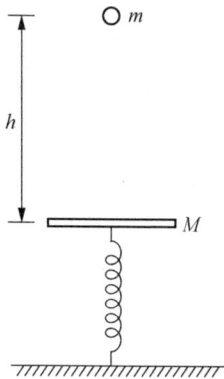

分析　本题可分成三个过程来讨论。物体自高处自由下落,在不计空气阻力的条件下机械能守恒。物体与平板发生碰撞时,考虑到碰撞时间极短,冲力远大于物体的重力,所以物体的重力冲量略去。另外,在碰撞的短暂过程中,弹簧不发生新的变形,从而不引起新的弹力作用,这样可以认为在竖直方向的动量守恒。当物体与平板一起运动的过程中,除重力和弹簧的弹力外,没有其他外力作用,所以系统的机械能守恒。势能零点的选择,可取弹簧处于原长时的弹性势能的零点,也可取平板在静止位置时的重力势能的零点。

图 4 - 6

物体与平板发生完全非弹性碰撞后,两者具有共同的速度;发生完全弹性碰撞后,物体和平板以各自的速度运动,其速度可由动量守恒定律及恢复系数确定。

解　设物体未落下时,弹簧被平板压缩的长度为 x_1,则

$$kx_1 = Mg \qquad ①$$

当物体由静止自由下落过程中,遵守机械能守恒定律,有

$$\frac{1}{2}mv^2 = mgh$$

$$v = \sqrt{2gh} \qquad ②$$

(1) 当物体与平板相碰为完全非弹性碰撞,设碰撞后的共同速度为 V,根据动量守恒定律有

$$mv = (m+M)V \qquad ③$$

碰撞后,物体与平板一起运动,在这运动过程中系统的机械能守恒。设弹簧进一步被压缩的最大长度为 x_2,如果取平板静止位置的重力势能为零点,取弹簧处于原长时的弹性势能为零点,于是有

$$\frac{1}{2}(m+M)V^2 + \frac{1}{2}kx_1^2 = -(m+M)gx_2 + \frac{1}{2}k(x_1+x_2)^2 \qquad ④$$

联立解以上四个方程,得

$$x_2 = \frac{mg}{k}\left[1 + \sqrt{1 + \frac{2kh}{(m+M)g}}\right]$$

(2) 当物体与平板发生完全弹性碰撞,设碰撞后物体和平板运动速度分别为 v' 和 V',方向都和 v 相同,根据动量守恒定律有

$$mv = mv' + mV' \qquad ⑤$$

又

$$v' = V' \qquad ⑥$$

设弹簧进一步压缩的长度为 x_2',根据机械能守恒定律有

$$\frac{1}{2}MV'^2 + \frac{1}{2}kx_1^2 = -Mgx_2' + \frac{1}{2}k(x_1+x_2')^2 \qquad ⑦$$

由式①、式②、式⑤、式⑥、式⑦可解得

$$x_2' = \frac{2m}{M+m}\sqrt{\frac{2Mgh}{k}}$$

【例 4-9】 有一半径为 R，质量为 M 的半圆形光滑槽，放在光滑的桌面上。一个质量为 m 的小球可以在槽内滑动。开始时圆槽静止，小球静止于最高点 A 处，如图 4-7 所示。试求：(1) 当小球滑到 C 点处(θ 角)时，小球相对于槽的速度以及槽相对地面的速度；(2) 当小球滑到最低点 B 处时，槽移动的距离。

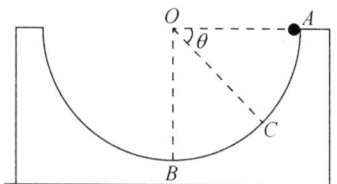

图 4-7

分析 由于所有接触面都是光滑的，当小球在槽内滑动时，圆槽也要运动，所以把小球和圆槽作为一个系统来考虑。在这系统中，水平方向没有外力作用，系统的动量守恒。对于小球、圆槽和地球的系统，除重力做功外，没有其他外力做功，所以机械能也守恒。由于动量守恒定律和机械能守恒定律仅适用于惯性参考系，所以动量和机械能必须以惯性系为参考系。

解 (1) 设小球相对于圆槽的运动速度为 v'，方向沿槽表面斜向下，圆槽相对于地面的速度为 $\boldsymbol{V}$，方向水平向右，则小球相对地面的水平速度为 $v_x = v'\sin\theta - V$，方向水平向左。由于小球和圆槽系统的水平方向动量守恒，有

$$m(v'\sin\theta - V) - MV = 0$$

对于小球、圆槽和地球的系统，机械能守恒。设最低点 B 为势能零点，因小球相对地面的水平方向速度为 $v_x = (v'\sin\theta - V)$，竖直方向的速度为 $v_y = v'\cos\theta$，所以有

$$\frac{1}{2}m(v'\sin\theta - V)^2 + \frac{1}{2}m(v'\cos\theta)^2 + \frac{1}{2}MV^2 = mgR\sin\theta$$

由以上两式可解得

$$v' = \sqrt{\frac{(M+m)2gR\sin\theta}{M+m-m\sin^2\theta}}$$

$$V = \frac{m\sin\theta}{M+m}\sqrt{\frac{(M+m)2gR\sin\theta}{M+m-m\sin^2\theta}}$$

(2) 由于系统水平方向的动量守恒，有

$$mv_x - MV = 0$$

即

$$m\frac{\mathrm{d}x}{\mathrm{d}t} - M\frac{\mathrm{d}X}{\mathrm{d}t} = 0$$

小物体从 A 到 B 过程中有

$$\int \mathrm{d}X = \frac{M}{m}\int \mathrm{d}x$$

$$X = \frac{M}{m}x$$

因小物体相对地面移动的距离

$$x = R - X$$

所以

$$X = \frac{m}{M+m}R$$

【例 4 - 10】　有一不带动力的航天器,自远方以速度 v_0 射向某一行星,如图 4 - 8 所示。如以 b 表示 v_0 与行星中心的垂直距离,求 b 最大值为多少时,航天器可以在行星上着陆。设行星的质量为 M,半径为 R,航天器的质量为 m。

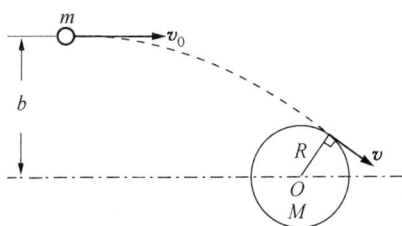

图 4 - 8

分析　航天器能在行星上着陆的最大 b 值对应于航天器着陆速度 v 必须与行星表面相切。如果选取行星为参考系,以行星中心 O 为参考点,由于航天器仅受行星的引力作用,它是有心力,所以航天器对行星中心的角动量守恒,同时,以航天器与行星为系统,行星对航天器的引力为内力,所以机械能守恒。

解　航天器对行星中心 O 的角动量守恒,有

$$mv_0 b = mvR$$

航天器与行星系统满足机械能守恒,有

$$\frac{1}{2}mv_0^2 = \frac{1}{2}mv^2 - G\frac{mM}{R}$$

联立两式解得

$$b = R\sqrt{1 + \left(\dfrac{\dfrac{GmM}{R}}{\dfrac{1}{2}mv_0^2}\right)^2}$$

【例 4-11】 在光滑的水平桌面上,有一质量为 M 的木块,木块与一劲度系数为 k 的轻弹簧相连,弹簧的另一端固定,如图 4-9 所示。现有一质量为 m 的子弹以速度 v_0 射向木块,并嵌入其内。如开始时弹簧的长度为原长 l_0,子弹射入木块后,木块从 A 点运动到 B 点,此时弹簧长为 l,且 OB 与 OA 垂直,求木块在 B 点时的速度。

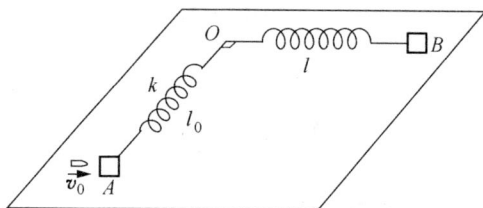

图 4-9

分析 本题可分成两个阶段来讨论。首先是子弹射入木块的撞击过程,然后是木块(含子弹)在水平面上的运动过程。在第一阶段,木块虽受弹簧拉力的作用,但在子弹射击方向没有外力作用,所以子弹与木块系统的动量守恒。在后一过程中,如果把弹簧也考虑在系统内,则弹簧的拉力为内力,没有其他外力作用,所以机械能守恒,同时,由于弹簧的拉力对固定点的力矩为零,所以角动量也守恒。

解 在子弹射入木块的过程中,对于子弹和木块的系统,动量守恒。设子弹射入木块后的共同速度为 v_1,方向与 v_0 相同,则有

$$mv_0 = (m+M)v_1 \tag{①}$$

木块(含子弹)与弹簧自 A 点运动到 B 点的过程中,取三者为系统,机械能守恒。设木块在 B 点的速度为 v_2,方向与弹簧成 θ 角,则有

$$\frac{1}{2}(m+M)v_1^2 = \frac{1}{2}(m+M)v_2^2 + \frac{1}{2}k(l-l_0)^2 \tag{②}$$

又木块自 A 点运动到 B 点过程中,对 O 点的角动量守恒,则有

$$(m+M)v_1 l_0 = (m+M)v_2 l \sin\theta \tag{③}$$

联立解以上三式,可得

$$v_2 = \sqrt{\frac{m^2 v_0^2}{(m+M)^2} - \frac{k(l-l_0)^2}{(m+M)}}$$

$$\theta = \arcsin \frac{m v_0 l_0}{l\sqrt{m^2 v_0^2 - k(l-l_0)^2(m+M)}}$$

【例 4 - 12】 如图 4 - 10 所示,一圆锥摆,摆长为 l,摆球的质量为 m,开始时摆线与铅垂线 OO' 成 θ 角,摆球的水平初速度 $\boldsymbol{v}_0$ 垂直于摆线所在的铅垂面。如果摆球在运动过程中摆线的张角 θ 最大为 $\dfrac{\pi}{2}$,求摆球初速度的大小应为多少? 小球到达 $\theta = \dfrac{\pi}{2}$ 时的速率是多少?

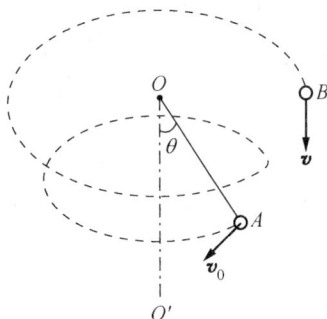

分析　摆球在盘旋上升的过程中受摆线的拉力和重力的作用,前者对支点 O 的力矩为零,后者平行于 OO' 轴,只产生垂直于 OO' 轴的力矩,故摆球对 O 点的角动量沿 OO' 轴的分量守恒。又因为摆球在重力场中,摆线的拉力不做功,所以系统(摆球与地球的系统)的机械能守恒。

图 4 - 10

解　设摆球在 B 处的速度为 v,由角动量守恒定律有

$$m v_0 l \sin \theta = m v l$$

由机械能守恒定律有

$$\frac{1}{2} m v_0^2 = \frac{1}{2} m v^2 + mgl \cos \theta$$

重力势能是以 A 处为势能零点。解以上两式得摆线的张角为 $\dfrac{\pi}{2}$ 时摆球的初速度

$$v_0 = \sqrt{\frac{2gl}{\cos \theta}}$$

此时摆球在 B 处的速度大小

$$v = v_0 \sin \theta = \sqrt{2gl \tan \theta \sin \theta}$$

【例 4 - 13】 在大型蒸汽打桩中,锤的质量 $M = 10\,\text{t}$。现将钢筋混凝土桩打入地层,已知桩的质量 $m = 24\,\text{t}$,其横截面为 $0.25\,\text{m}^2$ 的正方形,桩的侧面单位面积所

受的泥土阻力 $k = 2.65 \times 10^4$ N/m。 试问:

(1) 桩依靠自重能下沉多深?

(2) 桩稳定后,把锤提高 $h = 1$ m,然后让锤自由下落而打桩,假定锤与桩发生完全非弹性碰撞,则锤能打下多深?

(3) 当桩已下沉 $d_0 = 35$ m 时,仍把锤提高 $h = 1$ m,自由下落打桩,假定此时桩与锤的碰撞不是完全非弹性碰撞,锤在击桩后要反跳 $h' = 5$ cm,问此时一锤又能打下多深。

分析　在桩依靠自重缓慢下沉的过程中,重力克服泥土的阻力做功,泥土的阻力随桩的下沉深度而变化。在锤与桩碰撞过程中,冲击力远大于桩所受的重力和泥土的阻力,锤和桩的系统动量守恒。

解　(1) 以桩为研究对象,地面为坐标原点,向下为 y 轴正向。当桩下沉 y 时,受阻力 $F_f = -ksy$,其中 s 为桩正方形截面的周长,阻力的元功为

$$dA_f = F_f dy = -ksy dy$$

设桩依靠自重下降的深度为 y_0,则阻力做的功为

$$A_{f1} = \int_0^{y_0} -ksy dy = -\frac{1}{2}ksy_0^2$$

因为桩的初速度和末速度均为零,所以系统的机械能变化就是重力势能的变化,即 $\Delta E = -mgy_0$,根据功能原理,有

$$-\frac{1}{2}ksy_0^2 = -mgy_0$$

即

$$y_0 = \frac{2mg}{ks} = 8.88 \text{ m}$$

(2) 锤自高 h 处自由下落,击桩时的速度

$$v_0 = \sqrt{2gh}$$

由于锤和桩撞击的时间极短,且相互作用远大于它们的重力和泥土的阻力,因此可以认为在碰撞过程中动量守恒,即

$$Mv_0 = (M+m)v_1$$

$$v_1 = \frac{Mv_0}{M+m}v_0 = \frac{Mv_0}{M+m}\sqrt{2gh}$$

如击桩后下沉的深度为 d_1，在此过程中，阻力做功

$$A_2 = \int_{y_0}^{y_0+d_1} -ksy\mathrm{d}y = \frac{1}{2}ks(d_1 + 2y_0)d_1$$

应用功能原理，有

$$A_2 = \Delta E_k + \Delta E_p = \left[0 - \frac{1}{2}(M+m)v_1^2\right] + \left[-(M+m)gd_1\right]$$

$$= \frac{1}{2}ks(d_1 + 2y_0)d_1$$

代入数据，化简得

$$2.65d_1^2 - 13.7d_1 - 2.88 = 0$$

解方程，取合理解，得

$$d_1 = 0.19 \text{ m}$$

（3）当桩已下沉 d_0 时再次被锤撞击，锤在撞击桩前的速度 $v_0 = \sqrt{2gh}$，碰后反跳高度 h'，则锤的反跳速度 $v' = \sqrt{2gh'}$，碰后桩向下的速度设为 v_2，由动量守恒定律，得

$$Mv_0 = mv_2 - Mv'$$

设碰撞后，桩下沉的距离为 d_2，在此过程中，阻力做功

$$A_2 = \int_{d_0}^{d_0+d_2} -ksy\mathrm{d}y = -\frac{1}{2}ks(d_2 + 2d_0)d_2$$

根据功能原理，有

$$-\frac{1}{2}ky(d_2 + d_0)d_2 = -\left(\frac{1}{2}mv_2^2 + mgd_2\right)$$

代入数据，化简得

$$2.65d_2^2 + 161.98d_2 - 6.25 = 0$$

解方程，取合理解，得

$$d_2 = 0.038 \text{ m} = 3.8 \text{ cm}$$

*【例 4-14】 一质量为 m 的黏性小球，用长为 l 的细绳拴住，挂在一木块上方的立柱上，如图 4-11(a)所示。设木块和立柱的质量为 M，放在水平的桌面上，

木块与桌面间的摩擦因数为 μ。今把小球拉到水平位置后由静止释放，与小立柱发生完全非弹性碰撞。试问：

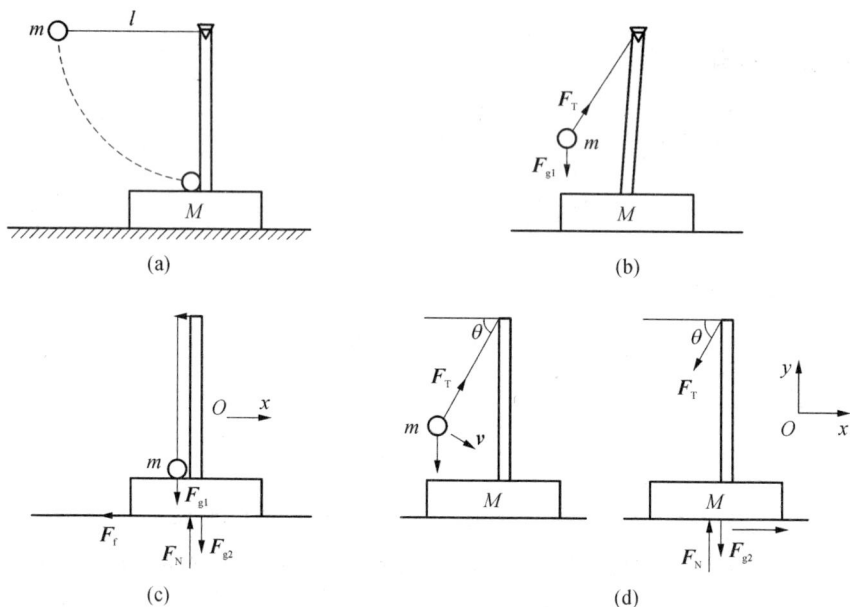

图 4 - 11

(1) 设小球在下摆过程中，木板并不移动，碰撞后系统移动多远才停下来？

(2) 在小球下摆过程中，要使木板不移动，木板与桌面间的摩擦因数 μ 的最小值应是多大？

分析　小球在同样条件下摆与木板碰撞后，木块的运动情况不同，关键在木板与桌面间的摩擦不同，所遵守的规律也不同，必须仔细考虑不同情况下所选择的系统。

解　(1) 小球下摆到小立柱碰撞前，取地球与小球为系统，小球受力状况如图 4 - 11(b)所示，在运动过程中，绳子的张力 F_T 不做功，重力为保守力，系统中无非保守内力，故系统的机械能守恒，即

$$mgl = \frac{1}{2}mv_0^2$$

碰撞前瞬时小球的速度为

$$v_0 = \sqrt{2gl}$$

在碰撞过程中,取小球、木块和立柱为系统,由于摩擦力的冲量很小,可略去不计,所以系统在 x 方向的动量守恒,即

$$mv_0 = (m+M)v'$$

碰撞后,系统的速度为

$$v' = \frac{mv_0}{m+M} = \frac{m}{m+M}\sqrt{2gl}$$

碰撞以后,仍取小球、木块和立柱为系统,系统在摩擦力 $\boldsymbol{F}_\text{f}$ 的作用下,做减速运动直至静止。设系统的最大位移为 $x_{\max}$,由动能定理,得

$$-F_\text{f} x_{\max} = 0 - \frac{1}{2}(m+M)v'^2$$

又

$$F_\text{f} = \mu F_\text{N} = \mu(m+M)g$$

由以上两式,并代入 v' 值,即得系统的最大位移

$$x_{\max} = \frac{m^2 l}{\mu(m+M)^2}$$

(2) 设小球摆至任意位置时,细绳与水平方向的夹角为 θ,小球的速度为 v。取小球与地球为系统,系统的机械能守恒,有

$$mgl\sin\theta = \frac{1}{2}mv^2 \qquad \text{①}$$

此时小球与木板立柱的受力状况如图 4 - 11(d)所示。根据牛顿运动定律,对小球及木块立柱分别列出运动方程:

小球:
$$F_\text{T} - mg\sin\theta = m\frac{v^2}{l} \qquad \text{②}$$

木块立柱:
$$F_\text{f} - F_\text{T}\cos\theta = 0 \qquad \text{③}$$

$$F_\text{N} - F_\text{T}\sin\theta - Mg = 0 \qquad \text{④}$$

为使木块不移动,必须满足

$$F_\text{f} \leqslant \mu F_\text{N} \qquad \text{⑤}$$

由式①~式⑤解得

$$\mu > \frac{3m\sin\theta\cos\theta}{M+3m\sin^2\theta} = \frac{\sin 2\theta}{\dfrac{2M}{3m}+2\sin^2\theta} \qquad \text{⑥}$$

令 $A = \dfrac{2M}{3m}$，并设

$$f(\theta) = \frac{\sin 2\theta}{A + 2\sin\theta}$$

应用求导法，并令 $\dfrac{\mathrm{d}f(\theta)}{\mathrm{d}\theta} = 0$，得

$$2(A+1)\cos 2\theta - 2 = 0$$

解得

$$\cos 2\theta = \frac{1}{A+1}$$

$$\sin 2\theta = \frac{\sqrt{A(A+2)}}{A+1}$$

$$\sin^2\theta = \frac{A}{2(A+1)}$$

将这些值代入式⑥，得 $f(\theta)$ 的最大值，也就是使木板不动的最小摩擦因数，即

$$\mu_{\min} = \frac{1}{\sqrt{\dfrac{2M}{3m}\left(\dfrac{2M}{3m} + 2\right)}} = \frac{3m}{2\sqrt{M^2 + 3Mm}}$$

第5章　刚体力学

5.1　基本概念和基本规律

1. 刚体定轴转动的运动学

角速度：
$$\omega = \frac{\mathrm{d}\theta}{\mathrm{d}t}$$

角加速度：
$$\alpha = \frac{\mathrm{d}\omega}{\mathrm{d}t}$$

角量与线量关系：
$$v = r\omega$$

$$a_{\mathrm{t}} = r\alpha , \quad a_{\mathrm{n}} = r\omega^2$$

匀加速转动：
$$\omega = \omega_0 + \alpha t$$

$$\theta = \omega_0 t + \frac{1}{2}\alpha t^2$$

$$\omega^2 - \omega_0^2 = 2\alpha\theta$$

2. 刚体的转动惯量

$$J = \sum m_i r_i^2 , \quad J = \int r^2 \mathrm{d}m$$

平行轴定理：
$$J = J_c + md^2$$

3. 刚体定轴转动定律

刚体在合外力矩（对转轴）的作用下，所获得的角加速度 α 与合外力矩的大小成正比，并与转动惯量成反比，即

$$M_z = J_z\alpha = J_z\frac{\mathrm{d}\omega}{\mathrm{d}t}$$

4. 刚体定轴转动的动能定理

转动动能：
$$E_{\mathrm{k}} = \frac{1}{2}J\omega^2$$

力矩的功：
$$A = \int_{\theta_1}^{\theta_2} M_z \, \mathrm{d}\theta$$

定轴转动动能定理：合外力矩对刚体所做的功等于刚体动能的增量。公式为

$$A = \int_{\theta_1}^{\theta_2} M_z \, \mathrm{d}\theta = \frac{1}{2} J_z \omega_2^2 - \frac{1}{2} J_z \omega_1^2$$

5. 刚体的机械能守恒定律

刚体的重力势能：
$$E_p = mgz_c$$

机械能守恒定律：只有保守力的力矩做功时，刚体的机械能为常量。公式为

$$\frac{1}{2} J_z \omega^2 + mgz_c = 常量$$

6. 刚体的角动量定理与角动量守恒定律

刚体的角动量定理：对一固定轴的合外力矩等于刚体对该轴的角动量对时间的变化率。公式为

$$M_z = \frac{\mathrm{d}L_z}{\mathrm{d}t} = \frac{\mathrm{d}(J_z \omega)}{\mathrm{d}t}$$

刚体的角动量守恒定律：刚体(或系统)所受的外力对某固定轴的合外力矩为零时，则刚体对此轴的总角动量保持不变。公式表示：

$$当 \sum M_z = 0 \text{ 时}, \sum J_{zi} \omega_i = 常量。$$

7. 刚体的平面平行运动

$$\sum \boldsymbol{F} = m\boldsymbol{a}_c, \quad \sum M_c = J_c \alpha$$

8. 进动

进动角速度：
$$\omega_p = \frac{M}{J\omega \sin\theta}$$

5.2　习题分类、解题方法和示例

本章的习题包括以下几个方面：
(1) 转动惯量的计算；
(2) 转动定律的应用；
(3) 刚体的角动量定理和角动量守恒定律的应用；

（4）平面平行运动；

（5）力学中的规律对刚体运动的综合应用；

（6）进动。

下面将分别讨论各类问题的解题方法，并举例加以说明。

5.2.1　转动惯量的计算

刚体的转动惯量可按定义 $I = \int r^2 \mathrm{d}m$ 求得。关键在如何取质元 $\mathrm{d}m$，如果选取适当，可使解题简化。

对于几个已知转动惯量公式的刚体的组合体，它的转动惯量可以把这几个刚体的转动惯量相加，但需对同一转轴，即 $J_O = J_{1O} + J_{2O}$。

有些刚体其中挖去了一部分，这样的刚体可用"补偿法"计算（见例 4-3）。

【例 5-1】　一半圆形薄板，质量为 m，半径为 R。当它绕其直径边转动时，转动惯量为多大？

分析　刚体的转动惯量定义为 $J = \int r^2 \mathrm{d}m$，计算的关键是如何取质元 $\mathrm{d}m$ 使问题简化。本题可取平行于转轴的长条质元。

解　取如图 5-1 所示的面元，面积

$$\mathrm{d}S = 2R \cos\theta\, \mathrm{d}r = 2R \cos\theta R\, \mathrm{d}\theta \cos\theta$$
$$= 2R^2 \cos^2\theta\, \mathrm{d}\theta$$

此面元的质量

$$\mathrm{d}m = \frac{m\,\mathrm{d}S}{\frac{1}{2}\pi R^2} = \frac{m 2R^2 \cos^2\theta\, \mathrm{d}\theta}{\frac{1}{2}\pi R^2} = \frac{4}{\pi} m \cos^2\theta\, \mathrm{d}\theta$$

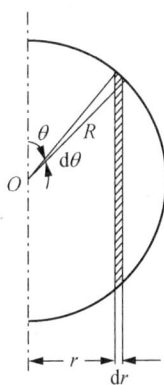

图 5-1

此面元绕直径边转动时的转动惯量

$$\mathrm{d}J = r^2 \mathrm{d}m = (R \sin\theta)^2 \mathrm{d}m = \frac{4}{\pi} mR^2 \sin^2\theta \cos^2\theta\, \mathrm{d}\theta$$

因此，半圆薄板对直径边为轴的转动惯量

$$J = \int \mathrm{d}J = \int_0^{\frac{\pi}{2}} \frac{4}{\pi} mR^2 \sin^2\theta \cos^2\theta\, \mathrm{d}\theta$$
$$= \frac{1}{4} mR^2$$

【例 5-2】　一半径为 R，质量面密度为 σ 的薄圆盘上，有一个半径为 $\dfrac{R}{3}$ 的圆

孔,圆孔中心距圆盘中心的距离为 $\dfrac{R}{2}$,如图 5-2 所示。

求此薄圆盘对于通过圆盘中心而与盘面垂直的轴的转动惯量。

分析　本题如根据转动惯量的定义积分计算,那是比较麻烦的。但是,由于转动惯量具有可加性,所以有孔圆盘对圆盘中心 O 轴的转动惯量 J_O' 加上补回小孔的小圆盘对 O 轴的转动惯量 J_{1O} ,就等于整个完整的圆盘对 O 轴的转动惯量 J_O ,即 $J_O'+J_{1O}=J_O$,于是有孔圆盘的转动惯量 $J_O'=J_O-J_{1O}$,而 J_O 可以利用已知公式求得。

图 5-2

本题也可用所谓"补偿法"(或称"负质量法")计算。设想在带孔圆盘的每个小孔处填充质量分别为正的和负的且数值相等的小圆盘,这样并不改变原来的质量分布,但形成了正质量的大圆盘和两个负质量的小圆盘的组合体,它们的转动惯量都可按公式计算,带孔的圆盘的转动惯量即可由叠加法求得。

解法一　整个完整的圆盘对圆盘中心 O 轴的转动惯量

$$J_O=\frac{1}{2}mR^2=\frac{1}{2}\sigma\pi R^2R^2=\frac{1}{2}\pi\sigma R^4$$

小圆盘对自身中心轴 O_1 的转动惯量

$$J_{1O_1}=\frac{1}{2}m'R'^2=\frac{1}{2}\sigma\pi\left(\frac{R}{3}\right)^2\left(\frac{R}{3}\right)^2=\frac{1}{162}\pi\sigma R^4$$

利用平行轴定理得小圆盘对大圆盘中心 O 轴的转动惯量

$$\begin{aligned}
J_{1O}&=\frac{1}{162}\sigma\pi R^4+m'\left(\frac{R}{2}\right)^2\\
&=\frac{1}{162}\sigma\pi R^4+\sigma\pi\left(\frac{R}{3}\right)^2\left(\frac{R}{2}\right)^2\\
&=\frac{11}{324}\pi\sigma R^4
\end{aligned}$$

于是,带孔圆盘对 O 轴的转动惯量

$$\begin{aligned}
J_O'&=J_O-J_{1O}=\frac{1}{2}\sigma\pi R^4-\frac{11}{324}\pi\sigma R^4\\
&=\frac{151}{324}\pi\sigma R^4
\end{aligned}$$

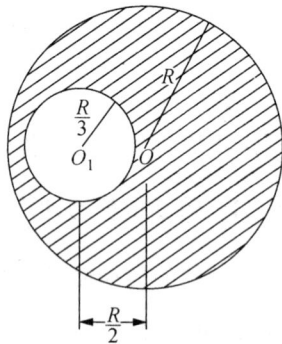

解法二　用"补偿法"计算。正质量的大圆盘对盘心 O 轴的转动惯量

$$J_O = \frac{1}{2}mR^2 = \frac{1}{2}\sigma\pi R^2 R^2 = \frac{1}{2}\pi\sigma R^4$$

负质量的小圆盘对 O 轴的转动惯量(利用平行轴定理)

$$J_{1O} = I_{2O} = \frac{1}{2}(-m')\left(\frac{R}{3}\right)^2 + (-m')\left(\frac{R}{2}\right)^2$$

$$= -\frac{1}{2}\sigma\pi\left(\frac{R}{3}\right)^2\left(\frac{R}{3}\right)^2 - \sigma\pi\left(\frac{R}{3}\right)^2\left(\frac{R}{2}\right)^2$$

$$= -\frac{11}{324}\pi\sigma R^4$$

于是,带孔圆盘对 O 轴的转动惯量

$$J'_O = J_O + J_{1O} = \frac{1}{2}\pi\sigma R^4 + \left(-\frac{11}{324}\pi\sigma R^4\right)$$

$$= \frac{151}{324}\pi\sigma R^4$$

仔细分析一下,这两种解法是完全一致的,只是出发点不同而已。"补偿法"的解题方法是非常有用的,例如计算挖空物体的质心、带电体的电场强度和电势以及载流导体的磁感应强度等都可用补偿法计算。

5.2.2　转动定律的应用

这类习题除简单地应用转动定律的刚体力学问题外,常多见于含有定轴转动的刚体和可视为质点的物体组成的系统的力学问题。处理这类问题的方法与处理质点力学问题相同,即先选取研究对象,分析各隔离体所受的力或力矩,画出示力图,判断各隔离体的运动情况,根据牛顿运动定律或转动定律分别列出运动方程,还要加上运动状态间联系,如线量与角量关系等。当列出方程个数与未知量个数相同时,即可进行求解。

【例 5 - 3】　两个同轴均匀圆柱体固定在一起,组成一叠状滑轮。设大小圆柱体的半径分别为 R 和 r,质量分别为 M 和 m,其上绕有不同方向的细绳,绳的一端分别系上质量为 m_1 和 m_2 的物体,如图 5-3(a)所示。设绳与滑轮无相对滑动,忽略绳的质量及轴上的摩擦。若开始时两物体静止,问在什么条件下物体 m_1 将向下运动? 物体 m_1 下降距离 h 时,其速度多大?

分析　由于叠状滑轮是由两个同轴圆柱体组成的整体,所以它的转动惯量等于两个圆柱体转动惯量之和。滑轮受到两根细绳张力对转轴的力矩,且两力矩的

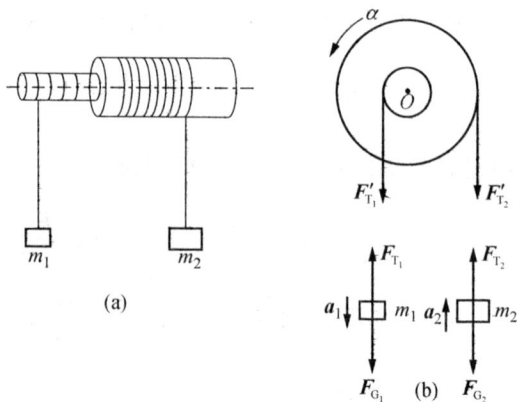

图 5-3

方向是不同的。根据转动定律可列出滑轮的运动方程,两物体可由牛顿运动定律列出运动方程。求解后可判断物体 m_1 下降的条件。

解法一　两物体及滑轮的受力图如图 5-3(b)所示。设物体 m_1 的加速度 $\boldsymbol{a}_1$ 向下,则物体 m_2 的加速度 $\boldsymbol{a}_2$ 向上,这样滑轮将作逆时针向转动,它所受的力矩 $F_{T_1}r > F_{T_2}R$。根据转动定律有

$$F_{T_1}r - F_{T_2}R = J\alpha \qquad ①$$

而

$$J = \frac{1}{2}mr^2 + \frac{1}{2}MR^2$$

由于 $\boldsymbol{F}'_{T_1}$ 与 $\boldsymbol{F}_{T_1}$,$\boldsymbol{F}'_{T_2}$ 与 $\boldsymbol{F}_{T_2}$ 是一对作用力和反作用力,所以列式时加以简化。两物体的运动方程为

$$m_1g - F_{T_1} = m_1a_1 \qquad ②$$

$$F_{T_2} - m_2g = m_2a_1 \qquad ③$$

由于绳与滑轮间没有滑动,所以滑轮边缘的切向加速度就等于所悬绳子的加速度;又绳不可伸长,因此绳子的加速度就等于物体的加速度,由线量与角量的关系得

$$a_1 = r\alpha \qquad ④$$

$$a_2 = R\alpha \qquad ⑤$$

由以上五个方程可求解 F_{T_1},F_{T_2},α,a_1 和 a_2 五个未知量。

其中

$$a_1 = \frac{(m_1 r - m_2 R)r}{\frac{1}{2}MR^2 + \frac{1}{2}mr^2 + m_1 r^2 + m_2 R^2}g$$

$$a_2 = \frac{(m_1 r - m_2 R)R}{\frac{1}{2}MR^2 + \frac{1}{2}mr^2 + m_1 r^2 + m_2 R^2}g$$

由上式可知,物体 m_1 下降的条件是 $m_1 r > m_2 R$。

物体 m_1 下降距离 h 时的速度

$$v_1 = \sqrt{2a_1 h} = \sqrt{\frac{2(m_1 r - m_2 R)rgh}{\frac{1}{2}MR^2 + \frac{1}{2}mr^2 + m_1 r^2 + m_2 R^2}}$$

解法二　如本题只要求计算物体 m_1 下降距离 h 时的速度,则应用机械能守恒定律更为方便。因为对滑轮和两物体组成的系统来说,除重力外,没有其他外力作用,所以机械能守恒。

当物体 m_1 下降距离 h 时,物体 m_2 将上升距离 $\dfrac{R}{r}h$,所以两物体的势能增量为 $m_2 g \dfrac{R}{r}h - m_1 gh$。 设此时滑轮的角速度为 ω,则系统的动能增量为 $\Delta E_k = \dfrac{1}{2}J\omega^2 + \dfrac{1}{2}m_1 v_1^2 + \dfrac{1}{2}m_2 v_2^2$,而 $v_1 = \omega r$, $v_2 = \omega R$。 由机械能守恒定律得

$$m_2 g \frac{R}{r}h - m_1 gh + \frac{1}{2}\left(\frac{1}{2}MR^2 + \frac{1}{2}mr^2\right)\omega^2 +$$

$$\frac{1}{2}m_1 \omega^2 r^2 + \frac{1}{2}m_2 \omega^2 R^2 = 0$$

解得

$$\omega = \sqrt{\frac{2\left(m_1 - m_2 \dfrac{R}{r}\right)gh}{\frac{1}{2}MR^2 + \frac{1}{2}mr^2 + m_1 r^2 + m_2 R^2}}$$

于是

$$v_1 = \omega r = \sqrt{\dfrac{2(m_1 r - m_2 R)rgh}{\dfrac{1}{2}MR^2 + \dfrac{1}{2}mr^2 + m_1 r^2 + m_2 R^2}}$$

可见这样的解法较为简捷。

【例 5-4】 劲度系数为 k 的弹簧,一端固定,另一端通过一条细线绕过一个定滑轮与一个质量为 m_1 的物体相连,物体放在倾角为 θ 的光滑斜面上,如图 5-4(a)所示。如把滑轮看作质量为 m_2、半径为 R 的均匀圆盘,开始时固定物体,使弹簧处于其自然长度,求物体沿斜面下滑距离 s 时的速率(忽略滑轮轴上的摩擦,且绳在滑轮上不打消)。

分析 本题可用不同方法求解,如应用牛顿运动定律结合转动定律,也可用系数的动能定理和机械能守恒定律求解,在用不同解法时要注意研究的对象和所选的系统,在考虑重力势能和弹性势能时,还要注意零势能的位置。

解 解法一 应用牛顿运动定律及转动定律求解。

取物体、滑轮、弹簧为研究对象,它们的受力如图 5-4(b)所示。对物体和弹簧根据牛顿运动定律列出方程,并设物体沿斜面下滑 s 距离时的加速度为 a,则

$$m_1 g \sin\theta - F_{T_1} = m_1 a \qquad ①$$

$$F_{T_2} = ks \qquad ②$$

根据转动定律,对滑轮列出方程

$$F_{T_1}R - F_{T_2}R = J\alpha \qquad ③$$

由角量和线量的关系,得

$$a = R\alpha \qquad ④$$

图 5-4

联立解以上四个方程,可得

$$(m_1 R^2 + J)a = m_1 g \sin\theta R^2 - ksR^2$$

物体的加速度是随着 s 变化的,利用 $a = \dfrac{\mathrm{d}v}{\mathrm{d}t} = \dfrac{\mathrm{d}v}{\mathrm{d}s}\dfrac{\mathrm{d}s}{\mathrm{d}t} = v\dfrac{\mathrm{d}v}{\mathrm{d}s}$,代入上式,得

$$(m_1 R^2 + J)v\,\mathrm{d}v = m_1 g \sin\theta R^2\,\mathrm{d}s - ksR^2\,\mathrm{d}s$$

对上式积分,得

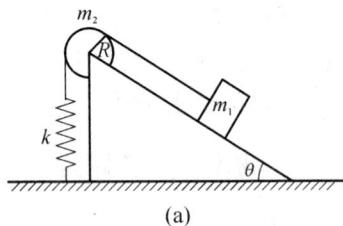

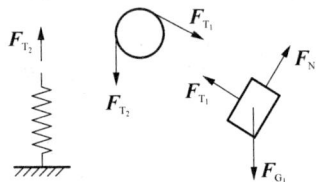

$$\int_0^v (m_1 R^2 + J) v \mathrm{d}v = \int_0^s m_1 g \sin\theta R^2 \mathrm{d}s - \int_0^s k s R^2 \mathrm{d}s$$

$$\frac{1}{2}(m_1 R^2 + J) v^2 = m_1 g \sin\theta R^2 s - \frac{1}{2} k s^2 R^2$$

$$v = \frac{\sqrt{(2m_1 g s \sin\theta - k s^2) R^2}}{m_1 R^2 + J}$$

滑轮的转动惯量 $J = \dfrac{1}{2} m_2 R^2$，代入上式，得

$$v = \sqrt{\frac{2m_1 g s \sin\theta - k s^2}{m_1 + m_2/2}}$$

解法二　应用系统的功能定理求解。

取物体、滑轮和绳子组成系统，在运动过程中，重力和弹性力做功，绳子的拉力对弹簧做正功，因而弹簧的弹性力对滑轮做负功，重力和弹性力的总功为

$$A = m_1 g \sin\theta s - \frac{1}{2} k s^2$$

系统的动能增量为

$$\Delta E_k = \frac{1}{2} m_1 v^2 + \frac{1}{2} J \omega^2$$

由动能定理，得

$$m_1 g s \sin\theta - \frac{1}{2} k s^2 = \frac{1}{2} m_1 v^2 + \frac{1}{2} k s^2$$

利用线量和角量的关系 $v = R\omega$ 以及滑轮的转动惯量 $J = \dfrac{1}{2} m_2 R^2$，代入得

$$v = \sqrt{\frac{2m_1 g s \sin\theta - k s^2}{m_1 + m_2 T_2}}$$

解法三　应用机械能守恒定律求解。

取物体、滑轮、弹簧以及地球为系统，弹性力和重力为系统的保守内力，所以用势能来表述，系统所受的外力（斜面对物体的支持力，地面对弹簧的拉力）在物体运动过程中都不做功，因而系统的机械能守恒。取物体的初始位置为重力势能零点，弹簧的原长为弹性势能的零点，则在初态和终态的机械能分别为

初态：$\qquad\qquad\qquad\qquad E_1 = 0$

终态：$$E_2 = \frac{1}{2}ks^2 + \frac{1}{2}m_1v^2 + \frac{1}{2}J\omega^2 - m_2gs\sin\theta$$

由机械能守恒定律,得

$$\frac{1}{2}ks^2 + \frac{1}{2}m_1v^2 + \frac{1}{2}J\omega^2 - mgs\sin\theta = 0$$

将 $v = \omega R$，$J = \frac{1}{2}m_2R^2$ 代入,得

$$v = \sqrt{\frac{2m_1gs\sin\theta - ks^2}{m_1 + m_2/J}}$$

讨论 物体在斜面的最大距离 x_m 内机械能守恒定律得

$$\frac{1}{2}kx_{max} - mgx_m\sin\theta = 0$$

得

$$x_m = \frac{2mg\sin\theta}{k}$$

【例 5-5】 一质量为 m、长为 l 的匀质细杆,在水平面上绕其端点 A 转动,如图 5-5 所示。若初始角速度为 ω_0,杆与水平面间的摩擦因数为 μ,试求：(1) 细杆所受的摩擦力矩；(2) 若细杆只受此摩擦力矩,它转动多少圈后才停止。

分析 细杆所受的摩擦力是分散力,各处摩擦力的作用点到转轴的距离也不同,因此,计算摩擦力矩须用积分法。

解 (1) 在距转轴 x 处取线元 $\mathrm{d}x$,其质量 $\mathrm{d}m = \frac{m}{l}\mathrm{d}x$,线元所受的摩擦力矩为

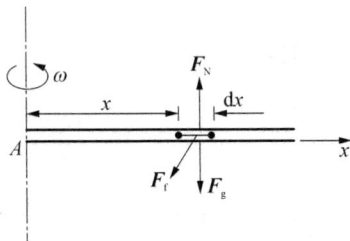

图 5-5

$$\mathrm{d}M = x\mathrm{d}F_f = x\mathrm{d}mg = \frac{\mu mg}{l}x\mathrm{d}x$$

由于各处的摩擦力矩方向相同,故细棒所受的摩擦力矩为

$$M = \int \mathrm{d}M = \int_0^l \frac{\mu mg}{l}x\mathrm{d}x = \frac{1}{2}\mu mgl$$

方向竖直向上,如取 **ω** 的方向为正方向,那么力矩为负。

计算结果表明,匀质杆受到的摩擦力矩,相当于将摩擦力集中于杆的中点所产生的力矩。

（2）由转动定律可得到角加速度

$$\alpha = \frac{M}{J} = \frac{-\frac{1}{2}\mu mgl}{\frac{1}{3}ml^2} = -\frac{3\mu g}{2l}$$

杆停止转动时所产生的角位移为

$$\Delta\theta = \frac{\omega^2 - \omega_0^2}{2\alpha} = -\frac{\omega_0^2}{2\alpha} = \frac{l\omega_0^2}{3\mu g}$$

所以，停止转动前转过的圈数为

$$n = \frac{\Delta\theta}{2\pi} = \frac{l\omega_0^2}{6\pi\mu g}$$

讨论　这结果也可由动能定理求解，请读者自行求解。

5.2.3　刚体的角动量定理和角动量守恒定律的应用

这两条规律的地位，与质点力学中的动量定理和动量守恒定律相当。

应用角动量定理时，必须隔离刚体，分析在过程中的受力情况，确定各隔离体在过程中所受的外力矩以及作用前后的角动量，然后列出关系式进行求解。

应用角动量守恒定律时，必须分析是否满足守恒的条件，即系统所受的合外力矩为零时才能适用。还需注意：系统的角动量是对同一转轴而言的，且角速度 ω 必须对惯性系而言的。

【例 5 - 6】　两个圆盘，质量和半径分别为 m_1，R_1 和 m_2，R_2，各自绕自身的轴线转动，角速度分别为 ω_{10} 和 ω_{20}。今将两个圆盘按不同方式啮合：（1）同轴啮合 ［见图 5 - 6(a)］；（2）异轴啮合，两个圆盘的转轴平行［见图 5 - 6(b)］。求啮合稳定时，两个圆盘的角速度。

分析　若将两个圆盘看成一个系统，在同轴啮合过程中，系统所受的外力是重力和轴力，但它们对转轴的力矩都为零。圆盘间的切向摩擦力对转轴有力矩，但为内力矩；这一对内力矩的矢量和为零，所以，两个圆盘对共同转轴的角动量守恒。

对于异轴啮合，仔细分析两个圆盘在接触时的受力情况，显见比较复杂。两个圆盘各自受到重力和摩擦力作用，两者相互作用的是正压力以及轴力。其中轴力的方向是未知的，可以把它们分成空间三个分量，如图 5 - 6(c)所示。由于两个圆盘的质心都在各自的转轴上，故两者的质心加速度都为零。由质心运动定理可知，两个圆盘各自的重力与沿轴向的轴力相互平衡；圆盘相互作用的正压力 $\boldsymbol{F}_N$ 与轴

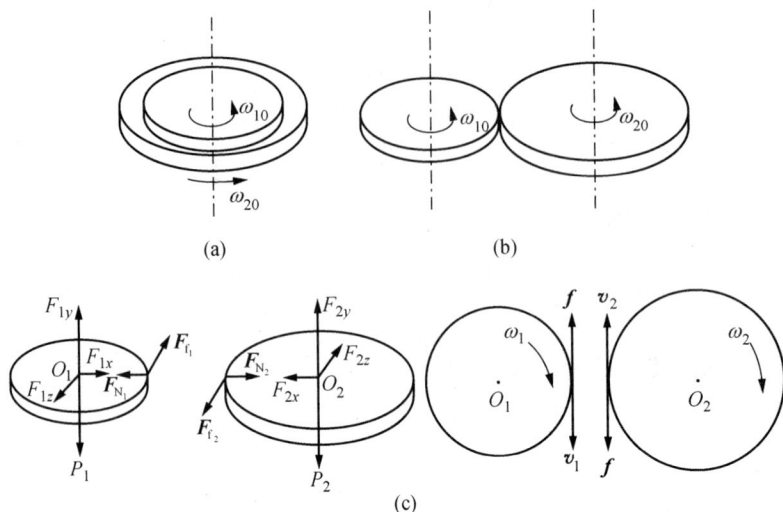

图 5 - 6

力 F_x 相平衡;滑动摩擦力 F_f 与轴力 F_z 相平衡。

　　对于这两个圆盘组成的系统,摩擦力和正压力是内力,而轴力为系统的外力,一个圆盘的轴力对另一圆盘的转轴形成外力矩。定轴转动定律中各物理量都是对同一转轴而言的,所以不管相对于哪一个转轴,都存在外力矩,因而系统的角动量是不守恒的,此题只能用角动量定理来求解。

　　不仅如此,由于两个圆盘的半径不同,两个摩擦力矩也不相等,有内力矩存在,所以角动量守恒定律也不成立。

　　解　(1) 同轴啮合。设啮合稳定后的共同角速度为 ω,根据角动量守恒定律有

$$J_1\omega_{10} + J_2\omega_{20} = (J_1 + J_2)\omega$$

而

$$J_1 = \frac{1}{2}m_1R_1^2, \quad J_2 = \frac{1}{2}m_2R_2^2$$

代入得

$$\omega = \frac{m_1R_1^2\omega_{10} + m_2R_2^2\omega_{20}}{m_1R_1^2 + m_2R_2^2}$$

转动方向与原来的相同。

　　(2) 异轴啮合。设两个圆盘达到稳定所需的时间为 t,它们的最终角速度分别

为 ω_1 和 ω_2，转向与原来的相同。根据角动量定理有

$$-\int R_1 F_f \, dt = J_1 \omega_1 - J_1 \omega_{10}$$

$$-\int R_2 F_f \, dt = J_2 \omega_2 - J_1 \omega_{20}$$

而

$$J_1 = \frac{1}{2} m_1 R_1^2, \quad J_2 = \frac{1}{2} m_2 R_2^2$$

稳定时,两个圆盘无相对滑动,因而两者接触处的线速度相同,即

$$\omega_1 R_1 = -\omega_2 R_2$$

联立解方程可得

$$\omega_1 = \frac{m_1 R_1 \omega_{10} - m_2 R_2 \omega_{20}}{(m_1 + m_2) R_1}$$

$$\omega_2 = \frac{m_2 R_2 \omega_{20} - m_1 R_1 \omega_{10}}{(m_1 + m_2) R_2}$$

【例 5-7】　质量为 M，半径为 R 的转台,可绕通过中心的竖直轴无摩擦地转动。质量为 m 的一个人,站在离中心 r 处($r < R$),开始时,人和台处于静止状态。如果这个人沿着半径为 r 的圆周匀速走一圈,设他相对于转台的运动速度为 u(见图 5-7)。求转台的旋转角速度和相对地面转过的角度。

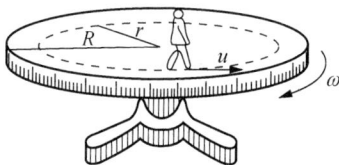

图 5-7

分析　以人和转台为一系统,该系统没有受到外力矩的作用,所以系统的角动量守恒。应用角动量守恒定律时,其中角速度和速度都是相对惯性系(即地面)而言的。因此人在转台上走动时,必须考虑人相对于地面的速度。

解　对于人和转台的系统,当人走动时,系统未受到对竖直轴的外力矩,系统对该轴的角动量守恒。设人相对地面的速度为 v,转台相对地面的转速为 ω,于是有

$$mvr + J\omega = 0$$

而

$$v = u + r\omega, \quad J = \frac{1}{2} MR^2$$

代入得

$$\omega = -\frac{mru}{mr^2 + \frac{1}{2}MR^2}$$

式中负号表示转台转动方向与人在转台上走动的方向相反。据题意,u 为常量,故 ω 也是常量,即转台做匀速转动。

设在时间 t 内转台相对地面转过的角度为 θ,则

$$\theta = \omega t = -\frac{mru}{mr^2 + \frac{1}{2}MR^2}t$$

而 $\frac{u}{r}t$ 为人相对于转台转过的角度,由题设可知

$$\frac{u}{r}t = 2\pi$$

因而,在此过程中转台相对于地面转过的角度

$$\theta = -\frac{2\pi mr^2}{mr^2 + \frac{1}{2}MR^2}$$

【例 5-8】　一轻绳跨过一半径为 R,质量为 $\frac{m}{4}$ 的滑轮。质量为 m 的人抓住绳的一端,另一端系一质量为 $\frac{m}{2}$ 的重物,如图 5-8 所示。当人相对于绳匀速向上爬时,求重物上升的加速度。

分析　对于这道题,用牛顿运动定律和定轴转动定律很难处理,但用角动量定理则很容易解决。这里既有质点的角动量,又有刚体的角动量,它们是对同一转轴而言的,还要注意是相对于惯性系而言的。

解　选人、滑轮和重物为系统,所受的外力矩(对滑轮轴)为

$$M = mgR - \frac{m}{2}gR = \frac{1}{2}mgR$$

设 u 为人相对于绳的速度(匀速),v 为重物上升的速度,则人相对地面的速度为 $(u-v)$,系统对轴的角动量

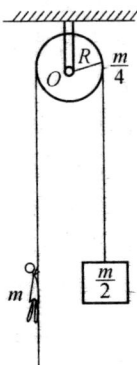

图 5-8

$$L = \frac{m}{2} v R - m(u - v)R + J\omega$$

滑轮的转动惯量

$$J = \frac{1}{2}\left(\frac{m}{4}\right)R^2 = \frac{1}{8}mR^2$$

以 $\omega = \frac{v}{R}$，代入得

$$L = \frac{13}{8}mRv - mRu$$

根据角动量定理 $M = \dfrac{\mathrm{d}L}{\mathrm{d}t}$，有

$$\frac{1}{2}mgR = \frac{\mathrm{d}}{\mathrm{d}t}\left(\frac{13}{8}mRv - mRu\right) = \frac{13}{8}mR\frac{\mathrm{d}v}{\mathrm{d}t}$$

所以

$$a = \frac{\mathrm{d}v}{\mathrm{d}t} = \frac{4}{13}g$$

5.2.4　力学中的规律对刚体运动的综合应用

动量守恒定律、角动量守恒定律和机械能守恒定律适用的条件不同，应用时必须根据条件而有所选择。

*【例 5 - 9】　以速度 v_0 做匀速直线运动的货车上，载有一质量为 m、边长为 l 的立方体货箱，如图 5 - 9(a)所示。当货车遇到前方障碍物而司机紧急刹车停止时，货箱绕其底面 A 边翻转。试求：(1) 货车刹车停止瞬间，货箱翻转的角速度和角加速度；(2) 此时货箱 A 边所受的支承受力。

分析　货车突然刹车并立刻停止，由于惯性的作用，货箱必然绕垂直于底面的 A 轴转动，亦即货箱的运动在瞬间由平动变为转动，根据角动量守恒定律可以求得货箱翻转时的角速度，根据转动定律可以求得其角加速度。

解　(1) 当货车刹车停止瞬间，货箱受到重

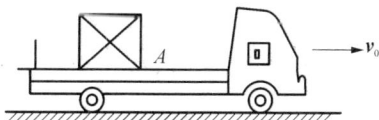

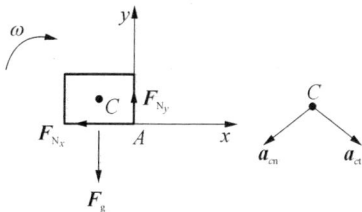

图 5 - 9

力及货车对其支承力,它们对 A 轴的冲量矩可以忽略不计,于是货箱对 A 轴的角动量守恒,有

$$mv_0 \frac{l}{2} = J_A\omega \qquad\qquad ①$$

等式右项中 J_A 为货箱对 A 轴的转动惯量,根据平行轴定理,有

$$J_A = J_c + (\overline{CA})^2 = \frac{1}{6}ml^2 + m\left(\frac{\sqrt{2}}{2}l\right)^2 = \frac{2}{3}ml^2$$

代入式①解得

$$\omega = \frac{3}{4}\frac{v_0}{l}$$

货箱翻转时,只受重力矩作用,根据转动定律,有

$$mg\frac{l}{2} = J_A\alpha$$

解得

$$\alpha = \frac{3}{4}\frac{g}{l}$$

(2) 货车刹车后停止瞬时,货箱以角速度 ω 绕 A 轴转动,此时质心加速度的切向和法向分量分别为

$$a_{ct} = \frac{\sqrt{2}}{2}l\alpha = \frac{3\sqrt{2}}{8}g$$

$$a_{cn} = \frac{\sqrt{2}}{2}l\omega^2 = \frac{9\sqrt{2}}{32}\frac{v_0^2}{l}$$

根据质心运动定理,取如图的坐标,有

$$-F_{Nx} = ma_{cx} = ma_{cn}\cos 45° - ma_{ct}\cos 45°$$

$$F_{Ny} - mg = ma_{cy} = -ma_{cn}\cos 45° - ma_{ct}\cos 45°$$

解得货箱 A 边受到的支承受力为

$$F_{Nx} = -m\left(\frac{9}{32}\frac{v_0^2}{l} + \frac{3}{8}g\right)$$

$$F_{Ny} = m\left(\frac{5}{8}g - \frac{9}{32}\frac{v_0^2}{l}\right)$$

【**例 5 - 10**】　质量为 m 的小圆环,套在一长为 l,质量为 M 的光滑均匀杆 AB 上,杆可以绕过其 A 端的固定轴在水平面上自由旋转(见图 5 - 10)。开始时,杆的角速度为 ω_0,而小环位于 A 点处。当小环受到一微小的扰动后,即沿杆向外滑行。试求当小环脱离杆时的速度。

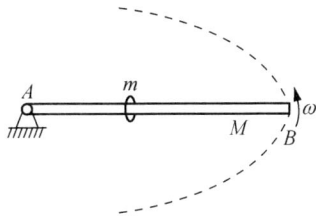

图 5 - 10

　　分析　对于环和杆组成的系统,仅受到重力和轴力的作用,这些外力对 A 点的力矩为零,所以系统对 A 点的角动量守恒。同样,这些外力不做功,所以系统的机械能守恒。由这两个守恒定律可求杆的旋转角速度和环的运动速度。注意:小环脱离杆时的速度是由环沿杆的速度和杆旋转时环沿圆周运动的切向速度合成的结果,所以环脱离杆的速度与杆间有一角度。

　　解　设小环脱离杆时的角速度为 ω,由角动量守恒定律有

$$J_0\omega_0 = J\omega$$

而

$$J_0 = \frac{1}{3}Ml^2, \quad J = \frac{1}{3}Ml^2 + ml^2$$

于是

$$\frac{1}{3}Ml^2\omega_0 = \left(\frac{1}{3}Ml^2 + ml^2\right)\omega$$

$$\omega = \frac{M}{M+3m}\omega_0$$

设小环脱离杆时的速度为 v,由机械能守恒定律有

$$\frac{1}{2}J_0\omega_0^2 = \frac{1}{2}J\omega^2 + \frac{1}{2}mv^2$$

将 I_0, I 和 ω 代入解得

$$v = \sqrt{\frac{Ml^2(\omega_0^2 - \omega^2)}{3m}}$$

$$= \frac{\omega_0 l}{M+3m}\sqrt{M(2M+3m)}$$

v 的方向与杆的夹角

$$\theta = \arcsin \frac{\omega l}{v} = \arcsin \frac{M}{\sqrt{M(2M+3m)}}$$

5.2.5　平面平行运动

刚体的平面运动可以分解为质心的平移和绕质心转动两种运动。所以处理刚体的平面运动时,需运用质心运动定理和转动定律,并分别列式才能求解。

【例 5‑11】　一绳索绕在半径为 R,质量为 m 的圆盘的圆周上,绳的另一端悬挂在天花板上(见图 5‑11)。设绳的质量不计。试计算:(1)圆盘的质心加速度和绳索的张力;(2)圆盘自静止开始下落高度 h 时的速度。

分析　这是一个平面平行运动问题。圆盘同时进行两种运动:一是圆盘质心 C 向下做平动;另一是圆盘绕通过质心的轴转动。因此需用质心运动定理和转动定律进行求解。

解　(1)作用在圆盘上的力有重力 $\boldsymbol{F}_\mathrm{G}$ 和绳索的拉力 $\boldsymbol{F}_\mathrm{T}$。选竖直向下的方向为 y 轴的正向。对于质心的平动,根据质心运动定理有

$$mg - F_\mathrm{T} = ma_C \tag{①}$$

式中 a_C 是圆盘质心相对天花板的加速度。

对于圆盘对通过质心的轴的转动,根据转动定律有

$$F_\mathrm{T}R = J_C \alpha \tag{②}$$

式中 $J_C = \dfrac{1}{2}mR^2$ 为圆盘对质心的转动惯量,α 为通过垂直圆盘质心的转轴的角加速度。

当圆盘滚动时,绳索相对于圆盘质心的加速度 $a = R\alpha$,这个加速度与圆盘质心相对天花板的加速度 a_C 相同,因此

$$a_C = a = R\alpha \tag{③}$$

联立以上三式解得

$$a_C = \frac{2}{3}g, \quad F_\mathrm{T} = \frac{1}{3}mg$$

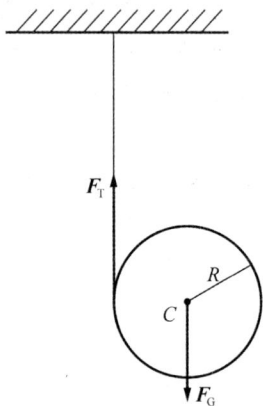

图 5‑11

（2）当圆盘自静止下落高度 h 时，其速度可按运动学公式得到，即

$$v_c = \sqrt{2a_c h} = \sqrt{\frac{4}{3}gh}$$

圆盘的速度也可用能量方法来求解。因为对圆盘、绳索和地球系统来说，绳索的张力是内力，没有其他外力作用，所以机械能守恒。设圆盘自静止开始下落高度 h 时的角速度为 ω，所以圆盘既有平动动能 $\frac{1}{2}mv_c$，又有转动动能 $\frac{1}{2}I_c\omega^2$，因此

$$mgh = \frac{1}{2}mv_C^2 + \frac{1}{2}J\omega^2$$

把 $\omega = v_C/R$ 代入，可解得

$$v_C = \sqrt{\frac{4}{3}gh}$$

【例 5 - 12】 长为 l、质量为 m 的均匀细棒，竖直放在粗糙地面上，若使棒以静止开始倒下，试求摩擦系数至少应为多少，才能保证棒在地面始终不发生相对滑动。

分析 根据棒的质心运动来处理问题。

解 棒在任意位置时受力情况如图 5 - 12 所示，棒的质心运动方程和质心的转动方程为

$$F_f = ma_{Cx} \qquad ①$$

$$F_N - mg = ma_{Cy} \qquad ②$$

$$F_N \frac{l}{2}\sin\theta - F_f \frac{l}{2}\cos\theta = J\alpha \qquad ③$$

而 x_C、y_C 与 θ 的关系及它们之间的时间导数关系为

图 5 - 12

$$x_C = \frac{l}{2}\sin\theta, \quad y_C = \frac{l}{2}\cos\theta$$

$$v_{Cx} = \frac{l}{2}\cos\theta \frac{d\theta}{dt}, \quad v_{Cy} = -\frac{l}{2}\sin\theta \frac{d\theta}{dt}$$

$$a_{Cx} = \frac{l}{2}\cos\theta \frac{d^2\theta}{dt} - \frac{l}{2}\sin\theta \frac{d\theta}{dt}, \quad a_{Cy} = -\frac{l}{2}\sin\theta \frac{d^2\theta}{dt} - \frac{l}{2}\cos\theta \frac{d\theta}{dt}$$

棒在倒下的过程中机械能守恒，因而有

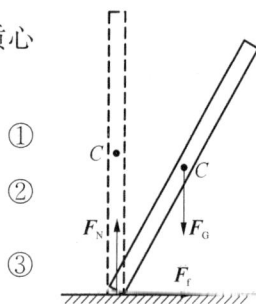

$$mg\,\frac{l}{2} = mg\,\frac{l}{2}\cos\theta + \frac{1}{2}mv_C^2 + \frac{1}{2}J\omega^2 \qquad ④$$

将上式改写成

$$
\begin{aligned}
mg\,\frac{l}{2}(1-\cos\theta) &= \frac{1}{2}m(v_{Cx}^2 + v_{Cy}^2) + \frac{1}{2}J\omega^2 \\
&= \frac{1}{2}m\left[\left(\frac{l}{2}\cos\theta\right)^2 + \left(\frac{l}{2}\sin\theta\right)^2\right]\omega^2 + \frac{1}{2}\left(\frac{1}{12}ml^2\right)\omega^2 \\
&= \frac{1}{6}ml^2\omega^2 \qquad\qquad\qquad ④'
\end{aligned}
$$

联立解式①～式④,得

$$F_f = \frac{3}{4}mg\sin\theta(3\cos\theta - 2)$$

$$F_N = \frac{1}{4}mg[1 + 3\cos\theta(3\cos\theta - 2)]$$

为了保证棒不滑动,必须满足

$$\mu \geqslant \mu_{\max} = \frac{F_f}{F_N} = \frac{3\sin\theta(3\cos\theta - 2)}{1 + 3\cos\theta(3\cos\theta - 2)}$$

【例 5-13】　半径为 r 的实心小球,质量为 m,自固定的圆柱面的顶端由静止开始受微小扰动而滚下,为了保证在 $\theta \leqslant 45°$ 的范围内小球滚动,试问,摩擦系数至少应为多少。

分析　欲求相应的摩擦系数,首先要求出摩擦力及其正压力,根据质心运动定理及有关条件即可求得。

解　小球受重力 F_g 及支承力 F_N 和摩擦力 F_f 的作用,由质心运动定理,切向和法向方程分别为

$$mg\sin\theta - F_f = ma_{Ct} = m\,\frac{dv_x}{dt} \qquad ①$$

$$mg\cos\theta - F_N = ma_{Cn} = m\,\frac{v_C^2}{R+r} \qquad ②$$

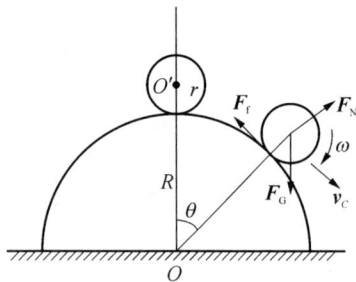

由转动定律,有

图 5-13

$$F_f r = J \frac{\mathrm{d}\omega}{\mathrm{d}t} \qquad \qquad ③$$

纯滚动满足的条件

$$v_C = r\omega \qquad \qquad ④$$

取小球和地球的系统,在小球沿圆柱从顶端自静止往下滚动的过程中,因静摩擦力 $\boldsymbol{F}_f$ 不做功,所以机械能守恒,即

$$mg(R+r)(1-\cos\theta) = \frac{1}{2}mv_C^2 + \frac{1}{2}J\omega^2$$

$$= \frac{1}{2}mr^2\omega^2 + \frac{1}{2}\frac{2}{5}mr^2\omega^2 = \frac{7}{10}mr^2\omega^2 \qquad ⑤$$

联立解式①~式⑤,得

$$F_N = mg\left(\frac{17}{7}\cos\theta - \frac{10}{7}\right) \qquad ⑥$$

$$F_f = \frac{2}{7}mg\sin\theta \qquad ⑦$$

小球做纯滚动,要求 $F_f \leqslant \mu F_N$,即

$$\frac{2}{7}mg\sin\theta \leqslant \mu mg\left(\frac{17}{7}\cos\theta - \frac{10}{7}\right)$$

因此,对摩擦因数 μ 的要求是

$$\mu \geqslant \frac{2\sin\theta}{17\cos\theta - 10}$$

当 $\theta = 45°$ 时,要求 $\mu \geqslant 0.7$。

讨论　若问小球在什么角度离开圆柱面,如果按照对质点问题的处理,令 $\boldsymbol{F}_N = 0$。由上讨论的式⑥得到 $\cos\theta = \frac{10}{17}$,即 $\theta = 54°$,这个结果是错误的。因为小球离开圆柱面之前,已经从纯滚动进入又滚又滑的状态,如果满足 $\cos\theta = \frac{10}{17}$,那么 μ 将为无穷大,因而认为小球在脱离前始终做纯滚动的假定是不现实的,必须考虑又滚又滑阶段的情况。

5.2.6　进动

【例 5-14】　在长为 l 的轴的一端,装上回转仪的轮子,轴的另一端吊在长为

L 的绳子上,使轮子转动起来,因而在水平面上做均匀进动,轮子的质量为 m,对质心的转动惯量为 J_C,自旋角速度为 ω。忽略轴和绳子的质量。求绳子与铅垂线所成的角度。

解　轮子在自身重力作用下,对于 O' 点的重力矩为 mgl,使轮子绕过 O 点的铅直轴作均匀进动,进动角速度为

$$\Omega = \frac{mgl}{J_C\omega}$$

因为轮子质心做半径近似为 L 的圆周运动,其向心力等于绳子张力的分力 $F_T\sin\theta$,由于绳子与铅垂线的夹角 θ 很小,所以张力的大小近似等于轮子的重量,因而有

$$mg\theta = m\Omega l$$

即

$$\theta = \frac{\Omega l}{g} = \frac{m^2 g l^2}{J_C^2 \omega^2}$$

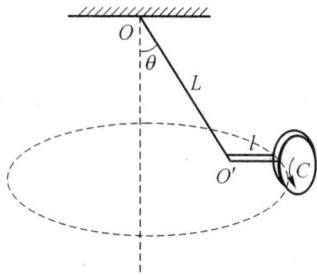

图 5-14

【例 5-15】　图示为一农村用的滚动碾磨,该碾砣是一质量为 m、半径为 r、厚度为 w 的均匀圆盘,它在半径为 R 的圆周上以角速度 Ω 做无滑动的滚动。试求碾砣对碾盘的压力。

解　碾砣质心绕竖直轴运动的线速度 $v = \Omega R$,因碾砣做无滑动的滚动,所以碾砣自身的自转角速度 $\omega = \dfrac{v}{r} = \dfrac{\Omega R}{r}$,因而碾砣的自转角动量

$$L_g = J_C\omega = \frac{1}{2}mr^2 \frac{\Omega R}{r} = \frac{1}{2}mrR\Omega$$

又因碾砣绕竖直轴转动,因而

$$\mathrm{d}L_{自} = L_{自}\,\mathrm{d}\varphi$$

$$\frac{\mathrm{d}L_{自}}{\mathrm{d}t} = L_{自}\frac{\mathrm{d}\varphi}{\mathrm{d}t} = L_{自}\,\Omega$$

对竖直轴来说,作用在碾砣上的外力矩为 $M = (F_N - mg)R$,由转动定律

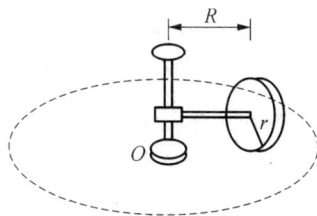

图 5-15

$$(F_N - mg)R = \frac{\mathrm{d}L_{自}}{\mathrm{d}t} = L_{自}\,\Omega = \frac{1}{2}mrR\Omega^2$$

可知,碾盘对碾砣的作用力为

$$F_N = \frac{1}{2}mr\Omega^2 + mg$$

其反作用力就是碾砣对碾盘的压力。由此可见,其压力大于碾砣的自重,且压力与碾砣绕竖直轴转动的角速度有关。

第6章　狭义相对论

6.1　基本概念和基本规律

1. 伽利略相对性原理

一切彼此做匀速直线运动的惯性系,对于描写机械运动的力学规律是完全等价的。

2. 伽利略坐标变换

$$\left.\begin{array}{l} x' = x - ut \\ y' = y \\ z' = z \\ t' = t \end{array}\right\} \quad 或 \quad \left.\begin{array}{l} x = x' + ut \\ y = y' \\ z = z' \\ t = t' \end{array}\right\}$$

3. 狭义相对论基本原理

(1) 相对性原理:在所有惯性系中,一切物理学定律都具有相同的数学表达式。

(2) 光速不变原理:在所有惯性系中,真空中光沿各个方向传播的速率都是相等的,与光源和观察者的运动状态无关。

4. 狭义相对论的时空观

(1) "同时性"的相对性:在一个惯性系中异地同时发生的两件事件,在另一个惯性系看来并不同时。

(2) 时间延缓(时间膨胀):$\tau = \dfrac{\tau_0}{\sqrt{1 - \dfrac{u^2}{c^2}}}$，$\tau_0$ 为原时。

(3) 长度收缩:$l = l_0 \sqrt{1 - \dfrac{u^2}{c^2}}$，$l_0$ 为原长。

5. 洛伦兹变换

1) 坐标变换

$$
\left.
\begin{aligned}
x' &= \frac{x - ut}{\sqrt{1 - \dfrac{u^2}{c^2}}} \\[2ex]
y' &= y \\
z' &= z \\[2ex]
t' &= \frac{t - \dfrac{u}{c^2}x}{\sqrt{1 - \dfrac{u^2}{c^2}}}
\end{aligned}
\right\}
\quad \text{或} \quad
\left.
\begin{aligned}
x &= \frac{x' + ut}{\sqrt{1 - \dfrac{u^2}{c^2}}} \\[2ex]
y &= y' \\
z &= z' \\[2ex]
t &= \frac{t' - \dfrac{u}{c^2}x'}{\sqrt{1 - \dfrac{u^2}{c^2}}}
\end{aligned}
\right\}
$$

2) 速度变换

$$
\left.
\begin{aligned}
v_x' &= \frac{v_x - u}{1 - \dfrac{u}{c^2}v_x} \\[2ex]
v_y' &= \frac{v_y \sqrt{1 - \dfrac{u^2}{c^2}}}{1 - \dfrac{u}{c^2}v_y} \\[2ex]
v_z' &= \frac{v_z \sqrt{1 - \dfrac{u^2}{c^2}}}{1 - \dfrac{u}{c^2}v_z}
\end{aligned}
\right\}
\quad \text{或} \quad
\left.
\begin{aligned}
v_x &= \frac{v_x' + u}{1 - \dfrac{u}{c^2}v_x'} \\[2ex]
v_y &= \frac{v_y' \sqrt{1 - \dfrac{u^2}{c^2}}}{1 - \dfrac{u}{c^2}v_y'} \\[2ex]
v_z &= \frac{v_z' \sqrt{1 - \dfrac{u^2}{c^2}}}{1 - \dfrac{u}{c^2}v_z'}
\end{aligned}
\right\}
$$

6. 相对论力学的基本方程

相对论质量：
$$
m = \frac{m_0}{\sqrt{1 - \dfrac{v^2}{c^2}}}
$$

相对论动量：
$$
\boldsymbol{p} = m\boldsymbol{v} = \frac{m_0}{\sqrt{1 - \dfrac{v^2}{c^2}}}\boldsymbol{v}
$$

动力学方程：
$$
\boldsymbol{F} = \frac{\mathrm{d}\boldsymbol{p}}{\mathrm{d}t} = \frac{\mathrm{d}}{\mathrm{d}t}\left(\frac{m_0}{\sqrt{1 - \dfrac{v^2}{c^2}}}\boldsymbol{v} \right)
$$

7. 相对论能量

总能量：
$$E = mc^2$$

静止能量：
$$E_0 = m_0 c^2$$

相对论动能：
$$E_k = mc^2 - m_0 c^2 = (m - m_0) c^2$$

相对论能量和动量关系：
$$E^2 = p^2 c^2 + m_0^2 c^4$$

6.2 习题分类、解题方法和示例

本章的习题可分为以下两类：

（1）相对论时间和长度的计算；

（2）相对论动力学问题的计算。

下面将分别对各类问题的解题方法进行讨论，并举例加以说明。

6.2.1 相对论时间和长度的计算

在计算不同惯性系中两个事件的时间和物体的长度时，必须掌握"原时"和"原长"。若两个事件发生于相对观测者静止的同一地点的时间间隔为"原时"（或"固有时"）；若物体相对观测者静止测得的长度为"原长"（或"固有长度"）。

在运用洛伦兹变换式计算时间和长度时，必须分清"空间坐标间隔"和"长度"这两个不同的概念。非同时发生的两个事件之间的空间间隔可用洛伦兹变换式进行计算。而对于物体的长度，必须在同一时刻测量物体两端的空间坐标，这空间坐标的差值才是运动物体的长度。同样，在计算两个事件经历的时间或一个过程的持续时间时，必须发生在同一地点。

【例 6 - 1】 一根米尺，静置在 S' 系的 $x'O'y'$ 平面上，与 x' 轴成 30°角，如图 6 - 1 所示。S' 系相对惯性系 S 以速度 $u = 0.8c$ 沿 x 轴正方向运动，求此米尺在 S 系中的长度和取向。

解法一 用洛伦兹坐标变换式计算。

首先确定米尺在 S' 系中的坐标。

A： $x'_A = 0$ ，$y'_A = 0$

B： $x'_B = l_0 \cos\theta'$ ，$y'_B = l_0 \sin\theta'$

式中 l_0 为米尺的原长，$l_0 = 1.0$ m，$\theta' = 30°$。

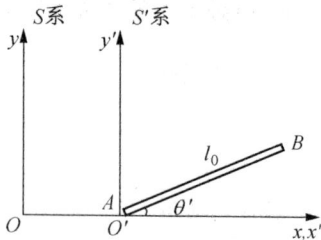

图 6 - 1

要计算米尺在有相对运动的参考系 S 中的长度，就得在同一时刻 t 测量 A，B 两端的坐标。应用洛伦兹变换，有

$$A: x_A' = \frac{x_A - ut}{\sqrt{1 - \dfrac{u^2}{c^2}}} = 0, \quad y_A' = y_A = 0$$

$$B: x_B' = \frac{x_B - ut}{\sqrt{1 - \dfrac{u^2}{c^2}}} = l_0 \cos \theta', \quad y_B' = y_B = l_0 \sin \theta'$$

由此得

$$x_A = ut, \ y_A = 0$$

$$x_B = l_0 \sqrt{1 - \frac{u^2}{c^2}} \cos \theta' + ut, \ y_B = l_0 \sin \theta'$$

请注意,这里为什么不用洛伦兹变换式 $x = \dfrac{x' + ut'}{\sqrt{1 - \dfrac{u^2}{c^2}}}$ 进行换算呢? 因为在 S

系必须在同一时刻 t 测量,而此变换式中右端为 t',故不适用。

由上得,米尺在 S 系中长度的分量为

$$x_B - x_A = l_0 \sqrt{1 - \frac{u^2}{c^2}}$$

$$y_B - y_A = l_0 \sin \theta'$$

所以,米尺在 S 系中的长度为

$$l = \sqrt{(x_B - x_A)^2 + (y_B - y_A)^2} = l_0 \sqrt{1 - \frac{u^2}{c^2} \cos^2 \theta'}$$

$$= 1.0 \times \sqrt{1 - \left(\frac{0.8c}{c}\right)^2 \cos^2 30°} \ \text{m} = 0.72 \ \text{m}$$

米尺与 x 轴间的夹角为

$$\theta = \arctan \frac{y_B - y_A}{x_B - x_A} = \arctan \frac{\tan \theta'}{\sqrt{1 - \dfrac{u^2}{c^2}}}$$

$$= \arctan \frac{\dfrac{1}{\sqrt{3}}}{\sqrt{1 - \left(\dfrac{0.8c}{c}\right)^2}} = 43.9°$$

因 $\theta > \theta'$，可见运动的米尺既收缩又转向。

解法二　用长度收缩公式计算。

由于米尺在 S 系沿 x 方运动，所以沿 x 方向有长度收缩，即

$$l_x = l_{0x}\sqrt{1 - \frac{u^2}{c^2}} = l_0 \cos\theta' \sqrt{1 - \frac{u^2}{c^2}}$$

$$l_y = l_{0y} = l_0 \sin\theta'$$

得米尺在 S 系中的长度

$$l = \sqrt{l_x^2 + l_y^2} = l_0 \sqrt{1 - \frac{u^2}{c^2}\cos^2\theta'}$$

$$\theta = \arctan\frac{l_y}{l_x} = \arctan\frac{\tan\theta'}{\sqrt{1 - \frac{u^2}{c^2}}}$$

结果与解法一相同。

【例 6 - 2】　在地面上有一长 100 m 的跑道，运动员从起点跑到终点，用时 10 s。现从以 $0.8c$ 速度沿跑道向前飞行的飞船中观测：(1) 跑道有多长？(2) 运动员跑过的距离和所用的时间是多少？(3) 运动员的平均速度多大？

分析　以地面参考系为 S 系，飞船参考系为 S' 系。跑道固定在 S 系中，其长度为原长，$l_0 = 100$ m，在 S' 系中由长度收缩公式可求得跑道的长度。

对 S' 系来说，运动员起跑到终点是既不同地又不同时的两个事件，所以不能应用长度收缩公式和时间延缓公式，只能用洛伦兹变换来计算运动员跑过的距离和所用的时间。

解　(1) 由长度收缩公式可得在 S' 系中跑道的长度

$$l' = l_0 \sqrt{1 - \frac{u^2}{c^2}} = 100 \times \sqrt{1 - \left(\frac{0.8c}{c}\right)^2}\ \text{m} = 60\ \text{m}$$

(2) 若设在 S 系中，起点和终点的坐标分别为 x_A 和 x_B，则跑道的长度

$$\Delta x = x_B - x_A = 100\ \text{m}$$

在 S' 系中跑道的起点和终点的坐标可由洛伦兹变换得到

$$x_A' = \frac{x_A - ut_A}{\sqrt{1 - \frac{u^2}{c^2}}}$$

$$x'_B = \frac{x_B - ut_B}{\sqrt{1 - \dfrac{u^2}{c^2}}}$$

在 S' 系中跑道的长度

$$\Delta x' = x'_B - x'_A = \frac{(x_B - x_A) - u(t_B - t_A)}{\sqrt{1 - \dfrac{u^2}{c^2}}} = \frac{\Delta x - u\Delta t}{\sqrt{1 - \dfrac{u^2}{c^2}}}$$

$$= \frac{100 - 0.8c \times 10}{\sqrt{1 - \left(\dfrac{0.8c}{c}\right)^2}} \text{ m} = -4.0 \times 10^9 \text{ m}$$

负号表示在 S' 系中观测，运动员沿 x' 轴负方向运动。

同样，运动员在 S 系中，起点的时刻为 t_A，终点的时刻为 t_B，起点到终点所用的时间

$$\Delta t = t_B - t_A = 10 \text{ s}$$

由洛伦兹时间变换式可得在 S' 系中起点和终点的时刻

$$t'_A = \frac{t_A - \dfrac{u}{c^2}x_A}{\sqrt{1 - \dfrac{u^2}{c^2}}}$$

$$t'_B = \frac{t_B - \dfrac{u}{c^2}x_B}{\sqrt{1 - \dfrac{u^2}{c^2}}}$$

在 S' 系中观测，运动员从起点到终点所用的时间

$$\Delta t' = t'_B - t'_A = \frac{(t_B - t_A) - \dfrac{u}{c^2}(x_B - x_A)}{\sqrt{1 - \dfrac{u^2}{c^2}}} = \frac{\Delta t - \dfrac{u}{c^2}\Delta x}{\sqrt{1 - \dfrac{u^2}{c^2}}}$$

$$= \frac{10 - \dfrac{0.8c}{c^2} \times 100}{\sqrt{1 - \left(\dfrac{0.8c}{c}\right)^2}} \text{ s} = 16.6 \text{ s}$$

(3) 运动员在 S 系中的平均速率

$$v = \frac{\Delta x}{\Delta t} = \frac{100}{10} = 10 \text{ m/s}$$

在 S' 系中的平均速率

$$v' = \frac{\Delta x'}{\Delta t'} = \frac{-4.0 \times 10^9}{16.6} \text{ m/s} = -2.4 \times 10^8 \text{ m/s}$$

这也可用速度变换式直接得到

$$v' = v_x' = \frac{v_x - u}{1 - \frac{u}{c^2} v_x} = \frac{10 - 0.8c}{1 - \frac{0.8c}{c^2} \times 10} \text{ m/s}$$

$$= -2.4 \times 10^8 \text{ m/s}$$

【例 6-3】 在惯性系 S 中的同一地点发生两个事件,事件 B 比事件 A 晚 4 s 发生。在另一惯性系 S' 中观察,事件 B 比事件 A 晚 5 s 发生,问这两个参考系的相对速度多大? 在 S' 系中这两个事件发生的地点相距多远(设 S' 系以恒定速率 u 相对 S 系沿 x 轴运动)?

分析 这是相对论中同地不同时的两个事件的时空转换问题。根据时间延缓效应的关系式可求出两个参考系的相对运动速度,从而可以求得在 S' 系中两个事件发生地点的间距。

解 设两个参考系间的相对速度为 u,根据题意 $\Delta t = t_2 - t_1 = 4\text{s}$, $\Delta t' = t_2' - t_1' = 5 \text{ s}$,由时间延缓效应的关系式 $\Delta t' = \dfrac{\Delta t}{\sqrt{1 - \dfrac{u^2}{c^2}}}$ 可得

$$1 - \frac{u^2}{c^2} = \frac{16}{25}$$

$$u = \frac{3}{5} c$$

设这两个事件在 S' 系中的时空坐标为 (x_1', t_1') 和 (x_2', t_2'),则由洛伦兹变换得

$$x_1 = \frac{x_1' + ut_1'}{\sqrt{1 - \frac{u^2}{c^2}}} \ , \ x_2 = \frac{x_2' + ut_2'}{\sqrt{1 - \frac{u^2}{c^2}}}$$

由于这两个事件在 S 系发生在同一地点,即 $x_1 = x_2$,于是有

$$x_2' - x_1' = u(t_2' - t_1') = \frac{3}{5}c \times 5 = 9 \times 10^8 \text{ m}$$

即在 S 系中观测这两个事件是发生在不同地点,它们在相对速度方向上的距离为 9×10^8 m。

【例 6-4】 一光源在 S' 系的原点 O' 发出一光束,其传播方向在 $x'O'y'$ 平面内并与 x' 轴的夹角为 θ'。试求在 S 系中测得此光束的传播方向,并证明在 S 系中此光束的速率仍为 c。

解 在 S' 系中光的传播速度 $v' = c$。由洛伦兹变换可得在 S 系中光的两个分速度分别为

$$v_x = \frac{v_x' + u}{1 + \frac{v_x' u}{c^2}} = \frac{v' \cos \theta' + u}{1 + \frac{v' u \cos \theta'}{c^2}} = \frac{c \cos \theta' + u}{1 + \frac{u \cos \theta'}{c}}$$

$$v_y = \frac{v_y' \sqrt{1 - \frac{u^2}{c^2}}}{1 + \frac{v_x' u}{c^2}} = \frac{v' \sin \theta' \sqrt{1 - \frac{u^2}{c^2}}}{1 + \frac{v' u \cos \theta'}{c^2}}$$

$$= \frac{c \sin \theta' \sqrt{1 - \frac{u^2}{c^2}}}{1 + \frac{u \cos \theta'}{c}}$$

由此得在 S 系中光束与 x 轴的夹角

$$\theta = \arctan \frac{v_y}{v_x} = \arctan \frac{\sin \theta' \sqrt{1 - \frac{u^2}{c^2}}}{\cos \theta' + \frac{u}{c}}$$

在 S 系中光的速率

$$v = \sqrt{v_x^2 + v_y^2} = \frac{c}{c + u \cos \theta'} \left[(c \cos \theta' + u)^2 + c^2 \sin^2 \theta' \left(1 - \frac{u^2}{c^2}\right) \right]^{1/2}$$

$$= \frac{c}{c + u \cos \theta} [u^2 \cos^2 \theta + 2uc \cos \theta + c^2]^{1/2} = c$$

6.2.2 相对论动力学问题的计算

熟记狭义相对论质点动力学中重要概念和常用公式。

【**例 6 - 5**】　在北京正负对撞机中,电子可以被加速到动能 $E_k = 2.8\,\text{GeV}$ $(1\,\text{GeV} = 10^9\,\text{eV})$。试问:(1)这种电子的速率与光速比较相差多少?(2)这样的一个电子动量多大?(3)这种电子在周长为240 m的贮存环内绕行时,它的向心力多大?需要多大的偏转磁场?

解　(1)由相对论动能关系式

$$E_k = mc^2 - m_0 c^2 = \left[\frac{m_0}{\sqrt{1 - \dfrac{v^2}{c^2}}} - m_0\right]c^2$$

可得

$$c^2 - v^2 = \left(\frac{m_0 c^3}{E_k + m_0 c^2}\right)^2$$

由于电子的静能 $E_0 = m_0 c^2 = 0.512\,\text{MeV}$,$E_0 \ll E_k$,所以 $v \approx c$,于是 $c^2 - v^2 = (c + v)(c - v) \approx 2c(c - v)$,从而由上式可得

$$c - v \approx \frac{1}{2c}\left(\frac{m_0 c^3}{E_k + m_0 c^2}\right)^2 \approx \frac{1}{2c}\left(\frac{m_0 c^3}{E_k}\right)^2 = \frac{m_0^2 c^5}{2E_k^2}$$

$$= \frac{(9.11 \times 10^{-31})^2 \times (3 \times 10^8)^5}{2 \times (2.8 \times 10^9 \times 1.60 \times 10^{-19})^2}\,\text{m/s} = 5.02\,\text{m/s}$$

(2)电子的动量

$$p = \sqrt{\frac{E^2 - m_0^2 c^4}{c^2}} \approx \sqrt{\frac{E_k^2 - (m_0 c^2)^2}{c^2}} \approx \frac{E_k}{c}$$

$$= \frac{2.8 \times 10^9 \times 1.60 \times 10^{-19}}{3 \times 10^8}\,\text{kg}\cdot\text{m/s} = 1.49 \times 10^{-18}\,\text{kg}\cdot\text{m/s}$$

(3)电子绕行所需的向心力

$$F = m\frac{v^2}{R} \approx \frac{mc^2}{R} = \frac{E}{R} \approx \frac{E_k}{R}$$

$$= \frac{2.8 \times 10^9 \times 1.60 \times 10^{-19}}{240}\,\text{N} = 1.9 \times 10^{-12}\,\text{N}$$

所需的偏转磁场的磁感应强度

$$B = \frac{F}{ev} \approx \frac{F}{ec} = \frac{1.9 \times 10^{-12}}{1.6 \times 10^{-19} \times 3 \times 10^8}\,\text{T} = 0.04\,\text{T}$$

【例 6 - 6】 一个质量为 m_0 的受激原子,静止在参考系 S 中,因发射一个光子而反冲,原子的内能减少了 ΔE,而光子的能量为 $h\nu$,试证:

$$h\nu = \Delta E \left(1 - \frac{\Delta E}{2m_0 c^2}\right)$$

分析 这是微粒的运动情况,但仍遵守动量守恒定律和能量守恒定律。

证明 设反冲原子的质量为 m',静质量为 m'_0,反冲后的速度为 v。由于受激原子原来是静止的,所以原有的能量为 $m_0 c^2$,动量为 0。于是

由能量守恒定律,有

$$m_0 c^2 = h\nu + m' c^2 \qquad ①$$

由动量守恒定律,有

$$0 = p_{原子} + p_{光子} = -m'v + \frac{h\nu}{c} \qquad ②$$

由能量和动量关系,对反冲原子有

$$(m'c^2)^2 = (m'v)^2 c^2 + m'^2_0 c^4 \qquad ③$$

其中 $m' = \dfrac{m'_0}{\sqrt{1 - \dfrac{v^2}{c^2}}}$。原子内能的变化

$$\Delta E = m_0 c^2 - m'_0 c^2 \qquad ④$$

将式①和式②代入式③,消去 m',得

$$(m_0^2 - m'^2_0)c^2 = 2m_0 h\nu$$

化简后并利用式④可得

$$\Delta E(m_0 + m'_0) = 2m_0 h\nu$$

$$h\nu = \frac{\Delta E}{2}\left(1 + \frac{m'_0}{m_0}\right) = \Delta E\left(1 - \frac{\Delta E}{2m_0 c^2}\right)$$

由结果可见,光子的能量小于原子内能的变化。其原因在于原子内能改变的能量,除了发射光子外,还有一部分变为反冲原子的动能。

【例 6 - 7】 静止质量为 M_0 的粒子,在静止时衰变为静止质量为 m_{10} 和 m_{20} 的两个粒子。试求这两个粒子的能量和速度。

解 设衰变后两个粒子的速度分别为 v_1 和 v_2,动量分别为 $\boldsymbol{p}_1$ 和 $\boldsymbol{p}_2$,能量分别

为 E_1 和 E_2。当粒子衰变成两个粒子时,遵守动量守恒定律和能量守恒定律,即

$$\boldsymbol{p}_1 + \boldsymbol{p}_2 = 0$$

$$E_1 + E_2 = M_0 c^2$$

而

$$\boldsymbol{p}_1 = \frac{m_{10}\,\boldsymbol{v}_1}{\sqrt{1 - \dfrac{v_1^2}{c^2}}} \quad, \quad \boldsymbol{p}_2 = \frac{m_{20}\,\boldsymbol{v}_2}{\sqrt{1 - \dfrac{v_2^2}{c^2}}}$$

$$E_1 = \frac{m_{10} c^2}{\sqrt{1 - \dfrac{v_1^2}{c^2}}} \quad, \quad E_2 = \frac{m_{20} c^2}{\sqrt{1 - \dfrac{v_2^2}{c^2}}}$$

又根据相对论动量和能量关系有

$$E_1^2 = p_1^2 c^2 + (m_{10} c^2)^2$$

$$E_2^2 = p_2^2 c^2 + (m_{20} c^2)^2$$

由以上各式可求出

$$E_1 = \frac{(M_0^2 + m_{10}^2 - m_{20}^2)}{2M_0} c^2$$

$$E_2 = \frac{(M_0^2 - m_{10}^2 + m_{20}^2)}{2M_0} c^2$$

又因 $E = mc^2 = \dfrac{m_0 c^2}{\sqrt{1 - \dfrac{v^2}{c^2}}}$,分别利用此式可得

$$v_1 = \frac{\sqrt{M_0^4 + m_{10}^4 + m_{20}^4 - 2M_0^2 m_{10}^2 - 2M_0^2 m_{20}^2 - 2m_{10}^2 m_{20}^2}}{M_0^2 + m_{10}^2 - m_{20}^2} c$$

$$v_2 = \frac{\sqrt{M_0^4 + m_{10}^4 + m_{20}^4 - 2M_0^2 m_{10}^2 - 2M_0^2 m_{20}^2 - 2m_{10}^2 m_{20}^2}}{M_0^2 - m_{10}^2 + m_{20}^2} c$$

第 7 章　简谐运动

7.1　基本概念和基本规律

1. 简谐运动的特征

运动学特征：

$$\frac{\mathrm{d}^2 x}{\mathrm{d}t^2} = -\omega^2 x$$

动力学特征：弹性力或准弹性力

$$F = -Cx$$

能量特征：

$$E = kA^2 = 恒量$$

2. 简谐运动表达式和运动方程

表达式：

$$x = A\cos(\omega t + \phi_0)$$

运动方程：

$$\frac{\mathrm{d}^2 x}{\mathrm{d}t^2} + \omega^2 x = 0$$

3. 描述简谐运动的物理量

振幅 A：取决于振动能量，由初始条件 x_0 和 v_0 确定。

$$A = \sqrt{x_0^2 + \left(\frac{v_0}{\omega}\right)^2}$$

角频率 ω：取决于振动系统本身的性质。

例如弹簧振子 $\omega = \sqrt{\dfrac{k}{m}}$，单摆 $\omega = \sqrt{\dfrac{g}{l}}$。

$$\omega = 2\pi\nu, \quad \nu = \frac{1}{T}$$

相位 $(\omega t + \phi_0)$：表示简谐运动 t 时刻的运动状态的物理量。

初相位 ϕ_0：$t = 0$ 时刻的相位，由初始条件确定。

$$\phi_0 = \arctan\left(-\frac{v_0}{\omega x_0}\right)$$

4. 描述简谐运动的方法

(1) 解析法：用表达式 $x = A\cos(\omega t + \phi_0)$ 描述；

(2) 振幅旋转矢量法；

(3) 图线法：用 $x\text{-}t$ 图画出振动曲线。

5. 阻尼振动

周期：
$$T = \frac{2\pi}{\sqrt{\omega_0^2 - \beta^2}} \quad \left(\beta = \frac{\gamma}{2m}\right)$$

6. 受迫振动

稳态时的振动频率等于策动力的频率。

振幅：
$$A = \frac{F_0}{m\sqrt{(\omega_0^2 - \omega^2)^2 + 4\beta^2\omega^2}}$$

共振：
$$\omega_r \approx \omega_0$$

7. 简谐运动的合成

(1) 两个同方向同频率简谐运动的合成：合成后仍为该方向该频率的简谐运动，其振幅决定于两振动的振幅和相位差。即

$$A = \sqrt{A_1^2 + A_2^2 + 2A_1A_2\cos(\phi_{20} - \phi_{10})}$$

当 $\Delta\phi = \begin{cases} 2k\pi \\ (2k+1)\pi \end{cases} (k = 0, \pm 1, \pm 2, \cdots), A = \begin{cases} A_1 + A_2 \\ |A_1 - A_2| \end{cases}$

(2) 两个同方向不同频率简谐运动的合成：当两个振动的频率都很大而频率差很小时，合成后产生拍的现象。拍频为 $|\nu_2 - \nu_1|$。

(3) 相互垂直的两个同频率简谐运动的合成：合运动的轨迹一般为椭圆，具体形状取决于两个分振动的相位差和振幅。

(4) 相互垂直的两个不同频率的简谐运动的合成：如两个分振动的频率为简单整数比时，合运动的轨迹为李萨如图形。

7.2　习题分类、解题方法和示例

本章的习题可归纳为三方面的问题：

(1) 简谐运动的运动学问题。

围绕描述简谐运动的三个物理量：振幅、角频率和初相建立简谐运动的表达式，或从振动曲线建立简谐运动的表达式等；或反过来求解。确定初相位是学习的重点。

（2）简谐运动的动力学问题。

对物体的受力进行分析，根据牛顿运动定律建立方程，判断是否符合简谐运动的特征，然后根据初始条件，建立简谐运动的表达式。

（3）简谐运动的合成。

下面将分别讨论各类问题的解题方法，并举例加以说明。

7.2.1 简谐运动的运动学问题

简谐运动的运动学问题大体有以下两种类型：① 已知简谐运动表达式求有关物理量；② 已知运动情况或振动曲线建立简谐运动表达式。

对于第一类问题主要采用比较法，就是把已知的运动表达式与简谐运动的标准表达式 $x = A\cos(\omega t + \phi_0)$ 加以比较，结合有关公式求得各物理量。

对于第二类问题的解题方法，一般先确定是简谐运动，然后根据题给的条件，求出描述简谐运动的三个特征量 ω，A，ϕ_0，再将这些量代入简谐运动的标准式，就得到要求的运动表达式。角频率 ω 由系统的性质决定，$\omega = \sqrt{\dfrac{k}{m}}$，振幅 A 可由初始条件求出，$A = \sqrt{x_0^2 + \left(\dfrac{v_0}{\omega}\right)^2}$；或从振动曲线上直接看出。初相 ϕ_0 有两种解法，一是解析法，即从初始条件得到 $\tan\phi_0 = -\dfrac{v_0}{\omega x_0}$，这里 ϕ_0 有两个值，必须根据条件舍去一个不合理的值；另一是旋转矢量法，正确画出振幅矢量图，这是求初相最简便且直观的方法。

【例 7 - 1】 一质量为 50 g 的物体做简谐运动，其振幅为 10 cm，周期为 4 s。当 $t=0$ 时，位移为 -5.0 cm，且物体朝 $-x$ 方向运动。求：（1）物体在 $t=1.0$ s 时的位置、速度、加速度、所受的力以及物体具有的动能、势能和总能量；（2）物体从初始位置运动到 $x=5$ cm 处所需的最少时间；（3）物体第二次和第一次经过 $x=5$ cm 处的时间间隔。

分析 首先要确定 A，ω 和 ϕ_0 三个特征量，ϕ_0 可由解析法或旋转矢量法确定。写出简谐运动的表达式，就可以求得有关的物理量。物体从初始位置运动到 $x=5$ cm 所需的最少时间也可从相位来考虑。

解 （1）由题给条件知 $A = 10$ cm $= 0.10$ m，$T = 4$ s，则 $\omega = \dfrac{2\pi}{T} = \dfrac{\pi}{2}$ s^{-1} = 1.57 s^{-1}，由初始条件代入简谐运动的标准式可得

$$-0.05 = 0.10\cos\phi_0$$

$$\cos \phi_0 = -\frac{1}{2}, \quad \phi_0 = \pm \frac{2\pi}{3}$$

根据初始条件 $v_0 = -\omega A \sin \phi_0$ 取舍 ϕ_0 值。因为 $t=0$ 时,物体朝 x 轴负方向运动,即 $v_0 < 0$,所以要求 $\sin \phi_0 > 0$,于是取 $\phi_0 = \frac{2\pi}{3}$。 这样,此简谐运动的表达式为

$$x = 0.10 \cos\left(\frac{\pi}{2} t + \frac{2\pi}{3}\right) \text{ m}$$

初相 ϕ_0 也可用振幅旋转矢量法得到。根据初始条件画出振幅矢量的初始位置,如图 7-1(a)所示,从而得到 $\phi_0 = \frac{2\pi}{3}$。

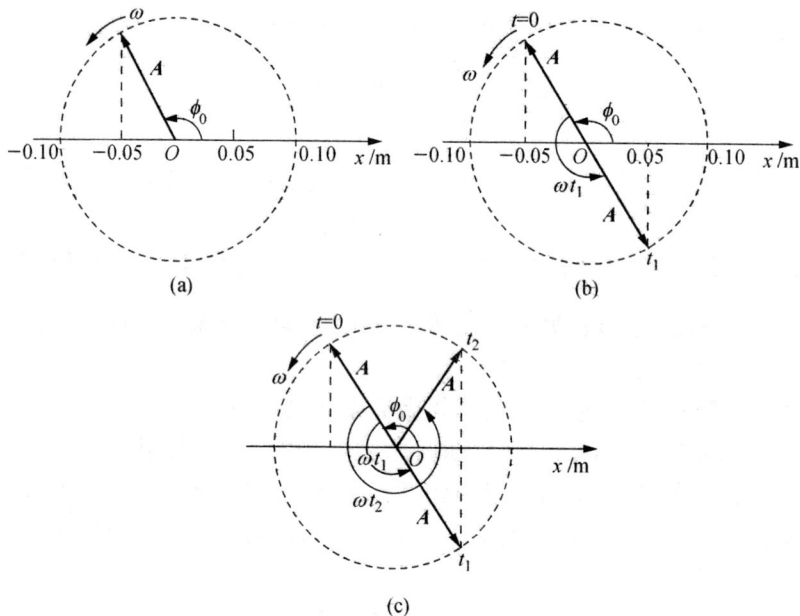

图 7-1

当 $t = 1.0$ s 时

$$x_1 = 0.10 \cos\left(\frac{\pi}{2} \times 1.0 + \frac{2\pi}{3}\right) = 0.10 \cos\frac{7\pi}{6} = -0.086\,6 \text{(m)}$$

$$v_1 = -\omega A \sin(\omega t + \phi_0) = -\frac{\pi}{2} \times 0.10 \times \sin\frac{7\pi}{6} = 0.078\,5 \text{(m/s)}$$

v_1 的方向沿 x 轴正方向。

$$a_1 = -\omega^2 A \cos(\omega t + \phi_0) = -\left(\frac{\pi}{2}\right)^2 \times 0.10 \times \cos\frac{7\pi}{6} = 0.213(\text{m/s}^2)$$

a_1 沿 x 轴为正方向。

或 $$a_1 = -\omega^2 x_1 = -\left(\frac{\pi}{2}\right)^2 \times (-0.086\,6) = 0.213\,(\text{m/s}^2)$$

$$F_1 = -kx_1^2 = -m\omega^2 x_1 = -0.050 \times \left(\frac{\pi}{2}\right)^2 \times (-0.086\,6)$$
$$= 0.011(\text{N})$$

或 $$F_1 = ma_1 = 0.050 \times 0.213 = 0.011(\text{N})$$

$$E_{\text{p1}} = \frac{1}{2}kx_1^2 = \frac{1}{2}m\omega^2 x_1^2 = \frac{1}{2} \times 0.050 \times \left(\frac{\pi}{2}\right)^2 \times (-0.086\,6)^2$$
$$= 4.62 \times 10^{-4}(\text{J})$$

$$E_{\text{k1}} = \frac{1}{2}mv_1^2 = \frac{1}{2} \times 0.050 \times (0.078\,5)^2 = 1.54 \times 10^{-4}(\text{J})$$

$$E = E_{\text{p1}} + E_{\text{k1}} = 4.62 \times 10^{-4} + 1.54 \times 10^{-4} = 6.16 \times 10^{-4}(\text{J})$$

或 $$E = \frac{1}{2}kA^2 = \frac{1}{2}m\omega^2 A^2 = \frac{1}{2} \times 0.050 \times \left(\frac{\pi}{2}\right)^2 \times (0.10)^2$$
$$= 6.16 \times 10^{-4}(\text{J})$$

(2) 设物体在 $t = t_1$ 时第一次到达 $x = 5\,\text{cm}$ 处,代入振动表达式,可得

$$0.05 = 0.10\cos\left(\omega t_1 + \frac{2\pi}{3}\right)$$

$$\cos\left(\omega t_1 + \frac{2\pi}{3}\right) = \frac{1}{2}$$

$$\omega t_1 + \frac{2\pi}{3} = 2\pi - \frac{\pi}{3} = \frac{5\pi}{3}$$

$$\omega t_1 = \pi, \quad t_1 = \frac{\pi}{\pi/2} = 2(\text{s})$$

这个结果也可用旋转矢量法得到,矢量图如图 7-1(b)所示。由图可知

$$\omega t_1 + \phi_0 = 2\pi - \frac{1}{3}\pi = \frac{5}{3}\pi$$

$$\omega t_1 = \frac{5}{3}\pi - \phi_0 = \frac{5}{3}\pi - \frac{2}{3}\pi = \pi$$

$$t_1 = \frac{\pi}{\omega} = \frac{\pi}{\frac{\pi}{2}} = 2(\text{s})$$

(3) 设第二次经过 $x = 5\ \text{cm}$ 的时间为 t_2，由振动表达式得

$$0.05 = 0.10 \cos\left(\omega t_2 + \frac{2\pi}{3}\right)$$

$$\cos\left(\omega t_2 + \frac{2\pi}{3}\right) = \frac{1}{2}$$

$$\omega t_2 + \frac{2\pi}{3} = 2\pi + \frac{\pi}{3} = \frac{7\pi}{3}$$

$$\omega t_2 = \frac{5\pi}{3}, \quad t_2 = \frac{5\pi/3}{\pi/2} = \frac{10}{3}(\text{s})$$

$$\Delta t = t_2 - t_1 = \frac{10}{3} - 2 = \frac{4}{3}(\text{s})$$

从图 7-1(c)所示的振幅旋转矢量图很容易得到

$$\omega t_2 + \phi_0 = 2\pi + \frac{\pi}{3}$$

而

$$\omega t_1 + \phi_0 = 2\pi - \frac{\pi}{3}$$

所以

$$\omega(t_2 - t_1) = \frac{2\pi}{3}$$

$$\Delta t = t_2 - t_1 = \frac{2\pi/3}{\pi/2} = \frac{4}{3}(\text{s})$$

【例 7-2】 图 7-2(a)所示为一物体运动的位移-时间曲线。(1) 试写出振动表达式；(2) 求从 $t = 0$ 到 a，b 两态所需的时间。

分析 从振动曲线可以直接得到振幅 A，从初始条件可以得到初相 ϕ_0，角频率或周期无法从振动曲线直接得到，但可以通过给定的条件：$t = 1.5\ \text{s}$ 时，$x = 3\ \text{cm}$ 及简谐运动表达式求出。这样，简谐运动的表达式就可得到。从 $t = 0$ 到 a、b 两态所用的时间可从 a、b 两点的相位求出。

解 (1) 设振动表达式为

$$x = A \cos(\omega t + \phi_0)$$

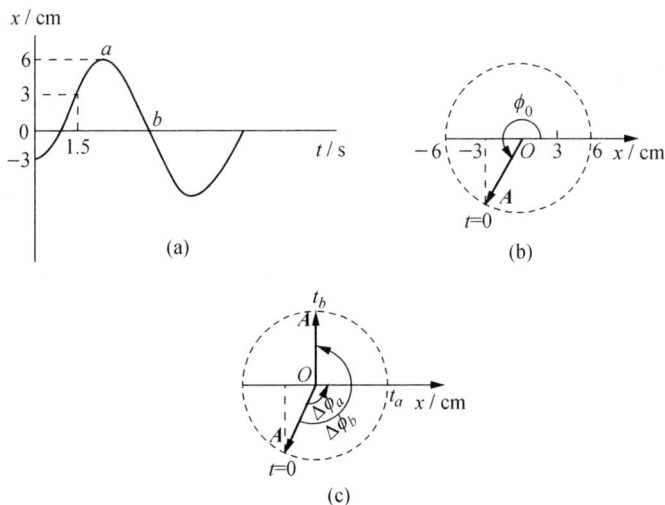

图 7 - 2

由图 7 - 2(a)可知 $A = 6\ \mathrm{cm}$，又 $t = 0$ 时，$x_0 = -3\ \mathrm{cm}$，$v_0 > 0$。将这两个条件代入上述表达式得

$$x_0 = -3 = 6\cos\phi_0$$

$$\cos\phi_0 = -\frac{1}{2}, \quad \phi_0 = \frac{2}{3}\pi \ \text{或} \ \frac{4}{3}\pi$$

根据初速度 $v_0 > 0$，ϕ 只能取 $\frac{4}{3}\pi$。从振幅旋转矢量图［见图 7 - 2(b)］也可直接得到。

将题给条件 $t = 1.5\ \mathrm{s}$ 时，$x = 3\ \mathrm{cm}$ 代入振动表达式得

$$3 = 6\cos\left(\omega \times 1.5 + \frac{4}{3}\pi\right)$$

$$\cos\left(1.5\omega + \frac{4}{3}\pi\right) = \frac{1}{2}$$

$$1.5\omega + \frac{4}{3}\pi = \frac{1}{3}\pi \ \text{或} \ \frac{5}{3}\pi$$

由于在 $t = 1.5\ \mathrm{s}$ 时，$v > 0$，故只能取 $\frac{5}{3}\pi$，由此得

$$\omega = \frac{5\pi/3 - 4\pi/3}{1.5} = \frac{2}{9}\pi$$

所以这简谐运动的表达式为

$$x = 6\cos\left(\frac{2}{9}\pi t + \frac{4}{3}\pi\right) \text{ cm}$$

(2) 设从 $t=0$ 到 a 态所用的时间为 t_a，由图 7-2(a)可知在 a 点 $x=A$，所以

$$x_a = A\cos(\omega t_a + \phi_0) = A$$

$$\cos(\omega t_a + \phi_0) = 1$$

$$\omega t_a + \phi_0 = 0 \text{ 或 } 2\pi$$

$$t_a = \frac{2\pi - \frac{4}{3}\pi}{\omega} = \frac{\frac{2\pi}{3}}{\frac{2\pi}{9}} = 3 \text{ s}$$

设从 $t=0$ 到 b 态所用的时间为 t_b，由图 7-2(b)可知在 b 点 $x=0$，得

$$x = A\cos(\omega t_b + \phi_0) = 0$$

$$\cos(\omega t_b + \phi_0) = 0$$

$$\omega t_b + \phi_0 = \pm\frac{\pi}{2}$$

又因在 b 点，$v<0$，故取 $\frac{\pi}{2}$ 或 $\frac{5\pi}{2}$，于是

$$t_b = \frac{\frac{5\pi}{2} - \frac{4\pi}{3}}{\omega} = \frac{\frac{7\pi}{6}}{\frac{2\pi}{9}} = \frac{21}{4}\text{s} = 5.025 \text{ s}$$

用振幅旋转矢量法。$t=0$，t_a，t_b 时的振幅矢量图如图 7-2(c)所示，由图可知

$$\Delta\phi_a = \pi - \frac{\pi}{3} = \frac{2}{3}\pi = \omega(t_a - 0)$$

$$\Delta\phi_b = \frac{3}{2}\pi - \frac{\pi}{3} = \frac{7}{6}\pi = \omega(t_b - 0)$$

可得到相同的结果。

7.2.2　简谐运动的动力学问题

简谐运动的动力学问题常有以下几种类型：

（1）判断振动物体是否做简谐运动。

判断简谐运动的依据：物体的运动方程是否符合 $\dfrac{\mathrm{d}^2 x}{\mathrm{d}t^2} + \omega^2 x = 0$ 的形式。具体的处理方法有两种，一种用动力学方法，另一种是能量法。

采用动力学方法的步骤：① 确定振动系统，找出平衡位置并作为坐标原点，规定坐标轴的正方向；② 分析处于任意位置处系统各物体所受的力；③ 列出各物体的运动方程，与简谐运动的微分方程进行比较，即可判定物体是否做简谐运动。

采用能量法的步骤：① 确定振动系统，分析振动系统的机械能是否守恒；② 找出平衡位置并将它作为坐标原点，规定坐标轴的正方向；③ 写出任意位置处的机械能表达式，并把这一表达式对时间求一阶导数，将求得的结果与简谐运动的微分方程进行比较，判定是否做简谐运动。

（2）物体与振动系统相互作用而引起的简谐运动。

处理这类问题需要用到质点动力学或刚体力学的有关规律，可根据具体情况应用动力学规律进行综合解题。

【例 7 - 3】　如图 7 - 3(a)所示，一劲度系数为 k 的弹簧，一端固定，另一端系一轻绳，轻绳通过滑轮连接一质量为 m 的物体，滑轮的质量为 M，半径为 R。若绳和滑轮间无相对滑动，试证明物体的微小振动是简谐运动，并求其振动周期。设 $t = 0$ 时，弹簧无伸缩、物体也无初速，写出物体的振动表达式。

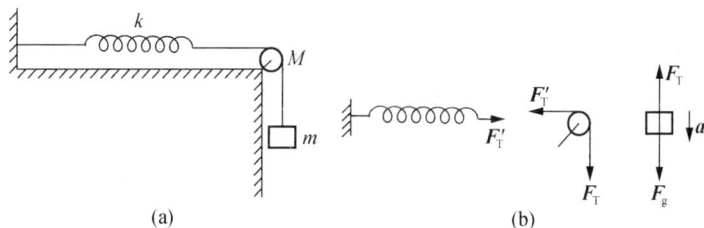

图 7 - 3

分析　此题是一个系统的振动问题，该系统由弹簧、物体和滑轮组成。判断系统是否做简谐运动可用动力学方法和能量法两种方法处理。画出隔离体图，对质点应用牛顿运动定律，对转动物体应用转动定律，然后联立求解，得到系统的运动方程，从而进行判断。

解法一   动力学方法。

系统的受力图如图 7-3(b)所示。选取物体平衡时的位置作为坐标轴的原点,以竖直向下为 x 轴的正方向。因物体在平衡位置时弹簧已伸长 x_0,有

$$kx_0 = mg \qquad\qquad ①$$

当物体偏离平衡位置 x 时,物体的动力学方程为

$$mg - F_T = m\frac{d^2 x}{dt^2}$$

此时滑轮和弹簧的运动方程为

$$F_T R - F'_T R = J\alpha$$
$$F'_T = k(x + x_0) \qquad\qquad ②$$

而物体的加速度和滑轮的角速度之间的关系为

$$\frac{d^2 x}{dt^2} = R\alpha$$

联立解以上方程得 $$\frac{d^2 x}{dt^2} + \frac{kR^2}{mR^2 + J}x = 0$$

上式符合简谐运动的标准方程,所以该系统作简谐运动,其角频率

$$\omega = \sqrt{\frac{kR^2}{mR^2 + J}}$$

所以周期

$$T = \frac{2\pi}{\omega} = 2\pi\sqrt{\frac{mR^2 + J}{kR^2}}$$

将 $J = \frac{1}{2}MR^2$ 代入得

$$T = 2\pi\sqrt{\frac{m + \dfrac{M}{2}}{k}}$$

由初始条件:当 $t = 0$ 时,$x_0 = -\dfrac{mg}{k}$, $v_0 = 0$, 所以

$$A = \frac{mg}{k}, \quad \phi_0 = \pi$$

振动表达式为

$$x = \frac{mg}{k} \cos\left(\sqrt{\frac{k}{m + \frac{M}{2}}} \, t + \pi\right)$$

解法二　能量法。

由弹簧、物体、滑轮和地球组成的系统,系统的机械能守恒,所以系统做简谐运动。

物体在任一位置 x 时,取平衡位置为势能零点,则系统的机械能

$$E = \frac{1}{2}mv^2 - mgx + \frac{1}{2}J\omega^2 + \frac{1}{2}k(x_0 + x)^2 = 恒量$$

两边对时间求一阶导数

$$\frac{\mathrm{d}E}{\mathrm{d}t} = mv\frac{\mathrm{d}v}{\mathrm{d}t} - mg\frac{\mathrm{d}x}{\mathrm{d}t} + J\omega\frac{\mathrm{d}\omega}{\mathrm{d}t} + k(x_0 + x)\frac{\mathrm{d}x}{\mathrm{d}t} = 0$$

又 $\dfrac{\mathrm{d}v}{\mathrm{d}t} = \dfrac{\mathrm{d}^2x}{\mathrm{d}t^2}$, $v = \omega R = \dfrac{\mathrm{d}x}{\mathrm{d}t}$, $mg = kx_0$, 代入上式可得

$$\frac{\mathrm{d}^2x}{\mathrm{d}t^2} + \frac{kR^2}{mR^2 + J}x = 0$$

这与用动力学方法解得的结果相同。

*【**例 7 - 4**】　取半径为 R 的匀质圆环的一部分 AB,用轻线悬挂在其对称轴上的某一点 P,组成一圆弧摆,可绕垂直于纸面的轴线自由摆动,如图 7 - 4 所示。试求其摆动周期。

分析　计算圆弧摆的摆动周期,可利用复摆的周期公式,必须先要计算圆弧摆的质心以及对悬点的转动惯量,后者计算要用到平行轴定理。

解　设圆弧摆的质量为 m,则质量线密度 $\lambda = \dfrac{m}{2R\theta_0}$,取坐标系的原点 O 在圆弧的中心,y 轴向上为正,圆锥摆的质心坐标为

$$-y_c = \frac{1}{m}\int y\,\mathrm{d}m = \frac{1}{m}\int (R\cos\theta)(\lambda R\,\mathrm{d}\theta)$$

$$= \frac{\lambda R^2}{m}\sin\theta\,\Big|_{-\theta_0}^{\theta_0} = \frac{2R\lambda}{m}\sin\theta_0 = R\,\frac{\sin\theta_0}{\theta_0}$$

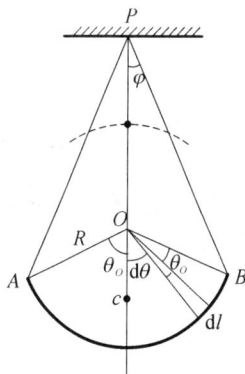

图 7 - 4

圆弧摆对圆环中心轴的转动惯量为

$$J_0 = mR^2$$

由平行轴定理,圆弧摆对质心轴的转动惯量为

$$J_C = J_0 - my_C^2 = mR^2 - mR^2\,\frac{\sin^2\theta_0}{\theta_0}$$

设悬点 P 与圆心的距离为 d,圆弧质心 c 距圆心的距离为 d',则质心到悬点的距离为

$$h = d + d' = d + y_C = d + R\,\frac{\sin\theta_0}{\theta_0}$$

由平行轴定理,圆弧摆对悬点的转动惯量为

$$J_P = J_C + mh^2 = mR^2 - mR^2\,\frac{\sin^2\theta_0}{\theta_0} + m\left(d + R\,\frac{\sin\theta_0}{\theta_0}\right)^2$$

$$= m\left(d + 2dR\,\frac{\sin\theta_0}{\theta_0} + R^2\right)$$

所以圆弧摆的摆动周期为

$$T = \frac{2\pi}{\omega} = 2\pi\sqrt{\frac{J_C}{mgh}} = 2\pi\sqrt{\dfrac{d^2 + 2dR\,\dfrac{\sin\theta_0}{\theta_0} + R^2}{gcd + R\,\dfrac{\sin\theta_0}{\theta_0}}}$$

如果悬点 P 在圆周的顶端,则 $d = R$,于是

$$T = 2\pi\sqrt{\frac{2R}{g}}$$

讨论　对于悬点在圆环顶端的圆弧摆,摆动周期与 m、θ_0、h 都无关,仅与 R 有关,因此它也适用于整个圆环的摆和倒挂的圆弧摆。例如圆环摆,它的质心就在圆环的中心,与悬点的距离为 R;它对悬点的转动惯量 $J_P = J_C + mR^2 = 2mR^2$。对悬点轴的摆动周期为

$$T = 2\pi\sqrt{\frac{J_P}{mgh}} = 2\pi\sqrt{\frac{2mR^2}{mgR}} = 2\pi\sqrt{\frac{2R}{g}}$$

得到与圆弧摆相同的结果,证实了上面的推论。

【**例 7 - 5**】　如图 7 - 5(a)所示，一质量为 M 的盘子系于竖直悬挂的轻弹簧下端，弹簧的劲度系数为 k。现有一质量为 m 的小物体自离盘高 h 处自由落下掉在盘上，没有反弹，和盘子一起振动。问此时的振动与空盘的振动有何不同？如以物体掉在盘上的瞬时作为计时起点，试写出盘子的振动表达式。

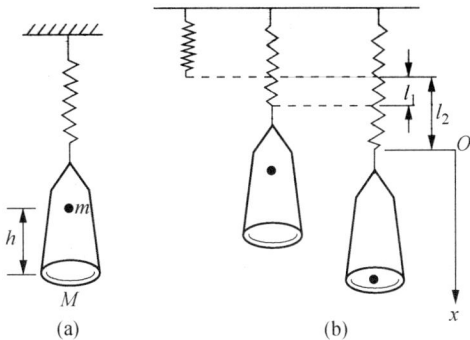

图 7 - 5

分析　这题是振动与动力学结合的综合题。弹簧振子的振动周期（或角频率）与振动物体的质量有关，现在振动物体的质量由 M 增为 $M+m$，所以新系统的振动周期变长。振幅和初相由初始条件决定：空盘振动时，当 $t=0$ 时，$v_0=0$，而物体掉在盘上时，发生非弹性碰撞，两者具有共同速度，即新系统有初速度，所以振幅和初相也要改变。

解　空盘振动时，其角频率 $\omega_1=\sqrt{\dfrac{k}{M}}$；当物体掉在盘上后，其振动角频率 $\omega_2=\sqrt{\dfrac{k}{M+m}}$。

当物体掉在盘上后，平衡位置也改变了。设空盘时，弹簧的伸长量为 l_1。物体掉到盘上时，弹簧的伸长量为 l_2，如取物体掉在盘上后的平衡位置为坐标原点，位移以向下为正，则 $t=0$ 时，新系统的初始位置［见图 7 - 5(b)］为

$$x_0=-(l_2-l_1)$$

又因

$$kl_1=Mg，\quad kl_2=(M+m)g$$

于是

$$x_0=-\left(\frac{M+m}{k}g-\frac{M}{k}g\right)=-\frac{m}{k}g$$

同时，新系统的初速度为物体掉到盘上后两者的共同速度 V_0，由动量守恒定律可得

$$mv_0=(M+m)V_0$$

而 $v_0=\sqrt{2gh}$，所以振动系统的初速度

$$V_0=\frac{m}{M+m}v_0=\frac{m}{M+m}\sqrt{2gh}$$

由初始条件可得系统的振幅

$$A = \sqrt{x_0^2 + \frac{V_0^2}{\omega^2}}$$

$$= \frac{mg}{k}\sqrt{1 + \frac{2kh}{(M+m)g}}$$

因初始条件 $x_0 < 0$，$V_0 > 0$ 可判断初相位 φ_0 在第三象限。

$$\varphi_0 = \arctan\left(-\frac{V_0}{\omega x_0}\right) + \pi = \arctan\sqrt{\frac{2kh}{(M+m)g}} + \pi$$

所以，振动表达式为

$$x = \frac{mg}{k}\sqrt{1 + \frac{2kh}{(M+m)g}}\cos\left[\sqrt{\frac{k}{M+m}}t + \left(\arctan\sqrt{\frac{2kh}{(M+m)g}} + \pi\right)\right]$$

*【例 7-6】 一摆长为 l，质量为 m 的单摆，悬挂在半径为 R 的转台的支架上，转台以恒定的转速 ω 绕竖直轴转动〔见图 7-6(a)〕。今使单摆沿转台的径向做微小的振动，试求其振动周期。

分析 由于单摆在转台上摆动，如以转台为参考系，它是非惯性系，所以考虑摆球的受力情况时，需要加上惯性力。同时，单摆摆动的平衡位置不再是竖直位置，可由力的平衡求得。

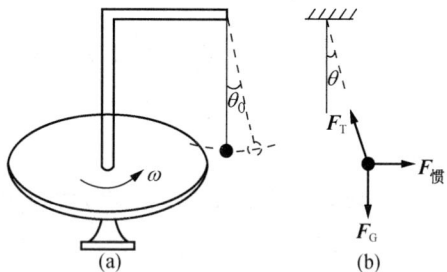

图 7-6

解 摆球在转台为参考系中的受力情况如图 7-6(b)所示。

设摆球处于平衡位置时，摆线与竖直方向的夹角为 θ_0，此时切向的运动方程为

$$mg\sin\theta_0 - F_惯\cos\theta_0 = ma_t = 0 \qquad ①$$

而

$$F_惯 = m\omega^2 R$$

于是

$$\tan\theta_0 = \frac{\omega^2 R}{g} \qquad ②$$

当摆线偏离平衡位置 θ 角时，摆球在切向的运动方程为

$$mg \sin(\theta_0 - \theta) - m\omega^2 R \cos(\theta_0 - \theta) = ml \frac{\mathrm{d}^2\theta}{\mathrm{d}t^2}$$

应用两角差的三角函数公式并考虑式①,由于摆球做微振动,$\cos\theta \approx 1$,$\sin\theta \approx \theta$,可得

$$l \frac{\mathrm{d}^2\theta}{\mathrm{d}t^2} + (g \cos\theta_0 + \omega^2 R \sin\theta_0)\theta = 0 \qquad ③$$

由式②可得

$$\cos\theta_0 = \frac{g}{\sqrt{g^2 + \omega^4 R^2}}, \quad \sin\theta_0 = \frac{\omega^2 R}{\sqrt{g^2 + \omega^4 R^2}}$$

将 $\cos\theta_0$ 和 $\sin\theta_0$ 的值代入式③,可得

$$\frac{\mathrm{d}^2\theta}{\mathrm{d}t^2} + \frac{\sqrt{g^2 + \omega^4 R^2}}{lR^2}\theta = 0$$

这是简谐运动的微分方程,所以单摆仍做简谐运动,其角频率

$$\omega_0 = \sqrt[4]{\frac{g^2 + \omega^4 R^2}{l^2 R^4}}$$

其振动周期

$$T = \frac{2\pi}{\omega_0} = 2\pi \left(\frac{l^2}{g^2 + \omega^4 R^2}\right)^{\frac{1}{4}}$$

【例 7 - 7】 如图 7 - 7 所示,在一平板上放置一质量为 0.50 kg 的砝码,现使平板在竖直方向做简谐运动,频率为 2 Hz,振幅为 0.04 m。问:(1) 振动位移最大时,砝码对平板的压力是多大?(2) 以多大振幅振动时,会使砝码脱离平板?(3) 如果频率增加一倍,则砝码随板保持一起振动的上限振幅是多大?

分析 这是一道综合应用题,根据简谐运动的特点解一般的动力学问题。

解 取 x 轴向上,砝码随板一起振动的表达式设为

$$x = A \cos(\omega t + \varphi_0)$$

作砝码的受力图,当砝码和板向上振动时,其加速度方向向下。由牛顿第二定律

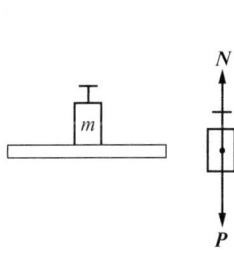

图 7 - 7

可得

$$N - mg = ma = -m\omega^2 x$$

砝码对平板的压力

$$N' = -N = -m(g - \omega^2 x)$$

(1) 位移最大时, $x = A$, 则

$$N' = -m(g - \omega^2 A) = -0.50 \times [9.8 - (2\pi \times 2)^2 \times 0.04] \text{ N}$$
$$= -1.74 \text{ N}$$

当 $x = -A$ 时,

$$N' = -m(g + \omega^2 A) = -8.06 \text{ N}$$

负号表示平板受到砝码的压力 N' 向下。

(2) 砝码脱离平板的条件是 $N = 0$, 即

$$N = m(g - \omega^2 x) = 0$$

砝码处在位置 $x = \dfrac{g}{\omega^2} < A$ 处, 即可脱离平板。所以在振动过程中砝码能脱离平板的条件是使振幅

$$A \geqslant \frac{g}{\omega^2} = \frac{9.8}{(2\pi \times 2)^2} = 6.2 \times 10^{-2} \text{ m}$$

(3) 若频率增加一倍, 砝码随板保持一起振动的振幅上限为

$$A_{\max} = \frac{g}{\omega'^2} = \frac{g}{(2\omega)^2} = \frac{1}{4} \times 6.2 \times 10^{-2} \text{ m} = 1.55 \times 10^{-2} \text{ m}$$

*【例 7 - 8】 在单摆问题中, 设摆线长为 l、质量为 m 且均匀分布, 摆球的半径为 r、质量为 M, 求它在小幅度摆动时的周期。

分析 考虑了摆线的质量以及摆球的大小, 不能再将它们视为质点, 计算时必须考虑它们的转动惯量, 根据转动定律进行求解。

解 摆动过程中, 系统的受力如图 7 - 8 所示。根据转动定律, 有

$$-\left[Mg(l+r)\sin\theta + mg\frac{l}{2}\sin\theta\right] = J_\theta\frac{\mathrm{d}^2\theta}{\mathrm{d}t^2} \qquad ①$$

式中, J_O 为系统对悬点 O 的转动惯量, 其中包括两部分, 摆

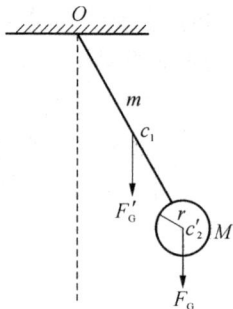

图 7 - 8

线的转动惯量 J_{1O} 和摆球的转动惯量 J_{2O}，

$$J_{1O} = J_{1c} + m\left(\frac{l}{2}\right)^2 = \frac{1}{12}ml^2 + \frac{1}{4}ml^2 = \frac{1}{3}ml^2$$

$$J_{2O} = J_{2c'} + \frac{2}{5}Mr^2 + M(R+l)^2$$

代入式①，当摆角很小时，$\sin\theta \approx \theta$，得

$$\left[Mg(l+r) + \frac{1}{2}mgl\right]\theta = \left[\frac{2}{5}Mr^2 + M(R+l)^2 + \frac{1}{3}ml^2\right]\frac{\mathrm{d}^2\theta}{\mathrm{d}t^2}$$

令

$$\omega^2 = \frac{Mg(l+r) + \frac{1}{2}mgl}{\frac{2}{5}Mr^2 + M(r+l) + \frac{1}{3}ml^2}$$

振动周期

$$T = \frac{2\pi}{\omega} = 2\pi\sqrt{\frac{\frac{2}{5}Mr^2 + M(l+r) + \frac{1}{3}ml^2}{Mg(l+r) + \frac{1}{2}mgl}}$$

可见，考虑了摆线的质量和摆球的大小，摆动的周期是非常复杂的。

如果忽略了摆线的质量和摆球的大小，即 $m=0$，$r=0$，由上式可得

$$T = 2\pi\sqrt{\frac{l}{g}}$$

可见，单摆问题中，忽略了很多因素，它是个理想化模型。

讨论 如果单摆的摆角不是很小，它的周期将如何？

根据摆的运动方程

$$-mgl\sin\theta = J\frac{\mathrm{d}^2\theta}{\mathrm{d}t^2} = ml^2\frac{\mathrm{d}^2\theta}{\mathrm{d}t^2}$$

令 $\omega^2 = \dfrac{g}{l}$，并使等式两边同时乘以 $\mathrm{d}\theta$，得

$$\frac{\mathrm{d}^2\theta}{\mathrm{d}t^2}\mathrm{d}\theta = -\omega^2\sin\theta\,\mathrm{d}\theta$$

改写为微分形式,则有

$$\frac{l}{2}\mathrm{d}\left(\frac{\mathrm{d}\theta}{\mathrm{d}t}\right)^2 = \omega^2 \mathrm{d}(\cos\theta)$$

将上式积分,初始条件设为 $t=0$ 时,$\theta=\theta_0$,$\dfrac{\mathrm{d}\theta}{\mathrm{d}t}=0$,则

$$\frac{\mathrm{d}\theta}{\mathrm{d}t} = \pm\omega\sqrt{2(\cos\theta - \cos\theta_0)} \qquad ①$$

$$\mathrm{d}t = \pm\frac{\mathrm{d}\theta}{\omega\sqrt{2\cos\theta - \cos\theta_0}} \qquad ②$$

当从 $t=0$ 变化到 $t=\dfrac{T}{4}$ 时,θ 从 θ_0 变到 $\theta=0$,而 $\dfrac{\mathrm{d}\theta}{\mathrm{d}t}<0$,对式①及式②应取负号,对式②积分,有

$$\int_0^{\frac{T}{4}} \mathrm{d}t = \int_{\theta_0}^0 -\frac{\mathrm{d}\theta}{\omega\sqrt{2(\cos\theta - \cos\theta_0)}}$$

得

$$T = \frac{4}{\omega}\int_0^{\theta_0} \frac{\mathrm{d}\theta}{\sqrt{2(\cos\theta - \cos\theta_0)}}$$

再将此式积分(从略),得

$$T = 2\pi\sqrt{\frac{l}{g}}\left[1 + \frac{1}{4}\sin^2\frac{\theta_0}{2} + \left(\frac{1\times 3}{2\times 4}\right)^2\sin^4\frac{\theta_0}{2} + \left(\frac{1\times 3\times 5}{2\times 4\times 6}\right)^2\sin^6\frac{\theta_0}{2} + \cdots\right]$$

上式表明,摆动的幅度 θ_0 越大,周期越长。如果令 $T_0=2\pi\sqrt{\dfrac{l}{g}}$,即摆角很小时的周期,那么当 $\theta_0=\dfrac{\pi}{4}$ 时,$T=1.04T_0$,当 $\theta_0=\dfrac{\pi}{2}$ 时,$T=1.17T_0$。

7.2.3   简谐运动的合成

处理这类问题仍可采用解析法和旋转矢量法。

【例 7 - 9】 若一个质点同时参与两个同方向同频率的简谐运动。已知一个分振动的表达式为 $x_1 = A\cos\left(\omega t + \dfrac{5\pi}{6}\right)$,而合振动的表达式 $x = A\cos\left(\omega t + \dfrac{\pi}{2}\right)$。试求另一分振动的表达式。

解法一　解析法

因某时刻合振动的位移等于该时刻两个分振动位移之和，即 $x = x_1 + x_2$，所以

$$x_2 = x - x_1 = A\cos\left(\omega t + \frac{\pi}{2}\right) - A\cos\left(\omega t + \frac{5\pi}{6}\right)$$

$$= -2A\sin\left(\omega t + \frac{2}{3}\pi\right)\sin\left(-\frac{\pi}{6}\right)$$

$$= A\sin\left(\omega t + \frac{2}{3}\pi\right) = A\cos\left(\omega t + \frac{\pi}{6}\right)$$

解法二　旋转矢量法

画出 $t = 0$ 时合振动的振幅矢量 $\boldsymbol{A}$ 和分振动的振幅矢量 $\boldsymbol{A}_1$，如图 7-9 所示。由矢量运算法则可以得到另一个分振动的振幅矢量 $\boldsymbol{A}_2$。因为 $|\boldsymbol{A}| = |\boldsymbol{A}_1| = A$，所以得 $|\boldsymbol{A}_2| = A$，由图可知 $\varphi_{20} = \dfrac{\pi}{6}$。所以另一个分振动的表达式为

$$x_2 = A\cos\left(\omega t + \frac{\pi}{6}\right)$$

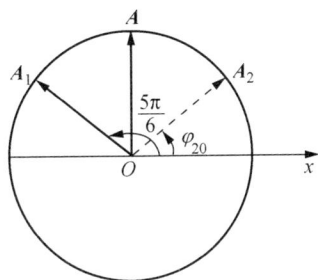

图 7-9

【例 7-10】　有三个同方向、同频率的简谐运动，振动表达式分别为

$$x_1 = 0.05\cos(\pi t)$$

$$x_2 = 0.05\cos\left(\pi t + \frac{\pi}{3}\right)$$

$$x_3 = 0.05\cos\left(\pi t + \frac{2\pi}{3}\right)$$

式中 x 的单位为 m，t 的单位为 s，求合振动的表达式。

解法一　用旋转矢量法。取坐标 Ox，每一振动相位差为 $\dfrac{\pi}{3}$，三个分振动及合振动的旋转矢量位置如图 7-10 所示。由图先求出各振动的 x 分量和 y 分量，然后求出合振动的振幅

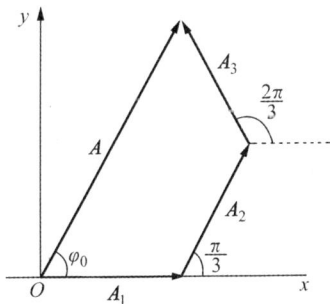

图 7-10

$$A = \sqrt{\left(A_1\cos\varphi_{10} + A_2\cos\varphi_{20} + A_3\cos\varphi_{30}\right)^2 + \left(A_1\sin\varphi_{10} + A_2\sin\varphi_{20} + A_3\sin\varphi_{30}\right)^2}$$

$$= A_1 \sqrt{\left(\cos 0 + \cos \frac{\pi}{3} + \cos \frac{2\pi}{3}\right)^2 + \left(\sin 0 + \sin \frac{\pi}{3} + \sin \frac{2\pi}{3}\right)^2}$$

$$= 0.05\sqrt{1+3} = 0.1 \text{ m}$$

合振动的初相

$$\varphi_0 = \arctan \frac{A_1 \sin\varphi_{10} + A_2 \sin\varphi_{20} + A_3 \sin\varphi_{30}}{A_1 \cos\varphi_{10} + A_2 \cos\varphi_{20} + A_3 \cos\varphi_{30}}$$

$$= \arctan \frac{\sqrt{3}}{1} = \frac{\pi}{3}$$

因此,合振动的表达式为

$$x = 0.1\cos\left(\pi t + \frac{\pi}{3}\right) \text{ m}$$

解法二　用三角函数法。合振动的表达式为

$$x = x_1 + x_2 + x_3$$

$$= 0.05\cos(\pi t) + 0.05\cos\left(\pi t + \frac{\pi}{3}\right) + 0.05\cos\left(\pi t + \frac{2\pi}{3}\right)$$

$$= 0.05\cos\left(\pi t + \frac{\pi}{3}\right) + 0.1\cos\left(\pi t + \frac{\pi}{3}\right)\cos\left(-\frac{\pi}{3}\right)$$

$$= 0.05\cos\left(\pi t + \frac{\pi}{3}\right) + 0.05\cos\left(\pi t + \frac{\pi}{3}\right)$$

$$= 0.1\cos\left(\pi t + \frac{\pi}{3}\right) \text{ m}$$

【例 7 - 11】　图 7 - 11 所示为显示在 20 cm×20 cm 荧光屏上的李萨如图形。已知水平方向(x 方向)的振动频率为 50 Hz,$t = 0$ 时的光点位于左下角,试写出 x、y 方向的简谐运动表达式。

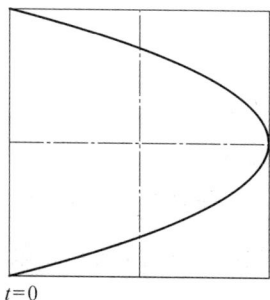

解　由图可知,当 x 方向完成两次振动时,y 方向才完成一次,所以 y 方向的振动频率为 x 方向的一半,即 $\omega_x = 2\omega_y$。 现已知

$$\omega_x = 2\pi\nu_x = 100\pi \text{ rad/s}$$

所以　　　　　　　$\omega_y = 50 \text{ rad/s}$

图 7 - 11

又由图可知,x、y 方向的振幅相同,$A = 0.1$ m。 设 x、y 方向上振动的初相

分别为 ϕ_{0x} 和 ϕ_{0y},则 x、y 方向的振动表达式为

$$x = A\cos(\omega_x t + \phi_{0x}) = 0.1\cos(100\pi t + \phi_{01})\,\text{m}$$

$$y = A\cos(\omega_y t + \phi_{0y}) = 0.1\cos(50\pi t + \phi_{02})\,\text{m}$$

由初始条件知,在 $t=0$ 时

$$x_0 = -0.1\,\text{m},\ v_{0x} = 0;\ y_0 = -0.1\,\text{m},\ v_{0y} = 0$$

代入振动表达式,可得

$$\phi_{0x} = \phi_{0y} = \pi$$

于是

$$x = 0.1\cos(100t + \pi)$$

$$y = 0.1\cos(50t + \pi)$$

第8章 机 械 波

8.1 基本概念和基本规律

1. 机械波的产生

机械振动在媒质中的传播形成机械波。机械波产生的条件是波源和弹性媒质。通过媒质各质元的振动的弹性形变形成波。波的传播是振动相位的传播,沿波的传播方向,各质元振动的相位依次落后。

2. 描述波的物理量

(1) 波速 u:单位时间内振动传播的距离,其值取决于媒质的性质。

液体和气体中的波速: $$u = \sqrt{\frac{B}{\rho}}$$

理想气体中的波速: $$u = \sqrt{\frac{\gamma p}{\rho}} = \sqrt{\frac{\gamma RT}{M}}$$

固体中的波速: $$u = \sqrt{\frac{G}{\rho}} \quad (\text{横波})$$

$$u = \sqrt{\frac{Y}{\rho}} \quad (\text{纵波})$$

(2) 波的周期 T:媒质中各质元完成一次全振动所需时间,也就是一个"完整波"通过波线上某点所需的时间。

(3) 波的频率 ν:单位时间内通过波线上某点的"完整波"的数目。

(4) 波长 λ:波线上相位差为 2π 的两点间的距离。

(5) 各量间的关系: $T = \dfrac{1}{\nu}, \quad u = \dfrac{\lambda}{T} = \lambda\nu$

3. 平面简谐波的波动表达式(波函数)

$$y(x, t) = A\cos\left[\omega\left(t \mp \frac{x}{u}\right) + \phi_0\right]$$

$$y(x, t) = A\cos\left[2\pi\left(\frac{t}{T} \mp \frac{x}{\lambda}\right) + \phi_0\right]$$

$$y(x, t) = A \cos \left[2\pi \left(\nu t \mp \frac{x}{\lambda} \right) + \phi_0 \right]$$

$$y(x, t) = A \cos \left[\omega t \mp kx + \phi_0 \right] \quad \left(k = \frac{2\pi}{\lambda} = \frac{\omega}{u} \right)$$

4. 波的能量

波的传播是能量的传播。波传播过程中质元的动能和势能在任何时刻都相等。

波的能量密度：$\quad w = \rho A^2 \omega^2 \sin^2 \left[\omega \left(t \mp \frac{x}{u} \right) + \phi_0 \right]$

波的平均能量密度：$\quad \bar{w} = \dfrac{1}{2} \rho A^2 \omega^2$

波的平均能流：$\quad \overline{P} = \bar{w} u S$

波的强度（波的平均能流密度）：$\quad I = \bar{w} u = \dfrac{1}{2} \rho u \omega^2 A^2$

5. 波的叠加原理

几列波同时在媒质中传播时，可以保持各自原有的特点传播。在它们重叠的区域内，每一点的振动都是各个波单独在该点激起的振动的合成。

6. 波的干涉

几列波叠加时产生强度稳定分布的现象称为波的干涉现象。产生波的相干条件：频率相同、振动方向相同、相位差恒定的两列波的叠加。

干涉加强和减弱条件：

$$\Delta \phi = \phi_{02} - \phi_{01} - 2\pi \frac{r_2 - r_1}{\lambda}$$

$$= \begin{cases} \pm 2k\pi, & \text{加强} \\ \pm (2k+1)\pi, & \text{减弱} \end{cases} \quad (k = 0, 1, 2, \cdots)$$

当 $\phi_{02} = \phi_{01}$ 时，波程差

$$\delta = r_2 - r_1 = \begin{cases} \pm k\lambda, & \text{加强} \\ \pm (2k+1) \dfrac{\lambda}{2}, & \text{减弱} \end{cases} \quad (k = 0, 1, 2, \cdots)$$

7. 驻波

两列振幅相同的相干波在同一直线上沿相反方向传播时形成的叠加现象。

驻波方程：$\quad y = \left(2A \cos \dfrac{2\pi}{\lambda} x \right) \cos \dfrac{2\pi}{T} t$

波腹位置: $\qquad x = \pm k \dfrac{\lambda}{2} \quad (k = 0, 1, 2, \cdots)$

波节位置: $\qquad x = \pm (2k + 1) \dfrac{\lambda}{2} \quad (k = 0, 1, 2, \cdots)$

相邻两个波节(波腹)的距离为 $\dfrac{\lambda}{2}$,相邻波节与波段的距离为 $\dfrac{\lambda}{4}$。

相邻两个波节间各点振动同相,在波节两侧的振动相位差为 π。

8. 多普勒效应

(1) 波源静止,观测者以速度 v_R 相对于媒质运动:

$$\nu' = \frac{u \pm v_R}{u} \nu$$

观察者靠近波源运动时 v_R 前的符号取"+",反之取"−"。

(2) 观测者静止,波源以速度 v_S 相对媒质运动:

$$\nu' = \frac{u}{u \mp v_S} \nu$$

波源靠近观测者运动时,v_S 前的符号取"−",反之取"+"。

(3) 观测者与波源同时相对媒质运动:

$$\nu' = \frac{u \pm v_R}{u \mp v_S} \nu$$

v_R 和 v_S 前的"±"号的取法同上。

8.2　习题分类、解题方法和示例

波动的习题大致可分为以下几种类型:

(1) 已知波动的表达式求有关的物理量,如振幅、周期、波长、质元间的相位差等;

(2) 已知波动的有关物理量,建立波动表达式;

(3) 已知波形曲线,建立波动表达式;

(4) 波的叠加——波的干涉和驻波;

(5) 多普勒效应。

下面将分别讨论各类问题的解题方法,并举例加以说明。

8.2.1 已知波动的表达式,求有关的物理量

求解这类问题的方法通常采用比较法,即将已知的波动表达式与标准的波动表达式进行比较,从而找出相应的物理量;也可以根据各物理量的定义,通过运算得到结果。

【例 8-1】 已知一平面简谐波的表达式为

$$y = 0.05\cos\left(1.5\pi x - 20\pi t + \frac{\pi}{2}\right) \text{ m}$$

试求:(1) 波的振幅、波速、频率、波长;(2) 坐标原点的振动表达式;(3) $t = 0.5$ s 时,$x = 2$ m 处质元的位移和速度;(4) $x_1 = 2.0$ m 和 $x_2 = 3.0$ m 处两质元的相位差。

分析 将题给的平面简谐波的表达式与标准形式 $y = A\cos\left[\omega\left(t - \dfrac{x}{u}\right) + \varphi_0\right]$ 进行比较。

在波动表达式中,当 x 一定时,则得振动表达式。

解 (1)(a) 比较法

已知的波动表达式可改写成

$$y = 0.05\cos\left[20\pi\left(t - \frac{1.5\pi x}{20\pi}\right) - \frac{\pi}{2}\right] \text{ m}$$

与标准形式

$$y = A\cos\left[\omega\left(t - \frac{x}{u}\right) + \phi_0\right]$$

进行比较,可得振幅 $A = 0.05$ m,角频率 $\omega = 20\pi$ rad/s。所以频率 $\nu = \dfrac{\omega}{2\pi} = 10$ Hz,波速 $u = \dfrac{20\pi}{1.5\pi} = 13.3$ m/s,波长 $\lambda = \dfrac{u}{\nu} = 1.33$ m。

(b) 由各物理量的定义可得

振幅为位移最大值,即 $\cos\left[2\pi\left(t - \dfrac{1.5\pi x}{20\pi}\right) - \dfrac{\pi}{2}\right] = 1$ 时的位移,所以振幅 $A = 0.05$ m。

周期等于某质元振动相位变化 2π 所经历的时间,即

$$\left[20\pi\left(t_2 - \frac{1.5\pi x}{20\pi}\right) + \phi_0\right] - \left[20\pi\left(t_1 - \frac{1.5\pi x}{20\pi}\right) + \phi_0\right] = 2\pi$$

$$T = t_2 - t_1 = \frac{1}{10} \text{ s}$$

$$\nu = \frac{1}{T} = 10 \text{ Hz}$$

波长等于某时刻相位差为 2π 的两质元间的距离,即

$$\left[20\pi \left(t - \frac{1.5\pi x_2}{20\pi} \right) + \phi_0 \right] - \left[20\pi \left(t - \frac{1.5\pi x_1}{20\pi} \right) + \phi_0 \right] = 2\pi$$

$$\lambda = x_2 - x_1 = \frac{2\pi}{1.5\pi} = 1.33 \text{ m}$$

波速就是相位传播的速度,由

$$20\pi \left(t_2 - \frac{1.5\pi x_2}{20\pi} \right) + \phi_0 = 20\pi \left(t_1 - \frac{1.5\pi x_1}{20\pi} \right) + \phi_0$$

得

$$u = \frac{x_2 - x_1}{t_2 - t_1} = \frac{20\pi}{1.5\pi} = 13.3 \text{ m/s}$$

这种方法虽然比较麻烦,但物理概念比较清晰。读者在明确这些物理量的意义后,可采用简捷的比较法。

(2) 把 $x = 0$ 代入已知的波动表达式即得坐标原点的振动表达式

$$y = 0.05 \cos \left(20\pi t - \frac{\pi}{2} \right) \text{ m}$$

式中 $-\frac{\pi}{2}$ 为振动的初相位。

(3) $t = 0.5$ s 和 $x = 2$ m 处质元的位移

$$y = 0.05 \cos \left(1.5\pi \times 2 + \frac{\pi}{2} - 20\pi \times 0.5 \right) = 0$$

质元的振动速度

$$v = \frac{\partial y}{\partial t} = 0.05 \times 20\pi \sin \left(1.5\pi \times 2 + \frac{\pi}{2} - 20\pi \times 0.5 \right)$$

$$= -3.14 \text{ m/s}$$

负号表示质元向 $-y$ 方向运动。

(4) $x_1 = 2$ m 和 $x_2 = 3$ m 两个质元的相位差

$$\Delta\phi = \frac{2\pi(x_2 - x_1)}{\lambda} = \frac{2\pi(3-2)}{1.33} = 1.5\pi$$

8.2.2　已知波动的有关物理量,建立波动表达式

基本步骤如下:

(1) 由题给条件写出波源或传播方向上某一点的振动表达式。

(2) 在波线上建立坐标后,任取一点 P,距原点为 x,计算出 P 点的振动比已知点的振动在时间上超前或落后。设超前或落后的时间为 t',将原振动表达式中 t 加上或减去 t',即得该波的表达式。也可计算出 P 点振动相位比已知点超前或落后,设超前或落后相位 $\frac{2\pi x}{\lambda}$,则将原振动表达式中的相位加上或减去 $\frac{2\pi x}{\lambda}$。注意:超前为加,落后为减。

为方便起见,有时常把波线上的已知点选为坐标原点。

【例 8-2】　一平面简谐纵波沿线圈弹簧传播,设该波的传播沿着 x 轴的正方向,弹簧中任一圈的最大位移为 3.0 cm,振动频率为 2.5 Hz,弹簧中相邻两疏部中心位置的距离为 24 cm。当 $t=0$ 时,$x=0$ 处线圈的位移为零并向 x 轴正向运动。试写出该波的波动表达式。

分析　根据题给条件确定该波的有关物理量。例如弹簧圈的最大位移即为振幅,相邻两疏部中心的间距即为波长。又根据题给条件写出给定点的振动表达式,再根据波的传播方向写出该波的波动表达式。

解　由题给条件可知

$$A = 0.03 \text{ m}, \quad \lambda = 0.24 \text{ m}, \quad \nu = 2.5 \text{ Hz}$$

设该波的波动表达式为

$$y = A\cos\left(2\pi\nu t - \frac{2\pi x}{\lambda} + \phi_0\right)$$

已知 $t=0$ 时,$x=0$ 处的线圈的位移 $y_0 = 0$,并向 x 轴正方向运动,即 $v_0 > 0$,由旋转矢量法或解析法可得

$$\phi_0 = -\frac{\pi}{2} \quad \text{或} \quad \frac{3\pi}{2}$$

代入得波动表达式为

$$y = 0.03\cos\left(5\pi t - \frac{2\pi}{0.24}x - \frac{\pi}{2}\right)$$

$$= 0.03\cos\left(5\pi t - \frac{25\pi}{3}x - \frac{\pi}{2}\right) \text{ m}$$

【例 8 - 3】 一平面简谐波以速度 $u=20$ m/s 沿直线传播。已知在传播路径上某点 A(见图 8 - 1)的简谐运动的表达式为 $y=0.03\cos 4\pi t$ m。(1) 以 A 点为坐标原点,写出波动表达式;(2) 以距 A 点为 5 m处的 B 点为坐标原点,写出波动表达式;(3) 写出传播方向上 C 点和 D 点的振动表达式(各点的位置见图);(4) 求 B 点与 C 点间、C 点与 D 点间的相位差。

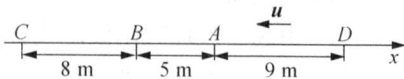

图 8 - 1

分析 已知某点质元的振动表达式,要写出波动表达式,可先根据原点处质元的振动与给定点质元振动的相位差(或时间差),写出原点的振动表达式,然后写出波动表达式。也可以直接求出任意点处质元的振动与给定点质元振动的相位差(或时间差),代入振动表达式,即得波动表达式。

解 由 A 点的振动表达式可知

$$\nu = \frac{\omega}{2\pi} = \frac{4\pi}{2\pi} = 2 \text{ Hz}$$

所以

$$\lambda = \frac{u}{\nu} = \frac{20}{2} = 10 \text{ m}$$

(1) 以 A 点为坐标原点,则轴线正方向任意点处的振动比 A 点的振动超前时间 $\frac{x}{u}$,或相位超前 $\frac{\omega x}{u}$,所以以 A 点为原点的波动表达式为

$$y = A\cos\left[\omega\left(t + \frac{x}{u}\right) + \phi_0\right]$$
$$= 0.03\cos\left[4\pi\left(t + \frac{x}{20}\right)\right] = 0.03\cos\left(4\pi t + \frac{\pi}{5}x\right) \text{ m}$$

(2) 以 B 点为坐标原点,则 B 点的振动比 A 点的振动相位落后 $\frac{\omega x_1}{u}$,所以以 B 点的振动表达式为

$$y_B = 0.03\cos\left[4\pi\left(t - \frac{5}{20}\right)\right] \text{ m}$$

而轴线正方向任意点的振动比 B 点的振动时间超前 $\frac{x}{u}$,或相位超前 $\frac{\omega x}{u}$,所以以 B

点为原点的波动表达式为

$$y = 0.03\cos\left[4\pi\left(t - \frac{5}{20} + \frac{x}{u}\right)\right]$$

$$= 0.03\cos\left(4\pi t + \frac{\pi}{5}x - \pi\right) \text{ m}$$

波动也可以这样写出：轴线上任意点（距原点 B 为 x）的振动比给定点 A（距原点为 x_1）的振动时间超前 $\dfrac{x-x_1}{u}$，或相位超前 $\dfrac{\omega(x-x_1)}{u}$，所以任意点的振动表达式，也就是以 B 点为原点的波动表达式为

$$y = A\cos\left[\omega t + \frac{\omega(x-x_1)}{u}\right]$$

$$= 0.03\cos\left[4\pi t + \frac{4\pi(x-5)}{20}\right]$$

$$= 0.03\cos\left(4\pi t + \frac{\pi}{5}x - \pi\right) \text{ m}$$

(3) 由于 C 点的振动相位比 A 点落后，所以 C 点的振动表达式为

$$y_C = 0.03\cos\left[4\pi\left(t - \frac{\overline{AC}}{u}\right)\right] = 0.03\cos\left[4\pi\left(t - \frac{13}{20}\right)\right]$$

$$= 0.03\cos\left(4\pi t - \frac{13}{5}\pi\right) \text{ m}$$

而 D 点的振动相位比 A 点超前，故 D 点的振动表达式为

$$y_D = 0.03\cos\left[4\pi\left(t + \frac{\overline{AD}}{u}\right)\right] = 0.03\cos\left[4\pi\left(t + \frac{9}{20}\right)\right]$$

$$= 0.03\cos\left(4\pi t + \frac{9}{5}\pi\right) \text{ m}$$

(4) 由于 B、C 间的距离 $x_{BC} = 8$ m，C、D 间的距离 $x_{CD} = 22$ m，故

$$\Delta\phi_{BC} = \frac{2\pi x_{BC}}{\lambda} = \frac{2\pi \times 8}{10} = 1.6\pi \text{ s}^{-1}$$

$$\Delta\phi_{CD} = \frac{2\pi x_{CD}}{\lambda} = \frac{2\pi \times 22}{10} = 4.4\pi \text{ s}^{-1}$$

8.2.3 已知波形曲线，建立波动表达式

从波形曲线上确定有关的物理量。如波长、振幅等，特别要注意从曲线上确定

某点(如原点)的振动相位,这可用旋转矢量法或解析法确定,然后写出该点的振动表达式,再根据传播方向写出波动表达式。

【例 8 - 4】 一平面简谐波在 $t = 0$ 时的波形曲线如图 8 - 2(a)所示,波速 $u = 0.08$ m/s。(1)试写出该波的波动表达式;(2)画出 $t = \dfrac{T}{8}$ 时的波形曲线。

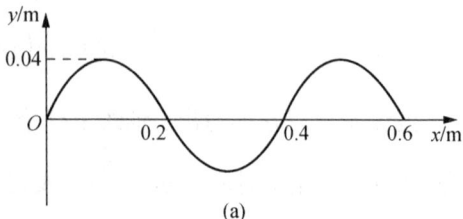

(a)

解 (1)由波形曲线可知

$$A = 0.04 \text{ m}, \quad \lambda = 0.4 \text{ m}$$

所以

$$\nu = \frac{u}{\lambda} = \frac{0.08}{0.4} = 0.2 \text{ Hz}$$

从波形曲线还知,当 $t = 0$ 时,O 点处的质元向下运动,即 $y = 0$,$v < 0$,所以 O 点处质元振动初相 $\phi_0 = \dfrac{\pi}{2}$。O 点处质元的振动表达式为

$$y = A \cos(\omega t + \phi_0) = A \cos\left(2\pi\nu t + \frac{\pi}{2}\right)$$

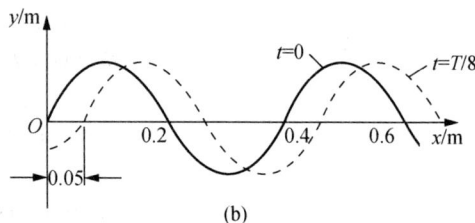

(b)

图 8 - 2

于是该波的表达式为

$$
\begin{aligned}
y &= A \cos\left[2\pi\left(\nu t - \frac{x}{\lambda}\right) + \phi_0\right] \\
&= 0.04\cos\left[2\pi\left(0.2t - \frac{x}{0.4}\right) + \frac{\pi}{2}\right] \\
&= 0.04\cos\left[0.4\pi t - 5\pi x + \frac{\pi}{2}\right] \text{(m)}
\end{aligned}
$$

(2)经过 $\dfrac{T}{8}$,波形向右挪动了 $\dfrac{\lambda}{8} = \dfrac{0.4}{8} = 0.05$ m 的距离,如图 8 -2(b)所示。

【例 8 - 5】 一列平面简谐波沿 x 轴负向传播,已知 $t_1 = 0$ 和 $t_2 = 0.25$ s 时的波形如图 8 - 3(a)所示。试求:(1)P 点的振动表达式;(2)此波的波动表达式;(3)画出 O 点的振动曲线。

解 由图示条件可得

$$A = 0.2 \text{ m}, \quad \lambda = \frac{4}{3} \times 0.45 = 0.60 \text{(m)}$$

$$\frac{T}{4} = 0.25 \text{ s} \quad T = 1 \text{ s}, \quad \nu = 1 \text{ Hz}$$

$$u = \lambda\nu = 0.60 \times 1 = 0.6 \text{(m/s)}$$

（1）由图可知，当 $t = 0$ 时，P 点的位移 $y_P = 0.2 \text{ m}$，$v < 0$，因此其初相 $\phi_0 = 0$，故 P 点的振动表达式为

$$y = A\cos(2\pi\nu t + \phi_0) = 0.2\cos(2\pi t)\text{(m)}$$

（2）当 $t = 0$ 时，原点 O 处质元的位移 $y_0 = -0.2 \text{ m}$，$v > 0$，因此其初相 $\phi_0 = \pi$，故 O 点的振动表达式为

$$y = 0.2\cos(2\pi t + \pi)\text{(m)}$$

波动表达式为

$$y = 0.2\cos\left(2\pi\nu t + \frac{2\pi x}{\lambda} + \pi\right)$$

$$= 0.2\cos\left(2\pi t + \frac{10\pi x}{3} + \pi\right)\text{(m)}$$

（3）O 点的振动表达式为

$$y = 0.2\cos(2\pi t + \pi)\text{(m)}$$

振动曲线如图 8-3(b)所示。

8.2.4 波的叠加——波的干涉和驻波

波的叠加主要有波的干涉和驻波两部分内容。

波的干涉问题主要是计算相干波在空间各处相遇是增强还是减弱，这可通过两者相位差或波程差来确定。

驻波问题中，波腹和波节的位置是计算问题的重点，而写出反射波是关键。

【例 8-6】 在无限大、均匀无吸收的媒质中，有两个波源 S_1 和 S_2，相距 $L = 19 \text{ m}$，它们发出的波的振幅相同，振动频率均为 50 Hz。波源 S_1 发出的波的相位比 S_2 的超前 $\frac{\pi}{2}$。若波源 S_1 和 S_2 产生的平面简谐波在同一直线上传播，波速 $u = 200 \text{ m/s}$。试求在两波源的连线上因干涉而加强和静止的各点的位置。

分析 两列频率相同的相干波相遇因干涉而加强的各点，其相位差必须满足

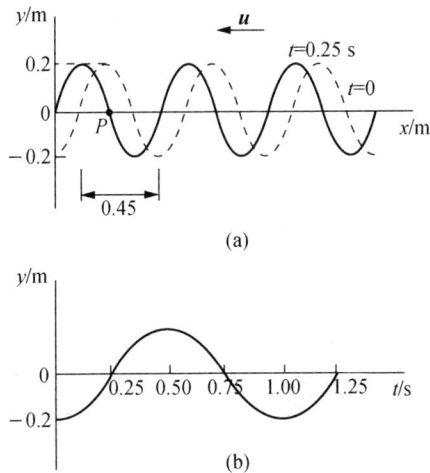

$\Delta\phi = 2k\pi$ 的条件,因干涉而减弱的条件是 $\Delta\phi = (2k+1)\pi$。

解 取 S_1 和 S_2 的连线为 x 轴,S_1 处为坐标原点,S_1 指向 S_2 为 x 轴的正向,如图 8-4 所示,那么波源 S_1 和 S_2 把 x 轴分成三个区域。

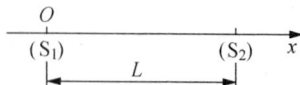

图 8-4

(1) $x < 0$ 的区域。

在这区域内任取一点 P,其坐标为 $-|x|$,则波源 S_1 和 S_2 产生的波传到 P 点的波程差

$$\delta = r_2 - r_1 = L + |x| - |x| = L$$

相位差

$$\Delta\phi = \phi_{02} - \phi_{01} - \frac{2\pi(r_2 - r_1)}{\lambda} = -\frac{\pi}{2} - \frac{2\pi L}{\lambda}$$

$$= -\frac{\pi}{2} - \frac{2\pi \times 19}{\frac{200}{50}} = -10\pi$$

在此区域内,两列波的相位差满足 2π 的整数倍,故干涉结果是每一点的振动都是加强的。

(2) $0 < x < L$ 的区域。

在这区域内任取一点,两列波振动的相位差

$$\Delta\phi = \phi_{02} - \phi_{01} - \frac{2\pi(r_2 - r_1)}{\lambda} = -\frac{\pi}{2} - \frac{2\pi(L - x - x)}{\lambda}$$

$$= -\frac{\pi}{2} - \frac{2\pi(19 - 2x)}{4} = (-10 + x)\pi$$

干涉加强的点应满足条件

$$\Delta\phi = (-10 + x)\pi = \pm 2k\pi$$

k 可取 $0, 1, 2, 3, 4$,得

$$x = 2, 4, 6, \cdots, 18\,\text{m}$$

共 9 个点。

干涉减弱的点应满足条件

$$\Delta\phi = (-10 + x)\pi = \pm(2k+1)\pi$$

k 可取 $0, 1, 2, 3, 4$,得　　　$x = 1, 3, 5, \cdots, 17$ m

共 9 个点。

（3）$x > L$ 区域。

$$\Delta\phi = \phi_{02} - \phi_{01} - \frac{2\pi(r_2 - r_1)}{\lambda} = -\frac{\pi}{2} - \frac{2\pi(x - L - x)}{\lambda}$$

$$= -\frac{\pi}{2} + \frac{2\pi \times 19}{4} = 9\pi$$

因 $\Delta\phi$ 为 π 的奇数倍,所有各点都因干涉而减弱。

【例 8 - 7】　地面上有一波源 S,与探测器 D 之间的距离为 d,从 S 直接发出的波与从 S 发出经高度为 H 的水平反射层反射的波相互叠加,探测器测得为加强。设反射波和入射波与水平反射层所成的角度相同（见图 8 - 5）。当水平反射层逐渐升高 h 距离时,探测器测不到信号。试求波源发出波的波长。

分析　由波源 S 发出的波,经不同路径到达探测器 D 叠加产生干涉现象。干涉加强或减弱与两波的波程差有关。波在反射层反射时,由于从疏介质到密介质表面上反射,反射波将发生相位 π 的突变,即有半波损失。

图 8 - 5

解　设波源 S 到高为 H 的反射层的距离为 r_1,则因在探测器 D 处,反射波与直接发出的波叠加后干涉加强,有

$$\delta_1 = 2r_1 - d + \frac{\lambda}{2} = k\lambda$$

当水平反射层升高 h 时,两波叠加后干涉相消,有

$$\delta_2 = 2r_2 - d + \frac{\lambda}{2} = (2k + 1)\frac{\lambda}{2}$$

$$\delta_2 - \delta_1 = 2r_2 - 2r_1 = \frac{\lambda}{2}$$

由几何关系得

$$r_1 = \sqrt{H^2 + \left(\frac{d}{2}\right)^2}, \quad r_2 = \sqrt{(H + h)^2 + \left(\frac{d}{2}\right)^2}$$

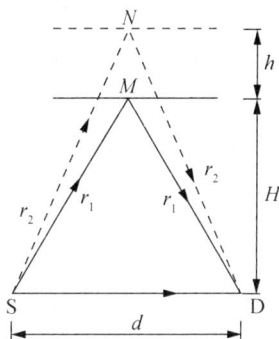

代入后得所求波长

$$\lambda = 2\left[\sqrt{4(H+h)^2 + d^2} - \sqrt{4H^2 + d^2}\right]$$

【例 8 - 8】 两个波在一条很长的弦线上传播,其波动表达式分别为

$$y_1 = 0.06\cos\frac{\pi}{2}(2.0x - 8.0t)\ \text{m}$$

$$y_2 = 0.06\cos\frac{\pi}{2}(2.0x + 8.0t)\ \text{m}$$

求形成驻波的波节和波腹的位置。

分析 两列沿相反方向传播的相干波,合成后为驻波。波节处质点的合振幅为零,波腹处质点的合振幅为最大。所以,由驻波的振幅表达式可求出波节和波腹的位置。

解 合成波的表达式为

$$y = y_1 + y_2$$
$$= 0.06\cos\frac{\pi}{2}(2.0x - 8.0t) + 0.06\cos\frac{\pi}{2}(2.0x + 8.0t)$$
$$= 2 \times 0.06\cos\pi x \cos 4\pi t\ \text{m}$$

即合成波的振幅

$$A = 0.12\cos\pi x\ \text{m}$$

在节点位置,有

$$\cos\pi x = 0, \quad \pi x = (2k+1)\frac{\pi}{2}$$

$$x = \frac{1}{2}(2k+1)\text{m} \quad (k = 0, \pm 1, \pm 2)$$

在波腹位置,有

$$|\cos\pi x| = 1, \quad \pi x = k\pi$$

$$x = k\ \text{m} \quad (k = 0, \pm 1, \pm 2)$$

【例 8 - 9】 在一根线密度 $\mu = 10^{-3}\ \text{kg/m}$ 和张力 $F = 10\ \text{N}$ 的弦线上,有一列沿 x 轴正方向传播的简谐波,其频率 $\nu = 50\ \text{Hz}$,振幅 $A = 0.04\ \text{m}$。 已知弦线上离坐标原点 $x_1 = 0.5\ \text{m}$ 处的质点在 $t = 0$ 时刻的位移为 $+\dfrac{A}{2}$,且沿 y 轴负方向运动。 当

波传播到 $x_2 = 10$ m 处固定端时,被全部反射。试求入射波和反射波叠加后的合成波在 $0 \leqslant x \leqslant 10$ m 区间内波腹和波节各点的坐标。

分析 首先根据坐标轴上给定点的振动状态,建立入射波的波动表达式,然后由入射波写出反射波的表达式。写反射波的波动表达式时,还需考虑在固定端反射的波有 π 的相位突变。由入射波和反射波的表达式可以得到合成波的表达式。根据合成波的振幅可以确定波腹和波节的位置。

解 根据题意,取坐标轴 Ox,如图 8 - 6 所示。已知 $A = 0.04$ m,$\omega = 2\pi\nu = 100\pi$ rad/s,波速

$$u = \sqrt{\frac{F}{\mu}} = \sqrt{\frac{10}{10^{-3}}} \ \text{m/s} = 100 \ \text{m/s}$$

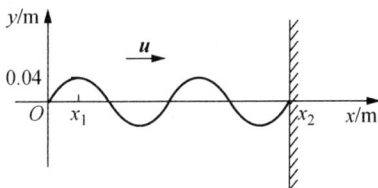

在 $x_1 = 0.5$ m 处质点的振动状态为:$y = \dfrac{A}{2}$,$v < 0$,故初相 $\phi_0 = \dfrac{\pi}{3}$。x_1 处质点的振动表达式为

图 8 - 6

$$y_1 = 0.04\cos\left(100\pi t + \frac{\pi}{3}\right) \ \text{m}$$

入射波的表达式为

$$y = 0.04\cos\left[100\pi\left(t - \frac{x - 0.5}{u}\right) + \frac{\pi}{3}\right]$$
$$= 0.04\cos\left[100\pi\left(t - \frac{x}{100}\right) + \frac{5\pi}{6}\right] \ \text{m}$$

入射波在反射点 x_2 处质点的振动表达式为

$$y_2 = 0.04\cos\left[100\pi\left(t - \frac{10}{100}\right) + \frac{5\pi}{6}\right]$$
$$= 0.04\cos\left[100\pi + \frac{5\pi}{6}\right] \ \text{m}$$

考虑反射波在反射点 x_2 处的半波损失,所以反射波在 x_2 处质点的振动表达式应为

$$y_2 = 0.04\cos\left[100\pi + \frac{5\pi}{6} + \pi\right] \ \text{m}$$

于是,反射波的波动表达式为

$$y' = 0.04\cos\left[100\pi\left(t + \frac{x - x_2}{u}\right) + \frac{11\pi}{6}\right]$$

$$= 0.04\cos\left[100\pi\left(t + \frac{x}{100}\right) + \frac{11\pi}{6}\right](\text{m})$$

入射波和反射波叠加后合成波的表达式为

$$y_合 = y + y' = 0.08\cos\left(\pi x + \frac{\pi}{2}\right)\cos\left(100\pi t + \frac{4\pi}{3}\right)(\text{m})$$

当 $\left|\cos\left(\pi x + \frac{\pi}{2}\right)\right| = 1$ 时，即 $\pi x + \frac{\pi}{2} = k\pi$，$x = \left(k - \frac{1}{2}\right)$ m 时，为波腹位置。在 $0 \leqslant x \leqslant 10$ m 区间内，波腹位置为

$$x = 0.5, \ 1.5, \ \cdots, \ 9.5 \ \text{m}$$

当 $\left|\cos\left(\pi x + \frac{\pi}{2}\right)\right| = 0$ 时，即 $\pi x + \frac{\pi}{2} = (2k + 1)\frac{\pi}{2}$，$x = k$ m 时，为波节位置。在 $0 \leqslant x \leqslant 10$ m 区间内，波节位置为

$$x = 0, \ 1, \ 2, \ \cdots, \ 10 \ \text{m}$$

【例 8-10】 若在弦线上的驻波表达式为

$$y = 0.02\sin 2\pi x \cos 20\pi t \ (\text{m})$$

问形成驻波的两前进波的表达式如何？

分析 根据题给条件，设想形成驻波的两前进波的表达式，然后与题给的驻波表达式进行比较。

解 题给的驻波表达式可改写为

$$y = 0.02\cos\left(2\pi x - \frac{\pi}{2}\right)\cos 20\pi t$$

与驻波标准表达式 $y = 2A\cos\dfrac{2\pi x}{\lambda}\cos \omega t$ 进行比较，可得 $A = 0.01$ m，$\omega = 20\pi$ rad/s，$\lambda = 1$ m，但是在振幅项中还有初相 $-\dfrac{\pi}{2}$，因此，设想形成驻波的两个反方向进行的波的表达式分别为

$$y_1 = A\cos\left(\omega t - \frac{2\pi x}{\lambda} + \phi_{01}\right)$$

$$y_2 = A\cos\left(\omega t + \frac{2\pi x}{\lambda} + \phi_{02}\right)$$

此两波合成的驻波的表达式为

$$y = y_1 + y_2 = 2A \cos\left(\frac{2\pi x}{\lambda} + \frac{\phi_{01} - \phi_{02}}{2}\right) \cos\left(\omega t + \frac{\phi_{01} + \phi_{02}}{2}\right)$$

与题给驻波表达式比较得

$$\frac{\phi_{02} - \phi_{01}}{2} = -\frac{\pi}{2}, \quad \frac{\phi_{01} + \phi_{02}}{2} = 0$$

解以上两式得

$$\phi_{01} = \frac{\pi}{2}, \quad \phi_{02} = -\frac{\pi}{2}$$

于是两个前进波的表达式为

$$y_1 = 0.10 \cos\left(20\pi t - 2\pi x + \frac{\pi}{2}\right) (\text{m})$$

$$y_2 = 0.10 \cos\left(20\pi t + 2\pi x - \frac{\pi}{2}\right) (\text{m})$$

8.2.5 多普勒效应

求解多普勒效应问题时,首先要分析波源和观察者的运动情况,以便应用不同公式进行处理。应特别注意公式中符号规则。对于有反射面的情况,反射面相当于一个"观察者",分析反射波时相当于一个"波源"。

【例 8-11】 火车以 90 km/h 的速率行驶,其汽笛的频率为500 Hz。一个人站在铁轨旁,当火车从他身边驰过时,他听到的汽笛的频率变化为多大? 设声速为340 m/s。

若此人坐在汽车里,而汽车沿铁轨旁的公路上以 54 m/s 的速率迎着火车行驶。试问此人听到汽笛声的频率为多大?

分析 可直接应用相关的公式求解。

解 (1)观察者不动,火车驶近观察者时,他听到汽笛声的频率

$$\nu_1 = \frac{u}{u - v_S} \nu_S$$

当火车驶离观察者时,他听到汽笛声的频率

$$\nu_2 = \frac{u}{u + v_S} \nu_S$$

频率变化为

$$\Delta \nu = \nu_1 - \nu_2 = \frac{u}{u - v_S} \nu_S - \frac{u}{u + v_S} \nu_S = \frac{2uv_S}{u^2 - v_S^2} \nu_S$$

已知 $u = 340$ m/s, $v_S = 90$ km/h $= 25$ m/s, $\nu_S = 500$ Hz, 代入得

$$\Delta \nu = \frac{2 \times 340 \times 25}{(340)^2 - (25)^2} \times 500 = 74 \text{ Hz}$$

（2）观察者和波源相向运动时,他接收到的频率

$$\nu_R = \frac{u + v_R}{u - v_S} \nu_S$$

已知 $\nu_R = 54$ km/h $= 15$ m/s, 代入得

$$\nu_R = \frac{340 + 15}{340 - 25} \times 500 = 563.5 \text{ Hz}$$

【例 8-12】 一波源 S,振动频率为 2 040 Hz, 以速度 v_S 向一反射面接近(见图 8-7)。观察者 R 在 A 处测到拍的频率 $\Delta \nu = 3$ Hz, 求波源的移动速度 v_S。设声速为 340 m/s。

若波源不动,而反射面以速度 $v = 0.20$ m/s 向观察者接近,求观察者测到的拍频。

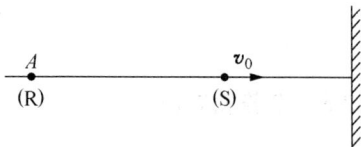

图 8-7

分析 运动波源接近固定反射面而背离观察者时,观察者除了接收到运动波源的频率,另外还接收到反射面反射回来的频率。由于反射面和观察者无相对运动,故观察者接收到反射面反射回来的频率等于反射面接收到的运动波源的频率。这两个频率的振动合成为拍。

当波源不动而反射面运动时,观察者与波源无相对运动。观察者一方面收到波源的振动频率,另外还收到反射面反射回来的振动频率,这时反射面相当于一个新波源。同样,这两个频率的振动合成为拍。

解 （1）观察者接收到运动波源的频率

$$\nu_{R1} = \left(\frac{u}{u + v_S} \right) \nu_S$$

因波源远离观察者,故式中分母取正号。

反射面接收到运动波源的频率

$$\nu_{R2} = \left(\frac{u}{u - v_S} \right) \nu_S$$

因波源靠近反射面(相当于观测者),故式中分母取负号。因反射面相对观察者静止,故观察者接收到反射面反射回来的振动频率

$$\nu'_{R2} = \nu_{R2} = \left(\frac{u}{u - v_S}\right)\nu_S$$

拍频

$$\Delta\nu = |\nu'_{R2} - \nu_{R1}| = \left(\frac{u}{u + v_S}\right)\nu_S - \left(\frac{u}{u - v_S}\right)\nu_S$$

$$= \frac{2uv_S}{u^2 - v_S^2}\nu_S$$

解此方程,得波源的移动速度

$$v_S \approx \frac{u\Delta\nu}{2\nu_S} = \frac{340 \times 3}{2 \times 2\,040} = 0.25 \text{ m/s}$$

(2) 观察者接收到静止波源的频率

$$\nu'_{R1} = \nu_S$$

反射面接收到的频率(反射面靠近波源)

$$\nu' = \frac{u + v}{u}\nu_S$$

反射面相对观察者是一个波源,其振动频率为 ν',当反射面向观察者接近时,观察者接收到反射面反射回来的频率

$$\nu'_{R2} = \frac{u}{u - v}\nu' = \frac{u}{u - v}\frac{u + v}{u}\nu_S$$

$$= \frac{u + v}{u - v}\nu_S$$

拍频

$$\Delta\nu = |\nu'_{R2} - \nu'_{R1}| = \frac{u + v}{u - v}\nu_S - \nu_S$$

$$= \frac{2v}{u - v}\nu_S = \frac{2 \times 0.20}{340 - 0.20} \times 2\,040 \text{ Hz}$$

$$= 2.4 \text{ Hz}$$

第 9 章　气体动理论

9.1　基本概念和基本规律

1. 理想气体状态方程

$$pV = \frac{m}{M}RT = \nu RT, \quad R = 8.31 \text{ J}/(\text{mol} \cdot \text{K})，\quad \nu \text{ 为摩尔数；}$$

$$p = nkT, \quad k = 1.38 \times 10^{-23} \text{ J/K}, \quad n \text{ 为分子数密度。}$$

2. 真实气体状态方程——范德瓦耳斯方程

$$\left(p + \frac{m^2}{M^2} \frac{a}{V^2} \right) \left(V - \frac{m}{M}b \right) = \frac{m}{M}RT$$

3. 理想气体的压强公式

$$p = \frac{1}{3} nm_0 \overline{v^2} = \frac{2}{3} n \bar{\varepsilon}_k$$

$$\bar{\varepsilon}_k = \frac{1}{2} m_0 \overline{v^2}$$

4. 温度的统计意义

$$\bar{\varepsilon}_k = \frac{3}{2} kT$$

5. 能量按自由度均分定理

每一个自由度的平均动能为 $\frac{1}{2}kT$。

一个分子的总平均动能为 $\bar{\varepsilon}_k = \frac{i}{2}kT$，$i$ 为自由度。单原子分子气体 $i = 3$；双原子刚性分子气体 $i = 5$；多原子刚性分子气体 $i = 6$。

6. 理想气体的内能

$$E = \frac{i}{2} \frac{m}{M}RT = \frac{i}{2}\nu RT$$

7. 速率分布函数

$$f(v) = \frac{\mathrm{d}N_v}{N\mathrm{d}v}$$

8. 麦克斯韦速率分布函数

$$f(v) = 4\pi \left(\frac{m_0}{2\pi kT}\right)^{\frac{3}{2}} v^2 \mathrm{e}^{-\frac{m_0 v^2}{2kT}}$$

三种特征速率：

最概然速率　　$v_\mathrm{p} = \sqrt{\dfrac{2kT}{m_0}} = \sqrt{\dfrac{2RT}{M}}$

算术平均速率　$\bar{v} = \sqrt{\dfrac{8kT}{\pi m_0}} = \sqrt{\dfrac{8RT}{\pi M}}$

方均根速率　　$\sqrt{\overline{v^2}} = \sqrt{\dfrac{3kT}{m_0}} = \sqrt{\dfrac{3RT}{M}}$

9. 玻耳兹曼能量分布律

平衡态下某状态区间的粒子数 $\propto \mathrm{e}^{-\frac{E}{kT}}$（玻耳兹曼因子）

重力场中粒子按高度的分布　　$n = n_0 \mathrm{e}^{-\frac{m_0 gh}{kT}}$

10. 气体分子的平均自由程和平均碰撞频率

$$\bar{\lambda} = \frac{1}{\sqrt{2}\,\pi d^2 n} = \frac{kT}{\sqrt{2}\,\pi d^2 p}$$

$$\overline{Z} = \sqrt{2}\,\pi d^2 n$$

11. 输运过程

内摩擦：　　$f = \pm \eta \dfrac{\mathrm{d}u}{\mathrm{d}y} \Delta S$，　$\eta = \dfrac{1}{3} \rho \bar{v} \bar{\lambda}$

热传导：　　$\dfrac{\Delta Q}{\Delta t} = -\kappa \dfrac{\mathrm{d}T}{\mathrm{d}x} \Delta S$，　$\kappa = \dfrac{1}{3} \dfrac{C_V}{M} \rho \bar{v} \bar{\lambda}$

扩　散：　　$\dfrac{\Delta m}{\Delta t} = -D \dfrac{\mathrm{d}\rho}{\mathrm{d}x} \Delta S$，　$D = \dfrac{1}{3} \bar{v} \bar{\lambda}$

9.2　习题分类、解题方法和示例

本章的习题可分为以下几种情况讨论：

(1) 气体状态方程的应用;

(2) 理想气体内能的计算;

(3) 统计方法和气体分子速率分布律的应用;

(4) 描述气体的宏观量和微观量关系式的综合应用。

下面分别讨论各类问题的解题方法,并举例加以说明。

9.2.1 气体状态方程的应用

在应用理想气体状态方程时,先确定研究对象,想象把所需要研究的那部分气体隔离出来,分析研究对象所处的状态或经历的过程。如果气体处在一个状态中,求相关的未知量,则用 $pV = \dfrac{m}{M}RT$;如果一定量气体从一个状态变化到另一个状态,则用 $\dfrac{p_1 V_1}{T_1} = \dfrac{p_2 V_2}{T_2}$ 求出未知量。如果气体从一个状态变化到另一个状态时质量在改变,则不能用 $\dfrac{p_1 V_1}{T_1} = \dfrac{p_2 V_2}{T_2}$ 计算,必须对每一个状态分别用 $pV = \dfrac{m}{M}$ 来计算。在计算过程中,还要注意使用的单位。

对于实际气体,则需用范德瓦耳斯方程求解。

【例 9 - 1】 容积 $V = 30$ L 的高压钢瓶装有 130 atm* 的氧气,做实验每天需用 1 atm 和 400 L 的氧气,规定钢瓶内氧气压强不能降到 10 atm 以下,以免开启阀门时混进空气。试计算这瓶氧气使用几天后需要重新充气。设氧气可视为理想气体。

分析 由于钢瓶中氧气的质量在使用过程中是变化的,所以不能直接用状态变化的方程求解。这可从以下几种方法来考虑: ① 根据瓶内可用的氧气总质量与每天用掉的氧气质量之比,求出使用的天数。可用的氧气总质量为瓶内氧气总质量减去瓶内必须剩余的氧气质量,氧气质量可以 $pV = \dfrac{m}{M}RT$ 求得。② 由瓶内可用氧气的体积与每天用掉的氧气体积之比求得使用的天数。

解法一 从质量分析。

设瓶中原有的氧气质量为 m_1,每天需用的氧气质量为 m_2,瓶中必须有剩余的氧气质量为 m_3。并设瓶中原有的氧气压强为 p_1,每天使用的氧气压强为 p_2,瓶中必须剩余的氧气压强为 p_3,由于氧气在使用过程中温度不变,钢瓶中氧气的体积均为钢瓶的容积 V,由理想气体状态方程 $pV = \dfrac{m}{M}RT$ 可得

---

* 标准大气压 atm 是通常使用的非法定的压强单位,1 atm $= 1.013 \times 10^5$ Pa。

$$m_1 = \frac{Mp_1V}{RT}, \quad m_2 = \frac{Mp_2V'}{RT}, \quad m_3 = \frac{Mp_3V}{RT}$$

所以可用氧气的质量为 $m_1 - m_3$，可用的天数

$$n = \frac{m_1 - m_3}{m_2} = \frac{(p_1 - p_3)V}{p_2V'} = \frac{(130 - 10) \times 30}{1 \times 400} = 9 \text{ 天}$$

解法二　从体积分析。

将瓶内原有的氧气的体积折算到剩余氧气的压强 p_3 时的体积，同时将每天用的氧气体积也折算到剩余氧气的压强 p_3 时的体积，即

$$V'_1 = \frac{p_1V_1}{p_3}, \quad V'_2 = \frac{p_2V_2}{p_3}$$

因此，用掉的氧气在压强 p_3 时的体积为 $V'_1 - V_1$，于是可用的天数

$$n = \frac{V'_1 - V_1}{V'_2} = \frac{\dfrac{p_1V_1}{p_3} - V_1}{\dfrac{p_2V_2}{p_3}} = \frac{(p_1 - p_3)V_1}{p_2V_2}$$

$$= \frac{(130 - 10) \times 30}{1 \times 400} = 9 \text{ 天}$$

【例 9 - 2】　一密闭的容器中，有一导热不漏气的可移动的活塞把容器分隔成两部分。最初，活塞位于容器的中央，即 $l_1 = l_2$，如图 9 - 1 所示。当两侧分别充以 1 atm，0 ℃ 的氢气和 2 atm，100 ℃ 的氧气后，问平衡时活塞将在什么位置$\left(\text{以 } \dfrac{l'_1}{l'_2} \text{ 表示}\right)$。

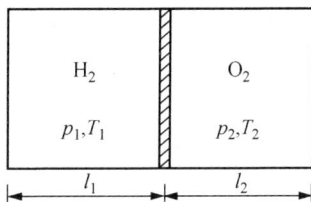

图 9 - 1

分析　题中给出氢气和氧气的状态参量仅有压强和温度，而质量和体积均是未知的参数。但开始时，它们的体积相等。所以，由理想气体状态方程可以求出氢气和氧气的质量之比。

当最终两种气体达到平衡时，满足力学条件：$p'_1 = p'_2$。由于活塞是导热不漏气的，所以也要满足热平衡条件，即 $T'_1 = T'_2$。由理想气体状态方程可以求出活塞的位置。

解　设活塞的横截面积为 S，开始时，两种气体的状态方程分别为

$$p_1l_1S = \frac{m_1}{M_1}RT_1$$

$$p_2 l_2 S = \frac{m_2}{M_2} R T_2$$

因 $l_1 = l_2$,所以

$$\frac{m_1}{m_2} = \frac{p_1 T_2 M_1}{p_2 T_1 M_2}$$

当两种气体最终达到平衡时,它们的状态方程分别为

$$p_1' l_1' S = \frac{m_1}{M_1} R T_1'$$

$$p_2' l_2' S = \frac{m_2}{M_2} R T_2'$$

根据平衡条件有

$$p_1' = p_2', \ T_1' = T_2'$$

所以

$$\frac{l_1'}{l_2'} = \frac{m_1 M_2}{m_2 M_1} = \frac{p_1 T_2}{p_2 T_1}$$

$$= \frac{1.013 \times 10^5 \times (273 + 100)}{2.026 \times 10^5 \times 273} = 0.683$$

【例 9-3】 容积为 40 L 的钢瓶中贮有氧气。若氧气的温度为27℃,压强为50 atm。试用范德瓦耳斯方程计算钢瓶中氧气的量(即摩尔数)。已知 $a = 0.137\ 8\ \text{Pa} \cdot \text{m/mol}^2$,$b = 3.183 \times 10^{-5}\ \text{m}^3/\text{mol}$。

分析 本题可用范德瓦耳斯方程

$$\left[p + a \left(\frac{\nu}{V} \right)^2 \right] (V - \nu b) = \nu R T$$

求出氧气的量 ν。但这是一个 ν 的三次方程,求解比较困难。我们可用逐步趋近法,即先用理想气体状态方程求出 ν 的估计值,然后代入改写后的范德瓦耳斯方程

$$\nu = \frac{\left[p + a \left(\dfrac{\nu}{V} \right)^2 \right] (V - \nu b)}{R T}$$

从方程的右边得出 ν 的第一次试算值,再用此试算值代入方程的右边,得出 ν 的第二次试算值,如此继续下去,使最终得到的结果与试算值相同,即得到所求的结果。

解 由理想气体状态方程得

$$\nu = \frac{pV}{RT} = \frac{50 \times 1.013 \times 10^5 \times 40 \times 10^{-3}}{8.31 \times (273 + 27)} = 81 \text{ mol}$$

把范德瓦耳斯方程写成

$$\nu = \frac{\left[p + a \left(\dfrac{\nu}{V} \right)^2 \right] (V - \nu b)}{RT}$$

$$= \frac{\left[50 \times 1.013 \times 10^5 + 0.137\,8 \times \left(\dfrac{\nu}{40 \times 10^{-3}} \right)^2 \right] \times (40 \times 10^{-3} - 3.183 \times 10^{-5} \nu)}{8.31 \times (273 + 27)}$$

第一次试算,把 $\nu = 81$ mol 代入上式的右边,算得等式左边 $\nu = 84.5$ mol。第二次试算,再把 $\nu = 84.5$ mol 代入上式右边,算得 $\nu = 85$ mol。第三次试算,将 $\nu = 85$ mol 代入,进一步计算得到结果也是 85 mol。因此,钢瓶中氧气的量是 85 mol。

9.2.2　理想气体内能的计算

在计算气体的内能时,要分清① $\dfrac{1}{2}kT$,② $\dfrac{3}{2}kT$,③ $\dfrac{i}{2}kT$,④ $\dfrac{i}{2}RT$,⑤ $\dfrac{m}{M}\dfrac{i}{2}RT$ 各式的物理意义。对于不同的气体,必须分清是单原子分子、双原子分子还是多原子分子组成的气体。当考虑分子的平均动能时,必须分清是平动动能、转动动能,还是总的动能,应用能量按自由度均分定则进行考虑。

【例 9-4】　现有温度为 27℃ 的氦气、氧气和氨气,试求:(1) 每个分子的热运动平均平动动能和平均总动能;(2) 1 g 气体的内能(气体的分子均假设为刚性分子)。

分析　一个分子的平均平动动能,不管哪一种气体,都等于 $\dfrac{3}{2}kT$,而平均转动动能对不同的气体是不同的。单原子分子的气体,无转动动能;双原子分子的气体,有 2 个自由度的转动动能,其值等于 $\dfrac{2}{2}kT$;多原子分子的气体,有 3 个自由度的转动动能,其值等于 $\dfrac{3}{2}kT$。

解　(1) 氦气为单原子分子的气体,平动自由度 $t=3$,转动自由度 $r=0$,故

$$\bar{\varepsilon}_{t1} = \frac{t}{2}kT = \frac{3}{2} \times 1.38 \times 10^{-23} \times 300 \text{ J} = 6.21 \times 10^{-21} \text{ J}$$

$$\bar{\varepsilon}_{r1} = 0$$

$$\bar{\varepsilon}_{k1} = \bar{\varepsilon}_{t1} + \bar{\varepsilon}_{r1} = \frac{3}{2}kT = 6.21 \times 10^{-21} \text{ J}$$

氧气为双原子分子的气体,平动自由度 $t=3$,转动自由度 $r=2$,故

$$\bar{\varepsilon}_{t2} = \frac{t}{2}kT = \frac{3}{2}kT = 6.21 \times 10^{-21} \text{ J}$$

$$\bar{\varepsilon}_{r2} = \frac{r}{2}kT = \frac{2}{2}kT = 4.14 \times 10^{-21} \text{ J}$$

$$\bar{\varepsilon}_{k2} = \bar{\varepsilon}_{t2} + \bar{\varepsilon}_{r2} = \frac{5}{2}kT = 10.35 \times 10^{-21} \text{ J}$$

氨气为多原子分子的气体,平动自由度 $t=3$,转动自由度 $r=3$,故

$$\bar{\varepsilon}_{t3} = \frac{t}{2}kT = \frac{3}{2}kT = 6.21 \times 10^{-21} \text{ J}$$

$$\bar{\varepsilon}_{r3} = \frac{r}{2}kT = \frac{3}{2}kT = 6.21 \times 10^{-21} \text{ J}$$

$$\bar{\varepsilon}_{k3} = \bar{\varepsilon}_{t3} + \bar{\varepsilon}_{r3} = \frac{6}{2}kT = 12.42 \times 10^{-21} \text{ J}$$

(2) 对 1 g 的气体,内能

$$E_{\text{He}} = \nu_1 \frac{i_1}{2}kT = \frac{1}{4} \times \frac{3}{2} \times 8.31 \times 300 = 0.935 \times 10^3 (\text{J})$$

$$E_{\text{O}_2} = \nu_2 \frac{i_2}{2}kT = \frac{1}{32} \times \frac{5}{2} \times 8.31 \times 300 = 0.195 \times 10^3 (\text{J})$$

$$E_{\text{NH}_3} = \nu_3 \frac{i_3}{2}kT = \frac{1}{17} \times \frac{6}{2} \times 8.31 \times 300 = 0.146 \times 10^3 (\text{J})$$

【例 9-5】　一绝热容器,体积为 $2V_0$,由绝热板将其隔成相等的两部分 A 和 B,如图 9-2 所示。设 A 内贮有1 mol 的单原子分子的气体,B 内贮有 2 mol 的双原子分子的气体,A,B 两部分的压强均为 p_0,两种气体都看作理想气体。现抽去绝热板,求两种气体混合后达到平衡态时的温度和压强。

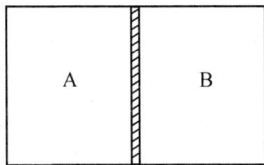

图 9-2

分析　一定量理想气体的内能是温度的单值函数。当抽去绝热板后,因为容器是绝热的,所以两种气体混合后的内能等于混合前两种气体内能之和,即内能保持不变,由此可计算出混合气体的温度。再由理想气体的状态方程可以算出压强。

解　混合前,两种气体的内能分别为

$$E_A = \nu_A \frac{3}{2}RT_A = \frac{3}{2}p_0V_0$$

$$E_B = \nu_B \frac{5}{2}RT_B = \frac{5}{2}p_0V_0$$

两种气体的总内能

$$E_1 = E_A + E_B = \frac{3}{2}p_0V_0 + \frac{5}{2}p_0V_0 = 4p_0V_0$$

设混合气体的温度为 T，其内能

$$E_2 = \nu_A \frac{3}{2}RT + \nu_B \frac{5}{2}RT$$

$$= 1 \times \frac{3}{2}RT + 2 \times \frac{5}{2}RT = \frac{13}{2}RT$$

因为 $E_1 = E_2$，所以

$$4p_0V_0 = \frac{13}{2}RT$$

$$T = \frac{8}{13}\frac{p_0V_0}{R}$$

由理想气体状态方程得压强

$$p = \frac{\nu RT}{V} = \frac{(\nu_A + \nu_B)RT}{2V_0}$$

$$= \frac{(1+2)R\frac{8}{13}\frac{p_0V_0}{R}}{2V_0} = \frac{12}{13}p_0$$

【例 9 - 6】 一绝热密封容器，体积 $V = 10^{-2}$ m³，以速度 $v = 100$ m/s 做匀速直线运动，容器中有 0.1 kg 的氮气。当容器突然停止运动时，氮气的温度和压强各增加了多少？氮分子的平均平动动能和转动动能各增加了多少？

分析 容器以速度 v 做匀速直线运动时，容器内的气体分子除做杂乱无章的热运动外，还以速度 v 的定向运动。当容器突然停止运动时，气体分子做定向运动的动能将通过气体分子与器壁以及分子之间的碰撞转化为分子热运动的动能，这样气体分子的平均动能增加，即气体的内能增加，并表现为气体的温度升高。又由于容器体积未变，因而气体的压强也增加。由于氮气是双原子分子的气体，所以增加的平均动能包括平均平动动能和平均转动动能两部分，并按气体分子的自由度分配。

解　设气体的质量为 m，则气体分子的定向运动动能为 $\frac{1}{2}mv^2$，当容器突然停止运动时，有

$$\frac{1}{2}mv^2 = \Delta E = \Delta\left(\frac{m}{M}\frac{i}{2}RT\right) = \frac{i}{2}\frac{m}{M}R\Delta T$$

所以

$$\Delta T = \frac{Mv^2}{iR} = \frac{28\times10^{-3}\times(100)^2}{5\times8.31}\text{K}$$
$$= 6.74\text{ K}$$

由理想气体状态方程 $pV = \frac{m}{M}RT$，因 V 不变，所以

$$V\Delta p = \frac{m}{M}R\Delta T$$

$$\Delta p = \frac{mR\Delta T}{MV} = \frac{0.1\times8.31\times6.74}{28\times10^{-3}\times10^{-2}}\text{ Pa} = 2\times10^4\text{ Pa}$$

增加的平均动能

$$\Delta E = \frac{1}{2}mv^2 = \frac{1}{2}\times0.1\times(100)^2\text{ J} = 5\times10^2\text{ J}$$

由于氮气是双原子分子气体，设双原子分子为刚性分子，它有 5 个自由度，3 个是平动，2 个是转动，所以增加的平均平动动能

$$\Delta E_t = \frac{3}{5}\Delta E = \frac{3}{5}\times5\times10^2\text{ J} = 3\times10^2\text{ J}$$

增加的平均转动动能

$$\Delta E_r = \frac{2}{5}\Delta E = \frac{2}{5}\times5\times10^2\text{ J} = 2\times10^2\text{ J}$$

9.2.3　统计方法和气体分子速率分布律的应用

给定分布函数 $f(v)$，可用 $\bar{v} = \int_0^\infty vf(v)\mathrm{d}v$ 求 $\bar{v}$，用 $\overline{v^2} = \int_0^\infty v^2 f(v)\mathrm{d}v$ 求出 $\sqrt{\overline{v^2}}$，用 $\frac{\mathrm{d}f(v)}{\mathrm{d}v} = 0$ 求出最概然速率 v_p，用 $\int_{v_1}^{v_2} Nf(v)\mathrm{d}v$ 求出速率在 $v_1 \to v_2$ 区间内

的分子数。如果分布函数中有待定常数时,则需用归一化条件 $\int_0^\infty f(v)\mathrm{d}v = 1$ 先求出待定常数。

【例 9-7】　设由 N 个气体分子组成的热力学系统,其速率分布函数为

$$f(v) = \begin{cases} -A(v-v_0)v, & 0 < v < v_0 \\ 0, & v > v_0 \end{cases}$$

其分布曲线如图 9-3 所示。试求:(1) 分布函数中的常数 A;(2) 分子的最概然速率;(3) 分子的平均速率和方均根速率;(4) 速率在 $0\sim0.3v_0$ 之间的分子数。

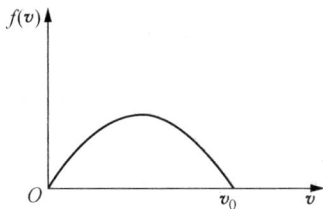

图 9-3

分析　分布函数中的常数可由归一化条件 $\int_0^\infty f(v)\mathrm{d}v = 1$ 求得。在此基础上,可以求得各种速率。根据定义 $\Delta N = \int_{v_1}^{v_2} Nf(v)\mathrm{d}v$ 可求得某区间内的分子数。

解　(1) 由归一化条件 $\int_0^\infty f(v)\mathrm{d}v = 1$ 可得

$$\int_0^\infty f(v)\mathrm{d}v = \int_0^{v_0} f(v)\mathrm{d}v + \int_{v_0}^\infty 0\,\mathrm{d}v = \int_0^{v_0} -A(v-v_0)v\,\mathrm{d}v$$

$$= -\frac{1}{3}Av_0^3 + \frac{1}{2}Av_0^3 = 1$$

解得

$$A = \frac{6}{v_0^3}$$

所以

$$f(v) = -\frac{6}{v_0^3}(v-v_0)v$$

(2) 由 $\left. \dfrac{\mathrm{d}f(v)}{\mathrm{d}v} \right|_{v=v_{\mathrm{p}}} = 0$ 可得

$$-\frac{12}{v_0^3}v_{\mathrm{p}} + \frac{6}{v_0^2} = 0$$

所以

$$v_{\mathrm{p}} = \frac{1}{2}v_0$$

(3) 平均速率

$$\bar{v} = \int_0^\infty v f(v) \mathrm{d}v = \int_0^{v_0} -\frac{6}{v_0^3}(v-v_0)v^2 \mathrm{d}v = \frac{1}{2}v_0$$

方均根速率由

$$\overline{v^2} = \int_0^\infty v^2 f(v)\mathrm{d}v = \int_0^{v_0} -\frac{6}{v_0^3}(v-v_0)v^3\mathrm{d}v = \frac{3}{10}v_0^2$$

得

$$\sqrt{\overline{v^2}} = \sqrt{\frac{3}{10}}v_0 = 0.55v_0$$

(4) 由速率分布函数 $f(v) = \dfrac{\mathrm{d}N}{N\mathrm{d}v}$ 可得

$$\Delta N = \int \mathrm{d}N = \int_0^{0.3v_0} N f(v)\mathrm{d}v$$

$$= \int_0^{0.3v_0} -N\frac{6}{v_0^3}(v-v_0)v\mathrm{d}v = 0.216N$$

即速率在 $0\sim0.3v_0$ 之间的分子数占总分子数的 21.6%。

【例 9 - 8】 (1) 计算温度 $T_1 = 300\ \mathrm{K}$ 和 $T_2 = 600\ \mathrm{K}$ 的氧气分子的最概然速率;(2) 计算在这两温度下的最概然速率附近单位速率区间的分子数占总分子数的比率;(3) 计算 $300\ \mathrm{K}$ 时氧分子速率在 $v_\mathrm{p} \sim 1.01v_\mathrm{p}$ 区间内的分子数占总分子数的比率。

分析 气体分子的最概然速率 $v_\mathrm{p} = \sqrt{\dfrac{2RT}{M}}$,温度愈高,最概然速率愈大。对于麦克斯韦速率分布律 $f(v) = 4\pi\left(\dfrac{m_0}{2\pi kT}\right)^{\frac{3}{2}} v^2 \mathrm{e}^{-\frac{m_0 v^2}{2kT}}$ 可以用 v_p 来表示,这样计算 v_p 附近的分子数比较方便。

解 (1) $v_\mathrm{p1} = \sqrt{\dfrac{2RT_1}{M}} = \sqrt{\dfrac{2 \times 8.31 \times 300}{32 \times 10^{-3}}} = 395\,(\mathrm{m/s})$

$$v_\mathrm{p2} = \sqrt{\dfrac{2RT_2}{M}} = \sqrt{\dfrac{2 \times 8.31 \times 600}{32 \times 10^{-3}}} = 558\,(\mathrm{m/s})$$

(2) 由麦克斯韦速率分布函数得

$$\frac{\mathrm{d}N}{N} = f(v)\mathrm{d}v = 4\pi\left(\frac{m_0}{2\pi kT}\right)^{\frac{3}{2}} \mathrm{e}^{-\frac{m_0 v^2}{2kT}}\mathrm{d}v$$

利用 $v_p = \sqrt{\dfrac{2kT}{m_0}}$ 把上式改写为

$$\frac{\mathrm{d}N}{N} = \frac{4}{\sqrt{\pi}} \left(\frac{1}{v_p} \right)^3 \mathrm{e}^{-\frac{v^2}{v_p^2}} v^2 \mathrm{d}v$$

在速度区间 Δv 较小时可近似地表示为

$$\frac{\Delta N}{N} = \frac{4}{\sqrt{\pi}} \left(\frac{1}{v_p} \right)^3 \mathrm{e}^{-\frac{v^2}{v_p^2}} v^2 \Delta v$$

将 $v = v_{p1}$ 和 $\Delta v = 1$ 及 $v = v_{p2}$ 和 $\Delta v = 1$ 分别代入上式得

$$\frac{\Delta N_1}{N} = \frac{4}{\sqrt{\pi}} \frac{\mathrm{e}^{-1}}{v_{p1}} = \frac{4}{\sqrt{\pi} \times 395 \times 2.7} = 0.21\%$$

$$\frac{\Delta N_2}{N} = \frac{4}{\sqrt{\pi}} \frac{\mathrm{e}^{-1}}{v_{p2}} = \frac{4}{\sqrt{\pi} \times 558 \times 2.7} = 0.15\%$$

这结果很容易从速率分布曲线来理解。当温度升高时,分子热运动加剧,速率小的分子数减小,而速率大的分子数增多,因此分布曲线的极大值随温度升高而向右移动,如图 9-4 所示。由于曲线下的总面积恒等于 1,所以随着温度的升高,分布曲线变得平坦。因此,分子在温度高的最概然速率附近单位速率区间内分子数比温度低的要少些。

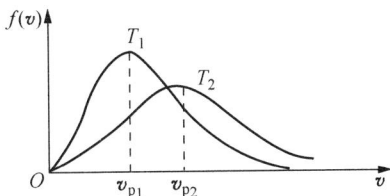

图 9-4

(3) 将 $v = v_{p1}$ 和 $\Delta v = 0.01 v_{p1}$ 代入得

$$\frac{\Delta N}{N} = \frac{4}{\sqrt{\pi}} \left(\frac{1}{v_{p1}} \right)^3 \mathrm{e}^{-\frac{v_{p1}^2}{v_p^2}} v_{p1}^2 \times 0.01 v_{p1}$$

$$= \frac{4}{\sqrt{\pi}} \mathrm{e}^{-1} \times 0.01 = 0.83\%$$

这个结果与气体的温度无关。

【例 9-9】 在标准状态下 1.0 cm^3 氮气中,速率在 $500 \sim 505 \text{ m/s}$ 间的分子数有多少?

分析 根据麦克斯韦速率分布律可算得结果。

解 由麦克斯韦速率分布律可知:分布在 $v \sim v + \Delta v$ 间的分子数

$$\Delta N = N\int_0^{v+\Delta v} f(v)\mathrm{d}v$$

由于 Δv 很小,则分布在 $v \sim v + \Delta v$ 间的分子数可表示为

$$\Delta N = N\int_0^{v+\Delta v} f(v)\mathrm{d}v \approx Nf(v)\Delta v = 4\pi N\left(\frac{m_0}{2\pi kT}\right)^{3/2} v^2 \mathrm{e}^{m_0 v^2/(2kT)}\Delta v$$

式中 $m_0 = \dfrac{M}{N_A} = \dfrac{28\times10^{-3}}{6.02\times10^{23}}$ kg, $N = nV = \dfrac{N_A}{V_0}V = \dfrac{6.02\times10^{23}}{22.4\times10^{-3}}\times1.0\times10^{-6}$,将数据代入,即得

$$\Delta N = 1.15\times10^{18}\ \mathrm{cm}^{-3}$$

9.2.4　描述气体的宏观量和微观量关系式的综合应用

给定某种气体的压强、温度或体积,利用相关的关系式可以求得分子数密度、分子的各种平均动能、分子的各种速率以及分子的平均碰撞频率和平均自由程。测定迁移系数可以求得分子的有效直径、平均自由程等微观量。对有关的关系式需要熟练地掌握。

【例 9 - 10】　一容器内贮有氧气,其压强 $p = 1$ atm,温度 $T = 300$ K。求容器内氧气的:(1)分子数密度;(2)分子间的平均距离;(3)分子的平均动能;(4)分子运动的平均速率。

解　(1)由 $p = nkT$ 得分子数密度

$$n = \frac{p}{kT} = \frac{1.013\times10^5}{1.38\times10^{-23}\times300}\ \mathrm{m}^{-3} = 2.45\times10^{25}\ \mathrm{m}^{-3}$$

(2)一个分子占有的空间

$$V_0 = \frac{1}{n} = \frac{1}{2.45\times10^{25}}\ \mathrm{m}^3 = 4.08\times10^{-26}\ \mathrm{m}^3$$

分子间距离

$$l_0 = \sqrt[3]{V_0} = 3.44\times10^{-9}\ \mathrm{m}$$

(3)分子的平均动能

$$\bar{\varepsilon}_k = \frac{i}{2}kT = \frac{5}{2}kT = \frac{5}{2}\times1.38\times10^{-23}\times300\ \mathrm{J}$$
$$= 1.03\times10^{-20}\ \mathrm{J}$$

（4）分子运动的平均速率

$$\bar{v} = \sqrt{\frac{8RT}{\pi M}} = \sqrt{\frac{8 \times 8.31 \times 300}{\pi \times 32 \times 10^{-3}}} \text{ m/s} = 446 \text{ m/s}$$

【例 9 - 11】 实验测得氮气在 1 atm 下 0℃时黏滞系数为 1.66×10^{-5} Pa·s。试计算氮分子的有效直径和平均自由程。

解 黏滞系数与微观量的关系为

$$\eta = \frac{1}{3} \rho \bar{v} \bar{\lambda}$$

而

$$\rho = nm_0 = n \frac{M}{N_A}$$

式中 n 为分子数密度，m_0 为每个分子的质量，N_A 为阿伏伽德罗常数。又

$$\bar{\lambda} = \frac{1}{\sqrt{2} \pi d^2 n}$$

$$\bar{v} = \sqrt{\frac{8RT}{\pi M}}$$

代入黏滞系数的关系式，得

$$\eta = \frac{1}{3} n \frac{M}{N_A} \sqrt{\frac{8RT}{\pi M}} \frac{1}{\sqrt{2} \pi d^2 n}$$

$$= \frac{2k}{3\pi d^2} \sqrt{\frac{TM}{\pi R}}$$

所以，氮分子的有效直径

$$d = \left(\frac{2k}{3\pi \eta} \sqrt{\frac{TM}{\pi}} \right)^{\frac{1}{2}} = \left[\frac{2 \times 1.38 \times 10^{-23}}{3\pi \times 1.66 \times 10^{-5}} \times \sqrt{\frac{273 \times 28 \times 10^{-3}}{\pi}} \right]^{\frac{1}{2}} \text{ m}$$

$$= 3.1 \times 10^{-10} \text{ m}$$

又因 $p = nkT$，所以

$$\bar{\lambda} = \frac{1}{\sqrt{2} \pi d^2 n} = \frac{kT}{\sqrt{2} \pi d^2 p}$$

$$= \frac{1.38 \times 10^{-23} \times 273}{\sqrt{2} \pi \times (3.1 \times 10^{-10})^2 \times 1.013 \times 10^5} \text{ m}$$

$$= 8.72 \times 10^{-6} \text{ m}$$

第10章 热力学

10.1 基本概念和基本规律

1. 准静态过程(即平衡过程)

在过程进行中的每一时刻,系统的状态都无限接近于平衡态。

2. 功

准静态过程中系统对外做的功

$$\mathrm{d}A = p\,\mathrm{d}V, \quad A = \int_{V_1}^{V_2} p\,\mathrm{d}V$$

3. 热量

由于温度不同,系统与外界交换的热运动能量。

等体过程: $\quad Q_V = \nu C_{V,\mathrm{m}}\Delta T, \quad C_{V,\,\mathrm{m}} = \dfrac{i}{2}R$

等压过程: $\quad Q_p = \nu C_{p,\mathrm{m}}\Delta T, \quad C_{p,\,\mathrm{m}} = \dfrac{i+2}{2}R$

迈耶公式: $\quad C_{p,\,\mathrm{m}} - C_{V,\,\mathrm{m}} = R$

摩尔热容比: $\quad \gamma = \dfrac{C_{p,\,\mathrm{m}}}{C_{V,\,\mathrm{m}}} = \dfrac{i+2}{i}$

4. 内能

理想气体的内能

$$E = \nu\frac{i}{2}RT$$

5. 热力学第一定律

$$\mathrm{d}Q = \mathrm{d}E + \mathrm{d}A$$
$$Q = (E_2 - E_1) + A$$

6. 循环过程

$$\Delta E = 0$$

热循环(正循环)的效率：
$$\eta = \frac{A}{Q_1} = 1 - \frac{|Q_2|}{Q_1}$$

制冷循环(负循环)的制冷系数：
$$w = \frac{Q_2}{A} = \frac{Q_2}{|Q_1| - Q_2}$$

卡诺正循环的效率：
$$\eta = 1 - \frac{T_2}{T_1}$$

卡诺负循环的制冷系数：
$$w = \frac{T_2}{T_1 - T_2}$$

7. 可逆过程和不可逆过程

一个系统,由某一状态出发,经过某一过程达到另一状态,如果存在另一过程能使系统回到原来的状态,同时能使系统和外界完全复原,则原来的过程即为可逆过程。如果用任何方法都不可能使系统和外界完全复原,则这个过程就是不可逆过程。

各种实际宏观过程都是不可逆过程。如热功转换、热传导、气体自由膨胀等都是不可逆过程。

8. 热力学第二定律

克劳修斯叙述：热量不可能自动地从低温物体传到高温物体。

开尔文叙述：不可能从单一热源吸取热量使之完全转变为有用的功而不产生其他影响。

微观意义：自然过程总是沿着使分子运动向更加无序的方向进行。

9. 卡诺定理

(1) 在相同的高温热源和相同的低温热源之间工作的一切可逆热机,其效率都相等,与工作物质无关。

(2) 在相同的高温热源和相同的低温热源之间工作的一切不可逆热机,其效率都不可能高于可逆热机的效率。

10. 熵

系统在可逆微变化过程中,熵的变化
$$dS = \frac{dQ}{T}$$

系统从初态 A 经可逆过程到达终态 B,熵的变化
$$S_B - S_A = \int_A^B \frac{dQ}{T}$$

熵增原理：孤立系统中的过程必然朝着熵不减小的方向进行,即
$$\Delta S \geqslant 0$$

$\Delta S > 0$,对孤立系统的各种自然过程;$\Delta S = 0$,对孤立系统的可逆过程。

10.2 习题分类、解题方法和示例

热力学的习题一般可分成下面几类：

(1) 热力学第一定律的应用；

(2) 循环过程以及热机效率和制冷系数的计算；

(3) 热力学第二定律的应用；

(4) 熵的计算。

以下将分别讨论各类问题的解题方法,并举例加以说明。

10.2.1 热力学第一定律的应用

应用热力学第一定律时,总要计算功、热量和内能等,计算时要认清过程,初态和终态的状态参量是否齐全,并要注意功、热量、内能增量正负的规定以及统一计量单位。理想气体做功的大小,还可从 p-V 图上过程曲线与 V 轴所围的面积直接得到。热力学第一定律对等值过程和绝热过程的应用如表 10-1 所示。

表 10-1

过程	过程方程	功 A	热量 Q	内能增量 ΔE
等压	$\dfrac{p}{T}=$恒量	0	$\nu C_{V.\,m}(T_2-T_1)$	$\nu C_{V.\,m}(T_2-T_1)$
等体	$\dfrac{V}{T}=$恒量	$p(V_2-V_1)$ 或 $\nu R(T_2-T_1)$	$\nu C_{p.\,m}(T_2-T_1)$	$\nu C_{V.\,m}(T_2-T_1)$
等温	$pV=$恒量	$\nu RT\ln\dfrac{V_2}{V_1}$ 或 $\nu RT\ln\dfrac{p_1}{p_2}$	$\nu RT\ln\dfrac{V_2}{V_1}$ 或 $\nu RT\ln\dfrac{p_1}{p_2}$	0
绝热	$pV^{\gamma}=$恒量 $TV^{\gamma-1}=$恒量 $p^{\gamma-1}T^{-\gamma}=$恒量	$\dfrac{p_1V_1-p_2V_2}{\gamma-1}$ 或 $-\nu C_{V.\,m}(T_2-T_1)$	0	$\nu C_{V.\,m}(T_2-T_1)$

【例 10-1】 2 mol 的氢气在温度 300 K 时的体积为 0.05 m³,经过以下三种不同过程：(1) 等压膨胀；(2) 等温膨胀；(3) 绝热膨胀,最后体积都变为 0.25 m³。试分别计算这三种过程中氢气的内能增量、对外做的功和吸收的热量。

分析　一定量的氢气经不同的条件膨胀到相同的体积,由于各过程的最终温度不同,所以各过程中氢气的内能增量、对外做功和吸收热量各不相同。在计算出各过程的最终温度后,应用各自的公式,就可以得到所求的量。

解　(1) 等压膨胀:

$$\frac{V_1}{T_1} = \frac{V_2}{T_2}, \quad T_2 = \frac{V_2}{V_1} T_1$$

$$A_p = p(V_2 - V_1) = \nu R(T_2 - T_1) = \nu R\left(\frac{V_2}{V_1} T_1 - T_1\right)$$

$$= 2 \times 8.31 \times \left(\frac{0.25}{0.05} - 1\right) \times 300 \text{ J} = 19.9 \times 10^3 \text{ J}$$

$$Q_p = \nu C_{p.m}(T_2 - T_1) = \nu \frac{7}{2} R\left(\frac{V_2}{V_1} T_1 - T_1\right)$$

$$= 2 \times \frac{7}{2} \times 8.31 \times \left(\frac{0.25}{0.05} - 1\right) \times 300 \text{ J} = 69.8 \times 10^3 \text{ J}$$

$$\Delta E = \nu C_{V.m}(T_2 - T_1) = \nu \frac{5}{2} R\left(\frac{V_2}{V_1} T_1 - T_1\right)$$

$$= 2 \times \frac{5}{2} \times 8.31 \times \left(\frac{0.25}{0.05} - 1\right) \times 300 \text{ J} = 49.9 \times 10^3 \text{ J}$$

(2) 等温过程:

$$\Delta E = 0$$

$$A_T = \nu R T_1 \ln \frac{V_2}{V_1}$$

$$= 2 \times 8.31 \times 300 \times \ln \frac{0.25}{0.05} \text{ J} = 8.02 \times 10^3 \text{ J}$$

$$Q_T = A_T = 8.02 \times 10^3 \text{ J}$$

(3) 绝热过程:

$$V_1^{\gamma-1} T_1 = V_2^{\gamma-1} T_2, \quad T_2 = T_1\left(\frac{V_1}{V_2}\right)^{\gamma-1}$$

$$Q_Q = 0$$

$$A_Q = -\Delta E = -\nu C_{V.m}(T_2 - T_1) = -\nu \frac{5}{2} R\left[\left(\frac{V_1}{V_2}\right)^{\gamma-1} - 1\right] T_1$$

$$= -2 \times \frac{5}{2} \times 8.31 \times \left[\left(\frac{0.05}{0.25} \right)^{1.4-1} - 1 \right] \times 300 \text{ J}$$

$$= 5.91 \times 10^3 \text{ J}$$

$$\Delta E = -5.91 \times 10^3 \text{ J}$$

氢气在绝热膨胀过程中做的功,也可由做功的定义得到,因

$$p_1 V_1 = \nu R T_1 , \quad p_1 = \frac{\nu R T_1}{V_1}$$

$$p_1 V_1^{\gamma} = p_2 V_2^{\gamma}$$

所以

$$p_2 = p_1 \left(\frac{V_1}{V_2} \right)^{\gamma}$$

氢气做的功

$$A = \frac{p_1 V_1 - p_2 V_2}{\gamma - 1} = \frac{p_1 V_1 - p_1 \left(\frac{V_1}{V_2} \right)^{\gamma} V_2}{\gamma - 1}$$

$$= \frac{\nu R T_1 \left[1 - \left(\frac{V_1}{V_2} \right)^{\gamma-1} \right]}{\gamma - 1}$$

$$= \frac{2 \times 8.31 \times 300 \times \left[1 - \left(\frac{0.05}{0.25} \right)^{1.4-1} \right]}{1.4 - 1} \text{ J}$$

$$= 5.91 \times 10^3 \text{ J}$$

【例 10-2】 如图 10-1 所示,1 mol 双原子理想
气体,从状态 $A(p_1, V_1)$ 沿 p-V 图所示直线变化到状
态 $B(p_2, V_2)$。试求:(1) 气体的内能增量;(2) 气体
对外界所做的功;(3) 气体吸收的热量。

分析　由 p-V 图可见 AB 过程延长线是通过原
点的直线,所以 $\frac{p_1}{V_1} = \frac{p_2}{V_2}$。由理想气体状态方程可以确
定 A、B 状态的温度,从而很容易求出气体内能的增量。
气体对外界所做的功可以由过程方程及 $A = \int_{V_1}^{V_2} p \, dV$ 求
出,但更方便的方法是通过 p-V 图中过程曲线所包围的面积得到。由于此过程

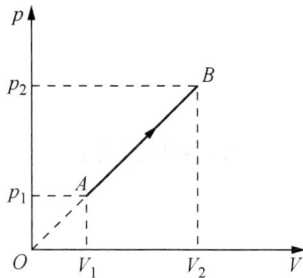

图 10-1

既非等值过程又非绝热过程,过程中气体吸收的热量只能由热力学第一定律求得。

解 由于过程延长线通过原点,所以

$$\frac{p_1}{V_1} = \frac{p_2}{V_2},\ \text{即}\ p_1 V_2 = p_2 V_1$$

由理想气体状态方程得

$$T_1 = \frac{p_1 V_1}{R},\ T_2 = \frac{p_2 V_2}{R}$$

(1) 内能增量 $\quad \Delta E = \nu C_{V,m}(T_2 - T_1)$

$$= \frac{5}{2} R \left(\frac{p_2 V_2}{R} - \frac{p_1 V_1}{R} \right) = \frac{5}{2} (p_2 V_2 - p_1 V_1)$$

(2) 由于 $A \rightarrow B$ 过程是膨胀过程,所以气体对外做功,由 p-V 图中过程曲线下包围的梯形面积得

$$A = \frac{1}{2} (p_1 + p_2)(V_2 - V_1) = \frac{1}{2} (p_2 V_2 - p_1 V_1)$$

气体所做的功也可由 $A = \int p\,\mathrm{d}V$ 得到,因过程方程为

$$\frac{p}{V} = \text{恒量} = \frac{p_1}{V_1}$$

$$A = \int_{V_1}^{V_2} p\,\mathrm{d}V = \int_{V_1}^{V_2} \frac{p_1}{V_1} V\,\mathrm{d}V = \frac{p_1}{V_1} \frac{1}{2} (V_2^2 - V_1^2)$$

$$= \frac{1}{2} (p_2 V_2 - p_1 V_1)$$

(3) 由热力学第一定律得气体吸热量

$$Q = \Delta E + A = \frac{5}{2} (p_2 V_2 - p_1 V_1) + \frac{1}{2} (p_2 V_2 - p_1 V_1)$$

$$= 3(p_2 V_2 - p_1 V_1)$$

【例 10 - 3】 如图 10 - 2 所示,ab,dc 是绝热过程,cea 是等温过程,bed 是任意过程,组成一个循环过程。若图中 edc 所包围的面积为 70 J,eab 所包围的面积为 30 J,cea 过程中系统放热 100 J,问 bed 过程中系统吸热多少?

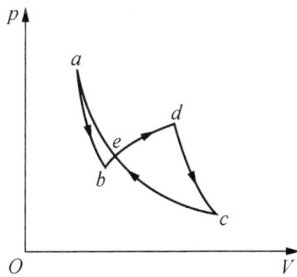

图 10 - 2

分析　在 p-V 图上过程曲线包围的面积等于系统所做的功,顺时针进行的过程做正功,逆时针进行的过程做负功,所以 edc 包围的面积表示系统对外做正功,eab 包围的面积表示系统对外做负功。由此可求出整个循环过程系统对外做的总功。而对整个循环过程,内能的变化为零。根据热力学第一定律就可以得到系统从外界吸收的热量。

解　系统在整个循环过程对外做的总功

$$A = 70 + (-30) = 40 \text{ J}$$

在整个循环过程中,系统与外界交换热量的只有 bed 及 cea 过程。根据题意,系统在 cea 过程放热,所以

$$Q_1 = -100 \text{ J}$$

设系统在 bed 过程与外界交换的热量为 Q_2,则整个循环过程中系统与外界交换的净热量 $Q = Q_1 + Q_2$。

根据热力学第一定律,对循环过程 $\Delta E = 0$,$Q = A$,所以,在 bed 过程中系统与外界交换的热量

$$Q_2 = A - Q_1 = 40 - (-100) = 140 \text{ J}$$

因 $Q_2 > 0$,所以在 bed 过程中,系统从外界吸热 140 J。

【例 10-4】　一个水平放置的气缸中间有一个不导热的活塞,如图 10-3 所示。活塞两侧各自 0.05 m^3 的双原子分子的理想气体,压强为 1 atm(1 atm = 1.003×10^5 Pa),温度为 0℃。若在左侧缓慢加热,直至右侧的气体液压缩到 2.5 atm。假定除左侧加热部分外,其他部分都是绝热的。试求:(1) 加热压缩右侧气体做功多少?(2) 右侧气体最后的温度是多少?(3) 左侧气体最后的温度是多少?(4) 外界对左侧气体传入的热量是多少?

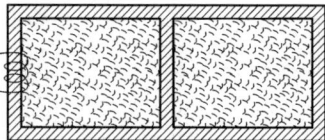

图 10-3

分析　由于气缸是绝热的,左侧气体加热时,将压缩右侧的气体,右侧气体的状态将发生变化,由相关公式计算,可以得到这些量的变化。

解　(1) 右侧气体经历的是绝热压缩过程,由 $p_1 V_1^\gamma = p_2 V_2^\gamma$,得

$$V_2 = \left(\frac{p_1}{p_2}\right)^{1/\gamma} \quad V_1 = \left(\frac{1.0}{2.5}\right)^{1/1.4} \times 0.05 = 0.026 \text{ m}^3$$

对右侧气体做功

$$A = \frac{p_2 V_2 - p_2 V_1}{\gamma - 1} = \frac{(2.5 \times 0.026 - 1.0 \times 0.05) \times 1.013 \times 10^5}{1.4 - 1} = 0.38 \times 10^4 \text{ J}$$

(2) 右侧气体的最后温度可由 $p_1^{\gamma-1} T_1 = p_2^{\gamma-1} T_2$ 得到

$$T_2 = \left(\frac{p_2}{p_1}\right)^{\frac{\gamma-1}{\gamma}} T_1 = \left(\frac{2.5}{1.0}\right)^{\frac{0.4}{1.4}} \times 273 = 355 \text{ K}$$

(3) 左侧气体最后的体积为

$$V_2' = 2V_1 - V_2 = 2 \times 0.05 - 0.026 = 0.074 \text{ m}^3$$

最后达到的温度为

$$T_2' = \frac{p_2' V_2'}{p_1 V_1} T_1 = \frac{2.5 \times 0.074}{1.0 \times 0.05} \times 273 = 1\,010 \text{ K}$$

(4) 左侧气体内能的变化为

$$\Delta E = \nu C_{V,m}(T_2' - T_1) = \frac{p_1 V_1}{RT_1} \cdot \frac{i}{2} R(T_2' - T_1)$$

$$= \frac{p_1 V_1}{T_1} \times \frac{i}{2}(T_2' - T_1) = \frac{1.0 \times 0.05}{273} \times \frac{5}{2} \times 8.31 \times (1\,010 - 273)$$

$$= 0.34 \times 10^4 \text{ J}$$

对左侧传入的热量为

$$Q = \Delta E + A = 0.34 \times 10^4 + 0.38 \times 10^4 = 0.72 \times 10^4 \text{ J}$$

10.2.2 循环过程以及热效率和制冷系数的计算

循环过程的特点是系统的内能增量 $\Delta E = 0$，所以只要计算系统在各过程中的热量交换和所做的功，但要分清系统是吸热还是放热，对外做正功还是负功。

正循环(热机)效率的计算公式

$$\eta = \frac{A}{Q_1}, \quad \eta = 1 - \frac{|Q_2|}{Q_1}$$

注意：A 为工作物质在一次循环中对外界所做的净功，Q_1 为工作物质在一次循环中从外界所吸取的总热量，Q_2 为向外界所放出的总热量。有时按公式计算放热过程的热量时，常得到负值，但在计算效率时应取绝对值，否则将出现 $\eta > 100\%$ 的谬误。这两种计算公式，采用哪一种比较方便，要根据问题来选择。

负循环(制冷机)制冷系数的计算公式：

$$w = \frac{Q_2}{A} = \frac{Q_2}{|Q_1| - Q_2}$$

注意点同上。

【例 10 - 5】 2.5 mol 的氧气作如图 10 - 4 所示的循环过程,其中 ab 为等压过程,bc 为等体过程,ca 为等温过程。已知 $p_a = 4.15 \times 10^5$ Pa, $V_a = 2.0 \times 10^{-2}$ m^3, $V_b = 3.0 \times 10^{-2}$ m^3, 求此循环的效率。

分析 求出各过程中系统交换的热量和对外做的功,然后计算循环的效率。首先要知道各点的状态参量。

图 10 - 4

解 由理想气体状态方程可得

$$T_a = \frac{p_a V_a}{\nu R} = \frac{4.15 \times 10^5 \times 2.0 \times 10^{-2}}{2.5 \times 8.31} \text{ K} = 400 \text{ K}$$

由等压过程方程得

$$T_b = \frac{V_b}{V_a} T_a = \frac{3.0 \times 10^{-2}}{2.0 \times 10^{-2}} \times 400 \text{ K} = 600 \text{ K}$$

(1) $a \rightarrow b$ 为等压过程:

$$Q_{ab} = \nu C_{p,\text{m}} (T_b - T_a) = 2.5 \times \frac{7}{2} \times 8.31 \times (600 - 400) \text{ J}$$
$$= 1.45 \times 10^4 \text{ J}$$

$$A_{ab} = p_a (V_b - V_a) = 4.15 \times 10^5 \times (3.0 \times 10^{-2} - 2.0 \times 10^{-2}) \text{ J}$$
$$= 4.15 \times 10^3 \text{ J}$$

或　　　　　$A_{ab} = \nu R (T_b - T_a) = 2.5 \times 8.31 \times 200 \text{ J} = 4.15 \times 10^3 \text{ J}$

(2) $b \rightarrow c$ 为等体过程:

$$A_{bc} = 0$$

$$Q_{bc} = \nu C_{V,\text{m}} (T_c - T_b) = 2.5 \times \frac{5}{2} \times 8.31 \times (400 - 600) \text{ J}$$
$$= -1.04 \times 10^4 \text{ J}$$

负号表示 $b \rightarrow c$ 过程是放热过程。

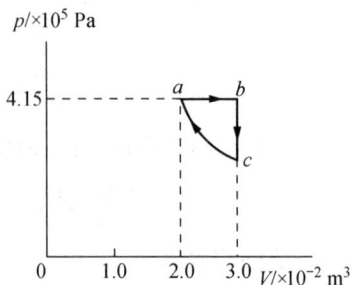

（3）$c \rightarrow a$ 为等温过程：

$$Q_{ca} = A_{ca} = \nu R T_1 \ln \frac{V_a}{V_c} = 2.5 \times 8.31 \times 600 \times \ln \frac{2.0 \times 10^{-2}}{3.0 \times 10^{-2}} \text{ J}$$

$$= -3.37 \times 10^3 \text{ J}$$

$c \rightarrow a$ 过程也是放热过程，外界对系统做功。

在此循环过程中，系统净吸热 $Q_1 = Q_{ab} = 1.45 \times 10^4$ J，净放热 $|Q_2| = |Q_{bc} + Q_{ca}| = 1.04 \times 10^4 + 3.37 \times 10^3 = 1.377 \times 10^4$ J。 系统对外做的净功 $A = A_{ab} + A_{ca} = 4.15 \times 10^3 - 3.37 \times 10^3 = 0.78 \times 10^3$ J。 所以此循环的效率

$$\eta = \frac{A}{Q_1} = \frac{0.78 \times 10^3}{1.45 \times 10^4} = 5.4\%$$

或

$$\eta = 1 - \frac{|Q_2|}{Q_1} = 1 - \frac{1.377 \times 10^4}{1.45 \times 10^4} = 1 - 0.950 = 5.0\%$$

【例 10 - 6】 一定量的氮气（视为理想气体），经历如图 10 - 5 所示的循环过程，其中 ab, cd, ef 都是等温过程，温度分别为 700 K，400 K 和 300 K；bc, de, fa 都是绝热过程；而 $V_b = 4V_a, V_d = 2V_c$。试求这一循环的效率。

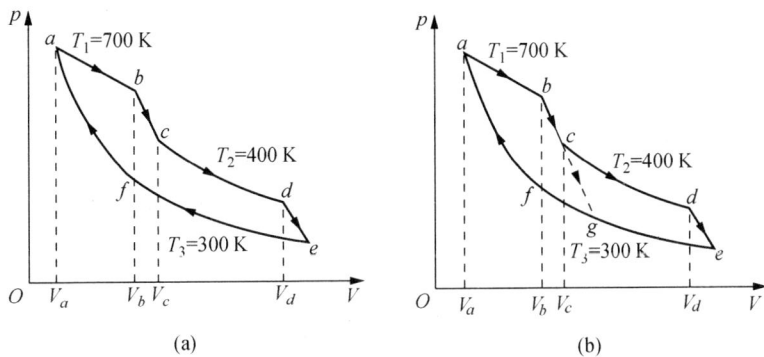

图 10 - 5

分析 这个循环看似非常复杂，但它经历的过程都是等温过程和绝热过程，在绝热过程中没有热量交换，只要算出等温过程中交换的热量，就可以得到循环的效率。如果把绝热线 bc 延长与等温线 ef 交于 g 点[见图 10 - 5(b)]，就可以把这个循环看成由两个卡诺循环组成。

解法一 ab 过程气体吸热

$$Q_{ab} = \nu R T_1 \ln \frac{V_b}{V_a} = \nu R \times 700 \ln \frac{4V_a}{V_a} = 1\ 400 \nu R \ln 2$$

cd 过程气体吸热

$$Q_{cd} = \nu R T_2 \ln \frac{V_d}{V_c} = \nu R \times 400 \ln \frac{2V_c}{V_c} = 400 \nu R \ln 2$$

ef 过程气体放热

$$|Q_{ef}| = \left| \nu R T_3 \ln \frac{V_f}{V_e} \right| = \nu R T_3 \ln \frac{V_c}{V_f}$$

由绝热方程可得

$$T_1 V_b^{\gamma-1} = T_2 V_c^{\gamma-1}, \ T_2 V_d^{\gamma-1} = T_3 V_e^{\gamma-1}, \ T_1 V_a^{\gamma-1} = T_3 V_f^{\gamma-1}$$

于是

$$\frac{V_e}{V_f} = \frac{V_b}{V_a} \frac{V_d}{V_c}$$

$$|Q_{ef}| = \nu R T_3 \ln \frac{V_b V_d}{V_a V_c} = \nu R \times 300 \ln \frac{4V_a 2V_c}{V_a V_c}$$

$$= \nu R \times 300 \ln 8 = \nu R 900 \ln 2$$

所以在整个循环过程中吸收热量 $Q_1 = Q_{ab} + Q_{cd}$,放出热量 $|Q_2| = |Q_{ef}|$,该循环的效率

$$\eta = 1 - \frac{|Q_2|}{Q_1} = 1 - \frac{\nu R 900 \ln 2}{(1\ 400 + 400) \nu R \ln 2} = 50\%$$

解法二　将绝热线 bc 延长交等温线 ef 于 g 点,构成两个卡诺循环。对于卡诺循环 $abgfa$,过程 ab 吸收热量

$$Q_{ab} = \nu R T_1 \ln \frac{V_b}{V_a} = \nu R \times 700 \ln \frac{4V_a}{V_a} = 1\ 400 \nu R \ln 2$$

过程 gf 放出热量

$$|Q_{gf}| = \frac{T_3}{T_1} Q_{ab} = \frac{300}{700} \times 1\ 400 \nu R \ln 2 = 400 \nu R \ln 2$$

对于卡诺循环 $cdegc$,过程 cd 吸收热量

$$Q_{cd} = \nu R T_2 \ln \frac{V_d}{V_c} = \nu R \times 400 \ln \frac{2V_c}{V_c} = 400 \nu R \ln 2$$

过程 eg 放出热量

$$|Q_{eg}| = \frac{T_3}{T_2} Q_{ed} = \frac{300}{400} \times 400\nu R \ln 2 = 300\nu R \ln 2$$

所以在整个循环过程中吸收热量为 $Q_1 = Q_{ab} + Q_{cd}$，放出热量为 $|Q_2| = |Q_{gf}| + |Q_{eg}|$，该循环的效率

$$\eta = 1 - \frac{Q_2}{Q_1} = 1 - \frac{|Q_{gf}| + |Q_{eg}|}{Q_{ab} + Q_{cd}} = 1 - \frac{(600 + 300)\nu R \ln 2}{(1\,400 + 400)\nu R \ln 2}$$
$$= 50\%$$

【**例 10 - 7**】 1 mol 氨气（视为理想气体）经历如图 10 - 6 所示的循环过程，求此循环的效率。

分析 要计算循环的效率，需要求出气体吸收的热量 Q_1 和对外做的功 A。由于这循环是由三条直线过程组成，所以系统做的功很容易从 p - V 图上的三角形面积求得。ab 是等容膨胀过程，ca 是等容压缩过程，吸收和放出的热量，也很容易用公式求得。对于 bc 过程，由于 $p_b V_b = p_c V_c$，所以 $T_b = T_c$，b 和 c 温度相等，但不是等温过程，所以在这过程中必经历了一个升温过程和降温过程，也就经历了吸热和放热过

图 10 - 6

程，因此必须找出吸热和放热的转折点。在 bc 过程中，任取一微小过程，根据过程方程列出 $\mathrm{d}E$ 和 $\mathrm{d}A$ 的关系式，再根据热力学第一定律得到 $\mathrm{d}Q$ 的关系式，并令 $\mathrm{d}Q = 0$，就可以确定转折点的状态，并求出在这部分过程中吸收的热量。

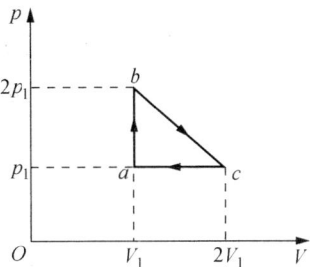

解 气体在整个循环过程中做的净功为循环曲线包围的面积，即

$$A = \frac{1}{2}(2p_1 - p_1)(2V_1 - V_1) = \frac{1}{2}p_1 V_1$$

ab 过程中吸收的热量

$$Q_{ab} = \nu C_{V,\,\mathrm{m}}(T_b - T_a) = 1 \times \frac{6}{2}R(T_b - T_a) = \frac{6}{2}R(T_b - T_a)$$

因

$$p_a V_a = \nu R T_a, \quad p_b V_b = \nu R T_b$$

而

$$p_a V_a = p_1 V_1, \quad p_b V_b = 2p_1 V_1$$

所以

$$Q_{ab} = 3R\left(\frac{2p_1V_1}{R} - \frac{p_1V_1}{R}\right) = 3p_1V_1$$

bc 的过程方程为

$$p = 3p_1 - \left(\frac{p_1}{V_1}\right)V$$

对于任一微小过程

$$dA = p\,dV = \left[3p_1 - \left(\frac{p_1}{V_1}\right)V\right]dV$$

$$dE = \frac{i}{2}R\,dT = \frac{i}{2}d(pV) = \frac{6}{2}(p\,dV + V\,dp)$$

$$= \frac{6}{2}\left(3p_1 - \frac{2p_1}{V_1}V\right)dV$$

$$dQ = dE + dA = \left[12p_1 - \left(\frac{7p_1}{V_1}\right)V\right]dV$$

令 $dQ = 0$ 就可以求得转折点 M 的状态为

$$V_M = \frac{12}{7}V_1, \quad p_M = \frac{9}{7}p_1$$

所以 bM 过程中吸收的热量

$$Q_{bM} = \int dQ = \int_{V_1}^{V_M}\left[12p_1 - \left(\frac{7p_1}{V_1}\right)V\right]dV = \frac{25}{14}p_1V_1$$

于是,在整个循环过程中吸热

$$Q_1 = Q_{ab} + Q_{bM}$$

循环的效率

$$\eta = \frac{A}{Q_1} = \frac{\frac{1}{2}p_1V_1}{3p_1V_1 + \frac{25}{14}p_1V_1} = \frac{7}{67} = 10.4\%$$

10.2.3 热力学第二定律的应用

根据热力学第二定律两种叙述可判断某些叙述是否正确,过程能否存在等问题,一般采用逻辑论证法,有时还用反证法。

【**例 10 - 8**】 试证明：(1)一条等温线与一条绝热线不可能有两个交点；(2)两条绝热线不可能相交。

分析 这两个问题都可用反证法证明。假定一条等温线与一条绝热线相交两点,则构成一个循环,分析这个循环是否符合热力学第二定律。如是否定的答案,则得到证明。同样,假定两条绝热线相交,另设有一过程与它们相交,构成一个循环,再根据热力学第二定律加以判断。

解 (1)如图 10 - 7 所示,设 acb 为等温线,adb 为绝热线,它们交于 a,b 两点。于是构成一循环过程。这个循环过程可以由初态从等温过程(热源)吸收热量,对外界做功,再通过绝热过程又回到初态。这种单一热源工作的循环是违背热力学第二定律(开尔文表述)的,因此绝热线与等温线不可能有两个交点。

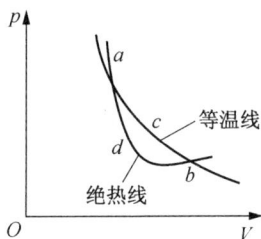

图 10 - 7

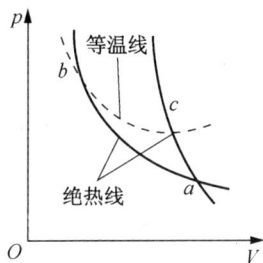

图 10 - 8

(2)假设两条绝热线相交于 a 点,如图 10 - 8 所示。另作一等温线与两条绝热线分别交于 b,c 两点,从而形成一个循环 $abca$,该循环也是由单一热源工作的循环,显然违背热力学第二定律(开尔文表述),所以两条绝热线不能相交。

【**例 10 - 9**】 有人设计一台如图 10 - 9 所示的组合机,其工作原理：热机甲从高温热源吸热 Q_1,向低温热源放热 Q_2,对外做功 A。该组合机将 A 分成两部分：一部分用来开动制冷机乙,即回输功 A_2,另一部分对外做净功 A_1。制冷机在 A_2 的作用下从低温热源吸取热量 Q_2,而将热量 $Q_3 = A_2 + Q_2$ 送到高温热源中去。问：这样的组合机是否能实现？

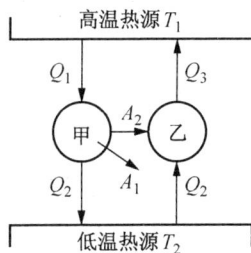

图 10 - 9

分析 首先确定这组合机工作从高温热源吸取的净热量、向低温热源放出的净热量以及对外做的净功,然后分析组合机是否符合热力学定律。

解 这台组合机从高温热源吸取的净热量 $Q = Q_1 - Q_3$,对外做的净功 $A_1 = A - A_2$,而 $A = Q_1 - Q_2$,$A_2 = Q_3 - Q_2$,所以 $A_1 = Q_1 - Q_3$,即组合机从高温热源吸

取的净热量 Q 全部转化为有用功 A_1,而低温热源不发生变化。这组合机符合热力学第一定律,但违背热力学第二定律,所以这样的设计是不可能实现的。

10.2.4 熵的计算

1) 理想气体可逆过程的熵变

(1) 绝热过程:$dQ=0$

$$S_B - S_A = \int_A^B \frac{dQ}{T} = 0$$

(2) 等体过程:$(dQ)_V = \nu C_{V,m} dT$

$$S_B - S_A = \int_A^B \frac{(dQ)_V}{T} = \int_{T_A}^{T_B} \frac{\nu C_{V,m} dT}{T} = \nu C_{V,m} \ln \frac{T_B}{T_A}$$

(3) 等压过程:$(dQ)_p = \nu C_{p,m} dT$

$$S_B - S_A = \int_A^B \frac{(dQ)_p}{T} = \int_{T_A}^{T_B} \frac{\nu C_{p,m} dT}{T} = \nu C_{p,m} \ln \frac{T_B}{T_A}$$

(4) 等温过程:$(dQ)_T = \nu RT \ln \frac{V_B}{V_A}$

$$S_B - S_A = \int_A^B \frac{(dQ)_T}{T} = \frac{Q_T}{T} = \nu R \ln \frac{V_B}{V_A}$$

2) 不可逆过程的熵变

在不可逆过程的始末两种状态之间设计一个可逆过程,然后再利用已知的可逆过程的熵变公式就可以算出不可逆过程的熵变。

【例 10-10】 1 mol 氢气(视为理想气体)在状态 1 时温度 $T_1 = 300$ K,体积 $V_1 = 20$ L,经过不同的过程到达末态 2,体积 $V_2 = 40$ L,如图 10-10 所示。其中 1→2 为等温过程;1→4 为绝热过程;1→3 和 4→2 为等压过程;3→2 为等体过程。试分别计算由三条路程使状态 1 到状态 2 的熵变。

分析 状态 1 到状态 2 的熵变 $S_2 - S_1 = \int_{(1)}^{(2)} \frac{dQ}{T}$,对于不同的过程,可利用热力学第一定律求得熵变。由于熵是状态的函数,所以不管沿着怎样的过程,从状态 1 到状态 2 的熵变是一定的。

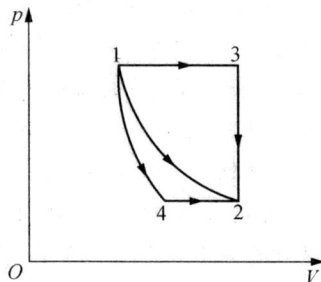

图 10-10

解 1→3 为等压过程:

$$T_3 = T_1 \frac{V_2}{V_1} = 2T_1 = 600 \text{ K}$$

在此过程中

$$(\mathrm{d}Q)_p = \nu C_{p,\mathrm{m}} \mathrm{d}T = C_{p,\mathrm{m}} \mathrm{d}T$$

3→2 过程为等体过程：

$$(\mathrm{d}Q)_V = \nu C_{V,\mathrm{m}} \mathrm{d}T = C_{V,\mathrm{m}} \mathrm{d}T$$

1→3→2 过程的熵变：

$$\Delta S = \int_{T_1}^{T_3} \frac{(\mathrm{d}Q)_p}{T} + \int_{T_3}^{T_2} \frac{(\mathrm{d}Q)_V}{T}$$

$$= \int_{T_1}^{T_3} \frac{C_{p,\mathrm{m}} \mathrm{d}T}{T} + \int_{T_3}^{T_2} \frac{C_{V,\mathrm{m}} \mathrm{d}T}{T}$$

$$= C_{p,\mathrm{m}} \ln \frac{T_3}{T_1} + C_{V,\mathrm{m}} \ln \frac{T_2}{T_3}$$

因 $T_1 = T_2$，所以

$$(\Delta S)_{1 \to 3 \to 2} = (C_{p,\mathrm{m}} - C_{V,\mathrm{m}}) \ln \frac{T_3}{T_1}$$

$$= R \ln 2 = 5.76 \text{ J/K}$$

1→2 为等温过程：

$$(\mathrm{d}Q)_T = \mathrm{d}A = p \mathrm{d}V$$

$$(\Delta S)_{1 \to 2} = \int_{(1)}^{(2)} \frac{(\mathrm{d}Q)_T}{T} = \int_{V_1}^{V_2} \frac{p \mathrm{d}V}{T} = \int_{V_1}^{V_2} \frac{p_1 V_1}{T_1} \frac{\mathrm{d}V}{V}$$

$$= \frac{p_0 V_1}{T_1} \ln \frac{V_2}{V_1} = \nu R \ln \frac{V_2}{V_1} = R \ln 2 = 5.76 \text{ J/K}$$

1→4 为绝热过程：

$$\mathrm{d}Q = 0, \quad \Delta S = 0$$

4→2 为等压过程：

$$(\mathrm{d}Q)_p = \nu C_{p,\mathrm{m}} \mathrm{d}T = C_{p,\mathrm{m}} \mathrm{d}T$$

所以 1→4→2 过程的熵变

$$(\Delta S)_{1\to 4\to 2}=\int_{T_4}^{T_2}\frac{(\mathrm{d}Q)_p}{T}=\int_{T_4}^{T_2}\frac{C_{p,\mathrm{m}}\mathrm{d}T}{T}$$

$$=C_{p,\mathrm{m}}\ln\frac{T_2}{T_4}=C_{p,\mathrm{m}}\ln\frac{T_1}{T_4}$$

由状态 1 到状态 4：

$$p_1^{\gamma-1}T_1^{-\gamma}=p_4^{\gamma-1}T_4^{-\gamma}$$

$$\frac{T_1}{T_4}=\left(\frac{p_1}{p_4}\right)^{\frac{\gamma-1}{\gamma}}$$

代入得

$$(\Delta S)_{1\to 4\to 2}=C_{p,\mathrm{m}}\ln\left(\frac{p_1}{p_4}\right)^{\frac{\gamma-1}{\gamma}}=C_{p,\mathrm{m}}\frac{\gamma-1}{\gamma}\ln\frac{p_1}{p_4}=C_{p,\mathrm{m}}\frac{\gamma-1}{\gamma}\ln\frac{p_1}{p_2}$$

$$=C_{p,\mathrm{m}}\frac{\gamma-1}{\gamma}\ln\frac{V_2}{V_1}=R\ln 2=5.76\ \mathrm{J/K}$$

从以上三个不同的过程可见：从状态 1 到状态 2 的熵变是相同的。

【例 10-11】 1 kg 20℃的水，与 100℃的热源相接触，使水温达到 100℃。求：(1) 水的熵变；(2) 热源的熵变；(3) 若把水和热源作为一个系统，系统的熵变[已知水的定压比热容 $c_p=4.18\times 10^3\ \mathrm{J/(kg\cdot K)}$]。

分析 水在热源上被加热的过程是不可逆过程。为了计算过程中的熵变，需要设计一个可逆过程。为便于计算，设想在 20℃ 与 100℃ 之间有一系列温差无限小的热源，使水逐一与之接触，这样水的吸热过程变得无限缓慢，可近似作为可逆过程，水的熵变就可以求得。

由于热源的温度是不改变的，所以热源的散热过程可看成是在等温下进行的。如设想过程进行得很缓慢，也可作为可逆过程。在这过程中，热源放出热量的数值与水吸收热量的数值相等。

如果把水和热源作为一个系统，此系统为一孤立系统(与外界没有能量传递的系统)，它的熵变是水和热源的熵变之和。

解 (1) 水的熵变：

$$(\Delta S)_1=\int\frac{\mathrm{d}Q}{T}=\int_{T_1}^{T_2}\frac{mc\mathrm{d}T}{T}=mc\ln\frac{T_2}{T_1}$$

$$=1\times 4.18\times 10^3\ln\frac{373}{293}\ \mathrm{J/K}$$

$$=1.02\times 10^3\ \mathrm{J/K}$$

水的熵是增加的。

（2）热源的熵变：

$$(\Delta S)_2 = \frac{Q_2}{T_2}$$

式中 Q_2 为热源放出的热量，与水吸收的热量 Q_1 数值相等，即

$$Q_2 = -Q_1 = -mc(T_2 - T_1)$$
$$= -1 \times 4.18 \times 10^3 (373 - 293) \text{J} = -334 \times 10^3 \text{ J}$$

因此

$$(\Delta S)_2 = -\frac{334 \times 10^3}{373} \text{J/K} = -895 \text{ J/K}$$

热源的熵是减少的。

（3）水和热源作为一个系统，系统的熵变：

$$\Delta S = (\Delta S)_1 + (\Delta S)_2 = 1.01 \times 10^3 - 895 \text{ J/K} = 115 \text{ J/K}$$

可见，在此孤立系统中，由于水从热源中吸取热量，致使孤立系统的熵有所增加，所以这个过程是不可逆过程。

【例 10 - 12】 在绝热容器中有一无摩擦、可移动的导热隔板，将容器分成两部分（见图 10 - 11），两边各盛有 1 mol 的氦气和氧气，初态的氦气和氧气的温度各为 $T_1 = 300$ K 和 $T_2 = 600$ K，压强均为 1 atm（1 atm $= 1.013 \times 10^5$ Pa）。试求：（1）整个系统达到平衡时的温度 T 和压强 p；（2）氦气和氧气各自的熵变。

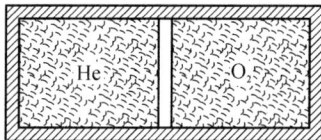

图 10 - 11

分析 把氦气和氧气一起作为一个系统，因为容器是绝热的，该系统进行的过程与外界没有热交换，系统对外没有做功，由热力学第一定律可知，系统的总内能不变。

解 （1）设系统平衡时的温度为 T，根据气体的内能公式得系统的内能变化为

$$\nu C_{V, m, (1)}(T - T_1) + \nu C_{V, m, (2)}(T - T_2) = 0$$

得

$$T = \frac{C_{V, m, (1)} T_1 + C_{V, m, (2)} T_2}{C_{V, m, (1)} + C_{V, m, (2)}} = \frac{\frac{3}{2} R \times 300 + \frac{5}{2} R \times 600}{\frac{3}{2} R + \frac{5}{2} R} = 487.5 \text{ K}$$

设初态氦气和氧气的体积分别为 V_1 和 V_2，平衡时的体积分别为 V_1' 和 V_2'，则

$$V_1 + V_2 = V_1' + V_2'$$

将状态方程

$$V_1 = \frac{\nu R T_1}{p_1}, \; V_2 = \frac{\nu R T_2}{p_2}, \; V_1' = \frac{\nu R T'}{p'} = V_2'$$

代入，得

$$\frac{RT_1}{p_0} + \frac{RT_2}{p_0} = 2\frac{RT}{p}$$

$$p = \frac{2T}{T_1 + T_2} p_0 = \frac{2 \times 487.5}{300 \times 600} \times 1 = 1.08 \text{ atm}$$

（2）由理想气体熵变计算式

$$\Delta S = \nu C_{p,m} \ln \frac{T}{T_0} - \nu R \ln \frac{p}{p_0}$$

得氦气的熵变

$$\Delta S_1 = 1 \times \frac{5}{2} \times 8.31 \times \ln \frac{487.5}{300} - 1 \times 8.31 \times \ln \frac{1.08}{1}$$

$$= 9.45 \text{ K}$$

氧气的熵变

$$\Delta S_2 = 1 \times \frac{7}{2} \times 8.31 \times \ln \frac{487.5}{600} - 1 \times 8.31 \times \ln \frac{1.08}{1}$$

$$= -6.68 \text{ J/K}$$

系统的熵变

$$\Delta S = \Delta S_1 + \Delta S_2 = 9.45 - 6.68 = 2.77 \text{ J/K} > 0$$

系统进行绝热不可逆过程 $\Delta S > 0$，符合熵增原理。

第 11 章 静 电 场

11.1 基本概念和基本规律

1. 库仑定律

$$\boldsymbol{F}_{21} = -\boldsymbol{F}_{12} = \frac{1}{4\pi\varepsilon_0}\frac{q_1 q_2}{r_{21}^2}\boldsymbol{e}_{\mathrm{r.21}}$$

$$\varepsilon_0 = 8.85 \times 10^{-12}\ \mathrm{F/m}, \qquad \frac{1}{4\pi\varepsilon_0} = 9 \times 10^9\ \mathrm{N \cdot m^2/C^2}$$

2. 电场强度

定义：$\quad \boldsymbol{E} = \dfrac{\boldsymbol{F}}{q_0}$

点电荷的电场强度：$\quad \boldsymbol{E} = \dfrac{q}{4\pi\varepsilon_0 r^2}\boldsymbol{e}_{\mathrm{r}}$

电场强度的叠加原理：$\quad \boldsymbol{E} = \sum\limits_i \boldsymbol{E}_i$

点电荷系的电场强度：$\quad \boldsymbol{E} = \sum\limits_i \dfrac{q_i}{4\pi\varepsilon_0 r_i^2}\boldsymbol{e}_{\mathrm{r}_i}$

连续分布电荷的电场强度：$\quad \boldsymbol{E} = \displaystyle\int \dfrac{\mathrm{d}q}{4\pi\varepsilon_0 r^2}\boldsymbol{e}_{\mathrm{r}}$

3. 几种典型电荷系统的电场强度
1) 电偶极子

电偶极子臂的延长线上：$\quad \boldsymbol{E} = \dfrac{1}{4\pi\varepsilon_0}\dfrac{2\boldsymbol{p}}{r^3}$

电偶极子中垂线上：$\quad \boldsymbol{E} = -\dfrac{1}{4\pi\varepsilon_0}\dfrac{\boldsymbol{p}}{r^3}$

2) 均匀带电圆环轴线上

$$\boldsymbol{E} = \frac{1}{4\pi\varepsilon_0}\frac{Qx}{(x^2 + R^2)^{\frac{3}{2}}}\boldsymbol{i}$$

3) 均匀带电圆盘轴线上

$$E = \frac{\sigma}{\varepsilon_0} \left[1 - \frac{x}{(R^2 + x^2)^{\frac{1}{2}}} \right] i$$

4) 均匀带电球面

$$球内: E = 0$$

$$球外: E = \frac{Q}{4\pi\varepsilon_0 r^2} e_r$$

5) 均匀带电球体

$$球内: E = \frac{Qr}{4\pi\varepsilon_0 R^3} e_r$$

$$球外: E = \frac{Q}{4\pi\varepsilon_0 r^2} e_r$$

6) 无限长均匀带电圆柱面

$$柱内: E = 0$$

$$柱外: E = \frac{\lambda}{4\pi\varepsilon_0 r} e_r$$

7) 无限长均匀带电圆柱体

$$柱内: E = \frac{\lambda r}{2\pi\varepsilon_0 R^2} e_r$$

$$柱外: E = \frac{\lambda}{2\pi\varepsilon_0 r^2} e_r$$

8) 无限大均匀带电平面

$$E = \frac{\sigma}{2\varepsilon_0} e_n$$

9) 带等量异号电荷的无限大平行平面

$$两面外: E = 0$$

$$两面内: E = \frac{\sigma}{\varepsilon_0} e_n$$

4. 静电场的基本规律

真空中的高斯定理:在静电场中,通过任一闭合面的 E 通量,等于该面内电荷代数和的 $\frac{1}{\varepsilon_0}$。

$$\oint_S \boldsymbol{E} \cdot \mathrm{d}\boldsymbol{S} = \frac{1}{\varepsilon_0} \sum_i q_i$$

介质中的高斯定理：

$$\oint_S \boldsymbol{D} \cdot \mathrm{d}\boldsymbol{S} = \sum_i q_{i自由}$$

静电场环路定理：在静电场中，电场强度 $\boldsymbol{E}$ 沿任意闭合环路的线积分恒等于零，即

$$\oint_L \boldsymbol{E} \cdot \mathrm{d}\boldsymbol{l} = 0$$

5. 电势

定义：

$$V_A = \frac{W_A}{q_0} = \int_A^{电势零点} \boldsymbol{E} \cdot \mathrm{d}\boldsymbol{l}$$

点电荷的电势：

$$V = \frac{q}{4\pi\varepsilon_0 r}$$

点电荷系的电势：

$$V = \sum_i \frac{q_i}{4\pi\varepsilon_0 r_i}$$

连续分布电荷的电势：

$$V = \int \frac{\mathrm{d}q}{4\pi\varepsilon_0 r}$$

电势差：

$$V_a - V_b = \int_a^b \boldsymbol{E} \cdot \mathrm{d}\boldsymbol{l}$$

6. 几种典型电荷系统的电势

1) 电偶极子电场中任一点

$$V = \frac{\boldsymbol{p} \cdot \boldsymbol{e}_r}{4\pi\varepsilon_0 r^2}$$

2) 均匀带电球面

$$球内：V = \frac{Q}{4\pi\varepsilon_0 R}$$

$$球外：V = \frac{Q}{4\pi\varepsilon_0 r}$$

3) 均匀带电导体球和球壳

$$球内：\quad V = \frac{Q_1}{4\pi\varepsilon_0 R_1} - \frac{Q_1}{4\pi\varepsilon_0 R_2} + \frac{Q_1 + Q_2}{4\pi\varepsilon_0 R_3}$$

球与球壳间：　$V = \dfrac{Q_1}{4\pi\varepsilon_0 r} - \dfrac{Q_1}{4\pi\varepsilon_0 R^2} + \dfrac{Q_1 + Q_2}{4\pi\varepsilon_0 R_3}$

球壳内：　$V = \dfrac{Q_1}{4\pi\varepsilon_0 R^3} + \dfrac{Q_2}{4\pi\varepsilon_0 R_3}$

球壳外：　$V = \dfrac{Q_1 + Q_2}{4\pi\varepsilon_0 r}$

7. 电场强度和电势的关系

积分关系：　$V_a - V_b = \displaystyle\int_a^b \boldsymbol{E} \cdot \mathrm{d}\boldsymbol{l}$

微分关系：　$\boldsymbol{E} = -\,\mathbf{grad}\,V$

　在直角坐标系中：　$\boldsymbol{E} = -\left(\dfrac{\partial V}{\partial x}\boldsymbol{i} + \dfrac{\partial V}{\partial y}\boldsymbol{j} + \dfrac{\partial V}{\partial z}\boldsymbol{k}\right)$

　在平面极坐标系中：　$\boldsymbol{E} = -\left(\dfrac{\partial V}{\partial r}\boldsymbol{e}_r + \dfrac{1}{r}\dfrac{\partial V}{\partial \theta}\boldsymbol{e}_\theta\right)$

8. 电荷在电场中受力和做功

$$\boldsymbol{F} = q\boldsymbol{E}$$

$$A_{ab} = q(V_a - V_b)$$

9. 静电场中的导体

(1) 导体静电平衡条件：导体内任一点的电场强度都等于零。

推论：① 导体是等势体，其表面是等势面；

　　　② 导体表面的电场强度垂直于导体表面。

(2) 导体上的电荷分布：静电平衡时，电荷只能分布在导体的表面上。

(3) 带电导体表面的电场强度：

$$\boldsymbol{E} = \dfrac{\sigma}{\varepsilon_0}\boldsymbol{e}_\mathrm{n}$$

10. 静电场中的电介质

(1) 电介质中的电场强度：

$$\boldsymbol{E} = \boldsymbol{E}_0 + \boldsymbol{E}'$$

式中 $\boldsymbol{E}_0$ 为自由电荷的电场强度，$\boldsymbol{E}'$ 为极化电荷的电场强度。

　(2) 电介质的极化：对各向同性电介质有

$$\boldsymbol{P} = \varepsilon_0(\varepsilon_\mathrm{r} - 1)\boldsymbol{E}$$

$$\sigma' = \boldsymbol{P} \cdot \boldsymbol{e}_n$$

（3）介质中的高斯定理：

$$\oint_S \boldsymbol{D} \cdot \mathrm{d}\boldsymbol{S} = \sum q_{自由}$$

$$\boldsymbol{D} = \varepsilon_0 \boldsymbol{E} + \boldsymbol{P}$$

对于各向同性电介质 $\qquad \boldsymbol{D} = \varepsilon \boldsymbol{E}$

11. 电容器的电容

（1）定义：

$$C = \frac{q}{V_a - V_b}$$

（2）介质电容器电容：

$$C = \varepsilon_r C_0$$

（3）平行板电容器的电容：

$$C = \frac{\varepsilon_0 \varepsilon_r S}{d}$$

球形电容器的电容：

$$C = \frac{4\pi \varepsilon_0 \varepsilon_r R_A R_B}{R_B - R_A}$$

圆柱形电容器的电容：

$$C = \frac{2\pi \varepsilon_0 \varepsilon_r l}{\ln\left(\dfrac{R_B}{R_A}\right)}$$

（4）电容器的串联和并联。

串联电容器的等值电容：

$$\frac{1}{C} = \sum_{i=1}^{n} \frac{1}{C_i}$$

并联电容器的等值电容：

$$C = \sum_{i=1}^{n} C_i$$

12. 静电场的能量

（1）点电荷间的相互作用能

$$W = \frac{1}{2} \sum_{i=1}^{n} q_i V_i$$

（2）电荷连续分布的带电体的静电能

$$W = \int V \mathrm{d}q$$

（3）电容器的静电能

$$W = \frac{1}{2} C U^2 = \frac{1}{2} \frac{Q^2}{C} = \frac{1}{2} Q U$$

（4）静电场的能量

$$W = \int_V \frac{1}{2} DE \, \mathrm{d}V$$

（5）电场能密度

$$w = \frac{1}{2} DE$$

11.2 习题分类、解题方法和示例

本章的习题可分为以下几类：

（1）电场强度的计算；

（2）电势的计算；

（3）电荷在电场中受力和做功的计算；

（4）静电平衡条件的应用；

（5）介质中静电场的计算；

（6）电容器电容的计算；

（7）电场能量的计算。

以下将分别讨论各类问题的解题方法，并举例加以说明。

11.2.1 电场强度的计算

计算电场强度的方法可分为下列几种。

1) 用点电荷场强公式计算电场强度

对于点电荷系 $E = \sum_i E_i = \sum_i \frac{q_i}{4\pi\varepsilon_0 r_i^2} e_{ri}$

计算时应特别注意矢量的运算。

对于带电体 $E = \int \mathrm{d}E = \int_Q \frac{\mathrm{d}q}{4\pi\varepsilon_0 r^2} \mathrm{d}r$

具体计算步骤如下：

（1）建立坐标系，在带电体上取电荷元 $\mathrm{d}q$，按点电荷的场强公式写出电荷元在给定场点的电场强度 $\mathrm{d}E$ 的大小关系式，确定 $\mathrm{d}E$ 的方向，并在图上画出。

（2）如果各电荷元 $\mathrm{d}E$ 的方向相同，则可直接积分求出 E 值。如果各电荷元 $\mathrm{d}E$ 的方向不同，则需写出 $\mathrm{d}E$ 的分量式，然后对分量式积分，最后求出给定场点的 E 大小和方向。积分时需统一积分变量和确定积分的上下限。

2) 用典型电场的场强公式计算电场强度

有些问题可以在已有的一些典型电场的计算结果的基础上进一步求解带电体的电场强度。例如,带电圆盘的电场分布可用带电圆环的电场分布的结果直接叠加求出结果。一般在带电体上取带电直线或圆环作为电荷元,利用已有的结果得到该电荷元的 dE,再用积分法求出 E,这样可以简化积分运算。

3) 用高斯定理计算电场强度

对于电荷分布具有对称性的电场,可应用高斯定理求电场强度。具体步骤如下:

(1) 根据电场分布的对称性,过场点作适当的闭合面(高斯面)。作高斯面的依据:① 部分面上 E 值相同,E 与高斯面法线间的夹角处处相等;② 部分面上 E 值大小不等,但 E 垂直于高斯面;③ 部分面上的 $E=0$。通常作的高斯面是球面、柱面等。

(2) 计算通过高斯面的 E 通量 $\Phi_E = \oint_S \boldsymbol{E} \cdot \mathrm{d}\boldsymbol{S}$ 以及高斯面内所包围的电荷的代数和 $\sum_i q_i$,并由高斯定理求出 E 的大小,同时表明 E 的方向。

4) 用叠加法计算带电体系的电场强度

对于某些带电体系,如两块平行带电平板、同心带电球壳等,也可以利用已知的场强公式分别求出每个带电体的场强分布,然后用叠加法求出带电体系的电场强度。

5) 用电场强度与电势的微分关系计算电场强度

先求出电势的分布函数 $V = V(x, y, z)$ 或 $V = V(r, \theta)$,然后求电势函数对坐标的偏导数,即得 E 的分量,如在直角坐标系中,$E_x = -\dfrac{\partial V}{\partial x}$, $E_y = -\dfrac{\partial V}{\partial y}$, $E_z = -\dfrac{\partial V}{\partial z}$,再求出合场强 E 的大小和方向。在平面极坐标系中,$E_r = -\dfrac{\partial V}{\partial r}$, $E_\theta = -\dfrac{1}{r}\dfrac{\mathrm{d}V}{\mathrm{d}\theta}$ 等。

下面分别举例说明。

1) 用点电荷场强公式计算电场强度

【例 11 - 1】　水分子 H_2O 中氧原子和氢原子的等效电荷中心如图 11-1 所示,假设氧原子和氢原子等效电荷中心间距为 r_0。试计算在分子的对称轴线上距分子较远处的电场强度。

分析　由于场点距氧原子等效电荷中心较远,所以可以把氧原子和氢原子的电荷看作为点电荷,由点电荷的电场强度叠加,可以求得电场的分布。

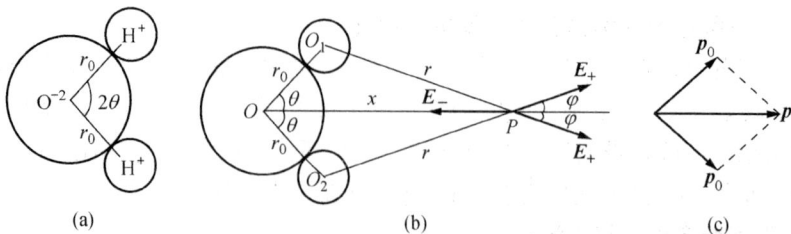

图 11-1

我们也可以把水分子看作等效为两个电偶极子的电荷模型,根据电偶极子的电场强度公式,可求得电场的分布。

解法一   在对称轴上任取一点 P［见图 11-1(b)］,距氧原子的电荷中心为 x,则该点的电场强度

$$\boldsymbol{E} = \boldsymbol{E}_- + 2\boldsymbol{E}_+$$

$$E = 2E_+ \cos\varphi - E_- = \frac{2|e|\cos\varphi}{4\pi\varepsilon_0 r^2} - \frac{2|e|}{4\pi\varepsilon_0 x^2}$$

由于

$$r^2 = x^2 + r_0^2 - 2xr_0\cos\theta$$

$$\cos\varphi = \frac{x - r_0\cos\theta}{r}$$

代入得

$$E = \frac{2|e|}{4\pi\varepsilon_0}\left[\frac{x - r_0\cos\theta}{(x^2 + r_0^2 - 2xr_0\cos\theta)^{\frac{3}{2}}} - \frac{1}{x^2}\right]$$

由于 $x \gg r_0$,因此,式中

$$(x^2 + r_0^2 - 2xr_0\cos\theta)^{\frac{3}{2}} \approx x^3\left(1 - \frac{2r_0\cos\theta}{x}\right)^{\frac{3}{2}}$$

$$\approx x^3\left(1 - \frac{3}{2} \times \frac{2r_0\cos\theta}{x}\right)$$

代入上式化简并略去微小量后,得

$$E = \frac{|e|}{\pi\varepsilon_0}\frac{r_0\cos\theta}{x^3}$$

解法二   水分子的电荷模型等效于两个电偶极子,它们的电偶极矩 $p_0 = |e|r_0$,

叠加后水分子的电偶极矩大小 $p = 2p_0 \cos\theta = 2|e|r_0 \cos\theta$ 方向沿对称轴线[见图 11-1(c)]。利用电偶极子在延长线上的电场强度公式可得

$$E = \frac{1}{4\pi\varepsilon_0} \frac{2p}{x^3} = \frac{1}{4\pi\varepsilon_0} \frac{2 \times 2|e|r_0 \cos\theta}{x^3} = \frac{1}{\pi\varepsilon_0} \frac{|e|r_0 \cos\theta}{x^3}$$

【例 11-2】 一绝缘细棒弯成半径为 R 的半圆,其上半段均匀带有电荷 q,下半段均匀带有电荷 $-q$,如图 11-2 所示。求半圆中心 O 点处的电场强度。

分析 由于半圆上电荷是连续分布的,因此将电荷分割成电荷元,利用点电荷的场强公式进行积分计算。注意电场强度是矢量,在矢量积分时必须列出分量式化为标量积分。

解 选取如图 11-2 所示的坐标系。在带正电荷的半段取一小圆弧 dl,其上的电荷 $dq = \dfrac{q}{\frac{1}{2}\pi R} dl = \dfrac{2q}{\pi R} dl$,正电荷元在半圆中心 O 点产生的电场强度的大小

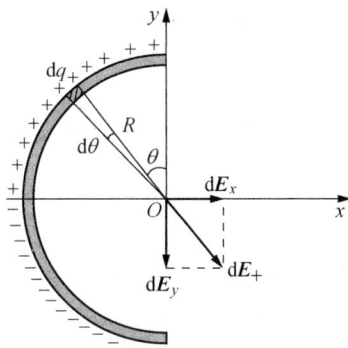

图 11-2

$$dE_+ = \frac{dq}{4\pi\varepsilon_0 R^2} = \frac{q\,dl}{2\pi^2\varepsilon_0 R^3}$$

dE_+ 沿 x 轴和 y 轴的分量分别为

$$(dE_+)_x = dE_+ \sin\theta = \frac{q\,dl}{2\pi^2\varepsilon_0 R^3} \sin\theta$$

$$(dE_+)_y = dE_+ \cos\theta = \frac{q\,dl}{2\pi^2\varepsilon_0 R^3} \cos\theta$$

因 $dl = R d\theta$,代入后积分得

$$(E_+)_x = \int (dE_+)_x = \int_0^{\frac{\pi}{2}} \frac{q}{2\pi^2\varepsilon_0 R^2} \sin\theta\, d\theta = \frac{q}{2\pi^2\varepsilon_0 R^2}$$

$$(E_+)_y = \int (dE_+)_y = \int_0^{\frac{\pi}{2}} \frac{q}{2\pi^2\varepsilon_0 R^2} \cos\theta\, d\theta = -\frac{q}{2\pi^2\varepsilon_0 R^2}$$

故带正电荷的那部分在 O 点产生的电场强度的大小

$$E_+ = \sqrt{(E_+)_x^2 + (E_+)_y^2} = \frac{\sqrt{2}\,q}{2\pi^2\varepsilon_0 R^2}$$

E_+ 与 x 轴间的夹角

$$\alpha = \arctan \frac{(E_+)_y}{(E_+)_x} = \arctan(-1) = -45°$$

同理可求得带负电的那部分在 O 点产生的电场强度的大小

$$E_- = \frac{\sqrt{2}\,q}{2\pi^2\varepsilon_0 R^2}$$

E_- 与 x 轴间的夹角

$$\alpha' = 225°$$

所以,带电半圆棒在 O 点产生总场强的大小

$$E = \sqrt{E_+^2 + E_-^2} = \frac{q}{\pi^2\varepsilon_0 R^2}$$

E 的方向沿 y 轴负向。

＊【例 11 - 3】 一个半径为 R、电荷线密度为 λ 的均匀带电半圆环,求通过半圆环圆心且垂直于半圆环的直线上的电场强度分布。

分析 半圆环上的电荷连续分布,其电场强度须用积分法计算,电荷元的电场强度是空间分布的,所以把 $\mathrm{d}E$ 分解成 $\mathrm{d}E_x$、$\mathrm{d}E_y$、$\mathrm{d}E_z$,得到结果后再加以合成。

解 取坐标轴如图 11 - 3 所示,在环上取小段 $\mathrm{d}l$,其电荷量为

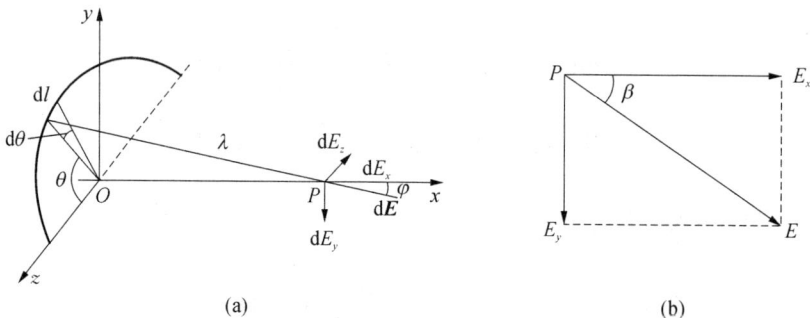

(a)　　　　　　　　　　　　(b)

图 11 - 3

$$\mathrm{d}q = \lambda\,\mathrm{d}l = \lambda R\,\mathrm{d}\theta$$

电荷元在 x 轴上任意一点 P 处激发的电场强度为

$$\mathrm{d}\boldsymbol{E} = \frac{1}{4\pi\varepsilon_0}\frac{\mathrm{d}q}{r^2}\boldsymbol{e}_r = \frac{1}{4\pi\varepsilon_0}\frac{\lambda R\,\mathrm{d}\theta}{(R^2+x^2)}\boldsymbol{e}_r$$

式中，e_r 是从 dl 指向 P 点的单位矢量。把 $d\boldsymbol{E}$ 分解为分量 dE_x，dE_y 和 dE_z，其表达式为

$$dE_x = dE\cos\varphi$$

$$dE_y = dE\sin\varphi\cos\theta$$

$$dE_z = dE\sin\varphi\sin\theta$$

由图可看出：$\sin\varphi = \dfrac{x}{r} = \dfrac{x}{\sqrt{R^2+x^2}}$，$\cos\varphi = \dfrac{R}{r} = \dfrac{R}{\sqrt{R^2+x^2}}$

将 dE 代入，由此进行积分运算

$$E_x = \int dE_x = \frac{\lambda Rx}{4\pi\varepsilon_0(R^2+x^2)^{3/2}}\int_0^\pi d\theta = \frac{\pi\lambda Rx}{4\pi\varepsilon_0(R^2+x^2)^{3/2}}$$

$$E_y = \int dE_y = \frac{\lambda R^2}{4\pi\varepsilon_0(R^2+x^2)^{3/2}}\int_0^\pi \sin\theta\,d\theta = \frac{2\lambda R^2}{4\pi\varepsilon_0(R^2+x^2)^{3/2}}$$

$$E_z = \int dE_z = \frac{\lambda R}{4\pi\varepsilon_0(R^2+x^2)^{3/2}}\int_0^\pi \cos\theta\,d\theta = 0$$

所以 $\boldsymbol{E}$ 的大小为

$$E = \sqrt{E_x^2 + E_y^2 + E_z^2} = \frac{\lambda R}{4\pi\varepsilon_0(R^2+x^2)^{3/2}}\sqrt{(\pi x)^2 + (2R)^2}$$

$\boldsymbol{E}$ 的方向在 xOy 平面内，与 x 轴的夹角为

$$\beta = \arctan\frac{|E_y|}{E_x} = \arctan\frac{2R}{\pi x}$$

如图 11-3(b)所示。

2）用典型电场的场强公式计算电场强度

【例 11-4】 一个半径为 R 的半球面均匀带电，带电量为 Q，试求球心处的电场强度。

分析 利用带电圆环电场强度的关系式，把半球面分成无数的圆环，利用叠加法就可以求得带电半球面的电场强度。

解 以球心 O 为坐标原点，建立如图 11-4 所示的坐标系。在球面上取宽度为 dl 的圆环，环的半径为 r，圆环所带的电量

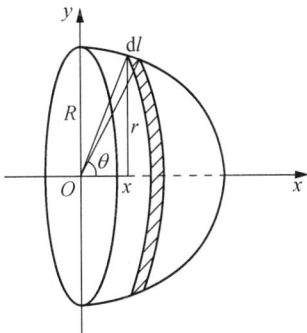

图 11-4

$$dq = \sigma dS = \sigma 2\pi r dl = \sigma 2\pi r R d\theta$$

式中 σ 为半球面上的电荷密度，$\sigma = \dfrac{Q}{2\pi R^2}$

该圆环在球心处的电场强度

$$dE = \frac{x\,dq}{4\pi\varepsilon_0(x^2+r^2)^{\frac{3}{2}}} = \frac{2\pi r x \sigma R d\theta}{4\pi\varepsilon_0(x^2+r^2)^{\frac{3}{2}}}$$

方向沿 x 轴的负方向。由图中可见，

$$r = R\sin\theta, \; x = R\cos\theta。$$

$$x^2 + r^2 = R^2。$$

将这些关系代入上式，统一变量，得

$$dE = \frac{\sigma 2\pi R^3 \cos\theta\,\sin\theta d\theta}{4\pi\varepsilon_0 R^2} = \frac{\sigma}{2\varepsilon_0}\sin\theta\cos\theta d\theta$$

由于各圆环产生的电场强度方向相同，所以

$$E = \int dE = \int_0^{\frac{\pi}{2}} \frac{\sigma}{2\varepsilon_0}\sin\theta\,\cos\theta d\theta = \frac{\sigma}{4\varepsilon_0}$$

将 $\sigma = \dfrac{Q}{2\pi R^2}$ 代入得

$$E = \frac{Q}{8\pi\varepsilon_0 R^2}$$

方向沿 x 轴的负方向。

【例 11-5】 一个均匀带电的"无限长"半圆柱形薄圆筒，半径为 R，筒上单位长度上的电量为 λ（见图 11-5）。试求半圆筒轴线 OO' 上的电场强度。

分析 此带电无限长半圆柱形薄圆筒可以看成由无数带电无限长直线组成，而无限长带电直线的电场强度分布是已知的，因此可用叠加法求出柱筒的电场强度。

解 把半圆柱形薄圆筒视为无数无限长带电直线组成，以任一带电直线作为电荷元，设此带电直线宽为 dl 的窄条，则此窄条单位

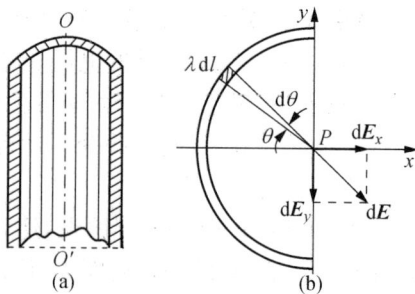

图 11-5

长度上所带电量

$$\lambda' = \frac{\lambda}{\pi R} \mathrm{d}l$$

根据无限长带电直线的场强公式可得在轴线 P 点处的电场强度

$$\mathrm{d}E = \frac{\lambda'}{2\pi\varepsilon_0 R} = \frac{\lambda}{2\pi^2\varepsilon_0 R^2} \mathrm{d}l$$

$\mathrm{d}\boldsymbol{E}$ 的方向如图 11-4(b)所示。由于各窄条的场强方向不同,故有分量 E_x 和 E_y。由对称性可知 $E_y = \int \mathrm{d}E_y = 0$,故

$$E = E_x = \int \mathrm{d}E_x = \int \mathrm{d}E \cos\theta = \int \frac{\lambda \cos\theta}{2\pi^2\varepsilon_0 R^2} \mathrm{d}l$$

因 $\mathrm{d}l = R\mathrm{d}\theta$,所以

$$E = \int_{-\frac{\pi}{2}}^{\frac{\pi}{2}} \frac{\lambda \cos\theta}{2\pi^2\varepsilon_0 R} \mathrm{d}\theta = \frac{\lambda}{\pi^2\varepsilon_0 R}$$

当 $\lambda > 0$ 时,$\boldsymbol{E}$ 的方向沿图中 x 轴正向。

3) 用高斯定理计算电场强度

【例 11-6】 在半导体 p-n 结附近堆积着正、负电荷,在 n 区内有正电荷,p 区内有负电荷,两区电荷的代数和为零。把 p-n 结看成是一对带正负电荷的无限大平板,相互接触[图 11-6(a)]。设 p 区和 n 区的宽度为 x_p 和 x_n,且 $x_p = x_n$。两区内电荷体分布为

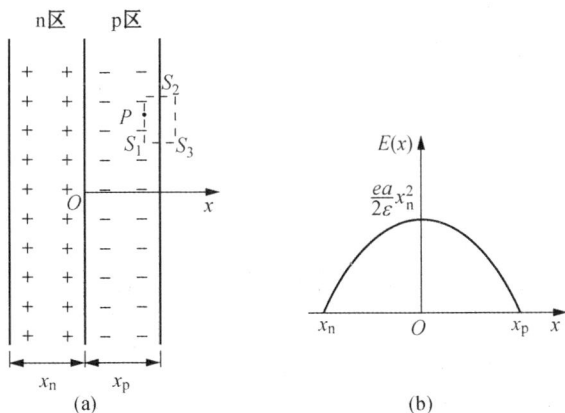

图 11-6

p-n 结外：$\rho(x)=0$；

p-n 结内：$\rho(x)=-|e|ax$。

式中 a 为常数。试求电场分布，并画出 $E(x)$ 随 x 变化的图线。

分析　由于电荷分布在 p-n 结内，且电量相等，因而 p-n 结外电场强度为零。对于无限大带电平板的电场强度可用高斯定理求解。由于电荷体分布是不均匀的，所以高斯面包围的电量需用积分法计算。

解　设在 p 区内距原点 x 的场点 P 处作一柱形闭合面，如图所示，它由 S_1，S_2 和 S_3 三个面组成。假设 P 处的电场强度方向沿 x 轴的正向，根据高斯定理，有

$$\int_S \boldsymbol{E} \cdot \mathrm{d}\boldsymbol{S} = \int_{S_1} E\cos 180° \mathrm{d}S + \int_{S_2} E\cos 90° \mathrm{d}S + \int_{S_3} 0 \mathrm{d}S$$

$$= -E\Delta S = \frac{1}{\varepsilon_0} q$$

式中 ΔS 为 S_1 的截面积。

闭合面包围的电量

$$q = \int \rho \mathrm{d}V = \int_x^{x_P} -|e|ax\Delta S \mathrm{d}x = -|e|a\Delta S\left(\frac{x_P^2}{2} - \frac{x^2}{2}\right)$$

代入上式得

$$-E(x)\Delta S = \frac{1}{\varepsilon_0}\left[-|e|a\Delta S\left(\frac{x_P^2}{2} - \frac{x^2}{2}\right)\right]$$

$$E(x) = \frac{|e|a}{\varepsilon_0}\left(\frac{x_P^2}{2} - \frac{x^2}{2}\right)$$

$E(x)$ 的方向沿 x 轴正向。

同理，n 区的电场强度分布为

$$E(x) = \frac{|e|a}{\varepsilon_0}\left(\frac{x_n^2}{2} - \frac{x^2}{2}\right)$$

$E(x)$ 的方向沿 x 轴的负向。

$E(x)$ 与 x 的图线如图 11-6(b) 所示。

【例 11-7】　"无限长"的同轴圆柱和圆筒均匀带电，圆柱的半径为 R_1，其电荷体密度为 ρ_1，圆筒的内外半径分别为 R_2 和 $R_3(R_1<R_2<R_3)$，其电荷密度为 ρ_2(见图 11-7)。若在 $r>R_3$ 区域中 P 点处的电场强度为零，则 ρ_1 和 ρ_2 应有什么样的关系？

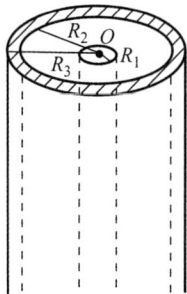

图 11-7

分析 首先要求出 $r > R_3$ 区域中的电场强度。由于电荷分布的轴对称性,可用高斯定理计算电场强度,然后令 $E = 0$,即可得 ρ_1 和 ρ_2 之间的关系。

解 由电荷分布的轴对称性,可知电场分布也具有轴对称性。在 $r > R_3$ 区域中作一半径为 r、长为 l 的闭合同轴圆柱面为高斯面,由高斯定理

$$\int \boldsymbol{E} \cdot \mathrm{d}\boldsymbol{S} = E 2\pi r l = \frac{1}{\varepsilon_0} \rho_1 \pi R_1^2 l + \frac{1}{\varepsilon_0} \rho_2 \pi (R_3^2 - R_2^2) l$$

得

$$E = \frac{1}{2\varepsilon_0} [\rho_1 R_1^2 + \rho_2 (R_3^2 - R_2^2)]$$

令 $E = 0$,则

$$\rho_1 R_1^2 + \rho_2 (R_3^2 - R_2^2) = 0$$

$$\frac{\rho_1}{\rho_2} = -\frac{R_3^2 - R_2^2}{R_1^2}$$

由于 $R_3 > R_2$,可见 ρ_1 和 ρ_2 应为异号。

4) 用叠加法计算带电体系的电场强度

【例 11 - 8】 一个带电球体,半径为 R_1,电荷体密度为 ρ,其外有一同心导体球壳,其内外半径分别为 R_2 和 R_3,带有电荷 Q_2,试求电场强度的分布。

分析 这是一个电荷系,它的电场强度有多种解法,以下用高斯定理和电场强度叠加原理两种方法进行求解。

解法一 用高斯定理解。

首先根据静电平衡条件(在导体内部的电场强度处处为零),求出球壳上的电荷分布。在球壳内部作一个球形高斯面,根据 $\oint_S \boldsymbol{E} \cdot \mathrm{d}\boldsymbol{S} = \sum q = 0$ 可知,$\sum q = 0$,所以球壳内部带有与球体等量的负电荷 $-Q_1$。这样,外表面带有正电荷 $Q_2 + Q_1$ [见图 11 - 8(a)]。

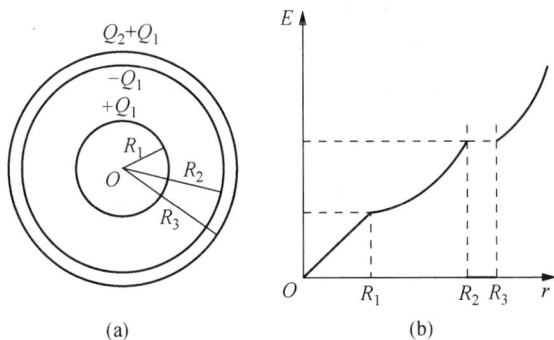

(a)   (b)

图 11 - 8

由于电荷分布是球对称的,电场分布也是球对称的,所以求任一点的电场强度时,可通过该点作同心球面为高斯面。在球内高斯面包围的电量 $q = \rho\,\frac{4}{3}\pi r^3$,电场强度分布由高斯定理得

$$\oint \boldsymbol{E}\cdot \mathrm{d}\boldsymbol{S} = E_1 4\pi r^2 = \frac{4}{3\varepsilon_0}\pi\rho r^3$$

$$E_1 = \frac{\rho r}{3\varepsilon_0}$$

在球体与球壳间,包围的电量 $Q_1 = \rho\,\frac{4}{3}\pi R^3$,所以

$$\oint \boldsymbol{E}\cdot \mathrm{d}\boldsymbol{S} = E_2 \cdot 4\pi r^2 = \frac{1}{\varepsilon_0}Q_1 = \frac{4}{3\varepsilon_0}\pi\rho R_1^3$$

$$E_2 = \frac{Q_1}{4\pi\varepsilon_0 r^2} = \frac{\rho R_1^3}{\varepsilon_0 r^2}$$

球壳内部,高斯面包围的电量为零,所以

$$E_3 = 0 \text{。}$$

球壳外,高斯面包围的电量为 $Q_1 + Q_2$,所以

$$\oint \boldsymbol{E}\cdot \mathrm{d}\boldsymbol{S} = E_4 \cdot 4\pi r^2 = \frac{1}{\varepsilon_0}(Q_1 + Q_2) = \left(\rho\,\frac{4}{3}\pi R_1^3 + Q_2\right)\frac{1}{\varepsilon_0}$$

$$E_4 = \frac{\rho R_1^3}{3\varepsilon_0 r^2} + \frac{Q_2}{4\pi\varepsilon_0 r^2}$$

电场强度的分布图如图 11-8(b)所示。

解法二 用叠加原理求解。

此带电系统由三个带电体组成:球体和内、外球壳。任一点的电场强度由此三个带电体的电场强度叠加而成。根据带电球面电场强度的关系式:$\boldsymbol{E}=0$(球内),$\boldsymbol{E}_{外} = \frac{q}{4\pi\varepsilon_0 r^2}\boldsymbol{e}_r$(球外),即可求得任一点的电场强度。

球体内任一点,处于内球壳之内,也处于外球壳之内,它们的电场强度都为零,所以只要考虑球体内电荷产生的场强,即

$$E_1 = \frac{\rho r}{3\varepsilon_0}$$

球体和球壳间的任一点,也同样处于内球壳和外球壳之内,所以只要考虑整个

带电球体电荷产生的场强,即

$$E_2 = \frac{Q_1}{4\pi\varepsilon_0 r^2} = \frac{\rho R^3}{3\varepsilon_0 r^2}$$

两个球壳间的任一点,处于外球壳之内,所以要考虑球体和内球壳电荷产生的电场强度,由于电荷符号相反,数量相等,所以

$$E_3 = 0$$

球壳外的任一点,其场强由三者产生,即

$$E_4 = \frac{Q_1}{4\pi\varepsilon_0 r^2} + \frac{(-Q_1)}{4\pi\varepsilon_0 r^2} + \frac{Q_1 + Q_2}{4\pi\varepsilon_0 r^2} = \frac{Q_1 + Q_2}{4\pi\varepsilon_0 r^2} = \frac{\rho R^3}{3\varepsilon_0 r^2} + \frac{Q_2}{4\pi\varepsilon_0 r^2}$$

【例 11-9】 在半径为 R,电荷体密度为 ρ 的均匀带电球体中,存在一个半径为 r 的球形空腔,两球心 O_1 和 O_2 间的距离为 a(见图 11-9)。求:(1) 空腔内任一点的电场强度;(2) 在球外两球心连线上距球心 O_1 距离 x 处的电场强度。

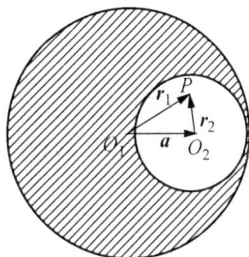

图 11-9

分析　本题带电体的电荷分布不满足球对称分布,它的电场分布也不是球对称分布,因此无法用高斯定理求其电场分布,也无法用点电荷场强公式由积分法求得,但可用场强的叠加原理,即补偿法进行求解。

挖去空腔球体的电场强度加上补有同样电荷体密度的空腔球体的电场强度,就等于整个球体的电场强度。由于整个球体和补有电荷的空腔球体的电场强度很容易求出,所以挖去空腔球体的电场强度就可以求出。

也可以认为挖去空腔的带电球体在电学上等效于一个完整的、电荷体密度为 ρ 的均匀带电球体和一个电荷体密度为 $-\rho$ 的空腔球体。这样,利用电场强度的叠加原理,挖去空腔的带电球体的电场强度就可以计算。这种方法常称为补偿法。

解　(1) 设空腔中的任一点,距 O_1 的距离为 r_1,距 O_2 的距离为 r_2。带电球体内部任一点的电场强度 $E = \frac{\rho}{3\varepsilon_0} r$,所以,电荷体密度为 ρ 的整个带电球体内的电场强度

$$E_1 = \frac{\rho}{3\varepsilon_0} r_1$$

填满电荷体密度为 ρ 的球形空腔内的电场强度

$$E_2 = \frac{\rho}{3\varepsilon_0} r_2$$

设具有空腔的带电球体内的电场强度为 E，则根据叠加原理，有 $E + E_2 = E_1$，于是

$$E = E_1 - E_2 = \frac{\rho}{3\varepsilon_0}(r_1 - r_2) = \frac{\rho}{3\varepsilon_0} a$$

式中 a 为 O_1 指向 O_2 的矢量。上式说明在空腔内的电场强度处处相同，方向相同，是匀强电场。

或者认为在空腔内填以电荷体密度为 ρ 的正、负电荷，则空腔内负电荷产生的电场强度 $E_2' = -\frac{\rho}{3\varepsilon_0} r_2$，根据叠加原理，有

$$E = E_1 + E_2' = \frac{\rho}{3\varepsilon_0} r_1 + \left(-\frac{\rho}{3\varepsilon_0} r_2\right) = \frac{\rho}{3\varepsilon_0} a$$

得到相同的结果。

(2) 取 O_1O_2 的连线为 x 轴，电荷体密度为 ρ 的带电球体在球外的电场强度

$$E_1 = \frac{\rho \frac{4}{3}\pi R^3}{4\pi\varepsilon_0 x^2} i = \frac{\rho R^3}{3\varepsilon_0 x^2} i$$

电荷体密度为 $-\rho$ 的空腔球体在球外的电场强度

$$E_2 = \frac{(-\rho)\frac{4}{3}\pi r^3}{4\pi\varepsilon_0(x-a)^2} i = \frac{-\rho r^3}{3\varepsilon_0(x-a)^2} i$$

所以，具有空腔的带电球体在球外的电场强度

$$E = E_1 + E_2 = \frac{\rho}{3\varepsilon_0}\left[\frac{R^3}{x^2} - \frac{r^3}{(x-a)^2}\right] i$$

11.2.2 电势的计算

已知场源电荷的分布，计算电势的方法一般有以下几种。

1) 用电势的定义式计算电势

电势的定义式为

$$V_P = \int_P^{\text{电势零点}} E \cdot dl$$

应用此法时,必须已知电场强度的分布函数关系,并选取适当的电势零点。对有限大小的场源电荷所产生的电场,常取无限远处为电势零点。若从场点 P 到电势零点间电场强度不连续时,则需分段积分求出电势。

2) 用点电荷的电势公式计算电势

① 点电荷系 $V = \sum_i V_i = \sum \dfrac{q_i}{4\pi\varepsilon_0 r_i}$

② 带电体 $V = \int dV = \int_Q \dfrac{dq}{4\pi\varepsilon_0 r}$

计算步骤如下:

(1) 首先要选定电势零点。

(2) 建立坐标系,在带电体上取电荷元 dq,按点电荷的电势公式写出电荷元的电势关系式

$$dV = \frac{1}{4\pi\varepsilon_0} \frac{dq}{r}$$

(3) 确定积分上下限,然后积分,求出电势。

3) 用典型电场的电势公式计算电势

对于某些带电体,也可以把带电圆环等作为电荷元,应用这些已知的电势公式,得到电荷元的电势 dV,再用积分法得到整个带电体的电势。这样可以简化积分运算。

4) 用叠加法计算带电体系的电势

对于某些带电体系,如同心带电球和球壳等,也可以利用已知的电势公式分别求出每个带电体的电势分布,然后用叠加法求出带电体系的电势。

下面分别举例说明。

1) 用电势的定义式计算电势

【例 11-10】 一半径为 R、无限长的均匀带电圆柱体,电荷体密度为 ρ,试求圆柱内、外的电势分布。

分析 无限长带电圆柱体的电场,求电势分布时,不能选择无穷远处为电势零点,否则,所得的结果为无穷大,失去意义。因电势零点可以任意选择,现选圆柱体轴线($r=0$)处为电势零点。

解 由高斯定理很容易得到圆柱体的电场分布为

$$\boldsymbol{E}_{内} = \frac{\rho r}{2\varepsilon_0} \boldsymbol{e}_r, \quad 0 \leqslant r \leqslant R$$

$$\boldsymbol{E}_{外} = \frac{\rho R^2}{2\varepsilon_0 r} \boldsymbol{e}_r, \quad r \geqslant R$$

由电势的定义分别求圆柱体内、外的电势分布,电势零点选在圆柱体轴线上,则

$$V_内 = \int_r^{电势零点} \boldsymbol{E}_内 \cdot \mathrm{d}\boldsymbol{l} = \int_r^0 \frac{\rho r}{2\varepsilon_0} \mathrm{d}r = -\frac{\rho r^2}{4\varepsilon_0}, \quad 0 \leqslant r \leqslant R$$

$$V_外 = \int_r^{电势零点} \boldsymbol{E} \cdot \mathrm{d}\boldsymbol{l} = \int_r^R \boldsymbol{E}_内 \cdot \mathrm{d}r + \int_R^0 \boldsymbol{E}_外 \cdot \mathrm{d}r$$

$$= \int_r^R \frac{\rho R^2}{2\varepsilon_0 r} \mathrm{d}r + \int_R^0 \frac{\rho r}{2\varepsilon_0} \mathrm{d}r = \frac{\rho R^2}{2\varepsilon_0} \ln\frac{R}{r} - \frac{\rho R^2}{4\varepsilon_0}, \quad r \geqslant R$$

以上计算 $V_外$ 时,由 r 到电势零点处的路径上经过了柱外和柱内两个区域,这两个区域中的场强是不同的,所以求电势时需要分段积分。

电场强度和电势的分布如图 11 - 10 所示。

若选取圆柱体表面为电势零点,则圆柱体内、外的电势分别为

$$V_内 = \int_r^{电势零点} \boldsymbol{E}_内 \cdot \mathrm{d}\boldsymbol{l} = \int_r^R \frac{\rho r}{2\varepsilon_0} \mathrm{d}r$$

$$= \frac{\rho}{4\varepsilon_0}(R^2 - r^2), \quad 0 \leqslant r \leqslant R$$

$$V_外 = \int_r^{电势零点} \boldsymbol{E}_外 \cdot \mathrm{d}\boldsymbol{l} = \int_r^R \frac{\rho R^2}{2\varepsilon_0 r} \mathrm{d}r$$

$$= -\frac{\rho R^2}{2\varepsilon_0} \ln\frac{r}{R}, \quad r \geqslant R$$

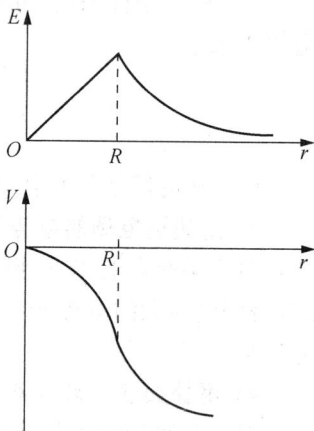

图 11 - 10

由此可见,选取不同的电势零点,其电势的表达式也不同。

【例 11 - 11】　两个无限长均匀带电的圆柱,半径为 a,轴间距为 $2d$,单位长度所带的电量分别为 $+\lambda$ 和 $-\lambda$。试求:(1) 圆柱体外任一点的电势;(2) 两个圆柱内侧两表面之间的电势差。

分析　因为带电体系是两个无限长均匀带电圆柱,所以电势零点不能选在无穷远处。由于电荷分布的对称性,两个圆柱轴线的中点处电势为零,垂直于两圆柱轴线中点的平面,电势也为零,如取坐标系如图 11 - 11 所示,则 yz 平面为零电势面,所以可选取这个平面为零电势

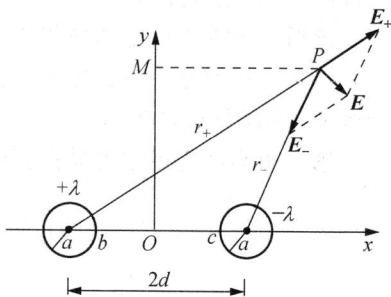

图 11 - 11

面。这样,积分路径可选取从场点 P 沿平行 x 轴的路径到 $M(0,y)$,简化积分运算。

解 (1) 先求带电体系的电场强度分布,选取坐标系如图 11-11 所示,则任一点 $P(x,y)$ 的电场强度 $\boldsymbol{E}$ 是两个圆柱单独存在时在 P 点处的电场强度 $\boldsymbol{E}_+$ 和 $\boldsymbol{E}_-$ 的叠加,则

$$\boldsymbol{E}_+ = \frac{\lambda}{2\pi\varepsilon_0 r_+}\boldsymbol{e}_{r+} = \frac{\lambda}{2\pi\varepsilon_0[(x+d)^2+y^2]}[(x+d)\boldsymbol{i}+y\boldsymbol{j}]$$

$$\boldsymbol{E}_- = \frac{\lambda}{2\pi\varepsilon_0 r_-}\boldsymbol{e}_{r-} = \frac{\lambda}{2\pi\varepsilon_0[(x-d)^2+y^2]}[(x-d)\boldsymbol{i}+y\boldsymbol{j}]$$

$$\boldsymbol{E} = \boldsymbol{E}_+ + \boldsymbol{E}_- = \frac{\lambda}{2\pi\varepsilon_0}\left[\frac{x+d}{(x+d)^2+y^2} - \frac{x-d}{(x-d)^2+y^2}\right]\boldsymbol{i} +$$

$$\frac{\lambda}{2\pi\varepsilon_0}\left[\frac{y}{(x+d)^2+y^2} - \frac{y}{(x-d)^2+y^2}\right]\boldsymbol{j}$$

因 $V_M = 0$,所以

$$V_P = \int_P^M \boldsymbol{E}\cdot\mathrm{d}\boldsymbol{l} = \int_x^0 E_x\mathrm{d}x$$

$$= \int_x^0 \frac{\lambda}{2\pi\varepsilon_0}\left[\frac{x+d}{(x+d)^2+y^2} - \frac{x-d}{(x-d)^2+y^2}\right]\mathrm{d}x$$

$$= \frac{\lambda}{2\pi\varepsilon_0}\ln\frac{(x-d)^2+y^2}{(x+d)^2+y^2}$$

(2) 两个圆柱轴线连线上任一点 $A(x,0)$ 的电场强度

$$E_A = \frac{\lambda}{2\pi\varepsilon_0(d-x)} + \frac{\lambda}{2\pi\varepsilon_0(d+x)}$$

$$= \frac{\lambda}{2\pi\varepsilon_0}\left(\frac{1}{d-x} + \frac{1}{d+x}\right)$$

E_A 沿 x 轴正向,两个圆柱内侧表面间的电势差

$$V_b - V_c = \int_b^c \boldsymbol{E}_A\cdot\mathrm{d}\boldsymbol{l} = \int_{-(d-a)}^{d-a} \frac{\lambda}{2\pi\varepsilon_0}\left(\frac{1}{d-x} + \frac{1}{d+x}\right)\mathrm{d}x$$

$$= \frac{\lambda}{2\pi\varepsilon_0}\left[\ln\frac{d-(-d+a)}{d-(d-a)} + \ln\frac{d+(d-a)}{d+(-d+a)}\right]$$

$$= \frac{\lambda}{2\pi\varepsilon_0}\ln\frac{2d-a}{a}$$

计算电势差时,与电势零点的选择无关。

【例 11 - 12】 一个均匀带正电的球层,内表面半径为 R_1,外表面半径为 R_2,电荷体密度为 ρ(见图 11 - 12)。求此球层的场强分布和电势分布。

分析 此带电球层的场强分布和电势分布可以分成三个区域:球层空腔内、球层中以及球层外。由于球层内电荷分布是球对称的,它的场强也是球对称的,所以可用高斯定律求得场强的分布,电势的分布可由电势的定义求得。

解 在球层空腔内作一半径 $r_1 < R_1$ 的球面作为高斯面,通过此高斯面的 $\boldsymbol{E}$ 通量

$$\oint \boldsymbol{E} \cdot \mathrm{d}\boldsymbol{S} = E_1 4\pi r_1^2$$

由于此空腔内无净电荷,根据高斯定理有

$$E_1 4\pi r_1^2 = 0$$

所以 $\qquad\qquad E_1 = 0$

同理,在球层内作一半径 $r_2(R_1 < r_2 < R_2)$ 的球面,由高斯定理有

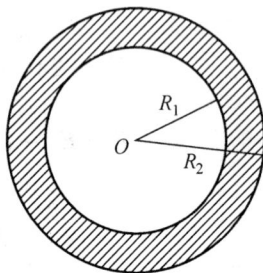

图 11 - 12

$$\oint \boldsymbol{E} \cdot \mathrm{d}\boldsymbol{S} = E_2 4\pi r_2^2 = \left(\frac{4}{3}\pi r_2^3 - \frac{4}{3}\pi R_1^3\right)\rho$$

所以

$$E_2 = \frac{\rho}{3\varepsilon_0}\left(r_2 - \frac{R_1^3}{r_2^2}\right)$$

在球外作一半径为 $r_3(r_3 > R_2)$ 的球面,由高斯定理有

$$\oint \boldsymbol{E} \cdot \mathrm{d}\boldsymbol{S} = E_3 4\pi r_3^2 = \rho\left(\frac{4}{3}\pi R_2^3 - \frac{4}{3}\pi R_1^3\right)$$

所以

$$E_3 = \frac{\rho(R_2^3 - R_1^3)}{3\varepsilon_0 r_3^2}$$

由电势的定义可得球层空腔内任一点的电势为

$$
\begin{aligned}
V_1 &= \int_{r_1}^{\infty} \boldsymbol{E} \cdot \mathrm{d}\boldsymbol{l} = \int_{r_1}^{R_1} \boldsymbol{E}_1 \cdot \mathrm{d}\boldsymbol{l} + \int_{R_1}^{R_2} \boldsymbol{E}_2 \cdot \mathrm{d}\boldsymbol{l} + \int_{R_2}^{\infty} \boldsymbol{E}_3 \cdot \mathrm{d}\boldsymbol{l} \\
&= \int_{r_1}^{R_1} 0 \cdot \mathrm{d}r + \int_{R_1}^{R_2} \frac{\rho}{3\varepsilon_0}\left(r - \frac{R_1^3}{r^2}\right)\mathrm{d}r + \int_{R_2}^{\infty} \frac{\rho(R_2^3 - R_1^3)}{3\varepsilon_0 r^2}\mathrm{d}r \\
&= 0 + \frac{\rho}{3\varepsilon_0}\left[\left(\frac{R_2^2}{2} + \frac{R_1^3}{R_2}\right) - \left(\frac{R_1^2}{2} + \frac{R_1^3}{R_1}\right)\right] + \frac{\rho(R_2^3 - R_1^3)}{3\varepsilon_0 R_2} \\
&= \frac{\rho}{2\varepsilon_0}(R_2^2 - R_1^2)
\end{aligned}
$$

同理,球层内任一点的电势

$$V_2 = \int_{r_2}^{\infty} \boldsymbol{E} \cdot \mathrm{d}\boldsymbol{l} = \int_{r_2}^{R_2} \boldsymbol{E}_2 \cdot \mathrm{d}\boldsymbol{l} + \int_{R_2}^{\infty} \boldsymbol{E}_3 \cdot \mathrm{d}\boldsymbol{l}$$

$$= \int_{r_2}^{R_2} \frac{\rho}{3\varepsilon_0} \left(r - \frac{R_1^3}{r^2} \right) \mathrm{d}r + \int_{R_2}^{\infty} \frac{\rho(R_2^3 - R_1^3)}{3\varepsilon_0 r^2} \mathrm{d}r$$

$$= \frac{\rho}{3\varepsilon_0} \left[\left(\frac{R_2^2}{2} + \frac{R_1^3}{R_2} \right) - \left(\frac{r_2^2}{2} + \frac{R_1^3}{r_2} \right) \right] + \frac{\rho(R_2^3 - R_1^3)}{3\varepsilon_0 R_2}$$

$$= \frac{\rho}{2\varepsilon_0} \left[R_2^2 - \frac{1}{3r_2}(r_2^3 + 2R_1^3) \right]$$

球层外的电势

$$V_3 = \int_{r_3}^{\infty} \boldsymbol{E} \cdot \mathrm{d}\boldsymbol{l} = \int_{r_3}^{\infty} \frac{\rho(R_2^3 - R_1^3)}{3\varepsilon_0 r^2} \mathrm{d}r = \frac{\rho(R_2^3 - R_1^3)}{3\varepsilon_0 r_3}$$

2) 用点电荷的电势公式计算电势

【例 11-13】 一长为 l 的均匀带电细棒,电荷线密度为 λ,求垂直于细棒所在平面上的电势分布。

分析 由于电势是标量,所以直接用电势叠加原理求解较为方便。

解 选取如图 11-13 所示的坐标系。在棒上任取一电荷元 $\mathrm{d}q = \lambda \mathrm{d}x$,距原点 O 为 x,该电荷元在点 $P(x_1, y_1)$ 处的电势

$$\mathrm{d}V = \frac{\mathrm{d}q}{4\pi\varepsilon_0 r} = \frac{\lambda \mathrm{d}x}{4\pi\varepsilon_0 \sqrt{(x_1 - x)^2 + y_1^2}}$$

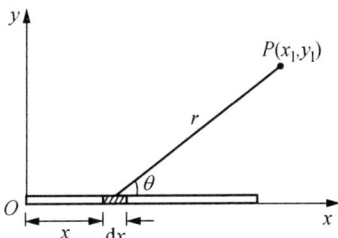

图 11-13

整个带电细棒在 P 点的电势

$$V = \int \mathrm{d}V = \int_0^l \frac{\lambda \mathrm{d}x}{4\pi\varepsilon_0 \sqrt{(x_1 - x)^2 + y_1^2}}$$

$$= \ln \frac{l - x_1 + \sqrt{(x_1 - l)^2 + y_1^2}}{-x_1 + \sqrt{x_1^2 + y_1^2}}$$

因此,对于任一点的电势函数式为

$$V(x, y) = \ln \frac{l - x + \sqrt{(x - l)^2 + y^2}}{-x + \sqrt{x^2 + y^2}}$$

3) 用典型电场的电势公式计算电势

【例 11-14】 一半径为 R 的圆板,其上均匀带有面密度为 σ 的电荷,试求轴线上任一点的电势和电场强度。

分析 将带电圆板分割成无数个同心带电细圆环,并将每个带电细圆环的电势叠加,即可得圆板的电势分布。

解 如图 11-14 所示,取圆板中心为坐标原点,它的轴线为 x 轴。在圆板上作半径为 r,宽为 dr 的圆环,环上的电荷

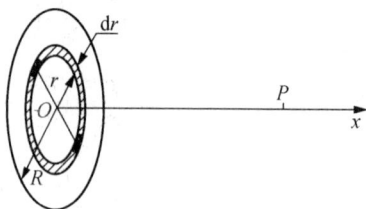

$$dq = \sigma dS = 2\sigma\pi r dr$$

图 11-14

在轴线上距原点 x 处的电势

$$dV = \frac{dq}{4\pi\varepsilon_0\sqrt{x^2+r^2}} = \frac{2\sigma\pi r dr}{4\pi\varepsilon_0\sqrt{x^2+r^2}}$$

整个圆板在轴线上 x 处的电势

$$V = \int dV = \int_0^R \frac{2\sigma\pi r dr}{4\pi\varepsilon_0\sqrt{x^2+r^2}}$$

$$= \frac{\sigma}{2\varepsilon_0}(\sqrt{x^2+R^2}-x)$$

在轴线上 x 处的场强

$$E = -\frac{\partial V}{\partial x} = \frac{\sigma}{2\varepsilon_0}\left(1-\frac{x}{\sqrt{x^2+R^2}}\right)$$

方向沿 x 轴方向。

***【例 11-15】** 有一种电四极子,它由两个相同的电偶极子 ab 和 cd 组成,这两个偶极子组成一正方形,如图 11-15 所示。试求它所产生的电场中任一点的电场强度。

分析 由于电场强度是矢量,直接用电偶极子的电场强度关系式计算电四极子的电场强度比较繁复,而电势是标量,求电势分布函数要简便得多。再根据电场强度与电势的微分关系,对电势函数求偏导数比较容易。

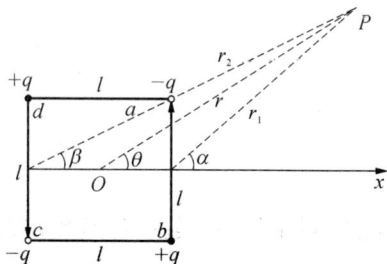

图 11-15

解 取极轴通过正方形中心 O 点,且与一对边平行。设场中任一点 P 的坐标为(r,θ),两电偶极子的中点到 P 点的距离为 r_1 和 r_2,夹角为 α 和 β。

根据电偶极子的电势公式 $V = \dfrac{1}{4\pi\varepsilon_0}\dfrac{ql\cos\theta}{r^2}$ $(r \gg l)$,可得电四极子中两电偶极子 ab 和 cd 的电势:

$$V_1 = \frac{1}{4\pi\varepsilon_0}\frac{ql\cos\left(\dfrac{\pi}{2}+\alpha\right)}{r_1^2} = -\frac{1}{4\pi\varepsilon_0}\frac{ql\sin\theta}{r_1^2}$$

$$V_2 = \frac{1}{4\pi\varepsilon_0}\frac{ql\cos\left(\dfrac{\pi}{2}-\beta\right)}{r_2^2} = \frac{1}{4\pi\varepsilon_0}\frac{ql\sin\beta}{r_2^2}$$

因 $\dfrac{\sin\alpha}{\sin\theta} = \dfrac{r}{r_1}$, $\sin\alpha = \dfrac{r\sin\theta}{r_1}$; $\dfrac{\sin\beta}{\sin\theta} = \dfrac{r}{r_2}$, $\sin\beta = \dfrac{r\sin\theta}{r_2}$

而

$$r_1^2 = r^2 + \left(\frac{l}{2}\right)^2 - 2r\left(\frac{l}{2}\right)\cos\theta$$

$$r_2^2 = r^2 + \left(\frac{l}{2}\right)^2 + 2r\left(\frac{l}{2}\right)\cos\theta$$

代入,得电四极子的电势

$$V = V_1 + V_2 = \frac{qlr\sin\theta}{4\pi\varepsilon_0}\left(-\frac{1}{r_1^3}+\frac{1}{r_2^3}\right) = \frac{qlr\sin\theta}{4\pi\varepsilon_0}\left(\frac{r_1^3-r_2^3}{r_1^3 r_2^3}\right)$$

因 $r \gg l$, $r_1^2 - r_2^2 = 2rl\cos\theta$, $r_1 - r_2 = \dfrac{2lr\cos\theta}{r_1+r_2}$,

$$r_1^3 - r_2^3 = (r_1-r_2)(r_1^2+r_1 r_2+r_2^2) = l\cos\theta \cdot 3r^3$$

代入得

$$V = \frac{qlr\sin\theta}{4\pi\varepsilon_0} \cdot \frac{l\cos\theta \cdot 3r^3}{r^3} = \frac{3ql\sin 2\theta}{2(4\pi\varepsilon_0)r^3}$$

由电场强度和电势梯度的关系,可得

$$E_r = -\frac{\partial V}{\partial r} = \frac{9ql^2\sin 2\theta}{4\pi\varepsilon_0 r^4}$$

$$E_\theta = -\frac{1}{r}\frac{\partial V}{\partial \theta} = \frac{3ql^2\cos 2\theta}{4\pi\varepsilon_0 r^4}$$

讨论 当 $\theta = 0$ 时, $E_r = 0$, $E_\theta = \dfrac{3ql^2}{4\pi\varepsilon_0 r^4}$

所以
$$E = \sqrt{E_r^2 + E_\theta^2} = \frac{3ql^2}{4\pi\varepsilon_0 r^4}$$

方向垂直于 x 轴向上。

下面通过直接计算验算一下。

电偶极子 ab 在 x 轴上 P 点产生的电场强度为

$$E_1 = \frac{ql}{4\pi\varepsilon_0 \left(r - \dfrac{l}{2}\right)^3}$$

方向沿 y 轴正向。

电偶极子 cd 产生在 x 轴上 P 点的电场强度为

$$E_2 = \frac{gl}{4\pi\varepsilon_0 \left(r + \dfrac{l}{2}\right)^3}$$

方向沿 y 轴负向。

电四极子产生在 P 点的电场强度为

$$E = E_1 - E_2 = \frac{ql}{4\pi\varepsilon_0 \left(r - \dfrac{l}{2}\right)^3} - \frac{ql}{4\pi\varepsilon_0 \left(r + \dfrac{l}{2}\right)^3}$$

$$= \frac{ql}{4\pi\varepsilon_0} \frac{6r^2\left(\dfrac{l}{2}\right) + 2\left(\dfrac{l}{2}\right)^3}{\left(r^2 - \dfrac{l^2}{4}\right)^3}$$

因 $r \gg l$
$$E = \frac{ql}{4\pi\varepsilon_0} \frac{6r^2\left(\dfrac{l}{2}\right)}{r^6} = \frac{1}{4\pi\varepsilon_0} \frac{3ql^2}{r^4}$$

方向沿 y 轴正向,结果相同,得到验证。

4) 用叠加法计算带电体系的电势

【例 11 - 16】　半径为 R_1 的导体球,带有电荷 Q_1,球外有内、外半径分别为 R_2 和 R_3 的同心导体球壳,带电 $-Q_2$,试求此带电系统的电势分布。

分析　此带电系由三个带电体组成:导体球、内球壳和外球壳,空间任一点的电势是这三个带电体的电势的叠加。根据静电平衡条件可知,内球壳带有电荷 $-Q_1$,因而外球壳带有电荷 $-Q_2 + Q_1$。

解法一　用叠加法解。

根据带电导体球面的电势关系式：

$$V_{内} = \frac{1}{4\pi\varepsilon_0}\frac{Q}{R}（球内为一等势体）$$

$$V_{外} = \frac{1}{4\pi\varepsilon_0}\frac{Q}{r}（球外）$$

导体球内任一点,处于这三个带电体之内,故该点的电势

$$V_1 = \frac{1}{4\pi\varepsilon_0}\frac{Q_1}{R_1} + \frac{1}{4\pi\varepsilon_0}\frac{-Q_1}{R_2} + \frac{1}{4\pi\varepsilon_0}\frac{-Q_2+Q_1}{R_3}$$

导体球与内球壳间任一点,处于导体球之外、内球壳之内和外球壳之内,所以该点的电势

$$V_2 = \frac{1}{4\pi\varepsilon_0}\frac{Q_1}{r} + \frac{1}{4\pi\varepsilon_0}\frac{-Q_1}{R_2} + \frac{1}{4\pi\varepsilon_0}\frac{-Q_2+Q_1}{R_3}$$

内球壳和外球壳之间任一点,处于导体球之外、内球壳之外以及外球壳之内,所以该点的电势

$$V_3 = \frac{1}{4\pi\varepsilon_0}\frac{Q_1}{r} + \frac{1}{4\pi\varepsilon_0}\frac{-Q_1}{r} + \frac{1}{4\pi\varepsilon_0}\frac{-Q_2+Q_1}{R_3}$$

$$= \frac{1}{4\pi\varepsilon_0}\frac{Q_1-Q_2}{R_3}$$

带电系统外任一点,都处于三者之外,所以该点的电势

$$V_4 = \frac{1}{4\pi\varepsilon_0}\frac{Q_1}{r} + \frac{1}{4\pi\varepsilon_0}\frac{-Q_1}{r} + \frac{1}{4\pi\varepsilon_0}\frac{-Q_2+Q_1}{r}$$

$$= \frac{1}{4\pi\varepsilon_0}\frac{Q_1-Q_2}{r}$$

解法二 用电势的定义解。

根据高斯定理,很容易得到

$$E = \begin{cases} 0, & 0 < r < R_1 \\ \dfrac{1}{4\pi\varepsilon_0}\dfrac{Q_1}{r^2}, & R_1 < r < R_2 \\ 0, & R_2 < r < R_3 \\ \dfrac{1}{4\pi\varepsilon_0}\dfrac{Q_1-Q_2}{r^2}, & r > R_3 \end{cases}$$

取无限远处为电势零点,根据电势的定义,有

$$V_1 = \int_P^\infty \boldsymbol{E} \cdot \mathrm{d}\boldsymbol{l} = \int_r^\infty E\,\mathrm{d}r$$

$$= \int_r^{R_1} E_1\,\mathrm{d}r + \int_{R_1}^{R_2} E_2\,\mathrm{d}r + \int_{R_2}^{R_3} E_3\,\mathrm{d}r + \int_{R_3}^\infty E_4\,\mathrm{d}r$$

$$= 0 + \int_{R_1}^{R_2} \frac{1}{4\pi\varepsilon_0}\frac{Q_1}{r^2}\mathrm{d}r + 0 + \int_{R_3}^\infty \frac{1}{4\pi\varepsilon_0}\frac{Q_1-Q_2}{r^2}\mathrm{d}r$$

$$= \frac{1}{4\pi\varepsilon_0}\frac{Q_1}{R_1} - \frac{1}{4\pi\varepsilon_0}\frac{Q_1}{R_2} + \frac{1}{4\pi\varepsilon_0}\frac{Q_1-Q_2}{R_3}$$

$$V_2 = \int_P^\infty \boldsymbol{E} \cdot \mathrm{d}\boldsymbol{l} = \int_r^\infty E\,\mathrm{d}r$$

$$= \int_r^{R_2} E_2\,\mathrm{d}r + \int_{R_2}^{R_3} E_3\,\mathrm{d}r + \int_{R_3}^\infty E_4\,\mathrm{d}r$$

$$= \int_r^{R_2} \frac{1}{4\pi\varepsilon_0}\frac{Q_1}{r^2}\mathrm{d}r + 0 + \int_{R_3}^\infty \frac{1}{4\pi\varepsilon_0}\frac{Q_1-Q_2}{r^2}\mathrm{d}r$$

$$= \frac{1}{4\pi\varepsilon_0}\frac{Q_1}{r} - \frac{1}{4\pi\varepsilon_0}\frac{Q_1}{R_2} + \frac{1}{4\pi\varepsilon_0}\frac{Q_1-Q_2}{R_3}$$

$$V_3 = \int_P^\infty \boldsymbol{E} \cdot \mathrm{d}\boldsymbol{l} = \int_r^\infty E\,\mathrm{d}r = \int_r^{R_3} E_3\,\mathrm{d}r + \int_{R_3}^\infty E_4\,\mathrm{d}r$$

$$= 0 + \int_{R_3}^\infty \frac{1}{4\pi\varepsilon_0}\frac{Q_1-Q_2}{r^2}\mathrm{d}r = \frac{1}{4\pi\varepsilon_0}\frac{Q_1-Q_2}{R_3}$$

$$V_4 = \int_P^\infty \boldsymbol{E} \cdot \mathrm{d}\boldsymbol{l} = \int_r^\infty E_4\,\mathrm{d}r = \int_r^\infty \frac{1}{4\pi\varepsilon_0}\frac{Q_1-Q_2}{r^2}\mathrm{d}r$$

$$= \frac{1}{4\pi\varepsilon_0}\frac{Q_1-Q_2}{r}$$

两者结果相同,但后者计算较繁。

11.2.3 电荷在电场中受力和做功的计算

点电荷在电场中受力 $F = qE$。带电体在非均匀电场中受力,需将带电体分成无数的电荷元 $\mathrm{d}q$,确定电荷元的电场强度 $\boldsymbol{E}$,则电荷元所受的力 $\mathrm{d}\boldsymbol{F} = \boldsymbol{E}\mathrm{d}q$,积分前需将矢量积分化成标量积分。电荷在电场中移动时电场力做的功可用公式 $A_{ab} = q(V_a - V_b)$ 计算。

【例 11-17】 长为 l 的两根相同的细棒,均匀带电,电荷线密度为 λ,沿同一直线放置,两棒的近端相距也是 l,求两棒间静电相互作用力。

解法一　如考虑左棒为场源电荷，右棒为受力电荷，先计算左棒的电场强度分布，再计算右棒所受的力。

取坐标如图 11 - 16 所示。在左棒上取电荷元 $\lambda \mathrm{d}x$，在距原点 x' 处的电场强度

$$\mathrm{d}E = \frac{\lambda \mathrm{d}x}{4\pi\varepsilon_0 (x' - x)^2}$$

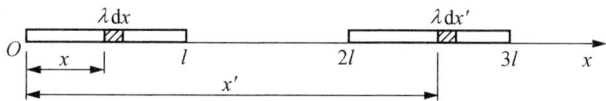

图 11 - 16

左棒在 x' 处的电场强度

$$E = \int \mathrm{d}E = \int_0^l \frac{\lambda \mathrm{d}x}{4\pi\varepsilon_0 (x' - x)^2} = \frac{\lambda}{4\pi\varepsilon_0} \left(\frac{1}{x' - l} - \frac{1}{x'} \right)$$

在 x' 处右棒上取电荷元 $\lambda \mathrm{d}x'$，此电荷元受左棒电场的作用力

$$\mathrm{d}F = E\lambda \mathrm{d}x' = \frac{\lambda^2}{4\pi\varepsilon_0} \left(\frac{1}{x' - l} - \frac{1}{x'} \right) \mathrm{d}x'$$

右棒受左棒的总作用力

$$F = \int \mathrm{d}F = \frac{\lambda^2}{4\pi\varepsilon_0} \int_{2l}^{3l} \left(\frac{1}{x' - l} - \frac{1}{x'} \right) \mathrm{d}x'$$

$$= \frac{\lambda^2}{4\pi\varepsilon_0} \left(\ln \frac{3l - l}{2l - l} - \ln \frac{3l}{2l} \right)$$

$$= \frac{\lambda^2}{4\pi\varepsilon_0} \ln \frac{4}{3}$$

$\boldsymbol{F}$ 的方向为 x 轴正向，左棒受右棒的作用力 $\boldsymbol{F}' = -\boldsymbol{F}$。

解法二　先求两个电荷元 $\lambda \mathrm{d}x$ 和 $\lambda \mathrm{d}x'$ 之间的相互作用力，然后用叠加法求两棒间的相互作用力。

电荷元 $\lambda \mathrm{d}x'$ 受 $\lambda \mathrm{d}x$ 的库仑作用力

$$\mathrm{d}F = \frac{1}{4\pi\varepsilon_0} \frac{\lambda \mathrm{d}x \lambda \mathrm{d}x'}{(x' - x)^2}$$

右棒受到左棒的作用力

$$F = \int_{2l}^{3l} \mathrm{d}x' \int_0^l \frac{\lambda^2 \mathrm{d}x}{4\pi\varepsilon_0 (x' - x)^2} = \int_{2l}^{3l} \frac{\lambda^2}{4\pi\varepsilon_0} \left(\frac{1}{x' - l} - \frac{1}{x'} \right) \mathrm{d}x'$$

$$= \frac{\lambda^2}{4\pi\varepsilon_0} \left(\ln \frac{3l - l}{2l - l} - \ln \frac{3l}{2l} \right) = \frac{\lambda^2}{4\pi\varepsilon_0} \ln \frac{4}{3}$$

F 的方向为 x 轴的正向,左棒受右棒的作用力 $F' = -F$。

【例 11-18】 如图 11-17 所示,在均匀带有正电荷 Q 的球体的电场中,将点电荷 $+q$ 和 $-q$ 从无穷远处移到距球心 r 及 $r+l(l \ll r)$ 处,试求下列两种情况中电场力所做的功。

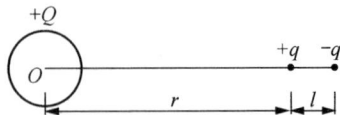

(1) 先把 $+q$ 移到距球心 r 处,再把 $-q$ 移到 $r+l$ 处;(2) 将 $+q$ 和 $-q$ 组成的偶极子移到与上同样的位置。

图 11-17

解 (1) 把 $+q$ 从无穷远移到 r 处的过程中,只受到 Q 电场力的作用,电场力做的功

$$A_1 = q(V_\infty - V_r) = -qV_r = -\frac{qQ}{4\pi\varepsilon_0 r}$$

再把 $-q$ 从无穷远移到 $r+l$ 处的过程中,电荷 $-q$ 不仅受到 Q 的电场力作用,还受到 $+q$ 的电场力作用,所以电场力做的功

$$A_2 = -q(V_\infty - V_{r+l}) = qV_{r+l}$$
$$= q\left[\frac{Q}{4\pi\varepsilon_0(r+l)} + \frac{q}{4\pi\varepsilon_0 l}\right]$$

由此得总功

$$A = A_1 + A_2 = -\frac{qQ}{4\pi\varepsilon_0 r} + \frac{qQ}{4\pi\varepsilon_0(r+l)^2} + \frac{q^2}{4\pi\varepsilon_0 l}$$
$$\approx -\frac{qQl}{4\pi\varepsilon_0 r^2} + \frac{q}{4\pi\varepsilon_0 l}$$

(2) 把 $+q$ 和 $-q$ 组成的电偶极子整体移到同样位置的过程中,电场力做的功

$$A = (+q)(V_\infty - V_r) + (-q)(V_\infty - V_{r+l})$$
$$= -\frac{qQ}{4\pi\varepsilon_0 r} + \frac{qQ}{4\pi\varepsilon_0(r+l)}$$
$$= -\frac{qQl}{4\pi\varepsilon_0 r(r+l)} \approx -\frac{qQl}{4\pi\varepsilon_0 r^2}$$

11.2.4 静电平衡条件的应用

在计算电场强度和电势等有关问题时,首先要确定带电体上的电荷分布。确定电荷分布的根据是静电平衡条件,即导体内部任意一点的电场强度为零,或者导

体是一个等势体。

【例 11-19】 一半径为 R 的金属球原来不带电,将它放在点电荷 $+q$ 的电场中,球心与点电荷间距离为 r。求金属球上感应电荷在球心处的电场强度以及金属球的电势。若将金属球接地,求其上的感应电荷量。

解 如图 11-18 所示,设金属球上的感应电荷为 $+q'$ 和 $-q'$,根据静电平衡条件,电荷分布在球的表面上。球心 O 点的电场强度 E_O 为正负感应电荷的电场强度 E 及点电荷的电场强度 E' 的叠加,即

$$E_O = E + E'$$

图 11-18

根据静电平衡条件,金属球内的电场强度处处为零,
即 $E_O = 0$,则

$$E = -E' = -\frac{q}{4\pi\varepsilon_0 r^2}(-e_r) = \frac{q}{4\pi\varepsilon_0 r^2}e_r$$

式中 e_r 为从球心 O 到点电荷径矢 r 的单位矢量。

根据静电平衡条件,金属球是一个等势体,所以要计算金属球的电势,只要求出球内任一点的电势,即得到金属球的电势。而金属球心的电势最容易计算。因为感应的正、负电荷在球心的电势为零,所以球上的电势仅为点电荷在球心处的电势,即

$$V_O = \frac{q}{4\pi\varepsilon_0 r}$$

所以金属球的电势

$$V = \frac{q}{4\pi\varepsilon_0 r}$$

若将金属球接地,则金属球上的总电量不再为零。由于接地的缘故,金属球的电势应为零。所以在球心处除了点电荷的电势外,还要有金属球上电荷的电势,叠加后才等于零。

设金属球接地后带有电荷 Q,则金属球的电势

$$V = \frac{q}{4\pi\varepsilon_0 r} + \frac{Q}{4\pi\varepsilon_0 R} = 0$$

解得

$$Q = -\frac{R}{r}q$$

因 $R < r$，所以 $|Q| < q$，即金属球上必带有负电荷，其电量为 $Q = \dfrac{R}{r}q$。

【例 11 - 20】 两块靠得很近的平行大金属板 A 和 B，分别带有电荷 q_A 和 q_B，板的面积为 S，板间距离为 d，试求电场分布及两板间的电势差。

分析　要计算两块带电金属板的电场分布，必须先要知道两块板各个面上所带的电荷，这可根据静电平衡条件，即导体内电场强度处处为零这个条件求得。

解　设 A，B 板的两个侧面分别带电荷 q_1，q_2，q_3 和 q_4，如图 11 - 19 所示。忽略边缘效应，根据静电平衡条件，有

$$E_{A内} = \frac{q_1}{2\varepsilon_0 S} - \frac{q_2}{2\varepsilon_0 S} - \frac{q_3}{2\varepsilon_0 S} - \frac{q_4}{2\varepsilon_0 S} = 0$$

$$E_{B内} = \frac{q_1}{2\varepsilon_0 S} + \frac{q_2}{2\varepsilon_0 S} + \frac{q_3}{2\varepsilon_0 S} - \frac{q_4}{2\varepsilon_0 S} = 0$$

由电荷守恒有

$$q_1 + q_2 = q_A$$
$$q_3 + q_4 = q_B$$

图 11 - 19

联立解以上四式得

$$q_1 = q_4 = \frac{q_A + q_B}{2}$$

$$q_2 = \frac{q_A - q_B}{2}$$

$$q_3 = -q_2 = -\frac{q_A - q_B}{2}$$

由此得两板间的电场强度

$$E = \frac{q_2}{\varepsilon_0 S} = \frac{q_A - q_B}{2\varepsilon_0 S}$$

两板外侧的电场强度

$$E' = \frac{q_4}{\varepsilon_0 S} = \frac{q_A + q_B}{\varepsilon_0 S}$$

讨论：(1) 如 $q_A = q_B$，则 $E = 0$，$E' = \dfrac{q_A}{\varepsilon_0 S}$；(2) 如 $q_A = -q_B$，则 $E = \dfrac{q_A}{\varepsilon_0 S}$，$E' = 0$；(3) 如 $q_B = 0$，则 $E = \dfrac{q_A}{2\varepsilon_0 S}$，$E' = \dfrac{q_A}{2\varepsilon_0 S}$。

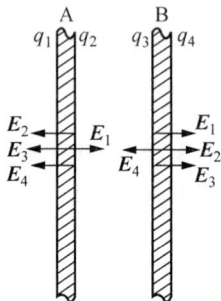

两板间的电势差

$$U_{AB} = Ed = \frac{(q_A - q_B)d}{2\varepsilon_0 S}$$

11.2.5　介质中静电场的计算

静电场中有电介质时,电介质会产生极化,表面上存在极化电荷。此时除了用电场强度描述电场,还需用电位移(矢量)D 来描述电场。在介质充满整个电场中,$D = \varepsilon E$,ε 为介质的电容率。计算电场时,需用有介质的高斯定理:$\oint D \cdot dS = \sum q$。

【例 11 - 21】　一半径为 R 的导体球,带有电荷 Q,球外有一层同心球壳的均匀电介质,其内外半径分别为 R_1 和 R_2,电容率为 ε(见图 11 - 20)。试求电介质内外的电场强度 E 和电位移 D,以及电介质内的极化强度 P 和表面上的极化电荷密度 σ'。

分析　根据有介质时的高斯定理先求出 D,然后根据 $D = \varepsilon E$ 求出 E,电极化强度 P 可由 $D = \varepsilon_0 E + P$ 求得,极化电荷密度 σ' 可由 $\sigma' = P \cdot e_r$ 求得。

解　在电介质内外分别作半径为 r 与导体球同心的高斯面,由高斯定理得电介质内外的电位移

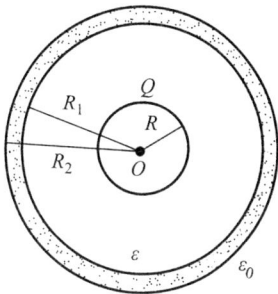

图 11 - 20

$$\oint D \cdot dS = D4\pi r^2 = Q$$

$$D = \frac{Q}{4\pi r^2} e_r$$

由 $D = \varepsilon E$ 可得电介质内、外的电场强度分别为

$$E_{内} = \frac{Q}{4\pi \varepsilon r^2} e_r, \quad E_{外} = \frac{Q}{4\pi \varepsilon_0 r^2} e_r$$

按照定义式 $D = \varepsilon_0 E + P$ 可得电介质内的极化强度

$$P = \frac{Q}{4\pi r^2} \frac{\varepsilon - \varepsilon_0}{\varepsilon} e_r$$

再由 $\sigma' = P \cdot e_r$ 可得电介质两个表面上的极化电荷密度分别为

$$\sigma_1' = -\frac{Q}{4\pi R_1^2} \frac{\varepsilon - \varepsilon_0}{\varepsilon}, \quad \sigma_2' = -\frac{Q}{4\pi R_2^2} \frac{\varepsilon - \varepsilon_0}{\varepsilon}$$

*【例 11‐22】　设有一 $x < 0$ 的半无限大的导体,距离导体 $x = a$ 处有一电量为 q_0 的正点电荷,如图 11‐21 所示。试求导体表面的电场强度和导体表面上的感应电荷密度。

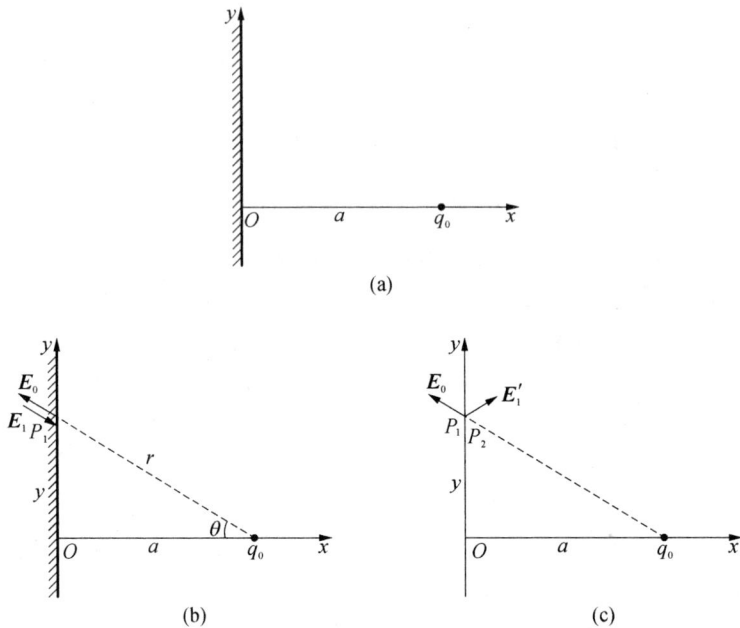

(a)

(b)　　　　　　　　　　　　(c)

图 11‐21

分析　点电荷在导体表面产生感应电荷,根据场强的叠加原理,空间任一点的场强是由点电荷 $+q_0$ 产生的电场和导体表面感应电荷产生的电场叠加而成的,导体表面感应电荷产生的电场,需从导体表面内外非常靠近的两对称点进行考虑。

解　先考虑导体内极靠近表面距原点 r 处的 P_1 点。求电荷在 P_1 的场强为

$$E_0 = \frac{1}{4\pi\varepsilon_0} \frac{q_0}{r^2} e_r$$

设导体表面的感应电荷在该点产生的场强为 E_1,则由场强叠加原理和静电平衡条件,有

$$E_1 + E_0 = 0$$

由此得

$$E_1 = -\frac{1}{4\pi\varepsilon_0} \frac{q_0}{r^2} e_r$$

参看图 11-21(b)，其分量式为

$$E_{1x}=\frac{1}{4\pi\varepsilon_0}\frac{q_0}{r^2}\cos\theta, \; E_{1y}=-\frac{1}{4\pi\varepsilon_0}\frac{q_0}{r^2}\sin\theta$$

再考虑导体外极靠近表面与 P_1 点对称的 P_2 点。因 P_2 点与 P_2 点相对于表面对称，导体表面感应电荷场强 E_1 的 x 分量与 E_2 的 x 分量的大小相等，方向相反，而 y 分量接近相等[参看图 11-21(c)]，所以感应电荷在 P_2 产生的场强为

$$E'_{1x}=-\frac{q}{4\pi\varepsilon_0}\frac{q}{r^2}\cos\theta, \; E'_{1y}=-\frac{1}{4\pi\varepsilon_0}\frac{q}{r^2}\sin\theta$$

而点电荷 q 与感应电荷的合场强为 $\frac{\sigma(r)}{\varepsilon_0}$，所以

$$E=E_0\cos\theta+E'_{1x}=-\frac{1}{4\pi\varepsilon_0}\frac{q}{r^2}\cos\theta-\frac{1}{4\pi\varepsilon_0}\frac{q}{r^2}\cos\theta=\frac{\sigma(r)}{\varepsilon_0}$$

由此得

$$\sigma(r)=-\frac{q}{2\pi r^2}\cos\theta=\frac{qa}{2\pi(a^2+y^2)^{3/2}}$$

*【例 11-23】 在两块带等量异号电荷的大金属平行板间，斜插入一块相对介电系数为 ε_r 的均匀介质大平板，如图 11-22 所示。若已知金属板上的自由电荷的面密度为 σ_0，介质板的倾斜角度为 θ。试求介质片的 D、E 以及表面极化电荷面密度。

分析 带电平行板间放入介质板后，介质板的表面上将产生极化电荷，在介质内产生电场，根据静电场的边界条件，可求得介质板的 D 和 E。

解 介质板外部的场强，可由带电金属板的电荷面密度得到

$$E_0=\frac{\sigma_0}{\varepsilon_0}$$

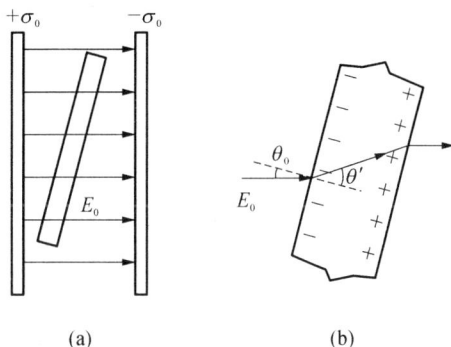

图 11-22

其方向与板面正交，不受介质板的影响。因此，介质板法线的夹角也等于 θ。设介质内 D 或 E 与表面法线的夹角为 θ'[见图 11-22(b)]，根据静电场的边界条件：$D_{1n}=D_{2n}$，$E_{1t}=E_{2t}$ 得

$$D_0 \cos \theta = D \cos \theta', \quad E_0 \sin \theta = E \sin \theta'$$

又 $$D_0 = \varepsilon_0 E_0, \quad D = \varepsilon_0 \varepsilon_r E$$

得 $$\tan \theta' = \varepsilon_r \tan \theta$$

于是,介质板内的 D 和 E 的数值为

$$D = \frac{\varepsilon_0 E_0 \cos \theta}{\cos \theta'}, \quad E = \frac{D}{\varepsilon_0 \varepsilon_r} = \frac{E_0 \cos \theta}{\varepsilon_r \cos \theta'}$$

在介质板右表面上的极化面密度为

$$\sigma'_1 = P_{n1} = \rho \cos \theta' = \chi_e \varepsilon_0 \frac{E_0 \cos \theta}{\varepsilon_r \cos \theta'} \cos \theta'$$

$$= \chi_e \frac{\varepsilon_0 E_0 \cos \theta}{\varepsilon_r} = \frac{\varepsilon_r - 1}{\varepsilon_0} \varepsilon_0 E_0 \cos \theta$$

在介质左表面上的极化电荷面密度为

$$\sigma'_2 = P_{n2} = -\rho \cos \theta' = -\frac{(\varepsilon_r - 1)}{\varepsilon_r} \varepsilon_0 E_0 \cos \theta$$

【例 11 - 24】 一半径为 R、相对介电常数为 ε_r 的均匀电介质在圆柱体内均匀分布着体电荷为 ρ 的自由电荷。试求:(1) 电场强度的分布;(2) 极化电荷的分布。

分析 本题可由高斯定理进行计算。

解 (1) 在介质柱内作一高为 h、半径为 r 的圆柱体,应用高斯定理得

$$D_内 \cdot 2\pi r h = \rho \pi r^2 h$$

$$D_内 = \frac{\rho_0}{2} r \quad E_内 = \frac{D_内}{\varepsilon_0 \varepsilon_r} = \frac{\rho r}{\varepsilon_0 \varepsilon_r}$$

方向如图 11 - 23(a)所示。

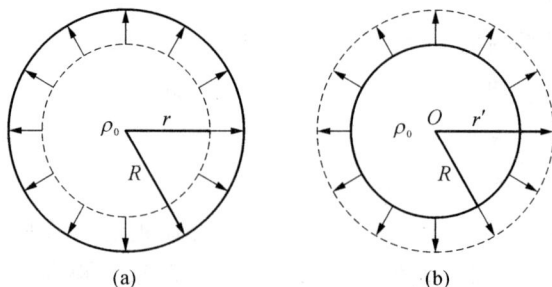

图 11 - 23

在介质柱面外作一高度为 h'、半径为 r' 的圆柱体,应用高斯定理得

$$D_{外} \cdot 2\pi r' h' = \rho \pi R^2 h'$$

$$D_{外} = \frac{\rho_0 R^2}{2r'}, \ E_{外} = \frac{D_{外}}{\varepsilon_0} = \frac{\rho_0 R^2}{2\varepsilon_0 r'}$$

方向如图 11 - 23(b)所示。

(2) 介质圆柱侧表面的极化电荷面密度为

$$\sigma' = \boldsymbol{\rho}_{表} \cdot \boldsymbol{e}_{n} = \varepsilon_0 (\varepsilon_r - 1) \boldsymbol{E}_{表} \cdot \boldsymbol{e}_{n} = \varepsilon_0 (\varepsilon_r - 1) \frac{\rho_0}{2\varepsilon_0 \varepsilon_r} R$$

$$= \frac{(\varepsilon_r - 1)\rho_0 R}{2\varepsilon_r}$$

11.2.6　电容器电容的计算

电容器电容可根据电容的定义计算,一般计算步骤如下:

(1) 设电容器两极板分别带有等量异号的电荷。

(2) 计算电容器两极板间的电场分布。有介质时需用介质中的高斯定理 $\oint_S \boldsymbol{D} \cdot \mathrm{d}\boldsymbol{S} = Q$,由 $\boldsymbol{D}$ 求得 $\boldsymbol{E}$。

(3) 根据电势差的定义 $U_{AB} = \int_A^B \boldsymbol{E} \cdot \mathrm{d}\boldsymbol{l}$ 求出两极板间的电势差。

(4) 按电容器电容的定义 $C = \dfrac{Q}{U_{AB}}$ 即可求得电容器的电容。

电容器的电容还可以通过电场能量计算。因电容器的电场能量 $W_e = \dfrac{1}{2}\dfrac{Q^2}{C} = \dfrac{1}{2}CU^2 = \dfrac{1}{2}QU$,如果求得电容器的电场能量,就可以求得电容。

【例 11 - 25】　两个共轴的导体圆筒,内、外半径分别为 R_1 和 R_2,其间有两层同轴的筒状电介质,分界面半径为 R_3。内层介质相对介电常量为 ε_{r1},外层介质的相对介电常量为 ε_{r2}。(1) 求该系统单位长度的电容;(2) 若 $R_2 < 2R_1$,$\varepsilon_{r2} = \dfrac{\varepsilon_{r1}}{2}$,两层介质的击穿场强为 E_{max},当电压升高时,哪层介质先击穿?两筒间能加上的最大电势差为多大?

分析　计算电容时,必须知道电势差与电量的关系。要计算两筒间的电势差,先要得到筒间的电场分布,由于筒间充满电介质,可以应用有介质的高斯定理求得。

反之,当此电容器内外两筒间有一定电压时,两种介质中具有一定的电场强度,根据介质的击穿场强,可以确定哪层介质先击穿。

解 (1)设内圆筒单位长度上的电量为 λ,外圆筒单位长度的电量为 $-\lambda$。在介质内通过场点作长度 l,半径 r 的圆筒状高斯面,根据有介质的高斯定理,有

$$\oint \boldsymbol{D} \cdot \mathrm{d}\boldsymbol{S} = D_1 2\pi rl = \lambda l$$

$$\oint \boldsymbol{D} \cdot \mathrm{d}\boldsymbol{S} = D_2 2\pi rl = \lambda l$$

$$D_1 = \frac{\lambda}{2\pi r}, \ D_2 = \frac{\lambda}{2\pi r}$$

$$E_1 = \frac{D_1}{\varepsilon_1} = \frac{\lambda}{2\pi\varepsilon_0\varepsilon_{r1}r}, \ E_2 = \frac{D_2}{\varepsilon_2} = \frac{\lambda}{2\pi\varepsilon_0\varepsilon_{r2}r}$$

两圆筒间的电势差

$$
\begin{aligned}
V_1 - V_2 &= \int_1^2 \boldsymbol{E} \cdot \mathrm{d}\boldsymbol{l} = \int_{R_1}^{R_3} E_1 \mathrm{d}r + \int_{R_3}^{R_2} E_2 \mathrm{d}r \\
&= \int_{R_1}^{R_3} \frac{\lambda}{2\pi\varepsilon_0\varepsilon_{r1}r}\mathrm{d}r + \int_{R_3}^{R_2} \frac{\lambda}{2\pi\varepsilon_0\varepsilon_{r2}r}\mathrm{d}r \\
&= \frac{\lambda}{2\pi\varepsilon_0\varepsilon_{r1}}\ln\frac{R_3}{R_1} + \frac{\lambda}{2\pi\varepsilon_0\varepsilon_{r2}}\ln\frac{R_2}{R_3}
\end{aligned}
$$

单位长度的电容

$$C = \frac{\lambda}{V_1 - V_2} = \frac{1}{\left(\dfrac{1}{2\pi\varepsilon_0\varepsilon_{r1}}\ln\dfrac{R_3}{R_1} + \dfrac{\lambda}{2\pi\varepsilon_0\varepsilon_{r2}}\ln\dfrac{R_2}{R_3}\right)}$$

(2)当内外筒间的电压为 U 时,由于 $\varepsilon_{r2} = \dfrac{\varepsilon_{r1}}{2}$,所以内层电介质中的最大场强(在 $r = R_1$ 处)

$$E_1 = \frac{U}{R_1\ln\dfrac{R_2^2}{R_1R_3}}$$

而外层电介质中的最大场强(在 $r = R_3$ 处)

$$E_2 = \frac{2U}{R_3\ln\dfrac{R_2^2}{R_1R_3}}$$

两结果相比

$$\frac{E_2}{E_1}=\frac{2R_1}{R_3}$$

由于 $R_3 < R_2$，且 $R_2 < 2R_1$，所以总有 $\frac{E_2}{E_1} > 0$，因此当电压升高时，外层电介质先达到 E_{max}，故外层电介质先被击穿。而最大电势差可由 $E_2 = E_{max}$ 求得：

$$U_{max}=\frac{E_{max}R_3}{2}\ln\frac{R_2^2}{R_1R_3}$$

【例 11-26】　一平板电容器，两板间的距离为 d，板间充以介电常数分别为 ε_1 和 ε_2 的两种均匀各向同性电介质，其面积各占 S_1 和 S_2，如图 11-24 所示。（1）求此电容器的电容；（2）如电容器板上的电量为 Q，计算板上面电荷密度的分布以及电介质表面上的极化电荷面密度的分布。

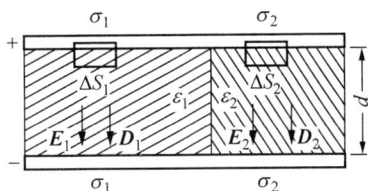

分析　在静电平衡状态时，导体是一个等势体，当电容器极板间有一定的电压时，由于两种电介质的介电常数不同，所以两种电介质中的电场强度不同，相邻极板上的面电荷也不同。因此，计算电容时，先要求出电荷分布。

图 11-24

解　设在极板 S_1 和 S_2 两部分上的自由电荷面密度为 $\pm\sigma_1$ 和 $\pm\sigma_2$，在与极板相邻的电介质表面上的极化电荷面密度为 $\mp\sigma_1'$ 和 $\mp\sigma_2'$。在介质和极板处作一柱状封闭面，应用有介质的高斯定理可得电介质内的 D 和 E：

$$\oint \boldsymbol{D}\cdot\mathrm{d}\boldsymbol{S}=D_1\Delta S_1=\sigma_1\Delta S_1,\quad D_1=\sigma_1,\quad E_1=\frac{\sigma_1}{\varepsilon_1}$$

$$\oint \boldsymbol{D}\cdot\mathrm{d}\boldsymbol{S}=D_2\Delta S_2=\sigma_2\Delta S_2,\quad D_2=\sigma_2,\quad E_2=\frac{\sigma_2}{\varepsilon_2}$$

D_1，E_1 和 D_2，E_2 的方向都与板面垂直。

由于带电导体板是等势体，所以正负极板间的电势差应相等，即

$$E_1d=E_2d$$

得

$$E_1=E_2=\frac{\sigma_1}{\varepsilon_1}=\frac{\sigma_2}{\varepsilon_2}$$

根据电荷守恒定律

$$Q = \sigma_1 S_1 + \sigma_2 S_2$$

联立解得

$$\sigma_1 = \frac{\varepsilon_1 Q}{\varepsilon_1 S_1 + \varepsilon_2 S_2} \,;\, \sigma_2 = \frac{\varepsilon_2 Q}{\varepsilon_1 S_1 + \varepsilon_2 S_2}$$

于是

$$E_1 = E_2 = \frac{Q}{\varepsilon_1 S_1 + \varepsilon_2 S_2}$$

$$U_{AB} = V_A - V_B = E_1 d = E_2 d = \frac{Qd}{\varepsilon_1 S_1 + \varepsilon_2 S_2}$$

根据电容器电容的定义,得

$$C = \frac{Q}{U_{AB}} = \frac{\varepsilon_1 S_1 + \varepsilon_2 S_2}{d}$$

可见,由于整个电容器两部分的电压相等,所以整个电容器可看作两个电容分别为 $C_1 = \dfrac{\varepsilon_1 S_1}{d}$ 和 $C_2 = \dfrac{\varepsilon_2 S_2}{d}$ 的平板电容器并联而成。

极化电荷面密度

$$\sigma_1' = P_1 = (\varepsilon_{r1} - 1)\varepsilon_0 E_1 = (\varepsilon_1 - \varepsilon_0)E_1$$

$$= \frac{(\varepsilon_1 - \varepsilon_0)Q}{\varepsilon_1 S_1 + \varepsilon_2 S_2} = \frac{\varepsilon_1 - \varepsilon_0}{\varepsilon_1}\sigma_1$$

$$\sigma_2' = P_2 = (\varepsilon_{r2} - 1)\varepsilon_0 E_2 = (\varepsilon_2 - \varepsilon_0)E_2$$

$$= \frac{(\varepsilon_2 - \varepsilon_0)Q}{\varepsilon_1 S_1 + \varepsilon_2 S_2} = \frac{\varepsilon_2 - \varepsilon_0}{\varepsilon_2}\sigma_2$$

*【例 11 - 27】 一平板电容器,两极板都是边长为 a 的正方形金属平板,两板并不严格平行,而有一微小的夹角 θ[见图 11 - 25(a)]。证明当 $\theta \leqslant \dfrac{d}{a}$ 时,略去边缘效应,它的电容 $C = E_0 \dfrac{a^2}{d}\left(1 - \dfrac{a\theta}{2d}\right)$。

分析 由于这个电容器的两板并不严格平行,我们可将电容器看作由多个极板为细狭条的元电容器并联而成,而每个元电容器可认为是平行板电容器。

解 取如图 11 - 25(b)所示的元电容器,极板的面积为 $\mathrm{d}S = a\,\mathrm{d}C$,板间距离为

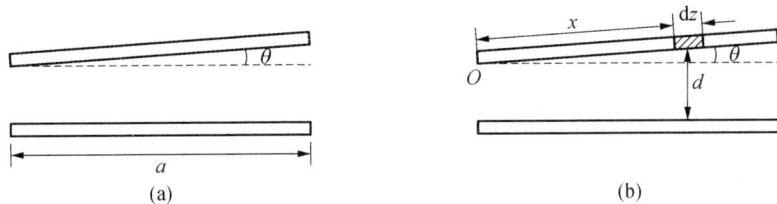

图 11 - 25

$d' = d + x \sin\theta$，该元电容器的电容为

$$\mathrm{d}C = \frac{E_0 \mathrm{d}S}{d'} = \frac{\varepsilon_0 a \mathrm{d}x}{d + a\sin\theta} \approx \frac{\varepsilon_0 a \mathrm{d}x}{d + a}$$

总电容

$$C = \int \mathrm{d}C = \int_0^a \frac{\varepsilon_0 a}{d + a} \mathrm{d}\theta = \frac{\varepsilon_0 a}{\theta} \ln\left(1 + \frac{\theta}{d/a}\right)$$

因 $\theta \ll \dfrac{d}{a}$ 时，将 $\ln\left(1 + \dfrac{a\theta}{d}\right)$ 按泰勒级数展开，得

$$\ln\left(1 + \frac{a\theta}{d}\right) = \frac{a\theta}{d} - \frac{1}{2}\left(\frac{a\theta}{d}\right)^2 + \cdots$$

取前两项解

$$C = \frac{\varepsilon_0 a}{\theta}\left[\frac{a\theta}{d} - \frac{1}{2}\left(\frac{a\theta}{d}\right)^2\right] = \varepsilon_0 \frac{a^2}{d}\left(1 - \frac{a\theta}{2d}\right)$$

11.2.7　电场能量的计算

（1）带电电容器贮能可按公式计算：

$$W = \frac{1}{2}\frac{Q^2}{C} = \frac{1}{2}CU^2 = \frac{1}{2}QU$$

（2）电场能量计算的步骤：

① 根据电荷分布，计算出电场强度的分布规律，得到电场能量密度 $w_e = \dfrac{1}{2}DE = \dfrac{1}{2}\varepsilon E^2$。

② 取适当的体积元 $\mathrm{d}V$，在所取的体积元中各点的电场强度量值相等。通常在球对称电场中取薄球壳为体积元 $\mathrm{d}V = 4\pi r^2 \mathrm{d}r$；在轴对称的电场中取薄圆柱壳为体积元 $\mathrm{d}V = 2\pi rl\,\mathrm{d}r$。

③ 按电场能公式 $W_e = \int_V w_e \mathrm{d}V$ 列式,正确定出积分上下限后,计算得结果。

【例 11 - 28】 一平板电容器,板面积为 S,板间距离为 d,与电源连接后,板上电荷面密度为 σ,电容器两板间充以相对介电常数为 ε_r 的均匀电介质。试求下列两种情况下把电介质取出外力所做的功:(1)维持两板上的电压不变;(2)断开电源,维持两板上的电荷不变。

分析 当维持两板间的电压不变时,取出电介质后,两板间的电场强度不变,但电容将减小,因而电容器的能量也减小。同时板上的电荷也减少了,所以,外力做的功一方面使电容器电场能量改变,另一方面还要反抗电源做功。

当维持两板上的电荷不变时,取出电介质后,两板间的电场强度增大,这表明电容器的电场能量增加了,电容器能量的增加等于外力做功。

解 (1)维持电压不变的情况。

当电容器充满电介质时,电场能量

$$W_1 = \frac{1}{2}C_1 U^2 = \frac{1}{2}\frac{\varepsilon_0 \varepsilon_r S}{d}U^2$$

取出电介质后,电场能量

$$W_2 = \frac{1}{2}C_2 U^2 = \frac{1}{2}\frac{\varepsilon_0 S}{d}U^2$$

电场能量的增量

$$\Delta W = W_2 - W_1 = -\frac{1}{2}\varepsilon_0 (\varepsilon_r - 1)\frac{U^2}{d}S$$

式中负号表示取走电介质后电容器的电场能量减少了。

取走电介质后,极板上电荷量的增量

$$\Delta Q = Q_2 - Q_1 = C_2 U - C_1 U = (\varepsilon_r - 1)\frac{\varepsilon_0 S}{d}U$$

反抗电源做的功

$$A_{源} = U\Delta Q = (\varepsilon_r - 1)\frac{\varepsilon_0 S}{d}U^2$$

所以外力做的功

$$A_1 = \Delta W + A_{源} = -\frac{1}{2}\varepsilon_0 (\varepsilon_r - 1)\frac{U^2}{d}S + (\varepsilon_r - 1)\frac{\varepsilon_0 S}{d}U^2$$

$$= \frac{1}{2}(\varepsilon_r - 1)\frac{\varepsilon_0 S}{d}U^2$$

（2）维持两板上电荷不变的情况。

当电容器充满电介质时,电场能量

$$W_1' = \frac{1}{2}\frac{Q^2}{C_1} = \frac{1}{2}\frac{Q^2 d}{\varepsilon_0 \varepsilon_r S}$$

取出电介质后,电场能量

$$W_2' = \frac{1}{2}\frac{Q^2}{C_2} = \frac{1}{2}\frac{Q^2 d}{\varepsilon_0 S}$$

电容器电场能量的变化

$$\Delta W' = W_2' - W_1' = \frac{1}{2}\frac{Q^2 d}{\varepsilon_0 S}\left(1 - \frac{1}{\varepsilon_r}\right) = \frac{1}{2}\left(\frac{\varepsilon_r - 1}{\varepsilon_0 \varepsilon_r}\right)\frac{Q^2 d}{S}$$

外力做的功

$$A_2 = \Delta W' = \frac{1}{2}\left(\frac{\varepsilon_r - 1}{\varepsilon_0 \varepsilon_r}\right)\frac{Q^2 d}{S}$$

【例 11-29】　两个同轴长直圆柱,半径分别为 R_1 和 R_2,长均为 l,带有等值异号电荷 Q,两圆柱间充满介电常数为 ε 的电介质。试求:(1)两圆柱间任一点的电场能密度;(2)电介质中的总电场能量;(3)从电场能求圆柱形电容器的电容。

分析　由有电介质的高斯定理可以求得电介质中的电场分布,从而可以求得电场能密度。由于电场能密度是空间的函数,所以取适当的体积元通过积分才能得到电场总能量。由 $W_e = \frac{1}{2}\frac{Q^2}{C}$,反过来可以从电场能求电容。

解　(1)在电介质中取半径为 r,长为 Δl 的圆柱作为高斯面,由高斯定理得

$$\oint \boldsymbol{D} \cdot \mathrm{d}\boldsymbol{S} = D 2\pi r \Delta l = \frac{Q}{l}\Delta l$$

$$D = \frac{Q}{2\pi r l}, \quad E = \frac{D}{\varepsilon} = \frac{Q}{2\pi \varepsilon r l}$$

所以电场能密度

$$w_e = \frac{1}{2}DE = \frac{Q^2}{8\pi^2 \varepsilon r^2 l^2}$$

（2）在电介质中取半径 r,厚度为 $\mathrm{d}r$ 的圆柱壳,此柱壳中的电场能

$$\mathrm{d}W_e = w_e \mathrm{d}V = \frac{Q^2}{8\pi^2 \varepsilon r^2 l^2} 2\pi r l \, \mathrm{d}r = \frac{Q^2}{4\pi \varepsilon r l}\mathrm{d}r$$

整个电介质中的电场能

$$W_e = \int dW_e = \int_{R_1}^{R_2} \frac{Q^2}{4\pi\varepsilon rl} dr = \frac{Q^2}{4\pi\varepsilon l} \ln\frac{R_2}{R_1}$$

（3）因电容器贮藏的电场能 $W_e = \dfrac{1}{2}\dfrac{Q^2}{C}$，所以电容器的电容

$$C = \frac{Q^2}{2W_e} = \frac{2\pi\varepsilon l}{\ln\dfrac{R_2}{R_1}}$$

第 12 章 恒定电流

12.1 基本概念和基本规律

1. 电流强度和电流密度

电流强度：$I = \dfrac{\Delta Q}{\Delta t}$

电流密度：$\boldsymbol{j} = \dfrac{\mathrm{d}I}{\mathrm{d}S}\boldsymbol{e}_n$

电流密度与电流强度的关系：$I = \displaystyle\int_S \boldsymbol{j} \cdot \mathrm{d}\boldsymbol{S}$

2. 电源的电动势 $\mathscr{E} = \dfrac{\mathrm{d}A}{\mathrm{d}q}$

$$\mathscr{E} = \oint \boldsymbol{E}_K \cdot \mathrm{d}\boldsymbol{l}$$

3. 电阻 $R = \rho\,\dfrac{l}{S}$

电阻的串并联：串联 $R = \sum R_i$，并联 $\dfrac{1}{R} = \sum \dfrac{1}{R_i}$

4. 欧姆定律

一段电路的欧姆定律：$I = \dfrac{U_{AB}}{R}$

闭合电路欧姆定律：$I = \dfrac{\sum \mathscr{E}}{\sum R}$

一段含源电路的欧姆定律：$V_A - V_B = \sum IR - \sum \mathscr{E}$

（电流方向和电动势方向与 $A{\rightarrow}B$ 方向相同的取"＋"号，相反的则取"－"号）

欧姆定律的微分形式：$\boldsymbol{j} = \gamma \boldsymbol{E}$

5. 电流的功和功率

$$A = I(V_A - V_B)t,\ P = I(V_A - V_B)$$

楞次-焦耳定律：$\qquad A = I^2Rt = \dfrac{U^2}{R}t$。

6. 基尔霍夫定律

第一定律：$\qquad \sum I = 0$

第二定律：$\qquad \sum \mathscr{E} = \sum IR$

12.2 习题分类、解题方法和示例

本章的习题可分为以下几类：

(1) 电阻的计算；

(2) 欧姆定律的应用；

(3) 欧姆定律微分形式的应用；

(4) 电流的功和功率的计算；

(5) 基尔霍夫定律的应用。

下面将分别讨论各类问题的解题方法，并举例加以说明。

12.2.1 电阻的计算

使用 $R = \rho \dfrac{l}{S}$ 时，应认清电流通过的截面 S 及导体的长度。如电流通过的截面是不均匀的，则需用积分法计算。

【例 12 - 1】 一电缆的芯线是半径 $r_1 = 0.5\ \text{cm}$ 的铜线，在铜线外包一层同轴的绝缘层，绝缘层的外半径 $r_2 = 1.0\ \text{cm}$，电阻率 $\rho = 1.0 \times 10^{12}\ \Omega \cdot \text{m}$，在绝缘层外又用铅层保护起来[见图 12 - 1(a)]。当电缆在工作时，芯线和铅层处于不同的电势，存在着电场，即存在径向漏电电流。

(1) 求长 $L = 1\,000\ \text{m}$ 的这种电缆沿径向的漏电电阻。

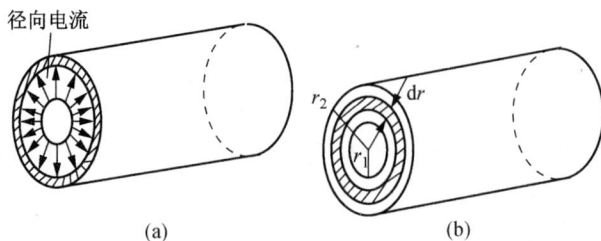

图 12 - 1

（2）当芯线与铅层间的电势差为 100 V 时，求这电缆的径向电流。

分析　由于电流是径向的，在绝缘层通过不同截面的圆柱，因此绝缘层的电阻可视为无数圆柱的电阻串联而成，需用积分法求解。

解　（1）在绝缘层中取半径为 r，长为 L，厚度为 dr 的薄圆柱筒［见图 12-1(b)］，则径向电流通过的截面 $S = 2\pi rL$，长度 $l = dr$，其径向电阻

$$dR = \rho\,\frac{l}{S} = \rho\,\frac{dr}{2\pi rL}$$

整个绝缘层的径向电阻

$$R_{径} = \int dR_{径} = \int_{r_1}^{r_2} \rho\,\frac{dr}{2\pi rL} = \frac{\rho}{2\pi L}\ln\frac{r_2}{r_1}$$

代入数据得

$$R_{径} = \frac{1.0\times10^{12}}{2\times3.14\times1\,000}\ln\frac{10}{5}\ \Omega = 1.1\times10^8\ \Omega$$

（2）电缆的径向电流

$$I_{径} = \frac{U}{R_{径}} = \frac{100}{1.1\times10^8}\ \mathrm{A} = 9.1\times10^{-7}\ \mathrm{A}$$

【例 12-2】　一金属接头具有如图 12-2 所示的圆台状，高为 L，两端半径分别为 r_1 和 r_2，材料的电导率为 γ。假设电流在任一截面上都是均匀分布的，试求此接头沿锥体轴线方向上的电阻。

解　取任一小圆台，高为 dl，截面积为 πr^2，由于电流分布均匀，此小圆锥的电阻

$$dR = \frac{1}{\gamma}\,\frac{dl}{\pi r^2}$$

由几何关系有

$$\frac{r - r_1}{l} = \frac{r_2 - r_1}{L}$$

得

$$dl = \frac{L\,dr}{r_2 - r_1}$$

代入得

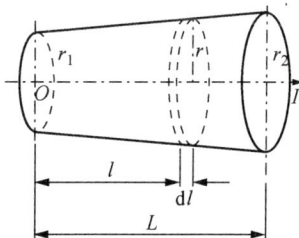

图 12-2

$$dR = \frac{L\,dr}{\gamma\pi(r_2 - r_1)r^2}$$

此接头的电阻

$$R = \int dR = \int_{r_1}^{r_2} \frac{L\,dr}{\gamma\pi(r_2 - r_1)r^2} = \frac{L}{\gamma\pi r_1 r_2}$$

当 $r_1 = r_2$ 时,上式变为

$$R = \frac{L}{\gamma\pi r_1^2} = \rho\,\frac{L}{S}$$

即为一般的电阻公式。

12.2.2　欧姆定律的应用

在应用一段含源电路欧姆定律的公式时,要注意符号规则。

【例 12 - 3】　电动势 $\mathscr{E}_1 = 1.8\ V$ 和 $\mathscr{E}_2 = 1.4\ V$ 的两个电池,与外电阻 R 连接如图 12 - 3(a)所示,伏特计的示数 $U_1 = 0.6\ V$。 若将两个电池连接如图 12 - 3(b)所示,问伏特计的示数是多少(伏特计的零点刻度在中央)? 问电池 $\mathscr{E}_2$ 在两种情形中的能量转换关系如何?

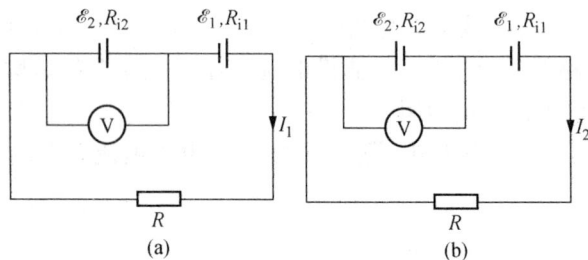

图 12 - 3

分析　在图 12 - 3(a)中,两个电池的电动势方向相同,其总电动势为两者相加,在图 12 - 3(b)中,两个电池的电动势方向相反,其总电动势应为两者相减。由闭合电路欧姆定律及端电压计算公式即可得电压表的示数。

解　设图 12 - 3(a)回路中的电流为 I_1,则有

$$I_1 = \frac{\mathscr{E}_1 + \mathscr{E}_2}{R + R_{i1} + R_{i2}} \tag{①}$$

$$U_1 = \mathscr{E}_2 - I_1 R_{i2} \tag{②}$$

式中 R_{i1} 和 R_{i2} 为两个电池的内阻。

设图 12-3(b)回路中的电流为 I_2，则有

$$I_2 = \frac{\mathscr{E}_1 - \mathscr{E}_2}{R + R_{i1} + R_{i2}} \qquad ③$$

$$U_2 = -\mathscr{E}_2 - I_2 R_{i2} \qquad ④$$

由式①和式③可得

$$\frac{I_2}{I_1} = \frac{\mathscr{E}_1 - \mathscr{E}_2}{\mathscr{E}_1 + \mathscr{E}_2}$$

代入式④得

$$U_2 = -\mathscr{E}_2 - \frac{\mathscr{E}_1 - \mathscr{E}_2}{\mathscr{E}_1 + \mathscr{E}_2} I_1 R_{i2}$$

由式②得

$$I_1 R_{i2} = \mathscr{E}_2 - U_1 = (1.4 - 0.6)\,\mathrm{V} = 0.8\,\mathrm{V}$$

所以

$$U_2 = -\mathscr{E}_2 - \frac{\mathscr{E}_1 - \mathscr{E}_2}{\mathscr{E}_1 + \mathscr{E}_2}(\mathscr{E}_2 - U_1) = -1.5\,\mathrm{V}$$

式中负号表示在图 12-3(b)情况中电池 $\mathscr{E}_2$ 两端的电势差与图 12-3(a)情况相反，即电压表的指针应反向偏转。

电池 $\mathscr{E}_2$ 在图 12-3(a)情况中电流方向与电动势方向一致，处于放电状态，该电池输出能量，其中一部分消耗于外电路，另一部分消耗于内电阻，即

$$\mathscr{E}_2 I_1 = U_1 I_1 + I_1^2 R_{i2}$$

在图 12-3(b)情况中，电池 $\mathscr{E}_2$ 中电流方向与电动势方向相反，处于充电状态，该电池吸收能量，外界供给的能量一部分被电池贮存，另一部分消耗于内电阻，即

$$-U_2 I_2 = \mathscr{E}_2 I_2 + I_2^2 R_{i2}$$

【例 12-4】　在如图 12-4 所示的电路中，已知 $\mathscr{E}_1 = 12\,\mathrm{V}$，$\mathscr{E}_2 = 9\,\mathrm{V}$，$\mathscr{E}_3 = 8\,\mathrm{V}$，$R_{i1} = R_{i2} = R_{i3} = 1\,\Omega$，$R_1 = R_2 = R_3 = R_4 = 2\,\Omega$。试求：(1) A，B 两点间的电势差；(2) C，D 间的电势差；(3) 如果 C，D 两点短路，这时通过 R_5 的电流多大？

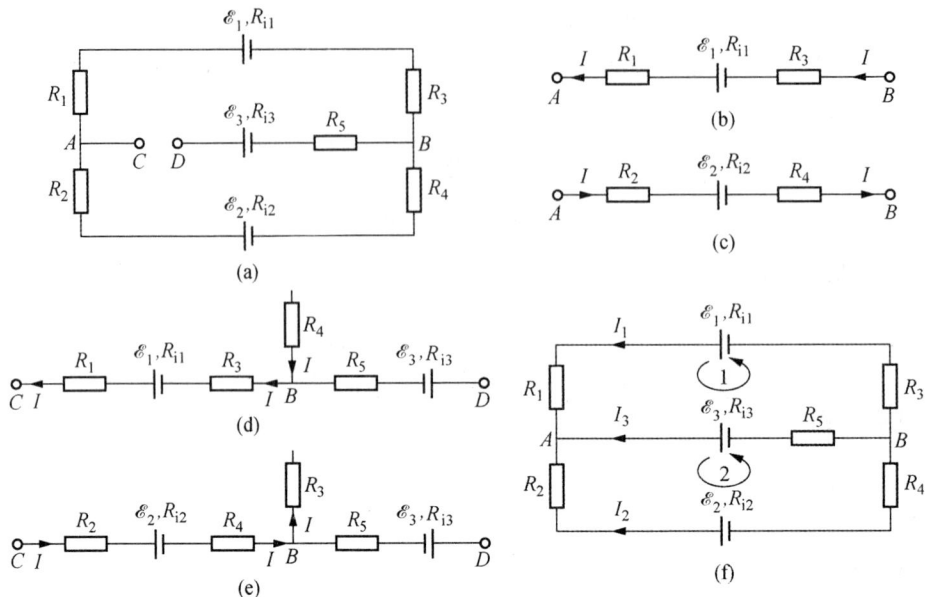

图 12-4

分析 问题 1 和 2 可用闭合电路欧姆定律和一段含源电路的欧姆定律进行计算。在情况 3 中,属于复杂电路,可用基尔霍夫定律求解。关于应用基尔霍夫定律求解电路的方法请参看本节的第 5 部分。

解 (1) 设回路中的电流为 I,方向为 $A\mathscr{E}_2 B\mathscr{E}_1 A$,

$$I = \frac{\mathscr{E}_1 - \mathscr{E}_2}{R_1 + R_2 + R_3 + R_4 + R_{i1} + R_{i2}} = 0.3 \text{ A}$$

取包含 $\mathscr{E}_1$ 的这一段含源电路[见图 12-4(b)],由含源电路欧姆定律得

$$U_{AB} = V_A - V_B = \mathscr{E}_1 - I(R_1 + R_3 + R_{i1})$$
$$= 12 - 0.3(2 + 2 + 1) = 10.5 \text{ V}$$

取包含 $\mathscr{E}_2$ 的这一段含源电路[见图 12-4(c)],则有

$$U_{AB} = \mathscr{E}_2 + I(R_2 + R_4 + R_{i2})$$
$$= 9 + 0.3(2 + 2 + 1) = 10.5 \text{ V}$$

(2) 因 $V_C = V_A$,$V_D - V_B = \mathscr{E}_3$,所以 C,D 两点间的电势差

$$U_{CD} = V_C - V_D = (V_A - V_B) - \mathscr{E}_3$$
$$= 10.5 - 8 = 2.5 \text{ V}$$

这也可用含源电路来分析,取包含 $\mathscr{E}_1$ 的含源电路[见图 12-4(d)],有

$$U_{CD} = V_C - V_D = \mathscr{E}_1 - \mathscr{E}_3 - I(R_1 + R_2 + R_{i1})$$
$$= 12 - 8 - 0.3(2 + 2 + 1) = 2.5 \text{ V}$$

取包含 $\mathscr{E}_2$ 的含源电路[见图 12-4(e)],有

$$U_{CD} = \mathscr{E}_2 - \mathscr{E}_3 + I(R_2 + R_4 + R_{i2})$$
$$= 9 - 1 + 0.3(2 + 2 + 1) = 2.5 \text{ V}$$

(3) 若 C, D 两点短路,则电路如图 12-4(f)所示。设通过各支路的电流为 I_1, I_2, I_3,方向如图所示。根据基尔霍夫第一定律,有

$$I_1 + I_2 + I_3 = 0$$

规定两个回路的方向如图所示。应用基尔霍夫第二定律,对回路 1 有

$$\mathscr{E}_1 - \mathscr{E}_3 = I_1(R_1 + R_{i1} + R_3) - I_3(R_{i3} + R_5)$$

对回路 2 有

$$\mathscr{E}_3 - \mathscr{E}_2 = I_3(R_2 + R_{i3}) - I_2(R_2 + R_{i2} + R_4)$$

联立解以上三式,得

$$I_3 = -0.38 \text{ A}$$

式中负号表示 R_3 中实际电流方向与假设的方向相反。

12.2.3　欧姆定律微分形式的应用

欧姆定律微分形式表示导体中的电场强度与电流密度之间的关系,应用此定律常涉及电场强度和电势,它们之间的关系仍可用式 $U_{AB} = V_A - V_B = \int_L \boldsymbol{E} \cdot \mathrm{d}\boldsymbol{l}$ 表示。

【例 12-5】 一高压输电线被风吹断,一端触及地面,从而使 200 A 的电流由接触点流入地面,如图 12-5 所示。设地面水平,土地的电导率 $\gamma = 10^{-2}$ S/m。当一人走近输电线的接地端时,他的前后两脚间(约 0.6 m)的电势差常称为跨步电压。试求距触地点为 1 m 和 10 m 处的跨步电压。

分析 高压输电线触地后,电流将以触地点为球心,呈半球状沿径向流入地面,因此地面内将有电场,从而地面上任意两点间必有电势差。

解 离触地点 r 处的电流密度

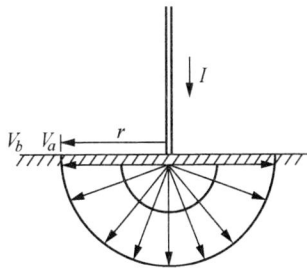

图 12-5

$$j = \frac{I}{S} = \frac{I}{2\pi r^2}$$

该处的电场强度由欧姆定律的微分形式可得

$$E = \frac{j}{\gamma} = \frac{I}{\gamma 2\pi r^2}$$

由此得到人的两脚间的电势差(跨步电压)

$$U_{ab} = V_a - V_b = \int_a^b \boldsymbol{E} \cdot \mathrm{d}\boldsymbol{l} = \int_{r_a}^{r_b} E \mathrm{d}r$$

$$= \int_{r_a}^{r_b} \frac{I}{\gamma 2\pi r^2} \mathrm{d}r = \frac{I}{2\pi\gamma}\left(\frac{1}{r_a} - \frac{1}{r_b}\right)$$

当 $r_a = 1 \text{ m}$, $r_b = 1.6 \text{ m}$ 时,

$$U_{ab} = \frac{200}{2 \times 3.14 \times 10^{-2}}\left(\frac{1}{1} - \frac{1}{1.6}\right) = 1.2 \times 10^3 \text{ V}$$

当 $r_a = 10 \text{ m}$, $r_b = 10.6 \text{ m}$ 时,

$$U_{ab} = \frac{200}{2 \times 3.14 \times 10^{-2}}\left(\frac{1}{10} - \frac{1}{10.6}\right) = 18 \text{ V}$$

【例 12 - 6】 两个同心金属球壳,半径分别为 a 和 $b(>a)$,其间充满电导率为 γ 的材料。已知 γ 是随电场强度而变化的,设为 $\gamma = kE$,其中 k 为常量。现两个球壳之间维持电压 U,求球壳间的电流。

解 在两个球壳之间作半径为 r 的同心球面,设通过的电流为 I,则电流密度

$$j = \frac{I}{4\pi r^2}$$

又因

$$j = \gamma E = kE^2$$

所以

$$E = \sqrt{\frac{I}{4\pi r^2 k}} = \frac{1}{r}\sqrt{\frac{I}{4\pi k}}$$

于是两球之间的电势差

$$U_{ab} = \int_a^b \boldsymbol{E} \cdot \mathrm{d}\boldsymbol{l} = \int_a^b E \mathrm{d}r = \int_a^b \frac{1}{r}\sqrt{\frac{I}{4\pi k}} \mathrm{d}r = \sqrt{\frac{I}{4\pi k}}\ln\frac{b}{a}$$

从上式可解出电流

$$I = \frac{4\pi k U_{ab}^2}{\left(\ln \dfrac{b}{a} \right)^2}$$

12.2.4　电流的功和功率的计算

要区分电源的功率、电源的输出功率和电源的输入功率三个不同的概念：

电源的功率　$P = I\mathscr{E}$；

电源的输出功率　$P_{出} = IU$，U 为外电路的端电压；

电源的输入功率（当电路充电时，外电路对电源输入的功率）　$P_{入} = IU$，U 为电源的端电压。

【例 12 - 7】　当电流为 1.0 A，端电压为 2.0 V 时，试求下列各种情形中电流的功率以及 1 s 内所产生的热量。

（1）电流通过导线；

（2）电流通过充电的蓄电池，这蓄电池的电动势为 1.3 V；

（3）电流通过放电的蓄电池，这蓄电池的电动势为 2.6 V。

解　（1）电流的功率

$$P_1 = IU = 1.0 \times 2.0 \text{ W} = 2.0 \text{ W}$$

导线产生的热量

$$Q_1 = P_1 t = 2.0 \times 1.0 \text{ J} = 2.0 \text{ J}$$

（2）电流的功率

$$P_2 = IU = 1.0 \times 2.0 \text{ W} = 2.0 \text{ W}$$

充电时，蓄电池的端电压

$$U = \mathscr{E} + I R_i$$

蓄电池的内阻

$$R_i = \frac{U - \mathscr{E}}{I} = \frac{2.0 - 1.3}{1.0} \text{ } \Omega = 0.7 \text{ } \Omega$$

内阻上产生的热量

$$Q_2 = I^2 R_i t = (1.0)^2 \times 0.7 \times 1 \text{ J} = 0.7 \text{ J}$$

(3) 电流的功率

$$P_3 = IU = 1.0 \times 2.0 \text{ W} = 2.0 \text{ W}$$

放电时,蓄电池的端电压

$$U = \mathscr{E}' - IR_i'$$

蓄电池的内阻

$$R_i' = \frac{\mathscr{E}' - U}{I} = \frac{2.6 - 2.0}{1.0} \text{ Ω} = 0.6 \text{ Ω}$$

电阻上产生的热量

$$Q_3 = I^2 R_i' t = (1.0)^2 \times 0.6 \times 1 \text{ J} = 0.6 \text{ J}$$

【例 12-8】 一导线电阻 $R = 6.0 \text{ Ω}$,其中有电流通过,设在下列情况下,通过的总电荷量都是 30 C,求各情况中导线所产生的热量。

(1) 在 $t = 24 \text{ s}$ 内有恒定电流通过导线;

(2) 在 $t = 24 \text{ s}$ 内电流均匀地减少到零;

(3) 电流按每经过 24 s 减小一半的规律一直衰减到零。

解 (1) 当导线中有恒定电流通过时,其电流

$$I = \frac{\Delta q}{\Delta t} = \frac{30}{24} \text{ A} = 1.25 \text{ A}$$

电流在导线内产生的热量

$$Q_1 = I^2 Rt = (1.25)^2 \times 6.0 \times 24 \text{ J} = 225 \text{ J}$$

(2) 设开始时最大电流为 I_0,由于电流随时间均匀地减小,则电流的变化规律为如图 12-6(a)所示,为

$$i = I_0 - \alpha t$$

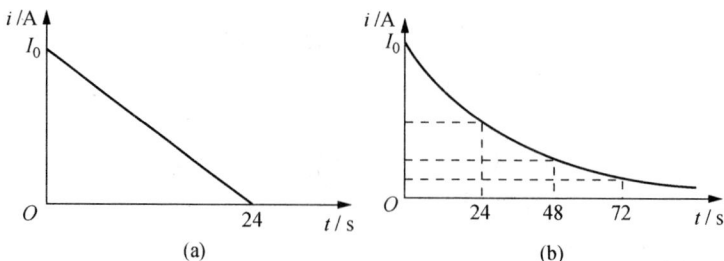

图 12-6

当 $t=24\,\text{s}$ 时, $i=0$, 所以 $\alpha=\dfrac{I_0}{24}$, 而 I_0 可由 i-t 图线下面积求得, 因斜线下的三角形面积之值等于总电荷量, 故

$$I_0=\frac{2q}{24}=2.5\ \text{A}$$

电流的变化规律为

$$i=2.5\Big(1-\frac{1}{24}t\Big)\ \text{A}$$

电流在导线内产生的热量

$$Q_2=\int_0^{24}i^2R\,\mathrm{d}t=\int_0^{24}(2.5)^2\times6.0\Big(1-\frac{1}{24}t\Big)^2\mathrm{d}t=300\ \text{J}$$

(3) 按题意, 电流随时间的变化规律如图 12-6(b)所示, 为

$$i=I_0\mathrm{e}^{-\beta t}$$

当 $t=24\,\text{s}$, $i=\dfrac{I_0}{2}$, 所以 $\beta=\dfrac{\ln 2}{24}$。I_0 可由下式求出:

$$q=\int_0^{\infty}i\,\mathrm{d}t=I_0\int_0^{\infty}\mathrm{e}^{-\beta t}\,\mathrm{d}t=\frac{1}{\beta}I_0$$

$$I_0=\beta q=\frac{\ln 2}{24}\times 30\ \text{A}=0.87\ \text{A}$$

电流在导线内产生的热量

$$Q=\int_0^{\infty}i^2R\,\mathrm{d}t=\int_0^{\infty}I_0^2\mathrm{e}^{-2\beta t}R\,\mathrm{d}t$$

$$=I_0^2R\,\frac{1}{2\beta}=78\ \text{J}$$

12.2.5　基尔霍夫定律的应用

对于复杂的电路, 可用基尔霍夫定律求解, 其步骤如下:

(1) 首先标定各支路的电流方向, 可任意标定, 如计算结果为负值, 表示电流实际流动的方向与标定方向相反。

(2) 列出节点的电流方程, $\sum I=0$, 流出节点的电流为正, 流入节点的电流为负。对于有 n 个节点的回路, 列出 $n-1$ 个节点方程。

（3）选定回路绕行的方向,也可任意选定,每个回路中至少有一条新支路。

（4）列出回路方程,$\sum \mathcal{E} = \sum IR$,电动势方向与回路绕行方向一致时,取正值,反之取负。电流方向与回路绕行方向一致时,电阻上的电压降取正,反之取负。方程数必须满足全部独立回路。

（5）联立解方程,可解出各支路电流,判定各未知电流的实际方向。

【例 12-9】 三个电池连接如图 12-7(a)所示,它们的电动势及内阻分别如下：$\mathcal{E}_1 = 1.3\ \text{V}$, $\mathcal{E}_2 = 1.5\ \text{V}$, $\mathcal{E}_3 = 2.0\ \text{V}$, $R_{i1} = R_{i2} = R_{i3} = 0.20\ \Omega$, 外电阻 $R = 0.55\ \Omega$。求各电池中的电流。

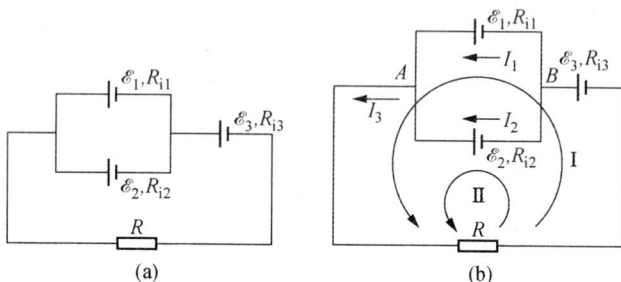

图 12-7

解 选定各支路电流及回路绕行方向如图 12-7(b)所示,并根据基尔霍夫定律列出方程组。

节点 A：　　$I_3 - I_1 - I_2 = 0$ 　　　　　　　　　　　　　　①

节点 B：　　$I_1 + I_2 - I_3 = 0$ 　　　　　　　　　　　　　　②

这两个方程只有一个是独立方程,两个节点只需一个电流方程。

回路 Ⅰ：　　$\mathcal{E}_1 + \mathcal{E}_3 = I_1 R_{i1} + I_3 R_{i3} + I_3 R$ 　　　　　　　③

回路 Ⅱ：　　$\mathcal{E}_2 + \mathcal{E}_3 = I_2 R_{i2} + I_3 R + I_3 R_{i3}$ 　　　　　　　④

回路 $A\mathcal{E}_2 B\mathcal{E}_1 A$ 中没有新的支路,所以此回路方程不是独立方程,可由式③和式④得到。

联立解上述三个方程,代入数据得

$$I_1 = 1.5\ \text{A},\ I_2 = 2.5\ \text{A},\ I_3 = 4.0\ \text{A}$$

各电流均为正值,故实际电流方向与标定方向相同。

【例 12-10】 如图 12-8(a)所示的电路,$\mathcal{E}_1 = 6.0\ \text{V}$, $\mathcal{E}_2 = 4.5\ \text{V}$, $\mathcal{E}_3 = 2.5\ \text{V}$, $R_{i1} = 0.2\ \Omega$, $R_{i2} = 0.1\ \Omega$, $R_{i3} = 0.5\ \Omega$, $R_1 = 0.5\ \Omega$, $R_2 = 0.5\ \Omega$, $R_3 = 2.5\ \Omega$, 求通过电阻 R_1, R_2, R_3 中的电流。

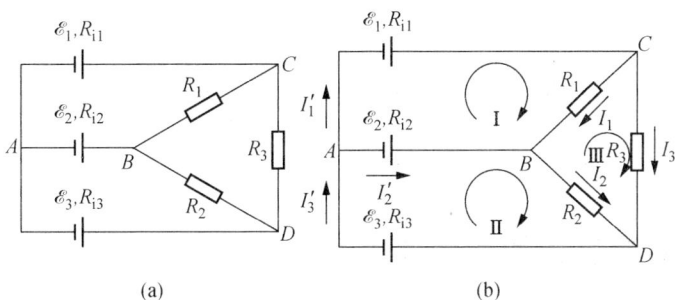

图 12 - 8

分析　此电路有 4 个节点和 3 个独立回路,可列出 3 个节点电流方程和 3 个回路方程。因共有 6 个待求电流,故 6 个方程可以求解。

解　选定各支路电流及回路方程如图 12 - 8(b)所示。根据基尔霍夫定律列方程如下。

节点 A:　　　　　　　　　　$I'_1 + I'_2 - I'_3 = 0$

节点 B:　　　　　　　　　　$-I_1 - I'_2 + I_2 = 0$

节点 C:　　　　　　　　　　$-I'_1 + I_1 + I_3 = 0$

回路 $A\mathscr{E}_1 CB\mathscr{E}_2 A$:　　　　$\mathscr{E}_1 - \mathscr{E}_2 = I'_1 R_{i1} + I_1 R_1 - I'_2 R_{i2}$

回路 $A\mathscr{E}_2 BD\mathscr{E}_3 A$:　　　　$\mathscr{E}_2 - \mathscr{E}_3 = I'_2 R_{i2} + I_2 R_2 + I'_3 R_{i3}$

回路 $BCDB$:　　　　　　$-I_1 R_1 + I_3 R_3 - I_2 R_2 = 0$

联立解上述方程,代入数据得

$$I_1 = 2.0\ \text{A},\ I_2 = 3.0\ \text{A},\ I_3 = 1.0\ \text{A}$$

第 13 章　恒稳磁场

13.1　基本概念和基本规律

1. 毕奥–萨伐尔定律

电流元的磁感应强度：
$$\mathrm{d}\boldsymbol{B} = \frac{\mu_0}{4\pi} \frac{I\,\mathrm{d}\boldsymbol{l} \times \boldsymbol{e}_{\mathrm{r}}}{r^2}$$

$$\mu_0 = 4\pi \times 10^{-7}\,\mathrm{T \cdot m/A}$$

磁场的叠加原理：
$$\boldsymbol{B} = \int \mathrm{d}\boldsymbol{B}$$

2. 恒稳磁场的基本规律

（1）磁场高斯定理：
$$\oint_S \boldsymbol{B} \cdot \mathrm{d}\boldsymbol{S} = 0$$

（2）安培环路定理：
$$\oint \boldsymbol{B} \cdot \mathrm{d}\boldsymbol{l} = \mu_0 \sum I$$

3. 几种典型电流分布的磁感应强度
1）载流直导线

有限长：
$$B = \frac{\mu_0 I}{4\pi a}(\sin\beta_2 - \sin\beta_1)$$

无限长：
$$B = \frac{\mu_0 I}{2\pi a}$$

2）载流圆线圈

轴线上：
$$B = \frac{\mu_0 I R^2}{2(R^2 + x^2)^{\frac{3}{2}}}$$

中心处：
$$B = \frac{\mu_0 I}{2R}$$

3）载流直螺线管

有限长：
$$B = \frac{\mu_0}{2}nI(\sin\beta_2 - \sin\beta_1)$$

无限长：
$$B = \mu_0 nI$$

4）载流螺绕环

$$B = \frac{\mu_0 NI}{2\pi r}$$

5）载流无限长直圆柱形导体

柱内：
$$B = \frac{\mu_0}{2\pi} \frac{Ir}{R^2}$$

柱外：
$$B = \frac{\mu_0}{2\pi} \frac{I}{r}$$

4. 运动电荷的磁场

$$B = \frac{\mu_0}{4\pi} \frac{q\boldsymbol{v} \times \boldsymbol{e}_r}{r^2}$$

5. 洛伦兹力

$$\boldsymbol{F} = q\boldsymbol{v} \times \boldsymbol{B}$$

6. 磁场对载流导线的作用

（1）电流元受力（安培公式）：

$$\mathrm{d}\boldsymbol{F} = I\,\mathrm{d}\boldsymbol{l} \times \boldsymbol{B}$$

（2）一段有限长导线受力：

$$\boldsymbol{F} = \int_L I\,\mathrm{d}\boldsymbol{l} \times \boldsymbol{B}$$

（3）载流线圈受的磁力矩：

$$\boldsymbol{M} = \boldsymbol{m} \times \boldsymbol{B}$$

载流线圈的磁矩：
$$\boldsymbol{m} = I\boldsymbol{S}$$

（4）平行无限长载流直导线间单位长度上的相互作用力：

$$\frac{\mathrm{d}F_{12}}{\mathrm{d}l} = \frac{\mathrm{d}F_{21}}{\mathrm{d}l} = \frac{\mu_0}{2\pi} \frac{I_1 I_2}{d}$$

7. 磁介质中的磁场

（1）磁场强度：
$$\boldsymbol{H} = \frac{\boldsymbol{B}}{\mu_0} - \boldsymbol{M}$$

在各向同性非铁磁质中：
$$\boldsymbol{H} = \frac{\boldsymbol{B}}{\mu_0 \mu_r} = \frac{\boldsymbol{B}}{\mu}$$

(2) 有介质时的安培环路定理:

$$\oint_L \boldsymbol{H} \cdot \mathrm{d}\boldsymbol{l} = \sum I$$

13.2　习题分类、解题方法和示例

本章的习题可分为以下几类:

(1) 磁感应强度的计算;

(2) 磁场对载流导体的力和力矩的计算;

(3) 磁场力的功的计算;

(4) 洛伦兹力的计算;

(5) 介质中磁场的计算。

下面将分别讨论各类问题的解题方法,并举例加以说明。

13.2.1　磁感应强度的计算

磁感应强度的计算有以下几种方法:

1) 用毕奥-萨伐尔定律计算磁感应强度

步骤如下:

(1) 在载流导体上任取一电流元 $I\mathrm{d}\boldsymbol{l}$,按毕奥-萨伐尔定律写出该电流元在给定场点的 $\mathrm{d}\boldsymbol{B}$ 的大小,确定 $\mathrm{d}\boldsymbol{B}$ 的方向,并在图上画出。

(2) 如果各电流元 $\mathrm{d}\boldsymbol{B}$ 的方向相同,则可直接积分求出 $\boldsymbol{B}$ 值。如果各电流元 $\mathrm{d}\boldsymbol{B}$ 的方向不同,则需选取适当的坐标系,写出 $\mathrm{d}\boldsymbol{B}$ 的分量式,然后对各分量式积分,最后求出给定场点的 $\boldsymbol{B}$ 的大小和方向。在求解时,须注意统一积分变量和确定积分的上下限。

2) 用安培环路定理计算磁感应强度

对于对称分布的磁场,可用安培环路定理计算磁感应强度,步骤如下:

(1) 根据磁场在空间对称分布的特点,通过给定的场点选取适当的闭合积分路径,并确定积分路径方向。一般取路径上各点的 $\boldsymbol{B}$ 大小相等且 $\boldsymbol{B}$ 与路径方向成 $0°$ 或 $180°$ 角的路径,或 $\boldsymbol{B}$ 为零的路径。

(2) 计算 $\boldsymbol{B}$ 的环流 $\oint_L \boldsymbol{B} \cdot \mathrm{d}\boldsymbol{l}$ 和积分路径所包围的电流的代数和 $\sum I$,电流的正负由环路方向按右手螺旋法则确定。

(3) 按安培环路定理求出给定场点的磁感应强度。

对于介质中的磁场,需用有磁介质时的安培环路定理 $\oint_L \boldsymbol{H} \cdot \mathrm{d}\boldsymbol{l} = \sum I$,求出给定场点的 $\boldsymbol{H}$,再按 $\boldsymbol{B} = \mu\boldsymbol{H}$ 得到磁感应强度。

3) 用典型磁场的公式计算磁感应强度

有些问题可以在已有的一些典型磁场的计算结果基础上进一步求解载流导体的磁感应强度。例如电流沿着平面或曲面分布,可以取很细的直线电流或细圆环电流作为电流元,利用已知的结果,得到电流元的 $\mathrm{d}\boldsymbol{B}$,再用积分法求得 $\boldsymbol{B}$,这样可以简化运算。

4) 用叠加法计算载流导体组合的磁感应强度

某些电流分布可以分解成一些典型的电流分布,而这些典型电流分布的磁感应强度公式已经知道,应用叠加法可以方便地得到总磁感应强度,即 $\boldsymbol{B} = \sum \boldsymbol{B}_i$。这类问题一般不需要积分。

5) 运动电荷的磁感应强度的计算

运动点电荷的磁感应强度可用公式 $\boldsymbol{B} = \dfrac{\mu_0}{4\pi} \dfrac{\boldsymbol{v} \times \boldsymbol{e}_r}{r^2}$ 确定大小和方向。

对于运动带电体产生的磁感应强度,则需要明确带电体运动所形成的电流,从中确定电流元,再按上述有关方法求解。

下面分别举例说明。

(a) 用毕奥-萨伐尔定律计算磁感应强度

【例 13 - 1】　如图 13 - 1(a)所示,一半圆环的载流导线,半径为 R,当通有电流 I 时,求垂直于环面的轴线上距环中心 O 为 x 的 P 点的磁感应强度。

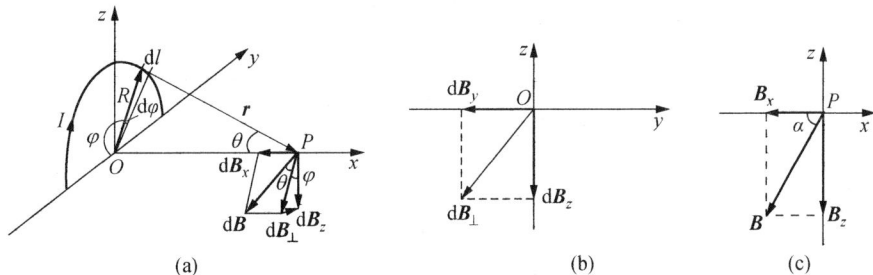

图 13 - 1

分析　载流半圆环的磁感应强度需用毕奥-萨伐尔定律求解。

解　取坐标系 $Oxyz$ 如图 13 - 1(a)所示,在环上取电流元 $I\,\mathrm{d}\boldsymbol{l}$,在 P 点的磁感应强度按毕奥-萨伐尔定律有

$$dB = \frac{\mu_0}{4\pi} \frac{I\,dl\,\sin 90°}{r^2} = \frac{\mu_0}{4\pi} \frac{I\,dl}{(R^2 + x^2)}$$

d$\boldsymbol{B}$ 的方向由右手螺旋法则确定,如图 13 - 1(a)所示,它是一个空间矢量。

由于各电流元的 d$\boldsymbol{B}$ 方向不同,将 d$\boldsymbol{B}$ 分解成 dB_x,dB_y,dB_z 三个分量,如图 13 - 1(b)所示,因而

$$dB_x = -dB\sin\theta$$

$$dB_y = dB_\perp \cos\varphi = -dB\cos\theta\cos\varphi$$

$$dB_z = dB_\perp \sin\varphi = -dB\cos\theta\sin\varphi$$

沿 x 方向的磁感应强度

$$B_x = \int dB_x = \int -\frac{\mu_0 I\,dl}{4\pi(R^2 + x^2)}\sin\theta = -\frac{\mu_0 I\sin\theta}{4\pi(R^2 + x^2)}\int_0^\pi R\,d\varphi$$

$$= -\frac{\mu_0 IR\sin\theta}{4(R^2 + x^2)} = -\frac{\mu_0 IR^2}{4(R^2 + x^2)^{\frac{3}{2}}}$$

由于半圆环电流分布的对称性,沿 y 轴方向的磁感应强度为零。

沿 z 轴方向的磁感应强度

$$B_z = \int dB_z = -\int dB\cos\theta\sin\varphi = -\int_0^\pi \frac{\mu_0 IR\cos\theta}{4\pi(R^2 + x^2)}R\sin\varphi\,d\varphi$$

$$= -\frac{\mu_0 IRx}{2\pi(R^2 + x^2)^{\frac{3}{2}}}$$

所以半圆环在 P 点的磁感应强度

$$B = \sqrt{B_x^2 + B_z^2} = \frac{\mu_0 IR}{2(R^2 + x^2)^{\frac{3}{2}}}\sqrt{\left(\frac{R}{2}\right)^2 + \left(\frac{x}{\pi}\right)^2}$$

方向角

$$\alpha = \arctan\frac{B_z}{B} = \arctan\frac{2x}{\pi R}$$

如图 13 - 1(c)所示。

(b) 用安培环路定律计算磁感应强度

【例 13 - 2】 有一长直电缆,由一个圆柱形导体和一个与其同轴的导体圆筒组成,圆柱体的半径为 R_1,圆筒的内、外半径分别为 R_2 和 R_3,如图 13 - 2 所示。设

电流从一导体流入,并从另一导体流出,而且电流都是均匀分布在导体的横截面上。求：(1) 磁感应强度的分布；(2) 通过长度为 l 的一段截面(图中阴影区域)的磁通量。

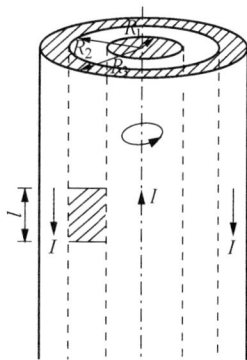

图 13 - 2

分析　由于载流长直电缆的磁场的分布具有对称性。磁力线位于垂直电缆轴线的平面内,是一组以平面与轴线交点为圆心的同心圆。同一磁力线上,各点的 **B** 的大小相等,所以可用安培环路定律计算磁场分布,并且取圆形磁力线为闭合回路。由于电流均匀分布在导体的横截面上,所以应用安培环路定理时,必须考虑回路包围的那一部分电流。

解　(1) 在 $0 < r < R_1$ 范围内,取如图所示的闭合回路和积分方向,根据安培环路定理有

$$\oint \boldsymbol{B} \cdot \mathrm{d}\boldsymbol{l} = \mu_0 \frac{I}{\pi R_1^2} \pi r^2 = \mu_0 \frac{r^2}{R_1^2} I$$

而

$$\oint \boldsymbol{B} \cdot \mathrm{d}\boldsymbol{l} = B \oint \mathrm{d}l = 2\pi B r$$

则

$$B 2\pi r = \mu_0 \frac{r^2}{R_1^2} I$$

$$B = \frac{\mu_0 I r}{2\pi R_1^2}$$

同理,在 $R_1 < r < R_2$ 范围内,可得

$$B 2\pi r = \mu_0 I$$

$$B = \frac{\mu_0 I}{2\pi r}$$

在 $R_2 < r < R_3$ 范围内,可得

$$B 2\pi r = \mu_0 \left(I - \frac{r^2 - R_2^2}{R_3^2 - R_2^2} I \right)$$

$$B = \frac{\mu_0 I}{2\pi r} \left(1 - \frac{r^2 - R_2^2}{R_3^2 - R_2^2} \right)$$

注意电流的正负,它是由闭合回路的积分方向确定。

在 $R_3 < r < \infty$ 范围内,可得

$$B 2\pi r = \mu_0 (I - I)$$

$$B = 0$$

(2) 由于阴影区域内各点的 $\boldsymbol{B}$ 的大小有一定的分布,但 $\boldsymbol{B}$ 的方向都与该截面正交,则通过该区域的磁通量

$$\Phi = \int \boldsymbol{B} \cdot \mathrm{d}\boldsymbol{S} = \int_{R_1}^{R_2} Bl\,\mathrm{d}r$$

式中

$$B = \frac{\mu_0 I}{2\pi r}$$

故

$$\Phi = \int_{R_1}^{R_2} \frac{\mu_0 Il}{2\pi r}\,\mathrm{d}r = \frac{\mu_0 Il}{2\pi}\ln\frac{R_2}{R_1}$$

【例 13 - 3】　将一电流均匀分布的无限大载流平面放入均匀外磁场中,平面两侧的磁感应强度分别为 $\boldsymbol{B}_1$ 和 $\boldsymbol{B}_2$,方向如图 13 - 3 所示。试求:(1) 载流平面上的电流密度;(2) 外磁场的磁感应强度 B_0。

分析　无限大载流平面在两侧将产生均匀磁场,其磁感应强度的大小为 $\frac{1}{2}\mu_0 j$,它们的方向可由右手螺旋定则确定,是反向平行的。将载流平面放入外磁场中,与外磁场叠加,因而平面两侧的磁感应强度不同。在平面两侧作一闭合回路,应用安培环路定理,可求得平面上的电流密度。根据磁场的叠加原理,可求得外磁场的磁感应强度。

图 13 - 3

解　(1) 取闭合回路 $abcda$ 如图 13 - 3 所示,由安培环路定理得

$$\oint \boldsymbol{B} \cdot \mathrm{d}\boldsymbol{l} = B_1\,\overline{ab} - B_2\,\overline{cd} = (B_1 - B_2)\Delta l = \mu_0 j\,\Delta l$$

所以平面上的电流密度

$$j = \frac{B_1 - B_2}{\mu_0} = -\frac{B_2 - B_1}{\mu_0}$$

由于 $B_2 > B_1$,所以电流密度的方向垂直纸面向外。

(2) 设外磁场

$$\boldsymbol{B}_0 = B_{0x}\boldsymbol{i} + B_{0y}\boldsymbol{j} + B_{0z}\boldsymbol{k}$$

载流平面在两侧的磁感应强度的大小均为 $B' = \frac{1}{2}\mu_0 j$,上侧沿 x 轴的负向,下

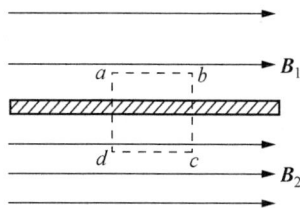

侧沿 x 轴的正向。根据磁场的叠加原理,上侧的磁感应强度 $\boldsymbol{B}_1 = \boldsymbol{B}_0 - \boldsymbol{B}'$,下侧的磁感应强度 $\boldsymbol{B}_2 = \boldsymbol{B}_0 + \boldsymbol{B}'$,于是

$$B_1 \boldsymbol{i} = B_{0x} \boldsymbol{i} + B_{0y} \boldsymbol{j} + B_{0z} \boldsymbol{k} - \frac{1}{2} \mu_0 j \boldsymbol{i}$$

所以

$$B_{0y} = 0, \ B_{0z} = 0$$

$$B_{0x} = B_1 + \frac{1}{2} \mu_0 j = B_1 + \frac{1}{2} \mu_0 \left(\frac{B_2 - B_1}{\mu_0} \right)$$

$$= \frac{1}{2} (B_1 + B_2)$$

即外磁场的磁感应强度的大小 $B_0 = \frac{1}{2}(B_1 + B_2)$,方向沿 x 轴的正向。也可从下侧的磁感应强度来计算,因

$$B_2 \boldsymbol{i} = B_{0x} \boldsymbol{i} + B_{0y} \boldsymbol{j} + B_{0z} \boldsymbol{k} + \frac{1}{2} \mu_0 j \boldsymbol{i}$$

因此

$$B_{0y} = 0, \ B_{0z} = 0$$

$$B_{0x} = B_2 - \frac{1}{2} \mu_0 j = B_2 - \frac{1}{2} \mu_0 \left(\frac{B_2 - B_1}{\mu_0} \right)$$

$$= \frac{1}{2} (B_2 + B_1)$$

即

$$\boldsymbol{B}_0 = \frac{1}{2} (\boldsymbol{B}_1 + \boldsymbol{B}_2)$$

(c) 用典型磁场的公式计算磁感应强度

【例 13-4】　一正方形载流线圈,边长为 a,通以电流 I。试求在竖直于线圈平面与平面中心的连线上任一点的磁感应强度。

分析　利用有限长载流导线的磁感应强度公式进行计算。各段导线产生的磁感应强度方向不同,必须加以分解,然后合成。

解　如图 13-4 所示,导线 AB 在 P 点处产生的磁感应强度为

$$B_1 = \frac{\mu_0 I}{4\pi r_0} [\sin \beta_1 - \sin(-\beta_1)] = \frac{\mu_0 I}{2\pi r_0} \sin \beta_1$$

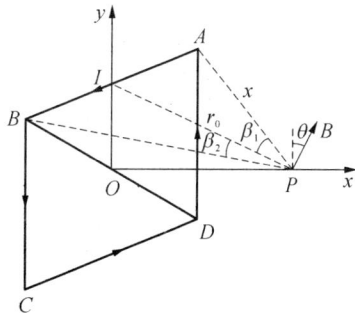

由图 13-4 可知

图 13-4

$$r_0 = \sqrt{x^2 + \left(\frac{a}{2}\right)^2}, \quad \sin\beta_1 = \frac{a/2}{\sqrt{x^2 + \left(\frac{a}{2}\right)^2}} = \frac{a}{2\sqrt{x^2 + \frac{a^2}{4}}}$$

所以

$$B_1 = \frac{\mu_0 I}{2\pi\sqrt{x^2 + \frac{a^2}{4}}} \cdot \frac{a}{2\sqrt{x^2 + \frac{a^4}{4}}} = \frac{\mu_0 I a}{4\pi\sqrt{\left(x^2 + \frac{a^2}{4}\right)\left(x^2 + \frac{a^2}{4}\right)}}$$

方向如图 13-4 所示。正方形四条边在 P 点产生的磁感应强度大小相等,但方向不同。由于四条边 AB 和 CD 相对于 x 轴对称,BC 和 DA 也相对于 x 轴对称,所以磁感应强度在垂直于 x 轴的分矢量各自相消,只有在 x 轴上的分矢量相互加强。于是 AB 段在 P 点处产生的磁感应强度的分量为

$$B_{1x} = B_1 \sin\theta = \frac{\mu_0 I a}{4\pi\sqrt{\left(x^2 + \frac{a^2}{4}\right)\left(x^2 + \frac{a^2}{4}\right)}} \cdot \frac{a/2}{\sqrt{x^2 + \frac{a^2}{4}}}$$

$$= \frac{\mu_0 I a^2}{8\pi\left(x^2 + \frac{a^2}{4}\right)\sqrt{x^2 + \frac{a^2}{4}}}$$

整个四方形载流线圈在 P 点处的磁感应强度为

$$B = 4B_{1x} = \frac{\mu_0 I a^2}{\pi(4x^2 + a^2)(4x^2 + 2a^2)^{1/2}}$$

【例 13-5】 一半径为 R 无限长半圆柱形金属薄片,其中通有电流 I,如图 13-5(a) 所示。求圆柱轴线上一点 P 的磁感应强度。

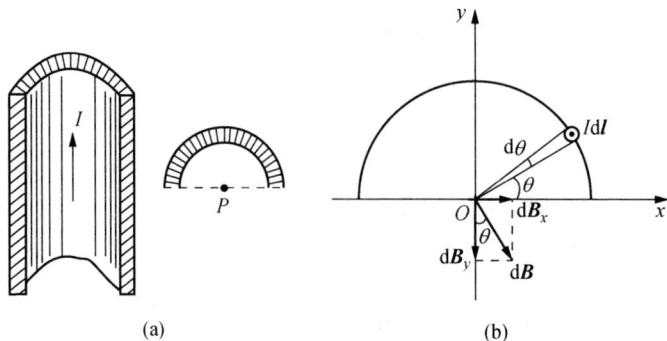

(a)　　　　　　　(b)

图 13-5

分析　载流的无限长半圆柱状金属薄片可以看成由无数无限长的平行直线组成,而载流无限长直线电流的磁感应强度已经知道,应用叠加法(积分法)就可求得金属薄片的磁感应强度。

解　建立如图 13-5(b)所示的坐标系,取宽为 $\mathrm{d}l$ 的长直电流为电流元,其中的电流

$$\mathrm{d}I = \frac{I}{\pi R}\mathrm{d}l = \frac{I}{\pi}\mathrm{d}\theta$$

该电流元在 P 点的磁感应强度

$$\mathrm{d}B = \frac{\mu_0 \mathrm{d}I}{2\pi R} = \frac{\mu_0}{2\pi^2}\frac{I\mathrm{d}\theta}{R}$$

方向在与圆柱轴线垂直的 xOy 平面内,与 y 轴的夹角为 θ,见图 13-5(b)。

由于各载流直线的磁感应强度的方向不同,故分成分量考虑。由对称性可知,各电流元在 P 点处磁感应强度的 y 方向分量相互抵消,即 $B_y = 0$。 而 x 轴的分量

$$B_x = \int \mathrm{d}B_x = \int \mathrm{d}B \sin\theta$$
$$= \int_0^\pi \frac{\mu_0 I}{2\pi^2 R}\sin\theta\mathrm{d}\theta = \frac{\mu_0 I}{\pi^2 R}$$

所以 P 点的磁感应强度

$$B = B_x = \frac{\mu_0 I}{\pi^2 R}$$

方向沿 x 轴正向。

【**例 13-6**】　一多层密绕螺线管,内半径为 R_1,外半径为 R_2,长为 l,如图 13-6(a)所示。设总匝数为 N,导线中通过的电流为 I。试求该螺线管中心 O 点的磁感应强度。

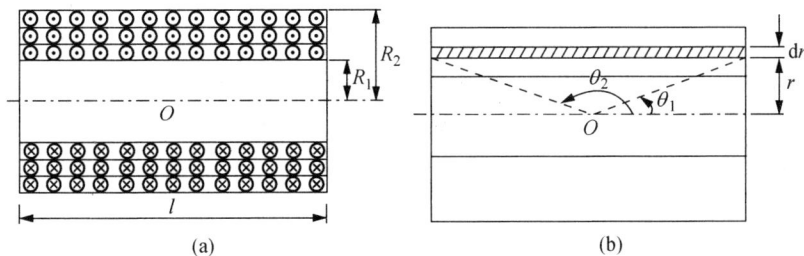

图 13-6

分析   将多层密绕螺线管看成许多密绕的薄螺线管,而通电螺线管的磁感应强度公式是已知的。利用叠加法(即积分法)可得到所要求的结果。

解   在螺线管中取一厚度为 dr 的密绕导线薄层[见图 13-6(b)],由载流螺线管磁感应强度公式,得该薄层在中心 O 点处的磁感应强度

$$dB = \frac{\mu_0}{2} nI(\cos\theta_2 - \cos\theta_1) = \mu_0 nI \cos\theta$$

式中 n 为单位长度的匝数,

$$n = \frac{N}{(R_2 - R_1)l} dr$$

由几何关系知 $\cos\theta = \dfrac{\dfrac{l}{2}}{\sqrt{r^2 + \left(\dfrac{l}{2}\right)^2}}$,代入得

$$dB = \mu_0 \frac{NI}{(R_2 - R_1)l} dr \frac{\dfrac{l}{2}}{\sqrt{r^2 + \left(\dfrac{l}{2}\right)^2}} = \frac{\mu_0 NI}{2(R_2 - R_1)} \frac{dr}{\sqrt{r^2 + \left(\dfrac{l}{2}\right)^2}}$$

整个多层螺线管在 O 点的磁感应强度

$$B = \int dB = \int_{R_1}^{R_2} \frac{\mu_0 NI}{2(R_2 - R_1)} \frac{dr}{\sqrt{r^2 + \left(\dfrac{l}{2}\right)^2}}$$

$$= \frac{\mu_0 NI}{2(R_2 - R_1)} \ln \frac{2R_2 + \sqrt{4R_2^2 + l^2}}{2R_1 + \sqrt{4R_1^2 + l^2}}$$

【例 13-7】   如图 13-7(a)所示,在真空中有一均匀密绕的平面螺旋线圈,总匝数为 N,线圈的内半径为 R_1,外半径为 R_2。若线圈中通以电流 I,(1)求螺旋线圈中心 O 点(即线圈的圆心)处的磁感应强度;(2)若将此平面螺旋线圈沿直径方向折成直角,求螺旋线圈中心 O 点处的磁感应强度。

分析   由于螺旋线圈是密绕的,所以可以把它看成由许多同心圆线圈组成的。但对于螺旋线圈所产生的磁感应强度,不可能以一个一个圆线圈所产生的磁感应强度加以叠加进行计算。这就要考虑距离中心 r 到 $r+dr$ 的一组线圈产生的磁感应强度,然后应用积分法计算。

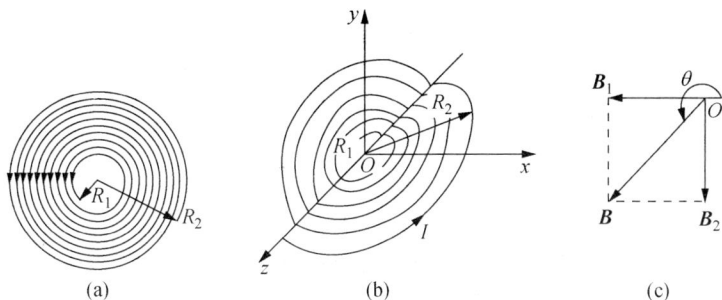

图 13 - 7

解　(1) 在半径从 R_1 到 R_2 范围内,单位半径长度上的线圈匝数 $n = \dfrac{N}{R_2 - R_1}$。在距离中心从 r 到 $r + dr$ 范围内,共有圆线圈 $n\,dr = \dfrac{N}{R_2 - R_1} dr$ 匝。这些圆线圈产生在中心的磁感应强度

$$dB = \frac{\mu_0 I}{2r} n\,dr = \frac{\mu_0 NI}{2(R_2 - R_1)}\frac{dr}{r}$$

所以整个螺旋线圈的磁感应强度

$$B = \int dB = \int_{R_1}^{R_2} \frac{\mu_0 NI}{2(R_2 - R_1)}\frac{dr}{r} = \frac{\mu_0 NI}{2(R_2 - R_1)}\ln\frac{R_2}{R_1}$$

方向垂直纸面向里。

(2) 若将此平面螺旋线圈沿直径方向折成直角,则成为两半圆形平面线圈,如图 13 - 7(b)所示。对于 yOz 平面内的半圆线圈,在中心 O 点处产生的磁感应强度

$$B_1 = \int dB_1 = \int_{R_1}^{R_2}\frac{\mu_0 I}{4r} n\,dr = \int_{R_1}^{R_2}\frac{\mu_0 NI}{4(R_2 - R_1)}\frac{dr}{r}$$

$$= \frac{\mu_0 NI}{4(R_2 - R_1)}\ln\frac{R_2}{R_1}$$

方向沿 x 轴负向。

同理,xOz 平面内的半圆线圈在中心 O 点处产生的磁感应强度

$$B_2 = \int dB_2 = \frac{\mu_0 NI}{4(R_2 - R_1)}\ln\frac{R_2}{R_1}$$

方向沿 y 轴负向。

所以,整个螺旋线圈在中心 O 点处产生的磁感应强度

$$B = \sqrt{B_1^2 + B_2^2} = \frac{\sqrt{2}\,\mu_0 NI}{8(R_2 - R_1)} \ln \frac{R_2}{R_1}$$

方向在 xOy 平面内与 x 轴成角[见图 13-6(c)]

$$\theta = \arctan \frac{B_2}{B_1} = 135°$$

(d) 用叠加法计算载流导体组合的磁感应强度

【例 13-8】 一载流长直导线,弯成如图 13-8 所示的形状,其圆弧部分的半径为 R,张角为 $60°$,导线中的电流为 I,求圆弧中心 O 处的磁感应强度。

分析 将弯成圆弧状的长直导线分解成直线部分和圆弧部分。应用已知的磁感应强度公式,求出各自在点 O 处所产生的磁感应强度,然后应用磁场的叠加原理,就可以求得总的磁感应强度。

解 圆弧部分的载流导线在点 O 处产生的磁感应强度

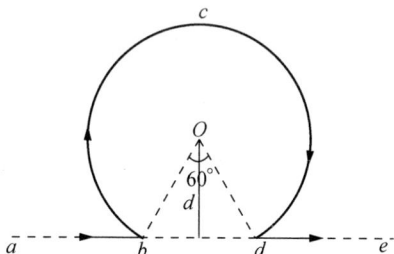

图 13-8

$$B_1 = \int \frac{\mu_0}{4\pi} \frac{I\,\mathrm{d}l}{R^2} = \frac{\mu_0 I}{4\pi} \int_0^{\frac{5\pi}{3}} \frac{R\,\mathrm{d}\theta}{R^2} = \frac{5\mu_0 I}{12R}$$

方向垂直纸面向里。

载流直线部分 ab 段在点 O 处的磁感应强度可由公式 $B = \frac{\mu_0 I}{4\pi d}$ ($\sin\beta_2 - \sin\beta_1$) 求得,这里 $\beta_2 = -\frac{\pi}{6}$, $\beta_1 = -\frac{\pi}{2}$, $d = R\cos 30° = \frac{\sqrt{3}}{2}R$, 故

$$B_2 = \frac{\mu_0 I}{4\pi \frac{\sqrt{3}}{2}R} \left[\sin\left(-\frac{\pi}{6}\right) - \sin\left(-\frac{\pi}{2}\right) \right] = \frac{\sqrt{3}\,\mu_0 I}{6\pi R}\left(-\frac{1}{2} + 1\right) = \frac{\sqrt{3}\,\mu_0 I}{12\pi R}$$

方向垂直纸面向外。

同理,对于 de 段载流直导线,$\beta_1 = \frac{\pi}{6}$, $\beta_2 = \frac{\pi}{2}$, 在 O 点处的磁感应强度

$$B_3 = \frac{\mu_0 I}{4\pi \frac{\sqrt{3}}{2}R} \left[\sin\left(\frac{\pi}{2}\right) - \sin\left(\frac{\pi}{6}\right) \right] = \frac{\sqrt{3}\,\mu_0 I}{6\pi R}\left(1 - \frac{1}{2}\right) = \frac{\sqrt{3}\,\mu_0 I}{12\pi R}$$

方向垂直纸面向外。

整个载流导线在 O 点处的磁感应强度

$$B = B_1 - B_2 - B_3 = \frac{5\mu_0 I}{12R} - \frac{\sqrt{3}\,\mu_0 I}{12\pi R} - \frac{\sqrt{3}\,\mu_0 I}{12\pi R} = 0.32\frac{\mu_0 I}{R}$$

方向与圆弧部分的磁感应强度的方向相同,即垂直纸面向里。

【例 13-9】　如图 13-9(a)所示,两根无限长平行放置的柱形导体,挖去部分并胶在一起,通有等值反向的电流 I,电流在两个阴影所示的横截面内均匀分布。两个导体横截面的面积均为 S,两根圆柱轴线间的距离 $O_1O_2 = d$。 试求两根圆柱叠合的真空部分的磁感应强度。

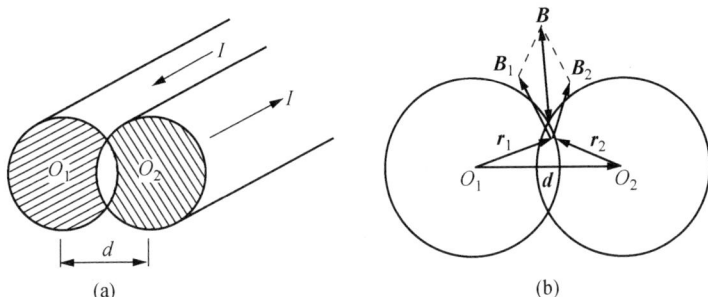

图 13-9

分析　本题初看起来电流分布不具有柱对称性,很难计算。但是若将圆柱 O_1 视为电流密度为 $\dfrac{I}{S}$ 的载流体,圆柱 O_2 视为电流密度也是 $\dfrac{I}{S}$ 的载流体,由于两根圆柱体中的电流方向相反,所以在两根圆柱叠合的部分电流为零,因此在叠合部分任意点 P 的磁感应强度可视为两根完整的长直载流圆柱体在 P 点的磁感应强度的叠加。而载流圆柱的磁场分布具有轴对称性,可用安培环路定理求解。

解　取垂直于纸面向外的单位矢量为 $\boldsymbol{k}$,矢量 $\boldsymbol{d}$ 沿 O_1O_2 从 O_1 指向 O_2,如图 13-9(b)所示。根据安培环路定理,载流圆柱 O_1 的磁感应强度 $\boldsymbol{B}_1$,载流圆柱 O_2 的磁感应强度 $\boldsymbol{B}_2$,分别为

$$\boldsymbol{B}_1 = \frac{\mu_0}{2\pi r_1}\left(\frac{I}{S}\pi r_1^2\right)\boldsymbol{k} \times \boldsymbol{e}_{r_1} = \frac{\mu_0 I r_1}{2S}\boldsymbol{k} \times \boldsymbol{e}_{r_1} = \frac{\mu_0 I}{2S}\boldsymbol{k} \times \boldsymbol{r}_1$$

$$\boldsymbol{B}_2 = \frac{\mu_0}{2\pi r_2}\left(\frac{I}{S}\pi r_2^2\right)(-\boldsymbol{k}) \times \boldsymbol{e}_{r_2} = \frac{-\mu_0 I r_2}{2S}\boldsymbol{k} \times \boldsymbol{e}_{r_2} = -\frac{\mu_0 I}{2S}\boldsymbol{k} \times \boldsymbol{r}_2$$

式中 $\boldsymbol{e}_{r_1}$ 和 $\boldsymbol{e}_{r_2}$ 分别为 $\boldsymbol{r}_1$ 和 $\boldsymbol{r}_2$ 的单位矢量。$\boldsymbol{B}_1$ 和 $\boldsymbol{B}_2$ 的方向如图所示。P 点的总

磁感应强度

$$B = B_1 + B_2 = \frac{\mu_0 I}{S} k \times (r_1 - r_2) = \frac{\mu_0 I}{S} k \times d$$

由此可知,在两根圆柱重叠的真空部分内的磁感应强度处处相等,其值 $B = \frac{\mu_0 I d}{2S}$,方向垂直 $O_1 O_2$ 向上,即磁场是均匀分布的。

(e) 运动电荷的磁感应强度的计算

【**例 13 - 10**】 一均匀带电细棒 AB,长为 l,电荷线密度为 λ,此棒可绕垂直于纸面的 O 轴以匀角速率 ω 转动,转动过程中 A 端与轴 O 的距离 a 保持不变,如图 13 - 10 所示。求 O 点的磁感应强度和转动细棒的磁矩。

分析 带电细棒绕轴转动时,相当于载流细棒。由于带电细棒上不同位置绕轴转动的线速度不同,各线元上的电流也不同,所以计算磁感应强度需用积分法。同样,计算细棒的磁矩时也要用积分法。

解 在棒上任取一线元 dr,距转轴 O 的距离为 r,其上带电量 $dq = \lambda dr$。当细棒以角速度 ω 旋转时,dq 形成环形电流,其电流强度

$$dI = \frac{\omega dq}{2\pi} = \frac{\lambda \omega}{2\pi} dr$$

根据圆环电流在圆心处的磁感应强度公式,此电流在 O 点处的磁感应强度

$$dB = \frac{\mu_0 dI}{2r} = \frac{\lambda \omega \mu_0}{4\pi} \frac{dr}{r}$$

各线元的磁感应强度 $d\boldsymbol{B}$ 方向相同,所以带电细杆转动时在 O 点的磁感应强度

$$B = \int dB = \frac{\lambda \omega \mu_0}{4\pi} \int_a^{a+l} \frac{dr}{r} = \frac{\lambda \omega \mu_0}{4\pi} \ln \frac{a+l}{a}$$

旋转的带电线元 dr 的磁矩

$$|d\boldsymbol{m}| = \pi r^2 dI = \frac{\lambda \omega}{2} r^2 dr$$

转动的带电细杆的总磁矩

$$|\boldsymbol{m}| = \int |d\boldsymbol{m}| = \int_a^{a+l} \frac{\lambda \omega}{2} r^2 dr = \frac{\lambda \omega}{6} \left[(a+l)^3 - a^3 \right]$$

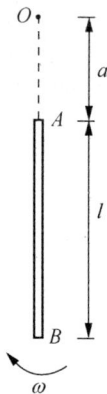

图 13 - 10

*【例 13 - 11】 半径为 R 的球面上均匀带电 Q，当此球以角速度 ω 绕它的一个直径旋转时，试求：(1) 面电流密度；(2) 球外转轴上任一点的磁感应强度；(3) 此球的磁矩。

分析　当带电球绕轴转动时，相当于无数个同心载流圆环，其产生的磁感应强度可由公式求得。由于圆电流具有磁矩，因而此旋转的带电球也具有磁矩，此磁矩是无数同心载流圆环磁矩的叠加。

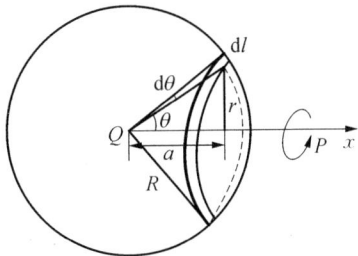

图 13 - 11

解　(1) 在离球心 x 处，取一宽为 $\mathrm{d}l = R\mathrm{d}\theta$ 的圆环，当以角速度 ω 绕 x 轴旋转时，此圆环相当于一圆电流，设电荷面密度为 σ，圆电流为其大小

$$\mathrm{d}I = \mathrm{d}q\,\frac{\omega}{2\pi}$$

式中，$\mathrm{d}q = \sigma\mathrm{d}S = \sigma 2\pi r\mathrm{d}l = \sigma 2\pi r R\mathrm{d}\theta$，而 $r = R\sin\theta$，代入得

$$\mathrm{d}q = \sigma \cdot 2\pi R^2 \sin\theta\mathrm{d}\theta\,\frac{\omega}{2\pi} = \sigma R^2 \omega \sin\theta\mathrm{d}\theta$$

面电流密度

$$j = \frac{\mathrm{d}I}{\mathrm{d}l} = \frac{\mathrm{d}I}{R\mathrm{d}\theta} = \sigma R\omega\sin\theta = \frac{Q}{4\pi R^2}R\omega\sin\theta = \frac{Q\omega}{4\pi R}\sin\theta$$

(2) 圆电流 $\mathrm{d}I$ 在 P 点（离球心的距离设为 a）的磁感应强度为

$$\begin{aligned}\mathrm{d}B &= \frac{\mu_0}{2}\,\frac{r^2\mathrm{d}I}{[r^2+(a-x)^2]^{3/2}}\\ &= \frac{\mu_0}{2}\,\frac{\sigma\omega r^2 R^2 \sin\theta\mathrm{d}\theta}{(r^2+a^2-2ax+x^2)}\end{aligned}$$

因 $r^2+x^2 = R^2$，所以 $r^2 = R^2 - x^2$，又因 $x = R\cos\theta$，所以 $\mathrm{d}x = -R\sin\theta\mathrm{d}\theta$，代入得

$$\mathrm{d}B = -\frac{\mu_0\sigma\omega R}{2}\cdot\frac{(R^2-x^2)\mathrm{d}x}{(R^2+a^2-2ax)^{3/2}}$$

由于各圆电流在 P 点所产生的磁感应强度方向相同，故 P 点的总磁感应强度为

$$B = \mathrm{d}B = -\frac{\mu_2\sigma\omega R}{2}\int_{-R}^{R}\frac{R^2-x^2}{(R^2+a^2-2ax)^{3/2}}\mathrm{d}x$$

式中的积分结果为

$$\int_{-R}^{R} \frac{R^2-x^2}{(R^2+a^2-2ax)}\mathrm{d}x = \begin{cases} \left[\dfrac{2R^2}{(R^2-a^2)} - \dfrac{2(R^2+2a^2)}{3(R^2-a^2)}\right] = \dfrac{4}{3}, & a < R \\[3mm] \dfrac{2R^2}{(R^2-a^2)} - \dfrac{2R^3(2R^2+a^2)}{3a^3(a^2-R^2)}\bigg] = \dfrac{4}{3}\dfrac{R^3}{a^3}, & a > R \end{cases}$$

由此得球内轴线上任一点的磁感应强度为

$$B_{内} = \frac{\mu_0\sigma\omega R}{2} \times \frac{4}{3} = \frac{2\mu_0\sigma\omega R}{3} = \frac{\mu_0\omega Q}{\sigma\pi R}$$

球外轴线上任一点的磁感应强度为

$$B_{外} = \frac{\mu_0\sigma\omega R}{2} \times \frac{4}{3}\frac{R^3}{a^3} = \frac{2\mu_0\sigma\omega R^4}{3a^3} = \frac{\mu_0\omega Q R^2}{\sigma\pi a^3}$$

磁感应强度的方向都与 $\boldsymbol{\omega}$ 的方向相同,即沿 x 轴正向。

(3) 圆电流的磁矩为

$$\mathrm{d}m = \mathrm{d}I \cdot \mathrm{d}S = \mathrm{d}I\pi r^2 = rR^2\omega\sin\theta\mathrm{d}\theta \cdot \pi(R\sin\theta)^2$$
$$= \pi R^4\sigma\omega\sin^3\theta\mathrm{d}\theta$$

整个带电旋转球的总磁矩为

$$m = \int\mathrm{d}m = \pi R^4\sigma\omega\int_0^{\pi}\sin^3\theta\mathrm{d}\theta$$
$$= \frac{4}{3}\pi R^4\sigma\omega = \frac{1}{3}R^2\omega Q$$

13.2.2　磁场对载流导体的力和力矩的计算

1) 磁场对载流导线的作用力可用安培力公式计算

$$\boldsymbol{F} = \int\mathrm{d}\boldsymbol{F} = \int_L I\mathrm{d}\boldsymbol{l} \times \boldsymbol{B}$$

计算步骤如下:

(1) 先确定磁场的方向。

(2) 在载流导线上取电流元 $I\mathrm{d}\boldsymbol{l}$,由安培力公式写出电流元在磁场 $\boldsymbol{B}$ 中所受安培力大小的表达式,并确定力的方向,并在图上画出。

(3) 如各电流元受力的方向不同,建立适当的坐标系,写出电流元受力 $\mathrm{d}\boldsymbol{F}$ 的分量式。

（4）经统一变量，确定积分上下限，求出安培力在各坐标轴上的分量，最后求出 $\boldsymbol{F}$ 的大小和方向。

2）磁场对载流线圈的力矩的计算

在匀强磁场中，平面载流线圈所受的磁力矩可用公式 $\boldsymbol{M} = \boldsymbol{m} \times \boldsymbol{B}$ 直接计算。

在非匀强磁场中，可根据安培定律和力学中力矩的定义计算磁力矩。一般先求电流元受力 $\mathrm{d}\boldsymbol{F}$，再由力矩定义，得 $\mathrm{d}\boldsymbol{M} = \boldsymbol{r} \times \mathrm{d}\boldsymbol{F}$，然后积分 $\boldsymbol{M} = \int \mathrm{d}\boldsymbol{M}$，得磁力矩。

【例 13-12】 如图 13-12 所示，一根长直导线，通有电流 $I_1 = 20$ A，其旁另有一载流导线 ab，长为 9 cm，通有电流 $I_2 = 20$ A，导线 ab 垂直于长直导线，a 端距长直导线 1 cm。试求导线 ab 所受的力和对 O 点的力矩。

分析 由于导线 ab 处于长直导线的非匀强磁场中，所以在计算受力和力矩时需用积分法。

解 在导线 ab 上任取一电流元 $I_2 \mathrm{d}\boldsymbol{l}$，它与长直导线的距离为 l，根据安培力公式，该电流元受力 $\mathrm{d}\boldsymbol{F}$ 的大小

$$\mathrm{d}F = I_2 \mathrm{d}l B_1 \sin \frac{\pi}{2} = I_2 B_1 \mathrm{d}l$$

式中 B_1 为长直导线在该电流元处的磁感应强度，即

$$B_1 = \frac{\mu_0 I_1}{2\pi l}$$

$\mathrm{d}\boldsymbol{F}$ 的方向为垂直导线 ab 向上（如图 13-10）。

图 13-12

因为导线 ab 上各电流元受力方向均垂直 ab 向上，因此可将 $\mathrm{d}\boldsymbol{F}$ 直接积分。整个载流导线 ab 受力的大小

$$F = \int \mathrm{d}F = \int_L I_2 B_1 \mathrm{d}l = \int_{0.01}^{0.1} \frac{\mu_0 I_1 I_2}{2\pi} \frac{\mathrm{d}l}{l}$$

$$= \frac{\mu_0 I_1 I_2}{2\pi} \ln \frac{0.1}{0.01} = 1.84 \times 10^{-4} \text{ N}$$

$\boldsymbol{F}$ 的方向垂直于导线 ab 并向上。

根据力矩的定义，$\mathrm{d}\boldsymbol{F}$ 对 O 点的力矩

$$\mathrm{d}M = l \mathrm{d}F = l I_2 B \mathrm{d}l = \frac{\mu_0 I_1 I_2}{2\pi} \mathrm{d}l$$

$\mathrm{d}\boldsymbol{M}$ 的方向垂直于纸面向外。

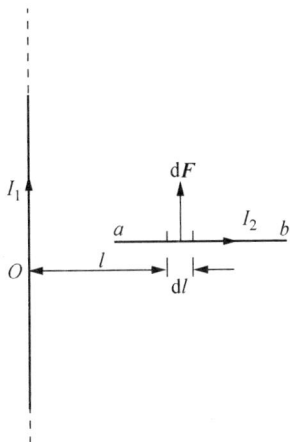

因为所有电流元的 d$\boldsymbol{F}$ 对 O 点的力矩 d$\boldsymbol{M}$ 方向均相同,所以整个导线 ab 所受的力对 O 点的力矩

$$M = \int dM = \int_{0.01}^{0.1} \frac{\mu_0 I_1 I_2}{2\pi} dl = \frac{\mu_0 I_1 I_2}{2\pi}(0.1 - 0.01)$$
$$= 7.2 \times 10^{-6} \text{ N} \cdot \text{m}$$

【例 13-13】　在垂直于长直电流 I_1 的平面内放置一扇形线圈 $abcd$,线圈中的电流为 I_2,扇形线圈的半径分别为 R_1 和 R_2,张角为 θ,如图 13-13(a)所示。试求线圈各边所受的力以及线圈所受的力矩。

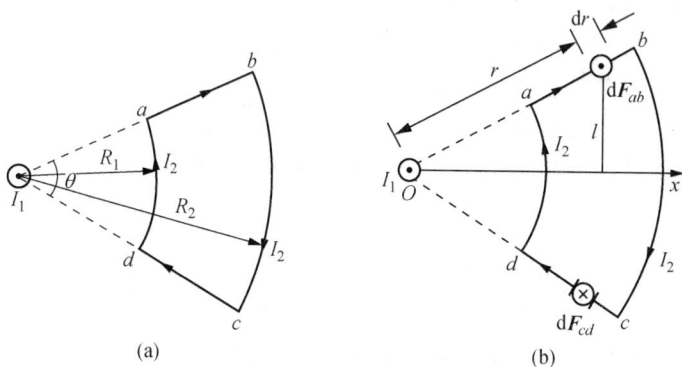

图 13-13

分析　扇形载流线圈处于载流长直导线的非匀强磁场中,它的受力情况需用积分法计算。而在弧线 $\widehat{ad}$ 和 $\widehat{bc}$ 上,磁感应强度沿它们的切线方向,所以受力为零,因此只要计算直线部分 ab 和 cd 上的受力情况。

由于线圈上处处受力情况不同,但沿径向的两边上对称的电流元受力的大小相等,所以线圈所受的力矩可先计算两个电流元的力矩,然后用积分法求得。

解　直线电流所产生的磁感应强度

$$B_1 = \frac{\mu_0 I_1}{2\pi r}$$

由于 $\boldsymbol{B}_1$ 沿 $\widehat{ad}$ 和 $\widehat{bc}$ 的切线方向,所以

$$F_{ad} = F_{bc} = 0$$

在 ab 上取电流元 $I_2 d\boldsymbol{r}$[见图 13-13(b)],受电流 I_1 作用的磁场力

$$dF_{ab} = I_2 dr B_1 = \frac{\mu_0 I_1 I_2}{2\pi} \frac{dr}{r}$$

方向垂直纸面向外。ab 上各电流元受力的方向相同,所以

$$F_{ab} = \int dF_{ab} = \int_{R_1}^{R_2} \frac{\mu_0 I_1 I_2}{2\pi} \frac{dr}{r} = \frac{\mu_0 I_1 I_2}{2\pi} \ln \frac{R_2}{R_1}$$

方向垂直纸面向外[见图 13-13(b)]。同理

$$F_{cd} = \frac{\mu_0 I_1 I_2}{2\pi} \ln \frac{R_2}{R_1}$$

方向垂直纸面向内。

由于 $\boldsymbol{F}_{ab}$ 和 $\boldsymbol{F}_{cd}$ 大小相等,方向相反,但不在一条直线上,形成一力偶,使线圈绕对称轴(x 轴)转动。ab 线段上距电流 I_1 为 r 处的电流元 $I_2 dr$ 所产生的磁场力 dF_{ab} 对 x 轴的力矩

$$dM_1 = dF_{ab}l = \frac{\mu_0 I_1 I_2}{2\pi r} dr r \sin \frac{\theta}{2} = \frac{\mu_0 I_1 I_2}{2\pi} \sin \frac{\theta}{2} dr$$

ab 线段上的电磁场力对 x 轴的力矩

$$M_1 = \int dM_1 = \int_{R_1}^{R_2} \frac{\mu_0 I_1 I_2}{2\pi} \sin \frac{\theta}{2} dr = \frac{\mu_0 I_1 I_2}{2\pi} \sin \frac{\theta}{2} (R_2 - R_1)$$

同理,cd 线段上的磁场力对 x 轴的力矩

$$M_2 = \frac{\mu_0 I_1 I_2}{2\pi} \sin \frac{\theta}{2} (R_2 - R_1)$$

由于这两个力矩的方向相同,所以整个线圈所受的磁力矩

$$M = M_1 + M_2 = \frac{\mu_0 I_1 I_2}{\pi} (R_2 - R_1) \sin \frac{\theta}{2}$$

13.2.3 磁场力做功的计算

对于载流导线在磁场中运动切割磁场线做的功,可以直接按功的定义求解,即确定载流导线在磁场中的受力和导线的位移,根据功的定义进行计算。

对于平面载流线圈在磁场中运动做的功,也可以直接从力矩做功的定义出发求解。除此之外,还可以通过穿过线圈面积磁通量的变化求解。在后一种方法中,计算磁通量是关键。对于非匀强磁场,计算磁通量需用积分法。

【例 13-14】 在通有电流 I_1 的长直导线附近,有一等腰直角形线圈,直角边长为 a,通有电流 I_2。开始时线圈和长直导线在同一平面内,如图 13-14(a)所示。现将线圈绕不同的轴线转过 $180°$,求转动过程中磁力做的功:(1)绕 AB 边转动;(2)绕 AC 边转动;(3)绕 BC 边转动。

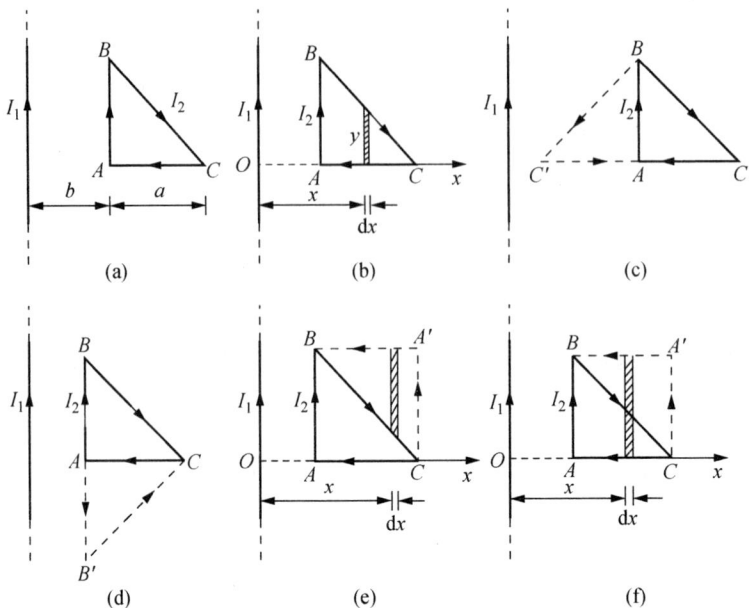

图 13 - 14

分析　线圈在磁场中转动时磁力矩做的功可由两种方法计算。一种是由 $A = \int M \mathrm{d}\theta$ 计算。对于本题来说,线圈所受的磁力矩计算比较困难,因此可用另一种方法 $A = I\Delta\Phi = \Phi_2 - \Phi_1$ 进行计算。线圈绕不同轴线转动时,$\Delta\Phi$ 不同,所以解此题的关键在计算磁通量:$\Phi = \int \boldsymbol{B} \cdot \mathrm{d}\boldsymbol{S}$。

解　取线圈平面的法线方向垂直纸面向里,则线圈在初始位置时通过它的磁通量为正值。

在距长直导线 x 处取面元 $\mathrm{d}S = y\mathrm{d}x$,如图 13 - 14(b)所示。通过面元 $\mathrm{d}S$ 的磁通量

$$\mathrm{d}\Phi = \boldsymbol{B}_1 \cdot \mathrm{d}\boldsymbol{S} = B_1 \mathrm{d}S = \frac{\mu_0 I_1}{2\pi x} y\mathrm{d}x = \frac{\mu_0 I_1}{2\pi x}(a + b - x)\mathrm{d}x$$

通过整个线圈的磁通量

$$\Phi_1 = \int \mathrm{d}\Phi = \int_b^{a+b} \frac{\mu_0 I_1}{2\pi x}(a + b - x)\mathrm{d}x$$

$$= \frac{\mu_0 I_1}{2\pi}\left[(a + b)\ln\frac{a + b}{b} - a\right]$$

（1）当线圈绕 AB 轴转过 $180°$时[见图 13-14(c)]，此时通过线圈的磁通量

$$\Phi_2 = \int \boldsymbol{B} \cdot \mathrm{d}\boldsymbol{S} = \int -B\mathrm{d}S$$

$$= \int_{b-a}^{b} -\frac{\mu_0 I_1}{2\pi x}[x-(b-a)]\mathrm{d}x$$

$$= -\frac{\mu_0 I_1}{2\pi}\left[a-(b-a)\ln\frac{b}{b-a}\right]$$

在转动过程中磁力做的功

$$A_1 = I_2 \Delta\Phi = I_2(\Phi_2 - \Phi_1)$$

$$= -\frac{\mu_0 I_1 I_2}{2\pi}\left[a-(b-a)\ln\frac{b}{b-a}+(a+b)\ln\frac{a+b}{b}-a\right]$$

$$= -\frac{\mu_0 I_1 I_2}{2\pi}\left[(a+b)\ln\frac{a+b}{b}-(b-a)\ln\frac{b}{b-a}\right]$$

式中负号表示磁力做负功，即外力矩使线圈转动。

（2）当线圈绕 AC 边转过 $180°$时[见图 13-14(d)]，此时通过线圈的磁通量 Φ_2' 与初始位置的磁通量 Φ_1 数值上相等，但为负值。所以在转动过程中磁力做的功

$$A_2 = I_2 \Delta\Phi = I_2(\Phi_2' - \Phi_1) = -2I_2\Phi_1$$

$$= -\frac{\mu_0 I_1 I_2}{\pi}\left[(a+b)\ln\frac{a+b}{b}-a\right]$$

式中负号表示磁力做负功。

（3）当线圈绕 BC 边转过 $180°$[见图 13-14(e)]，此时通过线圈的磁通量

$$\Phi_2'' = \int \boldsymbol{B} \cdot \mathrm{d}\boldsymbol{S} = \int -B\mathrm{d}S = -\int_b^{a+b}\frac{\mu_0 I_1}{2\pi x}(x-b)\mathrm{d}x$$

$$= -\frac{\mu_0 I}{2\pi}\left(a-b\ln\frac{a+b}{b}\right)$$

在转动过程中磁力做的功

$$A_3 = I_2 \Delta\Phi_3 = I_2(\Phi_2'' - \Phi_1)$$

$$= -\frac{\mu_0 I_1 I_2}{2\pi}\left[a-b\ln\frac{a+b}{b}+(a+b)\ln\frac{a+b}{b}-a\right]$$

$$= -\frac{\mu_0 I_1 I_2 a}{2\pi}\ln\frac{a+b}{b}$$

可做如下的分析：当线圈绕 BC 边转过 $180°$，通过线圈的磁通量 Φ_2'' 为负值，

故转动过程中磁通量的变化

$$\Delta \Phi_3 = \Phi''_2 - \Phi_1 = -|\Phi''_2 + \Phi_1|$$

这正是通过边长为 a 的正方形线框的磁通量的绝对值的负值[见图 13-14(f)],而通过此正方形的磁通量

$$|\Phi''_2 + \Phi_1| = \int \boldsymbol{B} \cdot \mathrm{d}\boldsymbol{S} = \int B \mathrm{d}S = \int_b^{a+b} \frac{\mu_0 I_1}{2\pi x} a \mathrm{d}x = \frac{\mu_0 I_1 a}{2\pi} \ln \frac{a+b}{b}$$

在转动过程中磁力做的功

$$A = I_2 \Delta \Phi_3 = -I_2 |\Phi''_2 + \Phi_1| = -\frac{\mu_0 I_1 I_2 a}{2\pi} \ln \frac{a+b}{b}$$

得到与上相同的结果,式中的负号表示磁力做负功。

【例 13-15】 在一通有电流 I 的长直导线附近,有一半径为 R,质量为 m 的小线圈,线圈可绕通过其中心与直导线平行的轴转动,如图 13-15 所示。直导线与小线圈中心相距为 d,$d \gg R$,通过小线圈的电流为 I'。若开始时线圈是静止的,它的正法线矢量与纸面法线的方向成 θ_0 角。求线圈平面转至与纸面重叠时的角速度。

分析 小线圈处于长直载流导线的磁场中,由于 $d \gg R$,故小线圈附近的磁场可近似地看作匀强磁场。载流小线圈在磁场中受到力矩的作用,此磁力矩总是使小线圈转动,最后使小线圈的磁矩方向与外磁场的方向一致。当小线圈绕轴转动时,磁力矩做功。根据转动动能定理可知,小线圈将获得转动动能,由此可求得线圈转动的角速度。

图 13-15

解 小线圈在任意位置受到的磁力矩

$$M = |\boldsymbol{m}| B \sin \theta = I' \pi R^2 \frac{\mu_0 I}{2\pi d} \sin \theta$$

当小线圈绕 $O_1 O_2$ 轴由 $\theta = \theta_0$ 转至 $\theta = 0$ 时,磁力做的功

$$A = \int M \mathrm{d}\theta = -\int_{\theta_0}^0 \frac{\mu_0 I I' R^2}{2d} \sin \theta \mathrm{d}\theta = \frac{\mu_0 I I' R^2}{2d} (1 - \cos \theta_0)$$

因磁力矩方向与转动方向相反,故式中有一负号。

磁力做功也可由公式 $A = I \Delta \Phi = I(\Phi_2 - \Phi_1)$ 求得。取垂直于纸面向外的磁通量为正值,则

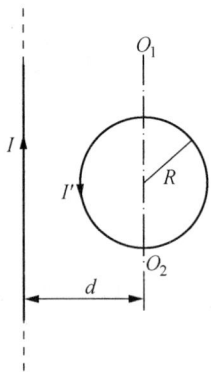

$$A = I'(\Phi - \Phi_0) = I'(BS - BS\cos\theta_0)$$

$$= I'\frac{\mu_0 I}{2\pi d}\pi R^2(1 - \cos\theta_0) = \frac{\mu_0 II'R^2}{2d}(1 - \cos\theta_0)$$

根据转动动能定理 $A = \Delta E_k = \dfrac{1}{2}J\omega^2 - \dfrac{1}{2}J\omega_0^2$ 有

$$\frac{\mu_0 II'R^2}{2d}(1 - \cos\theta_0) = \frac{1}{2}J\omega^2 - 0 = \frac{1}{2}\left(\frac{1}{2}mR^2\right)\omega^2$$

得小线圈的角速度

$$\omega = \left[\frac{2\mu_0 II'}{md}(1 - \cos\theta_0)\right]^{\frac{1}{2}}$$

式中 J 为小线圈绕 O_1O_2 轴的转动惯量,其值 $J = \dfrac{1}{2}mR^2$。

13.2.4　洛伦兹力的计算

洛伦兹力的大小和方向可利用公式得到,即

$$\boldsymbol{F} = q\boldsymbol{v} \times \boldsymbol{B}$$

洛伦兹力的方向与运动速度垂直,故洛伦兹力只改变速度的方向,不改变速度的大小。

【例 13-16】　两个带正电的粒子,电量分别为 q_1 和 q_2,相距为 r,以相同的速度 $v(v \ll c)$ 垂直于粒子连线的方向运动,如图 13-16 所示。试求这两个运动带电的洛伦兹力 F_m 和库仑力 F_e 之比。

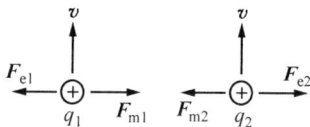

分析　每个粒子分别受到另一粒子所产生的电场和磁场的作用,所以受到库仑力和洛伦兹力。

图 13-16

解　设粒子 q_1 在粒子 q_2 处所产生的电场强度 $\boldsymbol{E}_1$ 和磁感应强度 $\boldsymbol{B}_1$ 分别为

$$\boldsymbol{E}_1 = \frac{q_1}{4\pi\varepsilon_0 r^2}\boldsymbol{e}_r, \quad \boldsymbol{B}_1 = \frac{\mu_0 q_1 \boldsymbol{v} \times \boldsymbol{e}_r}{4\pi r^2}$$

式中 $\boldsymbol{e}_r$ 是由 q_1 到 q_2 单位矢径。粒子 q_2 受到的电场力 $\boldsymbol{F}_e$ 和磁场力 $\boldsymbol{F}_m$ 的大小分别为

$$F_{e2} = q_2 E_1 = \frac{q_1 q_2}{4\pi\varepsilon_0 r^2}$$

$$F_{m2} = q_2 v B_1 \sin 90° = \frac{\mu_0 q_1 q_2 v^2}{4\pi r^2}$$

$\boldsymbol{F}_e$ 和 $\boldsymbol{F}_m$ 如图 13-16 所示。粒子 q_1 受到的电场力和磁场力的大小也一样。所以,洛伦兹力 $\boldsymbol{F}_m$ 和库仑力 $\boldsymbol{F}_e$ 之比

$$\frac{F_m}{F_e} = \varepsilon_0 \mu_0 v^2 = \frac{v^2}{c^2}$$

式中 $c = \dfrac{1}{\sqrt{\varepsilon_0 \mu_0}}$ 是真空中的光速。一般情况下,$v \ll c$,因此 $F_m \ll F_e$,即运动电荷之间的磁相互作用远小于电相互作用。

【例 13-17】　如图 13-17(a)所示,电子从电子枪射出,经 $U = 1\,000$ V 的电压加速,其初速沿直线 AM 方向。若要求电子能击中于 $\theta = 60°$ 方向、与枪口相距 $d = 5.0$ cm 的靶 P,试求在以下两种情况下所需的匀强磁场的磁感应强度的大小:(1) 磁场垂直于直线 AM 与靶所确定的平面(即垂直纸面);(2) 磁场平行于枪口 A 和靶 P 所引的直线。

分析　当磁场的方向垂直于纸面时,磁场与电子的初速相垂直,因而电子将做圆周运动。为使电子能击中靶 P,磁感应强度 $\boldsymbol{B}$ 的方向必须垂直纸面向里。电子的圆轨道在纸平面上,且与直线 AM 在枪口 A 相切,所以圆心垂直于直线 AM,半径由图示的几何关系求得。电子的运动轨道确定后,就可以求出所需磁场的磁感应强度的大小。

当磁场的方向平行于枪口 A 向靶 P 所引的直线时,电子的运动初速与磁场方向斜交,所以电子将做螺旋运动。为使电子能够击中靶 P,则要求电子沿 AP 做匀速直线运动到达 P 点所需时间 t,应为电子做圆周运动的周期 T 的整数倍,即 $t = nT$。

解　设电子从枪口射出时的初速为 v_0,则

$$\frac{1}{2} m v_0^2 = eU$$

$$v_0 = \sqrt{\frac{2eU}{m}}$$

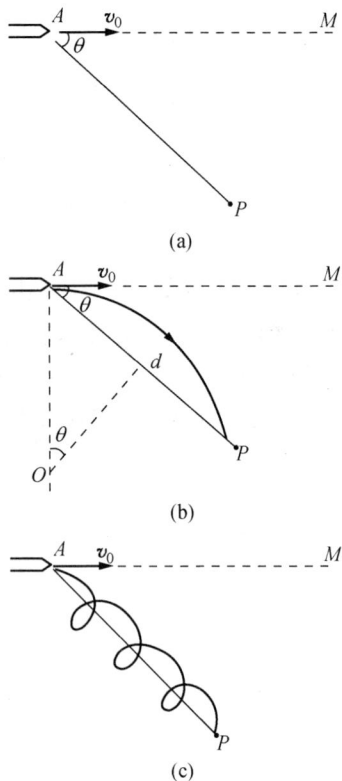

(a)

(b)

(c)

图 13-17

（1）当磁场的方向垂直纸面时，电子将做圆周运动，其圆心在垂直于 AM 的直线上，由图 13-17(b) 可知

$$R \sin \theta = \frac{d}{2}$$

而电子在洛伦兹力作用下的圆轨道半径 R 与磁感应强度的关系为

$$e v_0 B = \frac{m v_0^2}{R}$$

联立以上三式解得

$$B = \frac{m v_0^2}{eR} = \frac{2 \sin \theta}{d} \sqrt{\frac{2mU}{e}}$$

代入数据得

$$B = \frac{2 \sin 60°}{5.0 \times 10^{-2}} \sqrt{\frac{2 \times 9.11 \times 10^{-31} \times 1\,000}{1.60 \times 10^{-19}}}\ \text{T} = 3.70 \times 10^{-3}\ \text{T}$$

（2）当磁场的方向沿直线 AP 时，电子将做螺旋运动，如图 13-17(c) 所示。电子沿 AP 方向以速度 $v_{/\!/} = v_0 \cos \theta$ 做匀速直线运动，到达 P 点所需的时间

$$t = \frac{d}{v_0 \cos \theta}$$

同时，电子以速度 $v_{\perp} = v_0 \sin \theta$ 做匀速率圆周运动，其周期

$$T = \frac{2\pi R}{v_{\perp}}$$

而

$$R = \frac{m v_{\perp}}{eB}$$

代入得

$$T = \frac{2\pi m}{eB}$$

当 $t = nT (n = 1,\ 2,\ \cdots)$ 时，电子才能击中靶 P，于是

$$\frac{d}{v_0 \cos \theta} = n \frac{2\pi m}{eB}$$

$$B = n \frac{2\pi m v_0 \cos \theta}{ed}$$

$$= n \frac{2\pi m}{ed} \sqrt{\frac{2eU}{m}} \cos \theta = n \frac{2\sqrt{2}\,\pi}{d} \sqrt{\frac{mU}{e}} \cos \theta,\quad n = 1,\ 2,\ \cdots$$

代入数据得

$$B = n\frac{2\sqrt{2}\pi}{5.0 \times 10^{-2}}\sqrt{\frac{9.11 \times 10^{-31} \times 1\,000}{1.60 \times 10^{-19}}}\cos 60° \text{ T}$$

$$= n \times 6.70 \times 10^{-3} \text{ T}, \quad n = 1, 2, \cdots$$

13.2.5　介质中磁场的计算

磁场强度可用有磁介质时的安培环路定理求得。使用有磁介质的安培环路定理求 H 分布的步骤,与用真空中的安培环路定理求 B 分布的步骤相同,由 $B = \mu H$ 和 $M = (\mu_r - 1)H$ 可以得磁感应强度 B 和磁化强度 M 的分布。

【例 13 - 18】　一半径为 R 的无限长圆柱形导体,其相对磁导率为 $\mu_r(\mu_r > 1)$。沿圆柱的轴线方向均匀地通有电流,其电流密度为 j_0[见图 13 - 18(a)]。试求:(1) H 和 B 的分布;(2) 磁化强度 M 的分布;(3) 表面的磁化电流和它的线密度。

分析　由于圆柱中的电流呈轴对称分布,它的磁力线是以圆柱对称轴线为中心的一组同心圆,如取任一同心圆为积分路径,应用有磁介质的安培环路定理,就可以求得 H 的分布。由 $B = \mu H$ 和 $M = (\mu_r - 1)H$ 就可以得到 B 和 M 的分布。由磁化电流线密度 i' 与磁化强度 M 的关系 $i' = M \times e_n$ 可以得到磁化电流线密度的大小和方向。

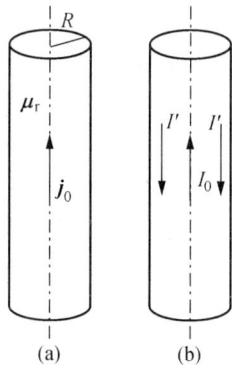

图 13 - 18

解　(1) 取与圆柱轴同心的圆为积分路径,应用有磁介质的安培环路定理,有

$$\oint H \cdot \mathrm{d}l = H_{外} 2\pi r = j_0 \pi R^2$$

$$H_{外} = \frac{j_0 R^2}{2r}$$

$$B_{外} = \mu_0 H_{外} = \frac{\mu_0 j_0 R^2}{2r}$$

同理,有

$$\oint H \cdot \mathrm{d}l = H_{内} 2\pi r = j_0 \pi r^2$$

$$H_{内} = \frac{j_0 r}{2}$$

$$B_{内} = \mu_0 \mu_r H = \frac{\mu_0 \mu_r j_0 r}{2}$$

（2）在柱体内磁化强度

$$M_{内} = (\mu_r - 1)H_{内} = (\mu_r - 1)\frac{j_0 r}{2}$$

在柱体表面上的磁化强度

$$M_{表面} = (\mu_r - 1)\frac{j_0 R}{2}$$

M 的方向与 H 的方向相同。

（3）由 $i' = M_{表面} \times e_n$ 可知,柱体表面的磁化面电流的方向沿柱体表面向下,如图 13-18(b)所示,柱体表面的磁化电流的线密度

$$i' = M_{表面} = (\mu_r - 1)\frac{j_0 R}{2}$$

柱体表面磁化电流的大小

$$I' = M_{表面} \times 2\pi R = (\mu_r - 1)j_0 \pi R^2 = (\mu_r - 1)I_0$$

式中 I_0 为通过圆柱导体中的传导电流的量值。

【**例 13-19**】　在均匀磁化的无限大磁介质中,挖去一半径为 r、高为 h 的圆柱形空穴,其轴平行于磁化强度 M。试证明:（1）对于细长空穴 $(h \gg r)$,空穴中点的 H 与磁介质中的 H 相等;（2）对于扁平空穴 $(h \ll r)$,空穴中点的 B 与磁介质中的 B 相等。

证　（1）如图 13-19(a)所示,对于细长空穴 $(h \gg r)$ 的中点 1 及其邻近的介质中的一点 2,挖出空穴所造成的附加磁感应强度 B' 来源于空穴表面的宛如细长螺线管的磁化电流,其线密度大小 $i' = M$。由于是空穴,介质表面外法线方向指向空穴内部,因此磁化电流在细长空穴内形成的 B_1' 方向与 M 相反,其大小 $B_1' = \mu_0 i' = \mu_0 M$。而在细长空穴之外,$B_2' = 0$。如果假定在未挖空穴的均匀介质中,磁感应强度为 B_0,磁场强度为 H_0,则在挖了细长空穴之后,有

$$B_1 = B_0 + B_1' = B_0 - \mu_0 M$$

$$H_1 = \frac{B_1}{\mu_0} - M_1 = \frac{B_0}{\mu_0} - M_1 = H_0$$

$$B_2 = B_0 + B_2' = B_0$$

$$H_2 = \frac{B_2}{\mu_0} - M = \frac{B_0}{\mu_0} - M = H_0$$

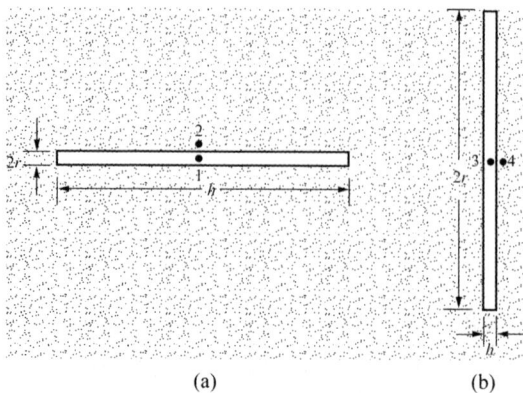

(a)   (b)

图 13 - 19

所以 $H_1 = H_2$，即细长空穴中点的 H 与磁介质中的 H 相等。

(2) 如图 13 - 19(b)所示，对于扁平空穴 $(h \ll r)$ 的中点 3 及其邻近的介质中的一点 4，挖出空穴后磁化电流 $i' = M$，只是形成了一个半径很大、电流很小的电流环，因此在 $h \ll r$ 的条件下，该电流环中心的磁场的贡献 $B_3' \approx B_4' \approx 0$，所以 $B_3 = B_4$，即扁平空穴中点的 B 与磁介质中的 B 相等。

第 14 章　电磁感应　电磁场与电磁波

14.1　基本概念和基本规律

1. 法拉第电磁感应定律

感应电动势 $\mathscr{E}$ 的大小与通过导体回路的磁通量变化率成正比,感应电动势的方向决定于磁场的方向和它的变化情况:

$$\mathscr{E} = -\frac{\mathrm{d}\Phi_\mathrm{m}}{\mathrm{d}t}$$

2. 楞次定律

闭合回路中产生的感应电流具有确定的方向,它总是使感应电流所产生的通过回路面积的磁通量,去补偿或者反抗引起感应电流的磁通量的变化。

3. 动生电动势

导体在恒定磁场中运动时产生的感应电动势

$$\mathscr{E}_{ab} = \int_a^b (\boldsymbol{v} \times \boldsymbol{B}) \cdot \mathrm{d}\boldsymbol{l}$$

4. 感生电场和感生电动势

由于磁场变化而激发的电场称为感生电场($\boldsymbol{E}_\mathrm{i}$),它产生的电动势称为感生电动势

$$\mathscr{E} = \oint \boldsymbol{E}_\mathrm{i} \cdot \mathrm{d}\boldsymbol{l} = -\frac{\mathrm{d}\Phi}{\mathrm{d}t}$$

局限在无限长圆柱空间内,沿轴线方向的均匀磁场随时间均匀变化时,圆柱内外的感生电场分别为

$$E_\mathrm{i} = -\frac{r}{2}\frac{\mathrm{d}B}{\mathrm{d}t}, \quad r \leqslant R$$

$$E_\mathrm{i} = -\frac{R^2}{2r}\frac{\mathrm{d}B}{\mathrm{d}t}, \quad r \geqslant R$$

式中 R 为圆柱的半径。

5. 自感

自感系数：
$$L = \frac{\Psi}{I}$$

式中 Ψ 为回路中的磁通链数，I 为回路中的电流。

自感电动势：
$$\mathcal{E}_L = -L \frac{\mathrm{d}I}{\mathrm{d}t}$$

自感磁能：
$$W = \frac{1}{2} L I^2$$

6. 互感

互感系数：
$$M = \frac{\Psi_{21}}{I_1} = \frac{\Psi_{12}}{I_2}$$

式中 $\Psi_{21}(\Psi_{12})$ 是通过回路 $L_2(L_1)$ 的由回路 $L_1(L_2)$ 中的电流 $I_1(I_2)$ 所产生的磁通链数。

互感电动势：
$$\mathcal{E}_{21} = -M \frac{\mathrm{d}I_1}{\mathrm{d}t}$$

$$\mathcal{E}_{12} = -M \frac{\mathrm{d}I_2}{\mathrm{d}t}$$

7. 磁场的能量

磁能密度：
$$w_{\mathrm{m}} = \frac{1}{2} BH = \frac{1}{2} \frac{B^2}{\mu} = \frac{1}{2} \mu H^2$$

磁场的总能量：
$$W_{\mathrm{m}} = \int_V w_{\mathrm{m}} \mathrm{d}V = \int_V \frac{1}{2} BH \mathrm{d}V$$

8. 位移电流

位移电流密度：
$$\boldsymbol{j}_{\mathrm{d}} = \frac{\mathrm{d}\boldsymbol{D}}{\mathrm{d}t}$$

位移电流：
$$I_{\mathrm{d}} = \frac{\mathrm{d}\Phi_D}{\mathrm{d}t} = \int_S \frac{\partial \boldsymbol{D}}{\partial t} \cdot \mathrm{d}\boldsymbol{S}$$

全电流的安培环路定理：
$$\oint_L \boldsymbol{H} \cdot \mathrm{d}\boldsymbol{l} = I_{\mathrm{c}} + I_{\mathrm{d}} = \int \left(\boldsymbol{j} + \frac{\partial \boldsymbol{D}}{\partial t} \right) \cdot \mathrm{d}\boldsymbol{S}$$

9. 麦克斯韦方程组

$$\oint_S \boldsymbol{D} \cdot \mathrm{d}\boldsymbol{S} = q = \int_V \rho \mathrm{d}V$$

$$\oint_S \boldsymbol{B} \cdot \mathrm{d}\boldsymbol{S} = 0$$

$$\oint_L \boldsymbol{E} \cdot \mathrm{d}\boldsymbol{l} = -\int_S \frac{\partial \boldsymbol{B}}{\partial t} \cdot \mathrm{d}\boldsymbol{S}$$

$$\oint_L \boldsymbol{H} \cdot \mathrm{d}\boldsymbol{l} = \int_S \left(\boldsymbol{j} + \frac{\partial \boldsymbol{D}}{\partial t} \right) \cdot \mathrm{d}\boldsymbol{S}$$

10. 电磁波

平面电磁波的波动方程：

$$\frac{\partial^2 E}{\partial t^2} = \frac{1}{\varepsilon\mu} \frac{\partial^2 E}{\partial x^2}$$

$$\frac{\partial^2 H}{\partial t^2} = \frac{1}{\varepsilon\mu} \frac{\partial^2 H}{\partial x^2}$$

$$E = E_0 \cos\left[2\pi \left(\frac{t}{7} - \frac{x}{\lambda} \right) + \varphi_0 \right]$$

$$H = H_0 \cos\left[2\pi \left(\frac{t}{7} - \frac{x}{\lambda} \right) + \varphi_0 \right]$$

电磁波的性质和能量：

$$\sqrt{\varepsilon}\, E = \sqrt{\mu}\, H$$

$$v = \frac{1}{\sqrt{\varepsilon\mu}}$$

坡印亭矢量

$$\boldsymbol{S} = \boldsymbol{E} \times \boldsymbol{H}$$

14.2　习题分类、解题方法和示例

本章习题有以下几类：

（1）法拉第电磁感应定律和楞次定律的应用；

（2）动生电动势的计算；

（3）感生电动势和感生电场的计算；

（4）自感和互感的计算；

（5）磁能的计算；

（6）位移电流的计算和全电流安培环路定理的应用；

（7）电磁场与电磁波的计算。

下面将分别讨论各类问题的解题方法，并举例加以说明。

14.2.1　法拉第电磁感应定律和楞次定律的应用

应用法拉第电磁感应定律计算回路中的感应电动势的方法有以下两种：

（1）用 $|\mathscr{E}| = \left| \dfrac{\mathrm{d}\Phi}{\mathrm{d}t} \right|$ 计算出感应电动势的大小,再用楞次定律判定方向。

应用楞次定律判定感应电动势方向时,先确定回路中的磁通量是增加还是减少。如是增加,则感应电流所产生的磁感应线方向与原磁感应线相反;如是减少,则为相同。然后根据右手螺旋法则确定回路中感应电动势和感应电流的方向。

（2）用 $\mathscr{E} = -\dfrac{\mathrm{d}\Phi}{\mathrm{d}t}$ 直接计算出感应电动势的大小和方向。计算时,先规定回路绕行的正方向,一般取与穿过回路的 $\boldsymbol{B}$ 的方向满足右手螺旋法则的绕行方向。如计算结果 $\mathscr{E} > 0$,则感应电动势的方向与所规定绕行正方向相同,如 $\mathscr{E} < 0$,则与所规定的绕行方向相反。

在应用法拉第电磁感应定律计算感应电动势时,关键在找出穿过回路的磁通量与时间的一般关系式。

【例 14 - 1】　一无限长直导线与一矩形导体线框在同一平面内,彼此绝缘,如图 14 - 1(a)所示。若直导线中通有 $I = At$ 的电流,A 为常数,求此线框中的感应电动势。

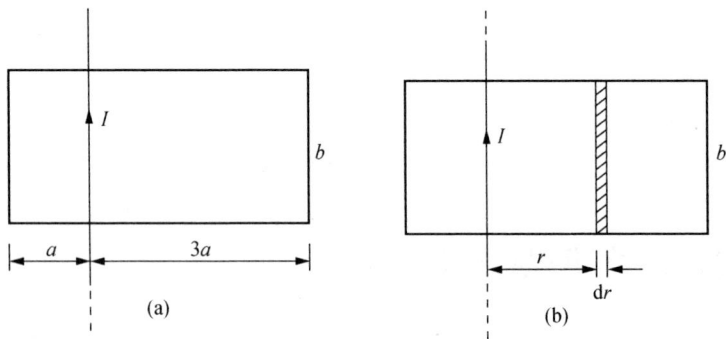

图 14 - 1

分析　此题系求线框中感应电动势,可用法拉第电磁感应定律求解。求解时首先要计算出任意时刻 t 穿过线框的磁通量。由于长直载流导线在其周围产生一非均匀的磁场,因而必须先计算穿过任一小窄条的磁通量,然后用积分法得到穿过线框的磁通量。感应电动势的方向可由法拉第电磁感应定律或楞次定律得到。

解　将线框分成如图所示的小窄条[见图 14 - 1(b)],载流长直导线在任一小窄条处的磁场

$$B = \frac{\mu_0 I}{2\pi r}$$

取顺时针方向为回路绕行的正方向,则面元的正法线方向垂直纸面向里,穿过面元

的磁通量

$$d\Phi = \boldsymbol{B} \cdot d\boldsymbol{S} = BdS = \frac{\mu_0 I}{2\pi r}bdr$$

由于在 $r < a$ 内左右两边穿过线框的磁通量方向相反，相互抵消，所以计算穿过整个线框的磁通量时的积分限可取从 a 到 $3a$，于是

$$\Phi = \int d\Phi = \int_a^{3a} \frac{\mu_0 I}{2\pi r}bdr = \frac{\mu_0 Ib}{2\pi}\ln 3 = \frac{\mu_0 Atb}{2\pi}\ln 3$$

根据法拉第电磁感应定律有

$$\mathscr{E} = -\frac{d\Phi}{dt} = -\frac{\mu_0 bA}{2\pi}\ln 3$$

负号表示感应电动势的方向，当 $A > 0$ 时，$\mathscr{E}$ 的方向与回路绕行方向相反，即逆时针向；当 $A < 0$ 时为顺时针向。

$\mathscr{E}$ 的方向也可由楞次定律确定，当 $A > 0$，穿过线框的磁通量增加，所以感应电动势的方向应为逆时针向。

【例 14 - 2】 在长直导线旁有一导体线框，两者在同一个平面内，线框中 cd 段可自由滑动，如图 14 - 2(a)所示。设导线中的电流 $I = I_0 e^{-\lambda t}(\lambda > 1)$。开始时，导线 cd 在线框的最左端，以速度 v 向右匀速运动。试求线框中的感应电动势（忽略线框中感应电流对磁场的影响）。

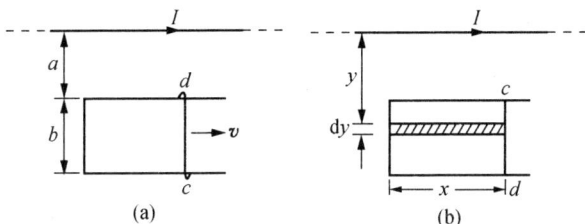

图 14 - 2

分析　本题中，长直导线中的电流随时间变化，线框处于变化的磁场中，因而存在感应电动势。同时，线框上的导线 cd 在运动，又产生动生电动势。所以线框中的总感应电动势为以上两电动势的叠加。

本题的解法有两种：一种是算出在任一时刻穿过线框的磁通量，然后用法拉第电磁感应定律算出感应电动势。求导时要注意电流和导线的位置都是时间的函数。另一种是分别计算在任一时刻导线运动产生的动生电动势和电流变化产生的感生电动势，然后进行叠加。

解法一 在某时刻 t,导线 cd 滑至离线框左端 x 处,取线框面元 $dS = x\,dy$,如图 14-2(b)所示。长直导线在面元处的磁感应强度

$$B = \frac{\mu_0 I}{2\pi y}$$

穿过该面元的磁通量

$$d\Phi = B\,dS = \frac{\mu_0 I}{2\pi y}x\,dy$$

在时刻 t 穿过线框的磁通量

$$\Phi = \int d\Phi = \int_a^{a+b} \frac{\mu_0 I}{2\pi y}x\,dy = \frac{\mu_0 I x}{2\pi}\left(\ln\frac{a+b}{a}\right)$$

$$= \frac{\mu_0 I_0 x}{2\pi}\left(\ln\frac{a+b}{a}\right)e^{-\lambda t}$$

线框中的感应电动势

$$\mathscr{E} = -\frac{d\Phi}{dt} = -\frac{\mu_0 I_0}{2\pi}\left(\ln\frac{a+b}{a}\right)\frac{d}{dt}(x\,e^{-\lambda t})$$

$$= -\frac{\mu_0 I_0}{2\pi}\left(\ln\frac{a+b}{a}\right)\left[x(-\lambda)e^{-\lambda t} + \frac{dx}{dt}e^{-\lambda t}\right]$$

因 $\dfrac{dx}{dt} = v$, $x = vt$,代入得

$$\mathscr{E} = \frac{\mu_0}{2\pi}\left(\ln\frac{a+b}{a}\right)I_0 e^{-\lambda t}v(\lambda t - 1)$$

方向为顺时针向。

解法二 在某时刻 t,长直导线中的电流为一定值,由于导线 cd 运动而产生动生电动势,在 cd 上任取一小段 dy,运动时的动生电动势

$$d\mathscr{E}_1 = Bv\,dy = \frac{\mu_0 I}{2\pi y}v\,dy$$

所以 cd 导线上的动生电动势

$$\mathscr{E}_1 = \int d\mathscr{E}_1 = \int_a^{a+b} \frac{\mu_0 I}{2\pi y}v\,dy = \frac{\mu_0 I v}{2\pi}\ln\frac{a+b}{a}$$

$$= \frac{\mu_0 I_0 e^{-\lambda t}v}{2\pi}\ln\frac{a+b}{a}$$

方向由 $d \rightarrow c$。

设在时刻 t，cd 导线位于距线框左端 x 处并保持不动，因长直导线中的电流有变化，线框中会产生感生电动势。此时穿过线框的磁通量

$$\Phi = \int \boldsymbol{B} \cdot \mathrm{d}\boldsymbol{S} = \int B \mathrm{d}S = \int_a^{a+b} \frac{\mu_0 I}{2\pi y} x \, \mathrm{d}y$$

$$= \frac{\mu_0 I_0 \mathrm{e}^{-\lambda t}}{2\pi} x \ln \frac{a+b}{a}$$

若取顺时针向为 Φ 的正方向，则线框中的感生电动势

$$\mathscr{E}_2 = -\frac{\mathrm{d}\Phi}{\mathrm{d}t} = -\frac{\mu_0 x}{2\pi} \left(\ln \frac{a+b}{a} \right) I_0 (-\lambda) \mathrm{e}^{-\lambda t}$$

$$= \frac{\mu_0 \lambda x}{2\pi} \left(\ln \frac{a+b}{a} \right) I_0 \mathrm{e}^{-\lambda t} = \frac{\mu_0 \lambda v t}{2\pi} \left(\ln \frac{a+b}{a} \right) I_0 \mathrm{e}^{-\lambda t}$$

方向为顺时针向。

总感应电动势

$$\mathscr{E} = \mathscr{E}_1 - \mathscr{E}_2 = \frac{\mu_0 v}{2\pi} \ln \left(\frac{a+b}{a} \right) I_0 \mathrm{e}^{-\lambda t} (\lambda t - 1)$$

方向为顺时针向。

14.2.2　动生电动势的计算

计算动生电动势主要有两种方法：

1) 直接利用公式 $\mathscr{E}_{ab} = \int_a^b (\boldsymbol{v} \times \boldsymbol{B}) \cdot \mathrm{d}\boldsymbol{l}$ **计算**

计算步骤如下：在运动导体上任取一线元 $\mathrm{d}\boldsymbol{l}$，并确定积分路径的方向与线元的方向，弄清 $\mathrm{d}\boldsymbol{l}$ 的速度 $\boldsymbol{v}$ 和 $\mathrm{d}\boldsymbol{l}$ 所在处的 $\boldsymbol{B}$，注意各量之间的夹角关系以及 $\mathrm{d}\mathscr{E}$ 的方向。写出线元上的动生电动势大小的表达式，即 $\mathrm{d}\mathscr{E} = (\boldsymbol{v} \times \boldsymbol{B}) \cdot \mathrm{d}\boldsymbol{l}$，然后积分得到整个导体运动时的动生电动势。

2) 用法拉第电磁感应定律计算

对于闭合导体回路在磁场中运动所产生的动生电动势，通常都可直接用 $\mathscr{E} = -\frac{\mathrm{d}\Phi}{\mathrm{d}t}$ 计算。如果是一段导体在磁场中运动，则需添加辅助线构成回路进行计算，这些辅助线最好是不切割磁感应线的。

【例 14 - 3】　直角三角形线圈 ABC 与通有电流 I 的长直导线共面（见图 14 - 3），BC 边与长直导线平行。当线圈以匀速度 v 沿斜边方向运动时，求线圈在

图示的位置时各边上的感应电动势和总电动势。

分析 线圈在磁场中运动时,三角形各边将切割磁力线,所以产生动生电动势,可用 $\mathscr{E}=\int(\boldsymbol{v}\times\boldsymbol{B})\cdot\mathrm{d}\boldsymbol{l}$ 进行计算。显然,本题如用法拉第电磁感应定律计算整个线圈中的感应电动势则是较困难的。

解 长直载流导线在线圈平面内激发的是非均匀磁场,方向垂直纸面向里,且与速度 $\boldsymbol{v}$ 垂直。矢量$(\boldsymbol{v}\times\boldsymbol{B})$的方向均沿斜边的垂直方向。

图 14 - 3

AB 边任一线元上的动生电动势

$$\mathrm{d}\mathscr{E}=(\boldsymbol{v}\times\boldsymbol{B})\cdot\mathrm{d}\boldsymbol{l}=vB\left(\sin\frac{\pi}{2}\right)\mathrm{d}l\cos(90°+\theta)$$

$$=-v\frac{\mu_0I}{2\pi l}\mathrm{d}l\,\sin\theta$$

AB 边上的动生电动势

$$\mathscr{E}_{AB}=\int_A^B\mathrm{d}\mathscr{E}=-\int_a^{a+b}\frac{\mu_0Iv}{2\pi}\sin\theta\,\frac{\mathrm{d}l}{l}$$

$$=-\frac{\mu_0Iv}{2\pi}\ln\frac{a+b}{a}\sin\theta$$

负号表示 $\mathscr{E}_{AB}$ 的方向由 $B\rightarrow A$。

BC 边上的动生电动势

$$\mathscr{E}_{BC}=\int_B^C(\boldsymbol{v}\times\boldsymbol{B})\cdot\mathrm{d}\boldsymbol{l}=\int_B^CvB\left(\sin\frac{\pi}{2}\right)\mathrm{d}l\,\cos\theta$$

$$=\int_B^C\frac{\mu_0Iv}{2\pi(a+b)}(\cos\theta)\mathrm{d}l$$

$$=\frac{\mu_0Iv}{2\pi(a+b)}(\cos\theta)\overline{BC}=\frac{\mu_0Iv}{2\pi(a+b)}(\cos\theta)b\tan\theta$$

$$=\frac{\mu_0Ivb}{2\pi(a+b)}\sin\theta$$

$\mathscr{E}_{BC}$ 的方向由 $B\rightarrow C$。

AC 边上的动生电动势

$$\mathscr{E}_{AC}=\int_A^C(\boldsymbol{v}\times\boldsymbol{B})\cdot\mathrm{d}\boldsymbol{l}=\int vB\left(\sin\frac{\pi}{2}\right)\mathrm{d}l\,\cos\frac{\pi}{2}=0$$

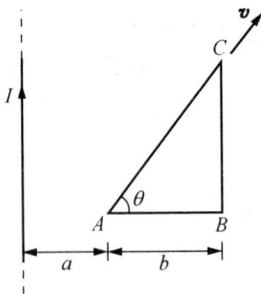

因 v 的方向沿斜边 AC,没有切割磁感应线,故不产生动生电动势。

整个线圈中的感生电动势

$$\mathcal{E} = \mathcal{E}_{AB} + \mathcal{E}_{BC} + \mathcal{E}_{CA} = -\frac{\mu_0 I v}{2\pi}(\sin\theta)\ln\frac{a+b}{a} + \frac{\mu_0 I v b}{2\pi(a+b)}\sin\theta$$

$$= \frac{\mu_0 I v \sin\theta}{2\pi}\left(\frac{b}{a+b} - \ln\frac{a+b}{a}\right)$$

如式中的答案为正,则感应电动势的方向为 $A{\rightarrow}B{\rightarrow}C{\rightarrow}A$,即逆时针方向;反之,如答案为负,则为顺时针方向。

【**例 14 - 4**】　在通有电流的长直导线附近,有一边长为 $2a$ 的正方形线圈,可绕其中心轴 OO' 以角速度 ω 旋转,转轴 OO' 与长直导线平行相距为 $b(b>a)$。 设线圈的起始位置如图 14 - 4(a)所示,求线圈中的感应电动势。

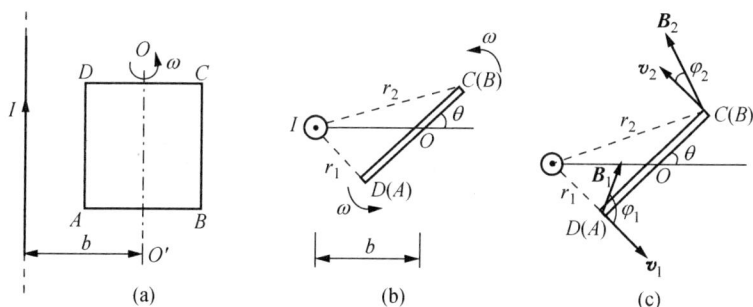

图 14 - 4

分析　线圈在磁场中转动时,通过线圈中的磁通量将随时间发生变化,因而线圈将产生感应电动势。这电动势可由法拉第电磁感应定律求得。线圈在磁场中转动时,其边框将切割磁力线,所以也用动生电动势的公式计算。

解法一　用法拉第电磁感应定律求解。

设线圈经时间 t,转过角度 θ,$\theta = \omega t$,线圈与直导线相对位置的俯视图如图 14 - 4(b)所示。将线圈面分成无限多个平行于导线的窄条,通过距离直导线为 r 处窄条的磁通量

$$\mathrm{d}\Phi = \boldsymbol{B}\cdot\mathrm{d}\boldsymbol{S} = B\,\mathrm{d}S = \frac{\mu_0 I}{2\pi r}2a\,\mathrm{d}r = \frac{\mu_0 I a}{\pi}\frac{\mathrm{d}r}{r}$$

通过整个线圈的磁通量

$$\Phi = \int\mathrm{d}\Phi = \int_{r_1}^{r_2}\frac{\mu_0 I}{\pi}a\frac{\mathrm{d}r}{r} = \frac{\mu_0 I a}{\pi}\ln\frac{r_2}{r_1}$$

由几何关系可知

$$r_1 = \left[a^2 + b^2 - 2ab\cos\theta\right]^{\frac{1}{2}} = \left[a^2 + b^2 - 2ab\cos\omega t\right]^{\frac{1}{2}}$$

$$r_2 = \left[a^2 + b^2 + 2ab\cos\theta\right]^{\frac{1}{2}} = \left[a^2 + b^2 + 2ab\cos\omega t\right]^{\frac{1}{2}}$$

线圈中的感应电动势

$$\mathscr{E}_i = -\frac{d\Phi}{dt} = -\frac{d}{dt}\left(\frac{\mu_0 Ia}{\pi}\ln\frac{r_2}{r_1}\right)$$

$$= -\frac{\mu_0 Ia}{\pi}\left(\frac{1}{r_2}\frac{dr_2}{dt} - \frac{1}{r_1}\frac{dr_1}{dt}\right)$$

$$= -\frac{\mu_0 Ia^2 b\omega}{\pi}\sin\omega t\left(\frac{1}{a^2 + b^2 + 2ab\cos\omega t} + \frac{1}{a^2 + b^2 - 2ab\cos\omega t}\right)$$

在图示的位置，$\mathscr{E}_i$ 的方向为 $A \rightarrow D \rightarrow C \rightarrow B \rightarrow A$。

解法二　用动生电动势公式 $\mathscr{E}_i = \int (\boldsymbol{v} \times \boldsymbol{B}) \cdot d\boldsymbol{l}$ 计算。

设在某时刻 t，线圈的俯视图如图 14-4(c) 所示。由于 AB 和 CD 两边都不切割磁感应线，因此都不产生动生电动势，DA 和 CB 两边因切割磁感应线而产生动生电动势。由于 DA 边上各点的 v 和 $\boldsymbol{B}$ 都相等，但并不相互垂直，所以在该时刻的动生电动势

$$\mathscr{E}_{DA} = B_1 v_1 \overline{DA} \sin\varphi_1$$

$$= \frac{\mu_0 I}{2\pi r_1}\omega a \times 2a\sin\varphi_1 = \frac{\mu_0 Ia^2\omega}{\pi r_1}\sin\varphi_1$$

这里 r_1 和 φ_1 是两个变量，要化成独立变量 θ 来表示，由几何关系可得

$$\frac{r_1}{\sin\theta} = \frac{b}{\sin\varphi_1}$$

而 $r_1 = a^2 + b^2 - 2ab\cos\theta$，将上式代入得

$$\mathscr{E}_{DA} = \frac{\mu_0 Ia^2\omega}{\pi r_1}\frac{b\sin\theta}{r_1} = \frac{\mu_0 Ia^2 b\omega}{\pi}\sin\theta\left(\frac{1}{a^2 + b^2 - 2ab\cos\theta}\right)$$

$$= \frac{\mu_0 Ia^2 b\omega}{\pi}\sin\omega t\left(\frac{1}{a^2 + b^2 - 2ab\cos\omega t}\right)$$

$\mathscr{E}_{DA}$ 的方向由 $A \rightarrow D$。

同样可得

$$\mathscr{E}_{BC} = B_2 v_2 \overline{BC} \sin \varphi_2$$

$$= \frac{\mu_0 I a^2 b \omega}{\pi} \sin \omega t \left(\frac{1}{a^2 + b^2 + 2ab \cos \omega t} \right)$$

$\mathscr{E}_{BC}$ 的方向由 $C \rightarrow B$。

整个线圈的电动势

$$\mathscr{E} = \mathscr{E}_{AD} + \mathscr{E}_{CB}$$

$$= \frac{\mu_0 I a^2 b \omega}{\pi} \left(\frac{1}{a^2 + b^2 - 2ab \cos \omega t} + \frac{1}{a^2 + b^2 + 2ab \cos \omega t} \right) \sin \omega t$$

方向为 $ADCBA$。

在该时刻,线圈中感应电动势的方向也可由楞次定律得到。当线圈从初始位置转到该时刻的位置,通过线圈的磁通量在减少,感应电流产生的磁通量应补偿线圈中磁通量的减少,所以感应电动势的方向应为 $ADCBA$。

【例 14-5】 在磁感应强度为 B 的均匀磁场中,有一长为 L 的导体棒,以匀角速度 ω 绕 OO' 轴旋转。OO' 轴与磁场方向平行。导体棒与磁场方向的夹角为 θ,如图 14-5(a)所示。求导体棒中的感应电动势。

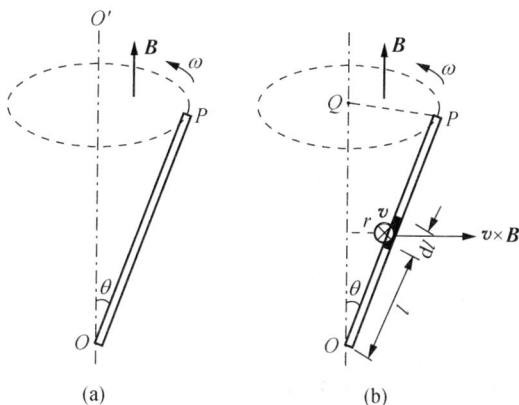

图 14-5

分析　导体棒在磁场中旋转,切割磁力线,所以导体棒中产生的感生电动势,可用 $\mathscr{E} = \int (v \times B) \cdot dl$ 计算。本题也可用法拉第电磁感应定律 $\mathscr{E} = -\dfrac{d\Phi}{dt}$ 计算。由于导体棒不构成闭合回路,无法计算通过回路的磁通量,所以先要设法构成一个包含导体棒的闭合回路,然后进行计算。

解法一　由于导体棒上各线元 dl 的速度 v 的方向均垂直于纸面向里,且与 B

垂直,$v \times B$ 的方向如图 $14-5$(b)所示,线元 dl 上的动生电动势的大小

$$d\mathscr{E} = v \times B \cdot dl = vBdl\cos\alpha$$

因 $v = \omega r = \omega l\sin\theta$, $\cos\alpha = \cos(90° - \theta) = \sin\theta$,所以

$$d\mathscr{E} = \omega l(\sin\theta)Bdl\sin\theta = \omega B(\sin^2\theta)ldl$$

整个棒中的动生电动势

$$\mathscr{E} = \int d\mathscr{E} = \int_0^L \omega B(\sin^2\theta)ldl = \frac{1}{2}\omega BL^2\sin^2\theta$$

动生电动势的方向由 $O \to P$,即 P 点的电势高。

解法二　设想导体棒 OP 为直角三角形导体回路 $OPQO$ 中的一部分,任一时刻通过回路的磁通量 Φ 为零,则回路的总电动势

$$\mathscr{E} = -\frac{d\Phi}{dt} = 0$$

即

$$\mathscr{E} = \mathscr{E}_{QP} + \mathscr{E}_{PQ} + \mathscr{E}_{QO} = 0$$

而 $\mathscr{E}_{QO} = 0$,所以

$$\mathscr{E}_{OP} = -\mathscr{E}_{PQ} = \mathscr{E}_{QP} = \frac{1}{2}\omega B(\overline{PQ})^2 = \frac{1}{2}\omega B(L\sin\theta)^2$$

由上可知,导体棒 OP 旋转时,在单位时间内切割磁力线数与导体棒 QP 切割磁力线数等效,后者是垂直切割的情况。

14.2.3　感生电动势和感生电场的计算

计算感生电动势的方法也有两种:

1) 根据感生电场 E_i 的线积分求解

当磁场被限制在圆柱形体积内时,可取以圆柱中心轴线为中心的圆形环路,根据 $\oint E_i \cdot dl = -\dfrac{d\Phi}{dt}$ 求出感生电场的表达式,然后再根据 $\mathscr{E}_{ab} = \int_a^b E_i \cdot dl$ 则可求出导体 ab 中的感生电动势。对于闭合回路,$\mathscr{E} = \oint E_i \cdot dl = -\dfrac{d\Phi}{dt}$。这种求 E_i 方法仅适用于某些对称的特殊磁场。

2) 根据法拉第电磁感应定律求解

对于闭合回路,可用法拉第电磁感应定律计算感应电动势。对于非闭合的导

体,需要添加辅助线构成闭合回路,再计算出 $\mathcal{E}$。所添加辅助线的回路中的感应电动势最好为零或者是比较容易算出的,这样最后就容易算出感生电动势。

【**例 14 - 6**】　在半径为 R 的圆柱形空间中,存在着磁感应强度为 $\boldsymbol{B}$ 的均匀磁场,方向与圆柱的轴平行,今有一长度为 L 的金属棒放在磁场中[见图 14 - 6(a)],设磁场随时间增强,其变化率为 $\dfrac{\mathrm{d}B}{\mathrm{d}t}$。(1)试求棒上的感应电动势,并指出哪端的电势高;(2)如棒的一半在磁场范围外,其结果又如何?

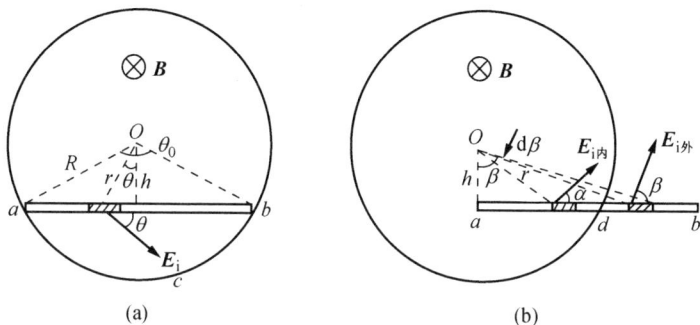

图 14 - 6

分析　由于磁场在变化,在圆柱内有感生电场产生,其电力线为以 O 点为圆心的同心圆。金属棒置于感生电场中,棒中即存在感生电动势。变化的磁场与感生电场的关系为 $\oint\boldsymbol{E}_\mathrm{i}\cdot\mathrm{d}\boldsymbol{l}=-\displaystyle\int\dfrac{\partial\boldsymbol{B}}{\partial t}\cdot\mathrm{d}\boldsymbol{S}$,棒上的感应电动势 $\mathcal{E}_{ab}=\displaystyle\int_a^b\boldsymbol{E}_\mathrm{i}\cdot\mathrm{d}\boldsymbol{l}$。不管在圆柱内外,都有感生电场存在。

本题也可以把金属棒加辅助线补成回路,用法拉第电磁感应定律求解。

(1)金属棒在圆柱内。

解法一　用感生电场计算。

在圆柱形磁场内、外离圆心 O 为 r 处的感生电场,可以由 $\oint\boldsymbol{E}_\mathrm{i}\cdot\mathrm{d}\boldsymbol{l}=-\displaystyle\int\dfrac{\partial\boldsymbol{B}}{\partial t}\cdot\mathrm{d}\boldsymbol{S}$ 求得。在圆柱内、外分别以半径为 r 的圆作积分回路,于是

$$\oint\boldsymbol{E}_\mathrm{i}\cdot\mathrm{d}\boldsymbol{l}=E2\pi r=-\frac{\mathrm{d}B}{\mathrm{d}t}S$$

圆柱内,$r\leqslant R$,$S=\pi r^2$,感生电场的场强

$$E_{\mathrm{i内}}=-\frac{r}{2}\frac{\mathrm{d}B}{\mathrm{d}t}$$

圆柱外,$r > R$, $S = \pi R^2$,感生电场的场强

$$E_{外} = -\frac{R^2}{2r}\frac{dB}{dt}$$

因 $\dfrac{dB}{dt} > 0$,而 $\boldsymbol{E}_i$ 的方向与 $\dfrac{d\boldsymbol{B}}{dt}$ 满足左手螺旋关系,所以负号表示 $\boldsymbol{E}_i$ 的方向为逆时针方向。

在棒上任取一线元 $d\boldsymbol{l}$,方向与积分路径相同,即从 a 指向 b,$\boldsymbol{E}_i$ 与 $d\boldsymbol{l}$ 之间的夹角为 θ,如图 14-6(a)所示。金属棒 ab 上的感生电动势

$$\mathscr{E}_{ab} = \int_a^b \boldsymbol{E}_i \cdot d\boldsymbol{l} = \int_0^L \frac{r}{2}\frac{dB}{dt}dl \cos\theta$$

因

$$\cos\theta = \frac{h}{r} = \frac{\sqrt{R^2 - \left(\dfrac{L}{2}\right)^2}}{r}$$

代入得

$$\mathscr{E}_{ab} = \int_0^L \frac{1}{2}\sqrt{R^2 - \left(\frac{L}{2}\right)^2}\frac{dB}{dt}dl = \frac{L}{2}\frac{dB}{dt}\sqrt{R^2 - \left(\frac{L}{2}\right)^2}$$

因 $\mathscr{E}_{ab} > 0$,感生电动势 $\mathscr{E}_{ab}$ 的方向由 a 指向 b,故 b 点的电势比 a 点高。

解法二 加辅助线补成回路,用法拉第电磁感应定律求解。

将金属棒 ab 两端与圆心 O 连接,形成一闭合回路 $OabO$,如图 14-6(a)所示,并取 $ObaO$ 为回路的正方向,则通过此回路的磁通量

$$\Phi = BS = B\frac{1}{2}Lh = \frac{BL}{2}\sqrt{R^2 - \left(\frac{L}{2}\right)^2}$$

此回路中的感应电动势

$$\mathscr{E}_{OabO} = -\frac{d\Phi}{dt} = -\frac{L}{2}\sqrt{R^2 - \left(\frac{L}{2}\right)^2}\frac{dB}{dt}$$

由于 Oa 和 Ob 沿半径方向,与该处的感生电场强度 $\boldsymbol{E}_i$ 处处垂直,所以 Oa 和 Ob 上的感生电动势为零。因

$$\mathscr{E}_{ObaO} = \mathscr{E}_{Ob} + \mathscr{E}_{ba} + \mathscr{E}_{Oa}$$

所以 ab 上的感生电动势

$$\mathscr{E}_{ba} = \mathscr{E}_{ObaO} - \mathscr{E}_{Ob} - \mathscr{E}_{Oa} = \mathscr{E}_{ObaO} = -\frac{L}{2}\sqrt{R^2 - \left(\frac{L}{2}\right)^2}\frac{\mathrm{d}B}{\mathrm{d}t}$$

由于 $\dfrac{\mathrm{d}B}{\mathrm{d}t} > 0$，所以 $\mathscr{E}_{ba} < 0$，即该感应电动势的方向由 a 指向 b。

本题还可以设想用其他线段与 ab 棒连成回路进行计算。例如可以利用弧 $\overset{\frown}{bca}$ 与 ab 组成弓形闭合回路 $acba$。对此回路取 $abca$ 方向为正方向，则有

$$\mathscr{E}_{abca} = -\frac{\mathrm{d}\Phi}{\mathrm{d}t} = -S_{abca}\frac{\mathrm{d}B}{\mathrm{d}t} = -(S_{OacbO} - S_{OabO})\frac{\mathrm{d}B}{\mathrm{d}t}$$

$$= -\left[\frac{\theta_0}{2\pi}\pi R^2 - \frac{L}{2}\sqrt{R^2 - \left(\frac{L}{2}\right)^2}\right]\frac{\mathrm{d}B}{\mathrm{d}t}$$

由于

$$\mathscr{E}_{abca} = \mathscr{E}_{ab} + \mathscr{E}_{\overset{\frown}{bca}}$$

而

$$\mathscr{E}_{\overset{\frown}{bca}} = \int_b^a \boldsymbol{E}_{\mathrm{i}} \cdot \mathrm{d}l = -\frac{R}{2}\frac{\mathrm{d}B}{\mathrm{d}t}R\theta_0 = -\frac{R^2}{2}\theta_0\frac{\mathrm{d}B}{\mathrm{d}t}$$

所以

$$\mathscr{E}_{ab} = \mathscr{E}_{abca} - \mathscr{E}_{\overset{\frown}{bca}}$$

$$= -\left[\frac{\theta_0}{2}R^2 - \frac{L}{2}\sqrt{R^2 - \left(\frac{L}{2}\right)^2}\right]\frac{\mathrm{d}B}{\mathrm{d}t} + \frac{R^2}{2}\theta_0\frac{\mathrm{d}B}{\mathrm{d}t}$$

$$= \frac{L}{2}\sqrt{R^2 - \left(\frac{L}{2}\right)^2}\frac{\mathrm{d}B}{\mathrm{d}t}$$

因 $\mathscr{E}_{ab} > 0$，即金属棒上的感应电动势方向由 a 指向 b，从而 $V_b > V_a$，b 点的电势高，与上面的结果一样。

（2）金属棒的一半在柱外。

如图 14-6(b)所示，在柱内的 ad 段上的感生电动势

$$\mathscr{E}_{ad} = \int_a^d \boldsymbol{E}_{\mathrm{i内}} \cdot \mathrm{d}\boldsymbol{l} = \int_0^{\frac{L}{2}}\frac{r}{2}\frac{\mathrm{d}B}{\mathrm{d}t}\mathrm{d}l\cos\alpha$$

$$= \int_0^{\frac{L}{2}}\frac{1}{2}\sqrt{R^2 - \left(\frac{L}{2}\right)^2}\frac{\mathrm{d}B}{\mathrm{d}t}\mathrm{d}l$$

$$= \frac{L}{4}\sqrt{R^2 - \left(\frac{L}{2}\right)^2}\frac{\mathrm{d}B}{\mathrm{d}t}$$

$\mathscr{E}_{ad}$ 的方向由 $a \to d$。

在柱外的 db 段上的感生电动势

$$\mathscr{E}_{db} = \int_d^b \boldsymbol{E}_{i\!f\!h} \cdot \mathrm{d}\boldsymbol{l} = \int_{\frac{L}{2}}^L \frac{R^2}{2r} \frac{\mathrm{d}B}{\mathrm{d}t} \mathrm{d}l \cos\beta$$

因 $\mathrm{d}l \cos\beta = r\mathrm{d}\beta$,代入得

$$\mathscr{E}_{db} = \int \frac{R^2}{2r} \frac{\mathrm{d}B}{\mathrm{d}t} r \mathrm{d}\beta = \int_{\arctan\frac{L}{2h}}^{\arctan\frac{L}{h}} \frac{R^2}{2} \frac{\mathrm{d}B}{\mathrm{d}t} \mathrm{d}\beta$$

$$= \frac{R^2}{2} \left(\arctan\frac{L}{h} - \arctan\frac{L}{2h} \right) \frac{\mathrm{d}B}{\mathrm{d}t}$$

$$= \frac{R^2}{2} \left[\arctan\frac{L}{\sqrt{R^2 - \left(\frac{L}{2}\right)^2}} - \arctan\frac{L}{2\sqrt{R^2 - \left(\frac{L}{2}\right)^2}} \right] \frac{\mathrm{d}B}{\mathrm{d}t}$$

$\mathscr{E}_{db}$ 的方向由 $d \to b$。

整个金属棒上的感应电动势

$$\mathscr{E}_{ab} = \mathscr{E}_{ad} + \mathscr{E}_{db}$$

$$= \frac{L}{2} \sqrt{R^2 - \left(\frac{L}{2}\right)^2} \frac{\mathrm{d}B}{\mathrm{d}t} +$$

$$\frac{R^2}{2} \left[\arctan\frac{L}{\sqrt{R^2 - \left(\frac{L}{2}\right)^2}} - \arctan\frac{L}{2\sqrt{R^2 - \left(\frac{L}{2}\right)^2}} \right] \frac{\mathrm{d}B}{\mathrm{d}t}$$

14.2.4 自感和互感的计算

自感和互感的一般计算方法基本相同,其基本步骤如下:

(1) 假设线圈中通以电流 I;

(2) 求出线圈内的磁感应强度 $\boldsymbol{B}$ 的表达式;

(3) 求出通过线圈的磁通链数 $N\Phi$(计算互感 M 时,$N\Phi$ 是指通过没有通电的另一线圈的磁通链数);

(4) 代入公式 $L = \dfrac{N\Phi}{I}$ 或 $M = \dfrac{N\Phi_{21}}{I_1}$ 得到结果。

有些情况,通过回路的磁通量很难计算,例如同轴电缆的芯线(实心的圆柱而不是圆筒)中的磁通量,因此就无法用上述方法求得自感。可以先计算它的磁能,再用 $W_{\mathrm{m}} = \dfrac{1}{2} LI^2$ 求出自感。

有些情况,例如同心共面的大小两个线圈,其中小线圈通有变化的电流 I_1,求大线圈中的感应电动势。由于大线圈处于小线圈的非均匀磁场中,无法求出通过大线圈的磁通量,因而无法用 $\mathscr{E} = -\dfrac{\mathrm{d}\Phi}{\mathrm{d}t}$ 求出感应电动势。但是可以假设大线圈通有电流,利用上述计算步骤求出它们的互感 M,再用 $\mathscr{E} = -M\dfrac{\mathrm{d}I_1}{\mathrm{d}t}$ 求出大线圈中的感应电动势(见例 14-9)。

【例 14-7】 一磁控管的构件,形状如图 14-7 所示,由很薄的金属片弯成一半径为 r 的空心长圆柱和两块相距为 d,边长为 l 的正方形平行板构成,$r \ll l$,$d \ll l$,电流的流向如图所示。求此构件的自感。

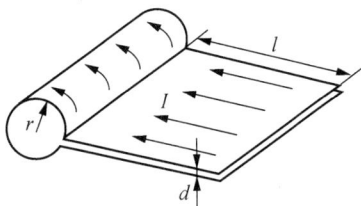

图 14-7

分析 计算构件的自感,关键在计算通过构件的磁通量。由于电流是沿着平面流动,所以它产生的磁场需用安培环路定理求得。对于无限大平面电流的磁场 $B = \dfrac{\mu_0 i'}{2}$,式中 i' 为通过与电流方向垂直的单位长度上流过的电流,即电流线密度,中空圆柱中的磁场 $B = \mu_0 i'$,相当于长直螺线管的磁场。

解 设金属片中通有电流 I 时,在中空圆柱中产生一沿轴向向外的均匀磁场

$$B_1 = \mu_0 i' = \mu_0 \frac{I}{l}$$

在平行板之间产生一沿同一方向的均匀磁场

$$B_2 = 2 \times \frac{\mu_0 i'}{2} = \mu_0 \frac{I}{l}$$

通过这构件的总磁通量

$$\Phi = B_1 \pi r^2 + B_2 ld = \frac{\mu_0}{l}(\pi r^2 + ld)I$$

故构件的自感

$$L = \frac{\Psi}{I} = \frac{\Phi}{I} = \frac{\mu_0}{l}(\pi r^2 + ld)$$

【例 14-8】 截面为矩形的均匀密绕的螺绕环,其内半径为 R_1,外半径为 R_2,高度为 h,共有 N 匝,其中充有相对磁导率为 μ_r 的磁介质。在螺绕环的轴线上有

一无限长直导线,如图 14 - 8(a)所示。求：(1) 螺绕环的自感;(2) 螺绕环与长直导线间的互感。

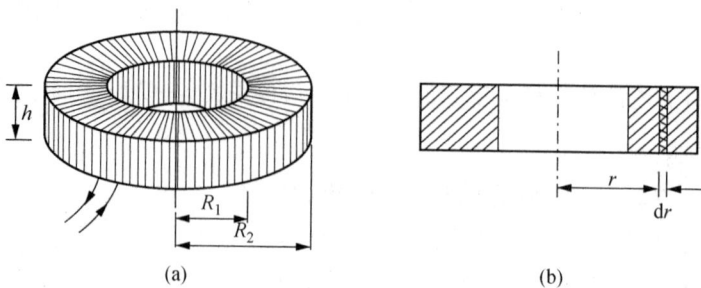

图 14 - 8

分析　螺绕环的自感可按计算自感的一般步骤进行计算。对于无限长直导线可以认为在无限远处形成一回路,因此与螺绕环间有互感。设想长直导线中通有电流 I,则在螺绕环的截面中有磁通量通过,计算其中的磁通量 Φ,由定义 $M = \dfrac{\Phi}{I}$ 可以得到它们的互感。

解　(1) 设螺绕环通有电流 I,则距中心 r 处的磁场强度可由安培环路定律求得,即

$$\oint \boldsymbol{H} \cdot \mathrm{d}\boldsymbol{l} = H 2\pi r = NI$$

$$H = \frac{NI}{2\pi r}$$

于是,磁感应强度

$$B = \mu_0 \mu_{\mathrm{r}} H = \frac{\mu_0 \mu_{\mathrm{r}} NI}{2\pi r}$$

通过螺绕环截面的磁通量[见图 14 - 8(b)]

$$\Phi = \int \boldsymbol{B} \cdot \mathrm{d}\boldsymbol{S} = \int_{R_1}^{R_2} \frac{\mu_0 \mu_{\mathrm{r}} NI}{2\pi r} h \, \mathrm{d}r$$

$$= \frac{\mu_0 \mu_{\mathrm{r}} NIh}{2\pi} \ln \frac{R_2}{R_1}$$

根据自感定义,得螺绕环的自感

$$L = \frac{\Psi}{I} = \frac{N\Phi}{I} = \frac{\mu_0 \mu_{\mathrm{r}} N^2 h}{2\pi} \ln \frac{R_2}{R_1}$$

（2）设长直导线中通有电流 I_1，其在螺绕环截面内的磁感应强度

$$B_1 = \frac{\mu_0 \mu_r I_1}{2\pi r}$$

通过螺绕环截面积的磁通量

$$\Phi_{21} = \int \boldsymbol{B}_1 \cdot d\boldsymbol{S} = \int_{R_1}^{R_2} \frac{\mu_0 \mu_r I_1}{2\pi r} h\, dr$$

$$= \frac{\mu_0 \mu_r I_1 h}{2\pi} \ln \frac{R_2}{R_1}$$

因此，两者的互感

$$M_{21} = \frac{\Psi_{21}}{I_1} = \frac{N\Phi_{21}}{I_1} = \frac{\mu_0 \mu_r N h}{2\pi} \ln \frac{R_2}{R_1}$$

我们也可以认为无限长直导线在无限远处闭合，形成匝数为 1 的线圈，当螺绕环通过电流 I_2 时，通过长直导线回路的磁通量也就是通过螺绕环截面的磁通量，即

$$\Phi_{12} = \frac{\mu_0 \mu_r N I_2 h}{2\pi} \ln \frac{R_2}{R_1}$$

所以，它们的互感

$$M_{12} = \frac{\Psi_{12}}{I_2} = \frac{\Phi_{12}}{I_2} = \frac{\mu_0 \mu_r N h}{2\pi} \ln \frac{R_2}{R_1}$$

两个结果相同，也即 $M_{21} = M_{12}$。

【例 14－9】　两个线圈的半径分别为 a 和 $b(b \gg a)$，共轴放置，如图 14－9 所示，今在小线圈中维持一恒稳电流 I_1，并使线圈以匀速 v 沿轴线方向平移，移动时保持线圈平面平行共轴。求两线圈中心相距 x 的瞬时，大线圈中的感应电动势。

分析　当通电小线圈沿轴线方向平移时，通过大线圈中的磁通量将发生变化，所以大线圈中有感应电动势，但大线圈是处于小线圈的非均匀磁场中，通过大线圈的磁通量就无法计算。可以

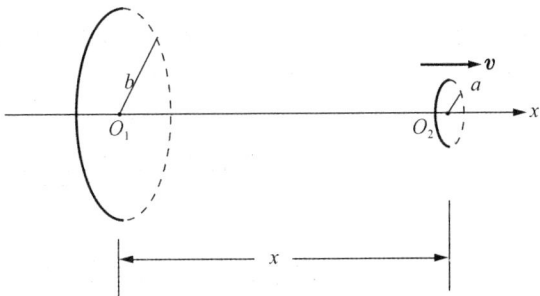

图 14－9

先求出两个线圈的互感系数,然后根据 $\Phi_{21}=MI_1$,求得通过大线圈的磁通量,再由法拉第电磁感应定律求出大线圈中的感应电动势。

解　为求两线圈的互感系数,设大线圈中通以电流 I',则在小线圈所在处的磁感应强度

$$B=\frac{\mu_0}{2}\frac{I'b^2}{(b^2+x^2)^{3/2}}$$

方向沿 x 轴。由于小线圈的半径 $a \ll b$,所以小线圈处的磁场可视为均匀的,则通过小线圈的磁通量

$$\Phi_{12}=BS_1=\frac{\mu_0}{2}\frac{I'b^2}{(b^2+x^2)^{3/2}}\pi a^2$$

两线圈的互感系数　　　　$M=\frac{\Phi_{12}}{I'}=\frac{\mu_0\pi a^2 b^2}{2(b^2+x^2)^{3/2}}$

当小线圈中通有恒稳电流 I_1 时,穿过大线圈的磁通量

$$\Phi_{21}=MI_1=\frac{\mu_0\pi a^2 b^2}{2(b^2+x^2)^{3/2}}I_1$$

小线圈移动时大线圈中产生的感应电动势

$$\mathscr{E}_2=-\frac{\mathrm{d}\Phi_{21}}{\mathrm{d}t}=-\frac{\mu_0}{2}\pi a^2 b^2 I_1\left[-\frac{3}{2}(b^2+x^2)^{-5/2}2x\frac{\mathrm{d}x}{\mathrm{d}t}\right]$$

$$=\frac{3\mu_0}{2}\frac{\pi a^2 b^2 I_1 xv}{(b^2+x^2)^{5/2}}$$

【例 14-10】　两个细长螺线管 1 和 2,其长度分别为 l_1 和 l_2,自感系数分别为 L_1 和 L_2,截面积近似相等,螺线管 1 中通有稳恒电流 I_1,螺线管 2 与电阻 R 串联成回路。若将螺线管 2 以速率 v 匀速地插入螺线管 1,如插入部分的长度用 x 表示(见图 14-10)。试求:(1) 螺线管 2 中的互感电动势(设 $x=0$ 时开始计时,忽略边缘效应);(2) 螺线管 2 中的电流。

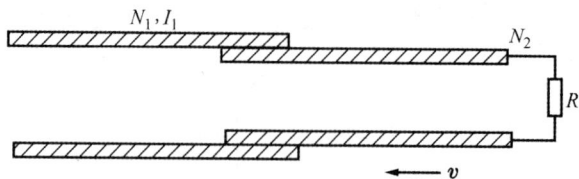

图 14-10

分析　螺线管 2 中的感应电动势不是由螺线管 1 中的电流 I_1 变化产生的,而是由于它们的互感系数 M 的变化产生的,所以 $\mathscr{E}_{21} = -I_1 \dfrac{\mathrm{d}M}{\mathrm{d}t}$。

解　(1)设螺线管 1 中的电流 I_1 所激发的磁场,通过螺线管 1 每一匝的磁通量为 Φ_1,通过螺线管 2 每一匝的磁通量为 Φ_{21},设螺线管 2 中的电流 I_2 所激发的磁场,通过螺线管 2 每一匝的磁通量为 Φ_2,通过螺线管 1 每一匝的磁通量为 Φ_{12},则

$$\Phi_1 = \frac{L_1 I_1}{N_1}, \quad \Phi_2 = \frac{L_2 I_2}{N_2}$$

若两个螺线管套合时无漏磁,则

$$\Phi_{21} = \Phi_1, \quad \Phi_{12} = \Phi_2$$

设两个螺线管套合部分的匝数分别为 N'_1 和 N'_2,根据互感系数的定义有

$$M = \frac{N'_1 \Phi_{12}}{I_2} = \frac{N'_2 \Phi_{21}}{I_1}$$

上式可写成

$$M = \sqrt{\frac{N'_1 N'_2 \Phi_{12} \Phi_{21}}{I_1 I_2}}$$

将 Φ_{12} 和 Φ_{21} 的关系式代入得

$$M = \sqrt{\frac{N'_1 N'_2}{N_1 N_2} L_1 L_2}$$

由于 $N'_1 = \dfrac{N_1}{l_1} x$,$N'_2 = \dfrac{N_2}{l_2} x$,所以

$$M = \sqrt{\frac{L_1 L_2}{l_1 l_2}} x$$

于是螺线管 2 中的感应电动势

$$\mathscr{E}_{21} = -I_1 \frac{\mathrm{d}M}{\mathrm{d}t} = -I_1 \sqrt{\frac{L_1 L_2}{l_1 l_2}} \frac{\mathrm{d}x}{\mathrm{d}t} = -I_1 v \sqrt{\frac{L_1 L_2}{l_1 l_2}}$$

$\mathscr{E}_{21}$ 为常数。

(2)由于螺线管 2 中存在互感电动势 $\mathscr{E}_{21}$ 和自感电动势 $\mathscr{E}_2 = -L_2 \dfrac{\mathrm{d}I_2}{\mathrm{d}t}$,所以回路的电路方程为

$$\mathscr{E}_{21} - L_2 \frac{\mathrm{d}I_2}{\mathrm{d}t} = I_2 R$$

解方程得

$$I_2 = \frac{\mathscr{E}_{21}}{R}(1 - \mathrm{e}^{-\frac{R}{L_2}t}) = -\frac{I_1 v}{R}\sqrt{\frac{L_1 L_2}{l_1 l_2}}(1 - \mathrm{e}^{-\frac{R}{L_2}t})$$

负号表示 I_2 的方向与 I_1 相反。

14.2.5　磁能的计算

计算磁能有两种方法:

(1) 对于自感元件可先计算出自感,然后用自感储能公式 $W_\mathrm{m} = \frac{1}{2}LI^2$ 算出自感能量。

(2) 由给定的电流算出磁场分布,再由磁场分布算出磁能密度 $w_\mathrm{m} = \frac{1}{2}BH = \frac{1}{2}\frac{B^2}{\mu}$,最后通过积分求出磁场能量 $W_\mathrm{m} = \int_V w_\mathrm{m}\mathrm{d}V$。体积元选取适当,可将三重积分化为一重积分。磁场分布一般可用安培环路定律求得。

【例 14-11】　一同轴电缆由半径为 a 的导体圆柱芯线及内、外半径分别为 b 和 c 的同轴导体圆筒构成,如图 14-11 所示。筒和柱间有相对磁导率为 μ_r 的磁介质,导体圆柱和圆筒的磁导率近似为 μ_0。电缆工作时,电流 I 由圆柱流入,沿圆筒流回,而且在导体横截面上电流是均匀分布的。试求一段长为 l 的电缆所储存的磁场能量,并由此计算电缆单位长度的自感。

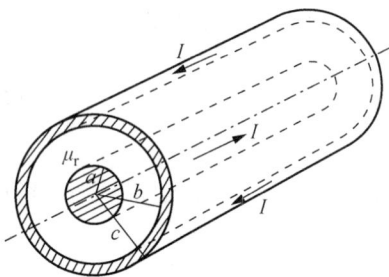

图 14-11

分析　电缆的磁能储存在导体芯线和外层圆筒以及其间的磁介质中,因此计算磁能时,首先要知道磁场的分布,这可由安培环路定理求得。由磁能密度 $w_\mathrm{m} = \frac{B^2}{2\mu}$,积分遍及磁场的空间 $W_\mathrm{m} = \int w_\mathrm{m}\mathrm{d}V$,即可得该空间的磁能。

由于 $W_\mathrm{m} = \frac{1}{2}LI^2$,所以根据磁能可以计算线圈的自感。这是计算自感的方法之一。

解 由安培环路定理可得电缆空间的磁场分布：

$$B_1 = \frac{\mu_0 I r}{2\pi a^2}, \quad r < a \qquad\qquad B_2 = \frac{\mu_0 \mu_r I}{2\pi r}, \quad a < r < b$$

$$B_3 = \frac{\mu_0 I (c^2 - r^2)}{2\pi (c^2 - b^2) r}, \quad b < r < c \qquad B_4 = 0, \quad r > c$$

（1）圆柱内（$r < a$）：

$$w_1 = \frac{B_1^2}{2\mu_0}, \ dW_1 = w_1 dV$$

在圆柱内作一半径为 r，宽为 dr，长为 l 的圆筒，则

$$dV = 2\pi r l\, dr$$

所以，圆柱内的磁能

$$W_1 = \int w_1 dV = \int \frac{B_1^2}{2\mu_0} dV = \int_0^a \frac{1}{2\mu_0} \left(\frac{\mu_0 I r}{2\pi a^2} \right)^2 2\pi r l\, dr = \frac{\mu_0 I^2}{16} l$$

（2）圆柱与圆筒之间（$a < r < b$）：

$$W_2 = \int \frac{B_2^2}{2\mu_0 \mu_r} dV = \int_a^b \frac{1}{2\mu_0 \mu_r} \left(\frac{\mu_0 \mu_r I}{2\pi r} \right)^2 2\pi r l\, dr = \frac{\mu_0 \mu_r I^2 l}{4\pi} \ln \frac{b}{a}$$

（3）圆筒内（$b < r < c$）：

$$W_3 = \int \frac{B_3^2}{2\mu_0} dV = \int_b^c \frac{1}{2\mu_0} \left[\frac{\mu_0 (c^2 - r^2) I}{2\pi (c^2 - b^2) r} \right]^2 2\pi r l\, dr$$

$$= \frac{\mu_0 I^2 l}{16\pi (c^2 - b^2)^2} \left(4c^4 \ln \frac{c}{b} - 3c^4 + 4b^2 c^2 - b^4 \right)$$

（4）圆筒外（$r > c$）：

$$W_4 = \int \frac{B_4^2}{2\mu_0} dV = 0$$

长为 l 的电缆的总磁能

$$W_m = W_1 + W_2 + W_3 + W_4 = \left[\frac{\mu_0 I^2}{16} + \frac{\mu_0 \mu_r I^2}{4\pi} \ln \frac{b}{a} + \right.$$

$$\left. \frac{\mu_0 I^2}{16\pi (c^2 - b^2)} \left(4c^4 \ln \frac{c}{b} - 3c^4 + 4b^2 c^2 - b^4 \right) \right] l$$

单位长度电缆的自感

$$L = \frac{2W_m}{I^2 l} = \left[\frac{\mu_0}{8} + \frac{\mu_0 \mu_r}{2\pi} \ln \frac{b}{a} + \frac{8\mu_0}{8\pi(c^2 - b^2)}\left(4c^4 \ln \frac{c}{b} - 3c^4 + 4b^2 c^2 - b^4\right)\right]$$

14.2.6　位移电流的计算和全电流安培环路定理的应用

位移电流的计算步骤如下:

(1) 首先确定 $\boldsymbol{D}$ 的方向,求出电位移 $\boldsymbol{D}$ 的通量 Φ_D;

(2) 根据位移电流的定义,将 Φ_D 对时间求导,即得位移电流 I_d;

(3) 由 $\boldsymbol{D}$ 的方向和 $\dfrac{\mathrm{d}\Phi_D}{\mathrm{d}t}$ 的变化情况确定 I_d 的方向。

如果把电位移直接对时间求导,则可得位移电流密度。所以求出 $\boldsymbol{D}$ 和 Φ_D 是计算的关键。

由全电流安培环路定理可以计算变化的电场激发的磁场,具体的计算步骤如同用真空中的安培环路定理计算磁感应强度一样。

【例 14 - 12】　有一平板电容器,极板是半径为 R 的圆板。当接上交变电源后,极板上的电荷按规律 $q = q_0 \sin \omega t$ 变化。略去边缘效应,求:(1)两块极板间的位移电流;(2)两块极板间的磁场分布。

分析　略去边缘效应,电容器两块极板间的圆柱形空间分布有交变的电场,则两板间有位移电流。这变化的电场所激发的磁场具有轴对称性,所以可利用全电流的安培环路定理求出磁场的分布。

解　(1)当电容器极板上电荷量为 q 时,电荷面密度

$$\sigma = \frac{q}{\pi R^2}$$

这时电容器两块极板间的电位移

$$D = \sigma = \frac{q}{\pi R^2}$$

位移电流密度

$$j_d = \frac{\mathrm{d}D}{\mathrm{d}t} = \frac{\mathrm{d}\sigma}{\mathrm{d}t} = \frac{1}{\pi R^2}\frac{\mathrm{d}q}{\mathrm{d}t} = \frac{1}{\pi R^2}\omega q_0 \cos \omega t$$

忽略边缘效应,通过电容器的电位移通量

$$\Phi_D = DS = \frac{q}{\pi R^2}\pi R^2 = q$$

所以两板间的位移电流

$$I_d = \frac{d\Phi_D}{dt} = \frac{dq}{dt} = \omega q_0 \cos \omega t$$

（2）两块极板间的位移电流所激发的磁场对两板中心连线具有轴对称性,因此,取半径 r 的磁力线为闭合积分路线,根据全电流安培环路定理可得

$$\oint \boldsymbol{H} \cdot d\boldsymbol{l} = I_d + I_0$$

$$H2\pi r = \frac{\pi r^2}{\pi R^2} \omega q_0 \cos \omega t$$

$$H = \frac{\omega q_0 r}{2\pi} \cos \omega t$$

如果 $r > R$,则闭合回路将包围两极板间的位移电流,得

$$H2\pi r = \omega q_0 \cos \omega t$$

$$H = \frac{\omega q_0}{2\pi r} \cos \omega t$$

由此可知,两极板间的磁场强度在极板内随距轴线的距离增加而正比增大;在极板外则随距离成反比减小。

【例 14 - 13】 如图 14 - 12 所示,圆形平行板电容器的半径为 a,电容为 C。初始时两块板上带有电荷 $\pm Q_0$。若在两板中心接一细导线,其电阻 R 相当大,使电容器缓慢放电,但两板上的电荷时时保持均匀。试求：（1）电容器中的传导电流和位移电流;（2）两块极板间磁场的分布。

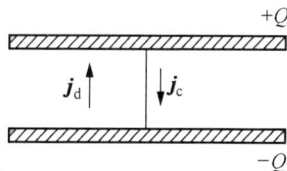

图 14 - 12

解 （1）设 $t = 0$ 时极板上的电荷为 Q_0,当电容器均匀放电时,在 t 时刻极板上的电荷为 Q,由 RC 电路可知

$$Q = Q_0 e^{-\frac{1}{RC}t}$$

所以传导电流的大小

$$I_c = \left| \frac{dQ}{dt} \right| = \frac{Q_0}{RC} e^{-\frac{1}{RC}t}$$

方向为沿导线由正极板到负极板。

两板间的电位移

$$D = \sigma = \frac{Q}{\pi a^2} = \frac{Q_0}{\pi a^2} e^{-\frac{1}{RC}t}$$

所以位移电流密度的大小

$$j_d = \left| \frac{dD}{dt} \right| = \frac{Q_0}{\pi a^2 RC} e^{-\frac{1}{RC}t}$$

位移电流的大小

$$I_d = j_d \pi a^2 = \frac{Q_0}{RC} e^{-\frac{1}{RC}t}$$

由于电位移 D 在减小,电位移通量也在减小,所以位移电流的方向与 D 的方向相反,即与传导电流的方向相反。

(2) 以细导线为中心,作半径为 r 的闭合回路,其平面与极板平行,则通过此圆面积的全电流

$$I = I_c + I_d = \frac{Q_0}{RC} e^{-\frac{t}{RC}} - \pi r^2 \frac{Q_0}{\pi a^2 RC} e^{-\frac{t}{RC}} = \frac{Q_0}{RC} e^{-\frac{t}{RC}} \left(1 - \frac{r^2}{a^2} \right)$$

根据全电流安培环路定理

$$\oint \boldsymbol{H} \cdot d\boldsymbol{l} = I$$

$$H 2\pi r = \frac{Q_0}{RC} e^{-\frac{t}{RC}} \left(1 - \frac{r^2}{a^2} \right)$$

$$H = \frac{Q_0}{2\pi RC r} \left(1 - \frac{r^2}{a^2} \right) e^{-\frac{t}{RC}}$$

当 $r > a$ 时,全电流 $I = I_c + I_d = 0$,所以 $H = 0$。

【例 14 - 14】 试从位移电流得到运动电荷的磁场强度关系式 $\boldsymbol{H} = \frac{q}{4\pi r} \boldsymbol{v} \times \boldsymbol{e}_r$.

解 当点电荷 q 运动的速度 $v \ll c$ 时,可以认为点电荷周围的电场仍保持球对称分布,电荷在运动,电场在变化,因而产生磁场。

以点电荷为球心,过场中某点 P 作一球面,并作垂直于 v 的平面与球面相截,得交线为半径 $R = r\sin R$ 的圆(图中画斜线的圆)。通过此圆面积的 D 通量与通过此圆周为界的球冠的 D 通量相等,由于球面上各点的 D 相等,$D = \frac{q}{4\pi r^2}$,所以通过圆面积的 D 通量为

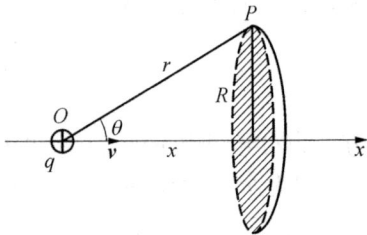

图 14 - 13

$$\Phi_D = \int \boldsymbol{D} \cdot \mathrm{d}\boldsymbol{S} = DS'$$

式中，S' 为球冠的面积，$S' = 2\pi r^2(1 - \cos\theta)$，即

$$\Phi_D = \frac{q}{4\pi r^2} \cdot 2\pi r^2 (1 - \cos\theta) = \frac{q}{2}(1 - \cos\theta)$$

电荷 q 在运动，θ 在改变，Φ_D 也随时间而改变，因而通过此圆面积的位移电流为

$$I_d = \frac{\mathrm{d}\Phi_D}{\mathrm{d}t} = \frac{q}{2}\sin\theta\,\frac{\mathrm{d}\theta}{\mathrm{d}t}$$

因 $x = R\cot\theta$，$\dfrac{\mathrm{d}x}{\mathrm{d}t} = -v$，所以 $\dfrac{\mathrm{d}x}{\mathrm{d}t} = -R\cot^2\theta\,\dfrac{\mathrm{d}\theta}{\mathrm{d}t} = -v$，得

$$\frac{\mathrm{d}\theta}{\mathrm{d}t} = \frac{v\sin^2\theta}{R} = \frac{v}{r}\sin\theta$$

于是
$$I_d = \frac{q}{2}\sin\theta\,\frac{v}{r}\sin\theta = \frac{qv}{2r}\sin\theta$$

因为位移电流密度 $\boldsymbol{j}_d = \dfrac{\mathrm{d}\boldsymbol{D}}{\mathrm{d}t}$ 的分布具有轴对称性，因此位移电流产生的磁场线应是垂直于轴的一系列同心圆（圆心位于轴线上），且各点 $\boldsymbol{H}$ 值相等，故将过 P 点、半径为 R 的圆周作为积分回路，根据全电流定律，得

$$\oint \boldsymbol{H} \cdot \mathrm{d}\boldsymbol{l} = H \cdot 2\pi R = H \cdot 2\pi r\sin\theta = I_d = \frac{qv}{2r}\sin^2\theta$$

所以
$$H = \frac{qv}{4\pi r^2}\sin\theta$$

写成矢量式，有

$$H = \frac{q}{4\pi r^2}\boldsymbol{v} \times \boldsymbol{e}_r$$

$\boldsymbol{e}_r$ 是 r 的单位矢量。上式与毕奥-萨伐尔定律得到的结果完全一致。

14.2.7　电磁场与电磁波的计算

*【例 14-15】　一圆形平行板电容器，圆板半径为 a，两板间距为 d，如在电容器上加一缓变电流 $I = I_0\cos\omega t$，试求两板间变化的电场产生的涡旋磁场以及变化的磁场产生的涡旋电场的分布。

解　由于电容器上加上缓变电流,可假定在两板之间的库仑电场(由板上电荷产生的)是均匀的。由 $\dfrac{\mathrm{d}q}{\mathrm{d}t}=I_c$,并假定 $t=0$ 时,$q=0$,得两板上电荷量的变化:

$$q(t)=\int_0^q \mathrm{d}q=\int_0^t I_0\cos\omega t\,\mathrm{d}t=\frac{I_0}{\omega}\sin\omega t$$

于是两板间 $\boldsymbol{D}_0$ 和 $\boldsymbol{E}_0$ 的大小为

$$D_0(t)=\sigma=\frac{q(t)}{S}=\frac{I_0}{\pi a^2\omega}\sin\omega t$$

$$E_0(t)=\frac{D_0}{\varepsilon_0}=\frac{I_0}{\varepsilon_0\omega\pi a^2}\sin\omega t$$

变化的电场产生的涡旋磁场的磁感应强度是以圆板中心线为轴的圆周,且有轴对称性,在同一圆周上,各点的 $\boldsymbol{H}$ 的大小相等。选半径为 r 的圆周为积分回路[见图 $14-14(a)$],在 $r<a$ 时,有

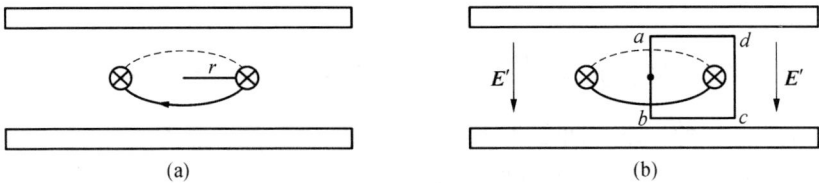

图 $14-14$

$$\oint \boldsymbol{H}\cdot\mathrm{d}l=H2\pi r=\pi r^2\frac{\mathrm{d}D}{\mathrm{d}t}$$

得

$$H(r,t)=\frac{r}{2}\frac{\mathrm{d}D}{\mathrm{d}t}=\frac{I_0 r}{2\pi a^2}=\cos\omega t$$

$$B(r,t)=\mu H(r,t)=\frac{\mu I_0 r}{2\pi a^2}\cos\omega t$$

在 $t=0$ 时,$\boldsymbol{B}$ 的方向如图 $14-14(b)$ 所示。

在 $r>a$ 时,很容易得到

$$B(r,t)=\frac{\mu_0 I}{2\pi r}\cos\omega t$$

由于涡旋磁场的变化产生涡旋电场 $\boldsymbol{E}'$,考虑到 $t=0$ 时,$\boldsymbol{B}$ 有最大值,$\dfrac{\mathrm{d}B}{\mathrm{d}t}<0$,

故 $\boldsymbol{E}'$ 的方向如图 14-14(b)所示。用高斯定理可以证明过涡旋电场不存在垂直于中心轴的径向分量,它的方向是垂直于电容器的极板。

取电场 $\boldsymbol{E}'$ 的积分回路 $abcd$,ab 边沿中心轴线,由电磁感应定律有

$$\oint \boldsymbol{E} \cdot \mathrm{d}l = E' \overline{cd} = -\int \frac{\partial \boldsymbol{B}}{\partial t} \cdot \mathrm{d}S = -\frac{\partial B}{\partial t} \overline{cd}$$

得

$$E'(r,\ t) = -\frac{\partial B}{\partial t} r = \frac{\mu_0 I_0 r^2}{4\pi a^2} \omega \sin \omega t$$

因此,极板间的总电场强度是库仑电场 $\boldsymbol{E}_0$ 与感应电场 $\boldsymbol{E}'$ 之和,由于两者方向相反,故

$$E = E_0 - E' = \frac{I_0}{\varepsilon_0 \omega \pi a^2} \sin \omega t - \frac{\mu_0 I_0 \omega r^2}{4\pi a^2} \sin \omega t$$

$$= \left(\frac{1}{\varepsilon_0 \omega} - \frac{\mu_0 \omega}{4} r^2 \right) \frac{1}{\pi a^2} \sin \omega t$$

*【例 14-16】　一同轴电缆,内外半径分别为 a 和 b,由电源 $\mathscr{E}$ 向电阻 R 送电〔见图 14-15(a)〕。(1)试求两圆柱间 $(a < r < b)$ 的电场强度和磁场强度以及坡印亭矢量。(2)试证明总能流为 $\mathscr{E}^2/R$。

解　(1)单位长度的电缆的电容为

$$C_1 = \frac{2\pi \varepsilon_0}{\ln b/a}$$

接通电源后,电容器充电,单位长度电缆所带的电荷量为

$$q_1 = C_1 \mathscr{E} = \frac{2\pi \varepsilon_0}{\ln b/a} \mathscr{E}$$

两柱间的电场强度可由高斯定理得到,作半径为 r、长为 l 的柱体,则

$$\oint \boldsymbol{E} \cdot \mathrm{d}\boldsymbol{S} = E 2\pi r l = \frac{q_1 l}{\varepsilon_0}$$

即

$$E = \frac{q_1}{2\pi \varepsilon_0 r} = \frac{\mathscr{E}}{r \ln b/a}$$

$\boldsymbol{E}$ 的方向沿着半径方向指向外〔见图 14-15(b)〕。

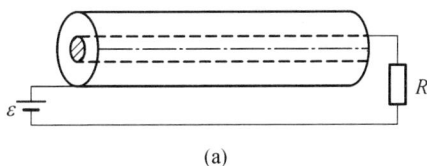

(a)

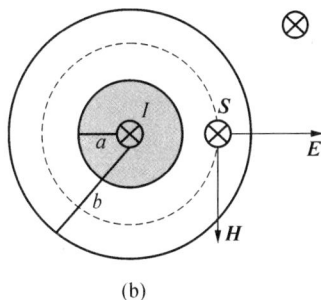

(b)

图 14-15

设电路中的电流为 I，由安培环路定理可得到两柱间的磁场强度（请读者自解）

$$H = \frac{I}{2\pi r} = \frac{\mathscr{E}}{2\pi rR}$$

$\boldsymbol{H}$ 的方向沿圆截面的切线方向［见图 14-15(b)］。

两圆柱间的坡印亭矢量为

$$S = EH = \frac{\mathscr{E}}{r\ln b/a} \cdot \frac{\mathscr{E}}{2\pi rR} = \frac{\mathscr{E}^2}{2\pi r^2 R\ln b/a}$$

$\boldsymbol{S}$ 的方向由 $\boldsymbol{E} \times \boldsymbol{H}$ 决定，沿着轴线方向。

（2）在电缆横截面间，取半径为 $r \sim r+\mathrm{d}r$ 的圆环，坡印亭矢量 $\boldsymbol{S}$ 与该面元的乘积即为面元的能流，即

$$\mathrm{d}P = S2\pi r\mathrm{d}r$$

总能流

$$P = \int \mathrm{d}P = \int_a^b S \cdot 2\pi r\mathrm{d}r = \int_a^b \frac{\varepsilon^2}{2\pi rR\ln b/a} \cdot 2\pi r\mathrm{d}r$$

$$= \frac{\varepsilon^2}{R\ln b/a}\int_a^b \frac{\mathrm{d}r}{r} = \frac{\varepsilon^2}{R\ln b/a} \cdot \ln b/a = \frac{\varepsilon^2}{R}$$

这正是电阻得到的功率。

第 15 章　几何光学

15.1　基本概念和基本规律

1. 光的传播规律

（1）三条实验定律。

光的直线传播定律；

光的独立传播定律；

光的反射和折射定律。

反射：
$$i' = i$$

折射：
$$n_1 \sin i = n_2 \sin r$$

（2）光路可逆原理。

（3）费马原理。光从空间的一点到另一点是沿着光程为最短的路程传播。

$$\int_A^B n \, dl = \text{极值}$$

2. 光在平面上的反射和折射

（1）平面镜　物点与像点成镜面对称。

（2）三棱镜　最小偏向角 $\delta_{\min}$ 满足

$$n = \frac{\sin\left(\dfrac{\alpha + \delta_{\min}}{2}\right)}{\sin\dfrac{\alpha}{2}}$$

3. 光在球面上的反射和折射

反射：
$$\frac{1}{p} + \frac{1}{p'} = \frac{1}{f}$$

折射：
$$\frac{n_2}{p'} - \frac{n_1}{p} = \frac{n_2 - n_1}{r}$$

4. 薄透镜

$$\frac{1}{p'} - \frac{1}{p} = \frac{1}{f}$$

15.2　习题分类、解题方法和示例

几何光学的习题大致可分为以下几种类型:

(1) 光在平面上的反射和折射成像。

(2) 光在球面上的反射和折射成像。

(3) 薄透镜成像。

下面将分别讨论各类问题的解题方法,并举例加以说明。

15.2.1　光在平面上的反射和折射成像

处理几何光学方面的问题,画光路图非常重要,清晰的光路图,使问题迎刃而解。画光路图时,实际光线用实线,延长线、辅助线等都用虚线,每条光线上必须标明箭头以表示光的传播方向。尽量采用按比例成像作图,以便从光路中确定成像的位置。

【例 15-1】　设光导纤维内层材料的折射率为 n_1,外层材料的折射率为 $n_2(n_1 > n_2)$,光纤外介质的折射率为 n_0,如图 15-1 所示。若使光线能在纤维中传播,其最大入射角多大?(最大入射角称为光导纤维的数值孔径)

解　根据折射定律

$$n_0 \sin \theta_1 = n_1 \sin \theta_1'$$

而

$$\theta_1' = \frac{\pi}{2} - \theta_2$$

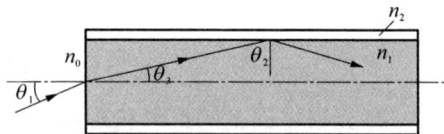

图 15-1

于是

$$n_0 \sin \theta = n_1 \cos \theta_2 = n_1 \sqrt{1 - \sin^2 \theta_2}$$

要使入射角最大,必须使光线在光纤内的传播满足全反射条件,即 θ_2 满足全反射的临界角,即

$$\sin \theta_2 \geqslant \frac{n_2}{n_1}, \text{即} \cos \theta_2 \leqslant \sqrt{1 - (n_2/n_1)^2}$$

于是

$$n_0 \sin \theta_1 = n_1 \cos \theta_2 \leqslant n_1 \sqrt{1 - (n_2/n_1)^2} = \sqrt{n_1^2 - n_2^2}$$

所以光导纤维的数值孔径

$$\theta_{max} = \arcsin \frac{\sqrt{n_1^2 - n_2^2}}{n_0}$$

例如光导纤维的外层由折射为 1.52 的冕牌玻璃制成,芯线由折射率为 1.66 的火石玻璃组成,置于空气中,$n_0 = 1$,则其数值孔径

$$\theta_{\max} = \arcsin\frac{\sqrt{(1.66)^2 - (1.52)^2}}{1.0} = 41.8°$$

【例 15 - 2】　在水中深度 10 m 处有一发光点 P，以 30°角入射水面，如沿着光路观察，此光点在水面下何处？已知水的折射率 $n = 4/3$。

解　取坐标系如图 15 - 2 所示，在水面上观察时，水下发光点的坐标为 $(x_0, -y_0)$。根据折射率定律，有

$$n\sin i = \sin r$$

由几何关系知

$$y_0 = x_0 \cot i, \quad h = x_0 \cot r$$

故

$$h = y_0 \frac{\cot r}{\cot i} = y_0 \frac{\sin i \cos r}{\sin r \sin i}$$

$$= y_0 \frac{\sqrt{1 - n^2 \sin^2 i}}{n \cos i}$$

代入数值，得

$$h = 10 \times \frac{\sqrt{1 - \left(\dfrac{4}{3} \times \dfrac{1}{2}\right)^2}}{\dfrac{4}{3} \times \dfrac{\sqrt{3}}{2}} \text{m} = 6.5 \text{ m}$$

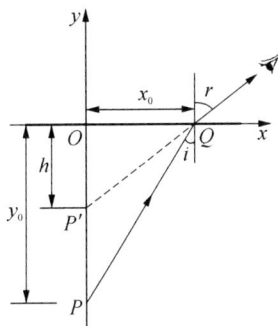

图 15 - 2

讨论　在水面上观察水面下的发光点，像点的位置随入射角的增大而上移。

【例 15 - 3】　眼睛 E 和物体 PQ 之间有一折射率为 1.50 的玻璃平板，如图 15 - 3 所示。平板的厚度 d 为 30 cm。求物体与其像之间的距离。

解　根据折射定律

$$n_0 \sin i = n \sin r$$

从图中可以看出

$$x = l \sin i = \overline{AB} \sin(i - r)$$

$$d = \overline{AB} \cos r$$

图 15 - 3

因所有成像光线均为近轴光线，所以

$$\sin i = i, \quad \sin r = r, \quad \sin(i - r) = i - r$$

由上式解得，物与像之间的距离为

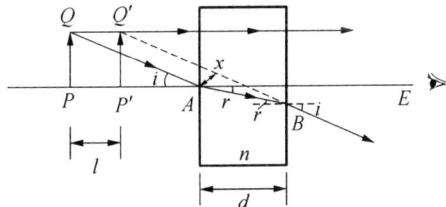

$$l = \overline{AB}\,\frac{(i-r)}{i} = d\left(1 - \frac{1}{n}\right) = \frac{1}{3}a = 10 \text{ cm}$$

物体的像是与物体等大、正立的虚像。

15.2.2 光在球面上反射的折射成像

（1）物像公式：$\dfrac{1}{p'} + \dfrac{1}{p} = \dfrac{2}{r} = \dfrac{1}{f}$（反射） $\dfrac{n_2}{p'} - \dfrac{n_1}{p} = \dfrac{n_2 - n_1}{r}$（折射）

横向放大倍数：$m = \dfrac{p'}{p}$（反射） $m = \dfrac{np'}{n'p}$

（2）正负号法则

运用物像公式时应注意正负号的规定，各书所规定的法则不尽相同，本书采用新笛卡儿符号法则。以球面顶点（球面与主光轴的交点）为分界点，入射光线方向为正向，如入射光线自左向右，则当物点、像点、焦点和曲率中心在顶点的右侧时，物距 p、像距 p'、焦距 f 和曲率半径 R 均为正。反之，在左侧时则为负。

（3）光线作图法

作图法可以直观地了解系统成像的位置、大小和虚实情况，作图时可选择下列三条特征光线。

（1）平行于主光轴的光线。它的反射线必通过焦点（凹球面）或其反射线的延长线通过焦点（凸球面）。

（2）通过曲率中心的光线。它的反射线和入射线是同一直线但方向相反。

（3）通过焦点的光线或入射光的延长线通过焦点的光线。它的反射线平行于主光轴。

作图时任意选取其中两条光线就可以得到物像关系。

【例 15-4】 凹面镜的半径为 40 cm，物体放在何处成放大两倍的实像？放在何处成放大两倍的虚像？并作光路图。

解 实物形成放大两倍实像时，球面反射镜的横向放大率 $m=2$，物像公式中，物距 p 为负，像距 p' 也是负，半径 R 也是负，则

$$\frac{1}{-p'} + \frac{1}{-p} = \frac{2}{-R} \qquad m = -\frac{p'}{p} = 2$$

代入解得 $p = 30 \text{ cm}$，

实物形成放大两倍虚像时，球面反射镜的横向放大率 $m=-2$，因物距 p 为负，像距 p' 为正，半径 R 为负，则

$$\frac{1}{p'}+\frac{1}{-p}=\frac{1}{-R}\qquad m=\frac{p'}{p}=2$$

代入解得
$$p=10\text{ cm}$$

图 15 - 4 所示为两种情况的光路图。

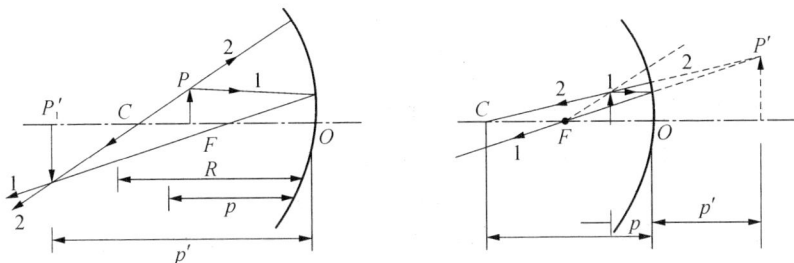

图 15 - 4

【例 15 - 5】　一玻璃圆球,半径为 10 cm,折射率为 1.50,放在空气中,沿直径轴上有一物点,离球面 100 cm,求像的位置。

解　根据正负号法则,对左半球

$$p_1=-100\text{ cm},\ r=10\text{ cm},$$
$$n_1=1.0,\ n_2=1.50$$

代入球面公式,得

$$\frac{1.50}{p_1'}-\frac{1.0}{-100}=\frac{1.50-1.0}{10}$$

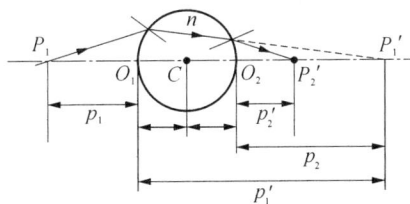

图 15 - 5

$$p_1'=37.5\text{ cm}$$

对右侧球面来说,像点是虚物,根据正负法则,有

$$p_2=37.5-20=17.5\text{ cm}\quad r=-10\text{ cm},\ n_1'=1.50,\ n_2'=1.0$$

$$\frac{1.0}{p_2'}-\frac{1.50}{17.5}=\frac{1.0-1.50}{-10}$$

$$p_2'=7.35\text{ cm}$$

最后成像处与物点的距离为

$$l=p_1+2r+p_2'=127.35\text{ cm}$$

15.2.3　薄透镜成像

（1）物像公式
$$\frac{1}{p'}-\frac{1}{p}=\frac{1}{f}$$

横向放大率
$$m=\frac{p'}{p}$$

（2）正负号法则与球面反射相同。

（3）成像作图法。可选取下列三条光线：

① 平行于光轴的光线，经透镜后通过对方焦点 F'。

② 通过物方焦点 F 的光线，经透镜后平行于光轴。

③ 若物像两方折射率相同，通过光心的光线经透镜后方向不变。

从以上三条光线中任选两条作图，出射线的交点即为像点。

【例 15－6】 焦距为 10 cm 的凸透镜与焦距为 4 cm 的凹透镜，相距 12 cm 组成一透镜组。在凸透镜的左方 20 cm 处有一物体，试求像的位置并作光路图。

解　设物体为 PQ，在凸透镜的左侧，按正负号法则，物距 $p_1=-20$ cm，像方焦距在透镜的右侧 $f_1=10$ cm，代入薄透镜公式

$$\frac{1}{p_1'}-\frac{1}{p_1}=\frac{1}{f}$$

得
$$p_1'=20\ \text{cm}$$

倒立的实像 P_1Q_1，此实像对凹透镜来说是虚物，此虚物位于凹透镜的右方。

物距 $p_2=20-12=8$ cm，像方焦点在凹透镜的左侧 $f_2=-4$ cm。代入薄透镜公式，

$$\frac{1}{p_2'}-\frac{1}{p_2}=\frac{1}{f}$$

得
$$p_2'=8\ \text{cm}$$

即距物体
$$l=p_1+(12-p_2')=24\ \text{cm}$$

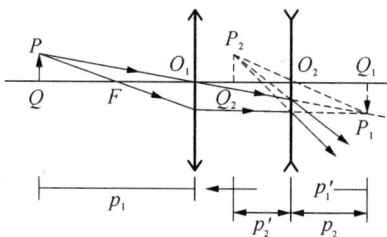

图 15－6

图 15－6 为光路图。

【例 15－7】 将一段金属丝 AB 的中点 C 放在焦距为 35 cm 的会聚透镜的主轴上，与主轴的夹角为 45°，距透镜中心的距离为 50 cm。试求：（1）金属丝中点的成像位置；（2）金属丝的像与主轴间的夹角。

解 (1) 按正负号法则

$$p = -50 \text{ cm}, \quad f = 35 \text{ cm}$$

由

$$\frac{1}{p'} - \frac{1}{p} = \frac{1}{f}$$

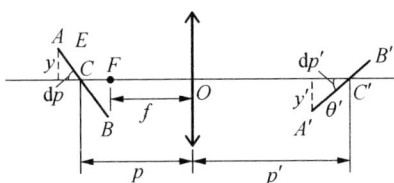

图 15-7

解得 $p' = \dfrac{pf}{p+f} = \dfrac{(-50) \times 35}{-50+35} = 117 \text{ cm}$

(2) 由于沿主轴的物与垂直于主轴的物放大的规律是不同的,所成的像将会畸变。将物像公式两边微分,得

$$\frac{\mathrm{d}p'}{p'^2} = \frac{\mathrm{d}p}{p^2}, \quad \frac{\mathrm{d}p'}{\mathrm{d}p} = \left(\frac{p'}{p}\right)^2 \qquad ①$$

而放大倍数

$$m = \frac{y'}{y} = \frac{p'}{p}$$

由图可知

$$\tan\theta' = \frac{y'}{\mathrm{d}p} \qquad ②$$

将式①代入式②,得

$$\tan\theta' = y\left(\frac{p'}{p}\right)\frac{1}{\mathrm{d}p}\left(\frac{p'}{p}\right)^2 = \frac{y}{\mathrm{d}p}\left(\frac{p}{p'}\right) = \tan\theta\left(\frac{p}{p'}\right)$$

将 $\theta = 45°$ 和 $p = -50 \text{ cm}$, $p' = 117 \text{ cm}$ 代入,得

$$\tan\theta' = -0.427\,3$$

故金属丝的像与主轴间的夹角为

$$\theta' = \arctan(-0.427\,3) = -23.2°$$

第 16 章　波动光学

本章分三部分讨论：光的干涉、光的衍射和光的偏振。

16.1　光的干涉

16.1.1　基本概念和基本规律

1. 相干光的条件

必要条件：① 频率相同；② 振动方向相同；③ 相位相同或相位差恒定。

附加条件：振幅相等。

2. 光程和光程差

(1) 光程：光波在媒质中经历的几何路程 x 与媒质折射率 n 的乘积：

$$[x] = nx$$

(2) 光程差 δ 与相位差 $\Delta\varphi$ 的关系：

$$\Delta\varphi = 2\pi \frac{\delta}{\lambda} \quad (\lambda \text{ 为光在真空中的波长})$$

(3) 光从光密媒质分界面上反射时，相位有可能发生 π 的突变，相当于光程增加或减少了 $\dfrac{\lambda}{2}$，故又称半波损失。

(4) 光经过透镜不引起附加的光程差。

3. 光的干涉条件

两束相干光干涉产生明暗条纹的条件：

$$\Delta\varphi = \begin{cases} \pm 2k\pi, \\ \pm(2k+1)\pi, \end{cases} \quad k = 0,1,2 \qquad \begin{matrix} \text{明纹} \\ \text{暗纹} \end{matrix}$$

或

$$\delta = \begin{cases} \pm k\lambda, \\ \pm(2k+1)\dfrac{\lambda}{2}, \end{cases} \quad k = 0,1,2 \qquad \begin{matrix} \text{明纹} \\ \text{暗纹} \end{matrix}$$

4. 双缝干涉

光程差：　　　$\delta = r_2 - r_1 \approx d \sin \theta = d \dfrac{x}{D}$

屏上明暗条纹的位置：

$$x_{\text{明}} = \pm k \frac{D}{d} \lambda$$

$$x_{\text{暗}} = \pm (2k+1) \frac{D}{d} \frac{\lambda}{2} \qquad (k = 0, 1, 2, \cdots)$$

相邻明（暗）条纹的间距：

$$\Delta x = \frac{D}{d} \lambda$$

5. 薄膜干涉
1）等倾干涉条纹

薄膜厚度均匀，以相同倾角入射的光经薄膜两个表面反射后发生的干涉情况相同，干涉条纹是同心圆环。明纹和暗纹的光程差条件如下：

（1）反射光有半波损失时为

$$\delta = 2d \sqrt{n^2 - n_1^2 \sin^2 i} + \frac{\lambda}{2}, \quad n_1 < n > n_2 \text{ 或 } n_1 > n < n_2$$

$$\delta = \begin{cases} k\lambda, & k = 1, 2, 3, \cdots \quad \text{明纹} \\ (2k+1) \dfrac{\lambda}{2}, & k = 0, 1, 2, \cdots \quad \text{暗纹} \end{cases}$$

（2）没有半波损失时为

$$\delta = 2d \sqrt{n^2 - n_1^2 \sin^2 i}, \quad n_1 > n > n_2 \text{ 或 } n_1 < n < n_2$$

$$\delta = \begin{cases} k\lambda, & k = 0, 1, 2, \cdots \quad \text{明纹} \\ (2k+1) \dfrac{\lambda}{2}, & k = 0, 1, 2, \cdots \quad \text{暗纹} \end{cases}$$

2）等厚干涉条纹

薄膜厚度不均匀，当光线垂直入射时，薄膜等厚处干涉情况相同，明纹和暗纹的光程差条件：

（1）反射光有半波损失时为

$$\delta = 2nd + \frac{\lambda}{2} = \begin{cases} k\lambda, & k = 1, 2, 3, \cdots \quad \text{明纹} \\ (2k+1) \dfrac{\lambda}{2}, & k = 0, 1, 2, \cdots \quad \text{暗纹} \end{cases}$$

(2) 没有半波损失时为

$$\delta = 2ne = \begin{cases} k\lambda, & k = 0, 1, 2, \cdots \quad \text{明纹} \\ (2k+1)\dfrac{\lambda}{2}, & k = 0, 1, 2, \cdots \quad \text{暗纹} \end{cases}$$

劈尖干涉相邻明纹(或暗纹)间的距离

$$l = \frac{\lambda}{2n_2 \sin\theta}$$

牛顿环中明环和暗环的半径

$$r = \begin{cases} \sqrt{\dfrac{(2k-1)R\lambda}{2n_2}}, & k = 1, 2, 3, \cdots \quad \text{明环} \\ \sqrt{kR\lambda}, & k = 0, 1, 2, \cdots \quad \text{暗环} \end{cases}$$

6. 迈克耳孙干涉仪

视场中明纹移动 N 条时,平面反射镜移动的距离

$$d = N\frac{\lambda}{2}$$

16.1.2　习题分类、解题方法和示例

光的干涉的习题可分为以下几类:

(1) 双缝干涉条纹的计算。

(2) 薄膜干涉条纹的计算。

下面将分别讨论各类问题的解题方法,并举例加以说明。

1. 双缝干涉条纹的计算

研究双缝干涉问题,主要是计算两束相干光的光程差,根据干涉明暗条纹的条件,就可以得到条纹的形态和分布。

【例 16-1】　杨氏双缝实验中,两条缝相距 1.0 mm,屏离缝 1.0 m。若用含有波长 $\lambda_1 = 600$ nm 和 $\lambda_2 = 540$ nm 的光源照射。试求:(1)两束光波分别形成的条纹的间距;(2)两组条纹之间的距离与级数之间的关系;(3)这两组条纹有可能叠合吗?

解　(1) 条纹间距:

$$\Delta x_1 = \frac{D}{d}\lambda_1 = \frac{1.0}{1.0 \times 10^{-3}} \times 600 \times 10^{-9} \text{ m}$$

$$= 0.60 \times 10^{-3} \text{ m} = 0.60 \text{ mm}$$

$$\Delta x_2 = \frac{D}{d}\lambda_2 = \frac{1.0}{1.0 \times 10^{-3}} \times 540 \times 10^{-9} \text{ m}$$
$$= 0.54 \times 10^{-3} \text{ m} = 0.54 \text{ mm}$$

（2）第 k 级条纹出现的位置：

$$x_1 = k\frac{D}{d}\lambda_1, \ x_2 = k\frac{D}{d}\lambda_2$$

两组条纹的间距

$$\Delta x = x_1 - x_2 = k\frac{D}{d}(\lambda_1 - \lambda_2)$$
$$= \frac{1.0}{0.1 \times 10^{-3}} \times (600 - 540) \times 10^{-9}k \text{ m}$$
$$= 6 \times 10^{-5}k \text{ m} = 6 \times 10^{-2}k \text{ mm}$$

随着级数增高，两组条纹的间距增大。

（3）当 λ_1 的第 k 级条纹与 λ_2 的第 $(k+1)$ 级条纹重合时：

$$k\frac{D}{d}\lambda_1 = (k+1)\frac{D}{d}\lambda_2$$

$$k = \frac{\lambda_2}{\lambda_1 - \lambda_2} = \frac{540}{600 - 540} = 9$$

即 λ_1 的第 9 级起，两种波长的条纹开始出现重合。

【例 16-2】　杨氏双缝实验中，双缝间距 $d = 0.15$ mm，双缝到光屏的距离 $D = 1.0$ m。若用很薄的玻璃片盖在其中一条缝上，测得干涉条纹比没盖玻璃片时移动了距离 $\Delta x = 3.0$ mm，试求玻璃片的厚度（玻璃片的折射率 $n = 1.50$）。

解　设玻璃片的厚度为 e，盖在缝 S_1 上。未放玻璃片时，其零级条纹位于屏幕上对于双缝的对称中心 O 处，即 $x = 0$。放上玻璃片后，则在光路 r_1 中的光程增大了，所以 r_2 的光路必须增加，则零级条纹将向上移动到 P 点处，如图 16-1 所示。放置玻璃片后，两光束的光程差

$$\delta = r_2 - (r_1 + ne - e)$$
$$= r_2 - r_1 - (n-1)e$$

对于零级明条纹，$\delta = 0$，所以

$$r_2 - r_1 = (n-1)e$$

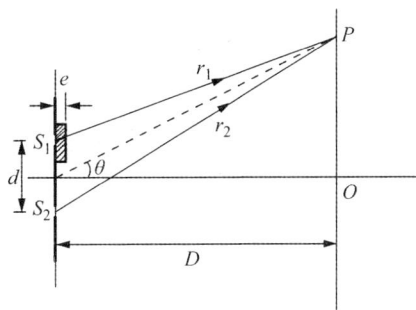

图 16-1

由图 16-1 可知，$r_2 - r_1 = d \sin \theta$，有

$$d \sin \theta = (n-1)e, \quad \sin \theta = \frac{(n-1)e}{d}$$

此时，零级明条纹在屏上的位置

$$x = D(\tan \theta) \approx D \sin \theta = \frac{D}{d}(n-1)e$$

即零级明条纹比未置玻璃片时移动了

$$\Delta x = \frac{D}{d}(n-1)e$$

于是，玻璃片的厚度

$$e = \frac{d \Delta x}{D(n-1)} = \frac{0.15 \times 10^{-3} \times 3.0 \times 10^{-3}}{1.0 \times (1.50-1)} \text{ m} = 0.9 \times 10^{-6} \text{ m} = 0.9 \text{ } \mu\text{m}$$

【例 16-3】 如图 16-2 所示，一劳埃德镜的镜长为 5.0 cm，屏与镜右缘的距离为 3.0 m，缝光源离镜面高度为 0.50 mm，与左端的水平距离为 2.0 cm，光波的波长 $\lambda = 589.3$ mm。求：屏上总共能出现多少条纹？

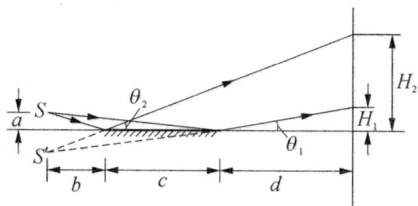

分析 劳埃德镜干涉条纹的分析与杨氏干涉相仿，可直接用杨氏条纹的间距公式。利用几何关系可得空间叠加区的范围，这样可得屏上能观察到的条纹数。

图 16-2

解 双缝干涉条纹间距公式 $\Delta x = \dfrac{\lambda D}{d}$ 中的双缝间距 $d = 2a = 1.0$ mm，$D = b + c + d = 2.0 + 5.0 + 300 = 307$(cm)，于是

$$\Delta x = \frac{D\lambda}{d} = \frac{3.07 \times 589.3 \times 10^{-9}}{1.0 \times 10^{-3}} = 1.8 \times 10^{-3} \text{(m)}$$

反射光与入射光的重叠区 $(H_2 - H_1)$ 由几何关系得

$$H_2 - H_1 = (c+d)\lim \theta_2 - d \tan \theta_1 = (c+d)\frac{a}{\lambda} - \frac{da}{b+c}$$

$$\approx \frac{ad}{b} - \frac{ad}{b+c} = \frac{acd}{b(b+c)} = \frac{0.5 \times 10^{-3} \times 5.0 \times 10^{-2} \times 3.0}{2.0 \times 10^{-2} \times (2.0 \times 10^{-2} + 5.0 \times 10^{-2})}$$

$$= 5.4 \times 10^{-2} \text{(cm)}$$

屏上产生的条纹数为

$$N = \frac{H_2 - H_1}{\Delta x} = \frac{5.4 \times 10^{-2}}{1.8 \times 10^{-3}} = 30 (条)$$

2. 薄膜干涉条纹的计算

在计算薄膜干涉的光程差时,特别要注意反射光的半波损失问题。当光从折射率为 n_1 的媒质垂直入射或掠入射到折射率 n_2 的媒质,若 $n_2 > n_1$ 时,在界面上的反射光有半波损失。

【**例 16 - 4**】　白光垂直照射到空气中一厚度为 380 nm 的肥皂膜上,设肥皂膜的折射率为 1.33。试问这膜正面呈现什么颜色? 背面呈现什么颜色?

解　在肥皂膜的干涉现象,相干光中的一列光波在空气到肥皂膜的界面上反射,另一列光波在肥皂膜到空气的界面上反射,所以两列光波的光程差有半波损失,为

$$\delta = 2nd + \frac{\lambda}{2}$$

根据干涉加强的条件,有

$$2nd + \frac{\lambda}{2} = k\lambda, \quad k = 1, 2, 3, \cdots$$

$$\lambda = \frac{4nd}{2k-1} = \frac{4 \times 1.33 \times 380}{2k-1} \text{ nm} = \frac{2\,021.6}{2k-1} \text{ nm}$$

当 $k = 1$ 时,$\lambda_1 = 2\,021$ nm　　(红外);
当 $k = 2$ 时,$\lambda_2 = 673.9$ nm　　(红光);
当 $k = 3$ 时,$\lambda_3 = 404.3$ nm　　(紫光);
当 $k = 4$ 时,$\lambda_4 = 288.7$ nm　　(紫外)。

由此可见,在白光组成范围内,只有 λ_2 和 λ_3 两种波能干涉加强,因此肥皂膜的正面呈现紫红色。

在透射光中,两列相干光中一列光波两次都在肥皂膜到空气的界面上反射,所以光程差没有半波损失

$$\delta' = 2nd$$

干涉加强的条件满足

$$2nd = k\lambda, \quad k = 1, 2, 3, \cdots$$

$$\lambda = \frac{2nd}{k} = \frac{2 \times 1.33 \times 380}{k} = \frac{1\,010.8}{k} \text{ nm}$$

当 $k=1$ 时,$\lambda_1 = 1\,010.8$ nm　(红外);

当 $k=2$ 时,$\lambda_2 = 505.4$ nm　(蓝绿色);

当 $k=3$ 时,$\lambda_3 = 336.9$ nm　(紫外)。

在白光的波长组成范围内,只有 λ_2 能干涉加强,故肥皂膜呈现蓝绿色。

【例 16 - 5】　如图 16 - 3 所示,在半导体元件硅片上有一层二氧化硅的透明薄膜,已知硅的折射率 $n_2 = 3.40$,二氧化硅的折射率 $n_1 = 1.5$,如在白光照射下,在垂直方向上发现反射光中只有 $\lambda_1 = 420$ nm 的紫光和 $\lambda_2 = 630$ nm 的红光加强。(1) 求二氧化硅膜的厚度;(2) 问在反射光方向上哪些光因干涉而相消。

解　(1) 由于光在二氧化硅薄膜的上、下两表面反射时,都有半波损失,所以两束相干光的光程

$$\delta = 2nd$$

根据干涉加强的条件,有

$$2n_1 d = k\lambda_1$$

$$2n_1 d = (k-1)\lambda_2$$

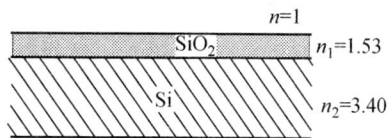

图 16 - 3

由此得

$$k\lambda_1 = (k-1)\lambda_2$$

$$k = \frac{\lambda_2}{\lambda_2 - \lambda_1} = \frac{630}{630 - 420} = 3$$

代入可解得

$$d = \frac{k\lambda}{2n_1} = \frac{3 \times 420}{2 \times 1.53} \text{ m} = 4.12 \times 10^{-7} \text{ m} = 412 \text{ nm}$$

(2) 由干涉相消条件得

$$2n_1 d = (2k+1)\frac{\lambda_3}{2}$$

$$\lambda_3 = \frac{4n_1 d}{2k+1} = \frac{4 \times 1.53 \times 412}{2k+1} \text{ nm} = \frac{2\,521}{2k+1} \text{ nm}$$

在可见光范围内,k 只能取 2,得

$$\lambda_3 = \frac{2\,521}{5} = 504 (\text{nm})$$

也就是反射光中只有 $\lambda_3 = 504$ nm 的光因干涉而相消。

【例 16 - 6】　有一层折射率为 1.35 的薄油膜,其上表面是空气,当在与膜面的法线成 30°角观察时,可看到由油膜反射的光呈现波长为 500 nm 的绿光。试问:油膜最薄的厚度是多少? 如果从膜面的法线方向观察,则反射光的颜色如何?

分析　在应用薄膜反射相关的公式时,需要区分两种情况。一种情况是与油膜的下表面相接触的介质的折射率小于油膜的折射率,此时在计算光程差时要计入半波损失,即

$$2d\sqrt{n^2 - \sin^2 i} + \frac{\lambda}{2} = k\lambda, \quad k = 1, 2, \cdots$$

另一种情况是与油膜的下表面相接触的介质的折射率大于油膜的折射率,此时在计算光程差时无需加半波损失,即

$$2d\sqrt{n^2 - \sin^2 i} = k\lambda, \quad k = 1, 2, \cdots$$

解　对第一种情况,油膜的厚度为

$$d_1 = \frac{(2k-1)\lambda}{4\sqrt{n^2 - \sin i}}$$

令 $k = 1$,得油膜的最薄厚度为

$$d_{1\min} = \frac{500 \times 10^{-9}}{4 \times \sqrt{(1.35)^2 - (\sin 30)^2}} = 0.997 \times 10^{-7} \text{ m} = 0.997 \times 10^{-4} \text{ mm}$$

对第二种情况,油膜的厚度为

$$d_2 = \frac{k\lambda}{2\sqrt{n^2 - \sin^2 i}}$$

令 $k = 1$,得油膜的最薄厚度为

$$d_{2\min} = \frac{500 \times 10^{-9}}{2\sqrt{(1.35)^2 - (\sin 30)^2}} = 1.99 \times 10^{-7} \text{ m} = 1.99 \times 10^{-4} \text{ mm}$$

从膜面的法线方向观察时,$i = 0$,于是对第一种情况,有

$$2nd_1 + \frac{\lambda}{2} = k\lambda, \quad k = 1, 2, \cdots$$

当 $k = 1$ 时,$d_1 = d_{1\min}$,由此得

$$\lambda_1 = \frac{2nd_{1\min}}{1/2} = 4 \times 1.35 \times 0.997 \times 10^{-7} \text{ m}$$

$$= 5.384 \times 10^{-9} \text{ m} = 538.4 \text{ nm}$$

反射光呈现绿色。

对于第二种情况,可得

$$2nd_2 = k\lambda, \quad k = 1, 2, \cdots$$

当 $k = 1$ 时,$\lambda_2 = d_{2min}$,由此得

$$\lambda_2 = 2nd_{2min} = 2 \times 1.35 \times 1.99 \times 10^{-7}\ \text{m}$$
$$= 5.373 \times 10^{-9}\ \text{m} = 537.3\ \text{nm}$$

此时反射光同样呈现绿色。

【例 16 - 7】 一个由两片玻璃所形成的空气劈,其末端的厚度为 0.05 mm。今用 $\lambda = 700\ \text{nm}$ 的平行单色光垂直照射在劈的表面上,试求:(1) 劈上所形成的干涉明条纹为多少;(2) 如以入射角为 30°的方向射到劈上,则明条纹数为多少?(3) 若以相同尺寸的玻璃劈代替空气劈,玻璃的折射率为 1.50,在垂直入射的情况下,干涉明条纹是多少?

解 (1) 光在空气劈的上、下表面反射时,在下表面上有半波损失,所以相干明条纹的光程满足的条件是

$$\delta = 2d + \frac{\lambda}{2} = k\lambda$$

相邻两条明条纹的膜的厚度变化

$$\Delta d_1 = d_2 - d_1 = \frac{\lambda}{2}$$

所以空气劈上的明条纹数

$$N_1 = \frac{h}{\Delta d_1} = \frac{2h}{\lambda} = \frac{2 \times 0.05 \times 10^{-3}}{700 \times 10^{-9}} = 142(\text{条})$$

(2) 当光以 30°角入射到空气劈上时,相干明条纹的光程满足的条件是

$$\delta = 2d\sqrt{1 - n^2\sin^2 i} + \frac{\lambda}{2} = k\lambda$$

相邻两条明条纹的膜的厚度变化

$$\Delta d_2 = \frac{\lambda}{2\sqrt{1 - n^2\sin^2 i}}$$

所以在空气劈上的明条纹数

$$N_2 = \frac{h}{\Delta d_2} = \frac{2h\sqrt{1-n^2\sin^2 i}}{\lambda}$$

$$= \frac{2\times 0.05\times 10^{-3}\times\sqrt{1-(1.50\sin 30°)^2}}{700\times 10^{-9}} = 94(\text{条})$$

（3）光在空气中的玻璃劈的上、下表面反射时，在上表面上有半波损失，所以相干明条纹的光程满足的条件为

$$\delta = 2nd + \frac{\lambda}{2} = k\lambda$$

相邻两条明条纹的膜的厚度变化

$$\Delta d_3 = d_2 - d_1 = \frac{\lambda}{2n}$$

所以玻璃劈上的明条纹数

$$N = \frac{h}{\Delta d_3} = \frac{2nh}{\lambda} = \frac{2\times 1.50\times 0.05\times 10^{-3}}{700\times 10^{-9}} = 213(\text{条})$$

【例 16-8】　如图 16-4 所示的两个实验装置，用平行单色光垂直照射，试讨论观察到的干涉条纹，画图表示并标出条纹的级次（只画暗纹）。

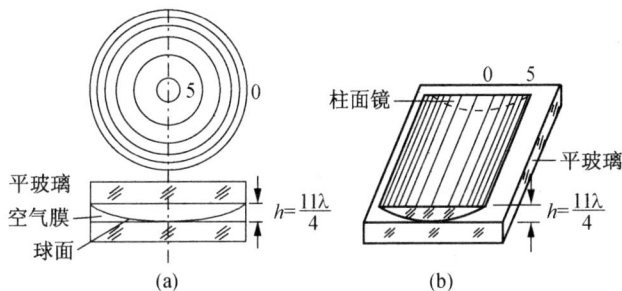

图 16-4

解　两者的干涉都是等厚条纹。在图 16-4(a)中的干涉条纹是圆环，空气膜边缘是暗环，$k=0$。向内相邻暗环间膜厚相差 $\frac{\lambda}{2}$，最大厚度为 $\frac{11\lambda}{4} = \frac{5\lambda}{2} + \frac{\lambda}{4}$，故共有 5 个暗环（$k=1,2,3,4,5$），中央为亮斑。各环的间距是不相等的，愈向中心愈大。

在图 16-4(b)中的干涉条纹是平行于柱面镜轴线的直线，中央为一暗直线，

$k=0$。向外为平行暗纹,两侧各有 5 条($k=1,2,3,4,5$),边上为亮纹。干涉条纹愈向外条纹愈密。

两者的干涉条纹如图 16-4(b)所示。

16.2   光的衍射

16.2.1   基本概念和基本规律

1. 单缝的夫琅禾费衍射

衍射图样:明暗相间的平行条纹。

明纹和暗纹的条件(单色光垂直入射时):

$$a\sin\theta=\begin{cases}\pm k\lambda, & \\ \pm(2k+1)\dfrac{\lambda}{2}, & \end{cases}\quad k=1,2,3,\cdots\quad\begin{matrix}暗纹\\明纹\end{matrix}$$

中央明纹: $-\lambda<a\sin\theta<\lambda$

中央明纹的半角宽度: $\Delta\theta_0=\arcsin\dfrac{\lambda}{a}$

当 $\Delta\theta_0$ 很小时,$\Delta\theta_0\approx\dfrac{\lambda}{a}$。

2. 光栅衍射

单色光垂直入射时,

明纹条件:

$$(a+b)\sin\theta=\pm k\lambda,\quad k=0,1,2,\cdots$$

缺级条件:

$$k=\frac{a+b}{a}k',\quad k'=\pm 1,\pm 2,\pm 3,\cdots$$

光栅的分辨本领:

$$R=\frac{\lambda}{\Delta\lambda}=k\lambda$$

3. 光学仪器的分辨率

爱里斑半径: $R=1.22\dfrac{\lambda}{d}f$

光学仪器的最小分辨角： $\delta\theta = 1.22\dfrac{\lambda}{d}$

光学仪器的分辨率为最小分辨角的倒数： $R = \dfrac{1}{\delta\theta} = \dfrac{d}{1.22\lambda}$

4. X 射线的衍射

布拉格公式

$$2d\sin\theta = k\lambda, \quad k = 1, 2, 3, \cdots$$

式中 d 为晶体的晶格常数, θ 为掠射角。

16.2.2 习题分类、解题方法和示例

光的衍射的习题主要是

（1）单缝夫琅禾费衍射和光栅衍射条纹的计算。

（2）光学仪器分辨率的计算。

1. 单缝夫琅禾费衍射和光栅衍射条纹的计算

要记住单缝衍射明暗条纹的条件：$a\sin\theta = k\lambda$（暗条纹）, $a\sin\theta = (2k+1)\dfrac{\lambda}{2}$（明条纹）。 从形式上看,似乎与干涉的明暗条件相反,两者是矛盾的。事实上,从叠加的意义看是完全一致的。对于光栅衍射,主要是明纹的条件,即光栅方程 $(a+b)\sin\theta = k\lambda$。

【例 16-9】 用波长 $\lambda = 589.3$ nm 的钠黄光,垂直照射到宽度 $a = 0.20$ mm 的单缝上,在缝后放置一焦距 $f = 40$ cm 的透镜,则在透镜的焦平面处的屏幕上出现衍射条纹。试求：（1）中央明条纹的宽度；（2）第一级与第二级暗条纹间的距离。

解 （1）中央明条纹的宽度

$$\Delta x_0 = 2f\tan\theta$$

而中央明条纹区域为 $-\lambda < a\sin\theta < \lambda$, 由于

$$a\sin\theta_1 = \lambda$$

因 θ_1 很小, $\sin\theta_1 \approx \tan\theta_1$, 所以

$$\Delta x_0 = 2f\sin\theta_1 = 2f\frac{\lambda}{a}$$

$$= 2\times 40\times 10^{-2}\times\frac{589.3\times 10^{-9}}{0.2\times 10^{-3}}\ \text{m} = 2.4\times 10^{-3}\ \text{m}$$

(2)由单缝衍射暗条纹条件有

和
$$a\sin\theta_1 = \lambda$$
$$a\sin\theta_2 = 2\lambda$$

则第一级与第二级暗条纹之间的距离

$$\Delta x = f\tan\theta_2 - f\tan\theta_1 \approx f(\sin\theta_2 - \sin\theta_1)$$
$$= f\left(\frac{2\lambda}{a} - \frac{\lambda}{a}\right) = f\frac{\lambda}{a}$$
$$= \frac{\Delta x_0}{2} = 1.2 \times 10^{-3}\ \text{m}$$

注:因 $\sin\theta_1 = \dfrac{\lambda}{a} = \dfrac{589.3 \times 10^{-9}}{0.20 \times 10^{-3}} = 2.95 \times 10^{-5}$,所以 $\sin\theta \approx \tan\theta$ 是合理的。

【例 16‑10】 有一单缝,宽 $a = 0.40$ mm,用平行绿光($\lambda = 546.0$ nm)垂直照射单缝,在缝后放一焦距为 50 cm 的会聚透镜。试求:(1)第一级暗条纹离中心的距离和第二级明条纹离中心的距离;(2)如果光以入射角 $i = 30°$ 射到单缝上,上述结果如何变动?

解 (1)屏上暗条纹的位置由 $a\sin\theta = k\lambda$ 决定,又因 $\sin\theta \approx \tan\theta = \dfrac{x}{f}$,所以暗纹的位置

$$x = k\frac{f}{a}\lambda$$

当 $k = 1$ 时

$$x_1 = \frac{f}{a}\lambda = \frac{50 \times 10^{-2} \times 546.0 \times 10^{-9}}{0.40 \times 10^{-3}}\ \text{m} = 0.68 \times 10^{-3}\ \text{m}$$

屏上明条纹的位置由 $a\sin\theta = (2k+1)\dfrac{\lambda}{2}$ 决定,所以明条纹的位置

$$x' = (2k+1)\frac{f}{2a}\lambda$$

当 $k = 2$ 时

$$x_2 = \frac{5f\lambda}{2a} = \frac{5 \times 0.5 \times 10^{-2} \times 546.0 \times 10^{-9}}{2 \times 0.40 \times 10^{-3}} = 1.71 \times 10^{-3}\ \text{m}$$

(2)当单色光以 $i = 30°$ 斜射在单缝上时,中央明纹的位置将在透镜焦平面上移到和主光轴成 $30°$ 角的副光轴与屏的交点 O' 处,如图16‑5所示。

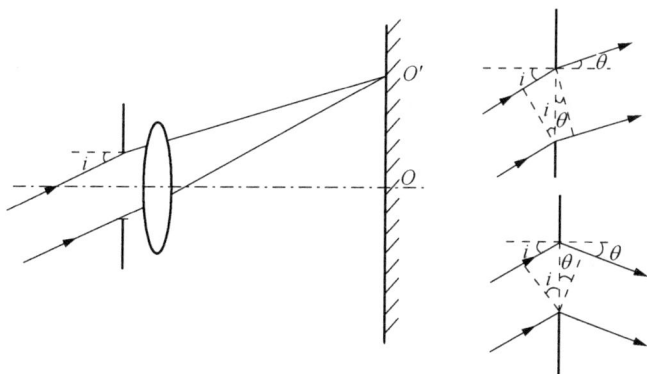

图 16 - 5

中央明纹中心 O' 离原来位置 O 的距离

$$x_0 = f \tan 30° = 0.50 \tan 30° = 0.29 \text{ m}$$

由此,所有条纹的位置都相应向上平移,其条纹的位置应满足光程差关系式(见图 16 - 5):

$$\delta = a \sin \theta \mp a \sin i$$

【例 16 - 11】　某单色光垂直入射到一每厘米刻有 1 500 条刻线的光栅上,如果第一级谱线出现在偏角为 6° 的位置上,试问:(1) 入射光的波长是多少?(2) 如果在第四级出现缺级,则光栅狭缝的最小宽度可能是多大?(3) 这样的光栅在屏幕上可以观察到多少级谱线?

解　(1) 此光栅的光栅常数

$$a + b = \frac{1}{1\ 500} \text{ cm} = 6.67 \times 10^{-6} \text{ m}$$

已知 $k = 1$ 时,$\theta = 6°$,由光栅方程可得

$$\lambda = \frac{(a + b) \sin \theta}{k} = \frac{6.67 \times 10^{-6} \times \sin 6°}{1} \text{ m} = 6.97 \times 10^{-7} \text{ m}$$

$$= 697 \text{ nm}$$

(2) 由 $a \sin \theta = k' \lambda$ 和 $(a + b) \sin \theta = k \lambda$ 可知第 k 级缺级条件为

$$k = \frac{a + b}{a} k'$$

要求 a 为最小值,可令 $k' = 1$,于是

$$a = \frac{a+b}{k} = \frac{6.67 \times 10^{-6}}{4} = 1.67 \times 10^{-6} \, (\text{m})$$

(3) 当 $\theta = 90°$ 时,为最高的级次 k_m,所以

$$k_m < \frac{a+b}{\lambda} = \frac{6.67 \times 10^{-6}}{697 \times 10^{-9}} = 9.6,\text{取 } k_m = 9$$

由于光栅方程 $(a+b)\sin\theta = \pm k\lambda (k=0,1,2,\cdots)$,由此可知,从 $k=0$ 到 $k=9$ 共有 $2 \times 9 + 1 = 19$ 条明纹,但 $k=4,8$ 是缺级,所以实际上在屏幕上可观察到的条纹有 $19-4=15$ 条明纹。

【例 16-12】 用白光(400 nm 到 760 nm)垂直照射在每厘米 500 条刻痕的光栅上,紧靠光栅后放置一焦距为 2.0 m 的凸透镜。(1) 在透镜焦平面处的屏幕上,第一级与第二级光谱的宽度各是多少?(2) 能观察到完整又不重叠的光谱有几级?

解 (1) 光栅的光栅常数

$$a+b = \frac{1}{500} \, \text{cm} = 2 \times 10^{-5} \, \text{m}$$

$k=1$ 时,光栅方程为

$$(a+b)\sin\theta_1 = \lambda$$

对波长 $\lambda = 400$ nm 的光波有

$$\sin\theta_1 = \frac{\lambda}{a+b} = \frac{400 \times 10^{-9}}{2 \times 10^{-5}} = 0.020$$

对波长 $\lambda' = 760$ nm 的光波有

$$\sin\theta_1' = \frac{\lambda'}{a+b} = \frac{760 \times 10^{-9}}{2 \times 10^{-5}} = 0.038$$

因 θ_1 和 θ_1' 很小,故 $\sin\theta_1 \approx \tan\theta_1$,$\sin\theta_1' \approx \tan\theta_1'$,所以第一级光谱的宽度

$$\Delta x_1 = f(\tan\theta_1' - \tan\theta_1)$$
$$\approx f(\sin\theta_1' - \sin\theta_1)$$
$$= 2 \times (0.038 - 0.02) = 3.0 \times 10^{-2} \, (\text{m})$$

当 $k=2$ 时,由 $(a+b)\sin\theta_2 = 2\lambda$ 可得

$$\sin\theta_2 = \frac{2\lambda}{a+b} = 0.040$$

$$\sin\theta_2' = \frac{2\lambda'}{a+b} = 0.076$$

所以第二级光谱的宽度

$$\Delta x_2 = f(\tan \theta'_2 - \tan \theta_2)$$
$$\approx f(\sin \theta'_2 - \sin \theta_2)$$
$$= 2 \times (0.076 - 0.040) = 7.2 \times 10^{-2} \text{ m}$$

（2）能看到的最大光谱级次

$$k_{\max} = \frac{a+b}{\lambda'} = \frac{2 \times 10^{-5}}{760 \times 10^{-9}} = 26 \quad （取整数）$$

现设第 k 级光谱与第 $k+1$ 级光谱不重叠，则应满足条件：

$$(a+b)\sin \theta'_k = k\lambda'$$
$$(a+b)\sin \theta_{k+1} = (k+1)\lambda$$
$$\theta'_k < \theta_{k+1}$$

由此得

$$\sin \theta'_k < \sin \theta_{k+1}$$

所以

$$k\lambda' < (k+1)\lambda$$
$$760 \times 10^{-9} k < (k+1)400 \times 10^{-9}$$

其解为

$$k = 1$$

因此，完整而不重叠的光谱只有第一级光谱。

【例 16‑13】　含有两种波长 λ_1 和 λ_2 的光垂直入射在每毫米有 300 条的光栅上，已知 λ_1 是红光，λ_2 是紫光，在 24°角处两种波长光的谱线重合，问紫光的波长是多少？屏幕上紫光呈现的各级谱线的级次如何？

解　在屏幕中心（$\theta=0$）处，红光和紫光的谱线重合。红光谱线的间距大于紫光谱线的间距，于是 k_1 级的红光谱线将与高一级（k_1+1）的紫光谱线重合，题给出 $\theta=24°$ 重合，根据光栅方程，有

$$(a+b)\sin 24° = k_1\lambda_1 = (k_1+1)\lambda_2$$

$$k_1 = \frac{(a+b)\sin 24°}{\lambda_1}$$

取 $\lambda_1 = 600 \sim 700$ nm，则 $\dfrac{(a+b)\sin 24°}{\lambda_1}$ 取值 1.9～2.3。

所以 $\qquad k_1 = 2,$

$$\lambda_2 = \frac{(a+b)\sin 24°}{2+1} = \frac{1 \times 10^{-3} \times 0.406\ 7}{3} = 4.52 \times 10^{-7}\ \text{m} \approx 450\ \text{nm}$$

对紫光来说,根据光栅方程

$$(a+b)\sin\theta = k_2\lambda_2$$

$$k_2 = \frac{(a+b)\sin\theta}{\lambda_2}, \quad k_2 = 0,\ 1,\ 2\cdots$$

取 $\theta = \dfrac{\pi}{2}$,$k_2 = \dfrac{(a+b)\sin\pi/2}{\lambda_2} = 7.37$

所以 $\qquad k = 7$

因 $2\lambda_1 = 3\lambda_2$,所以 $4\lambda_1 = 6\lambda_2$。 即 0、3、6 级紫光谱与红光谱重合,故紫光呈现的级次为 1、2、4、5、7。

【例 16-14】 试根据图 16-6 所示各强度分布曲线回答下列问题:(1) 各图线为几缝衍射? (2) 哪条图线相应的缝宽 a 最大(设入射光的波长相同)? (3) 各图相应的 $\dfrac{d}{a}$ 等于多少? 有无缺级? (4) 标出各图横坐标以 $\dfrac{\lambda}{d}$ 和 $\dfrac{\lambda}{a}$ 标度的分度值。

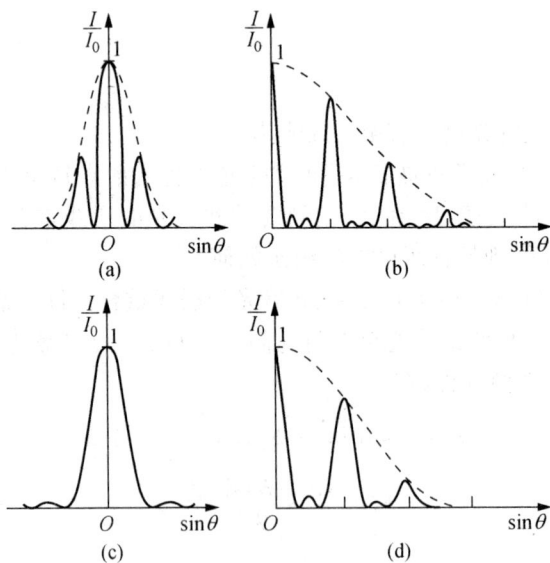

图 16-6

解　(1) 由于多缝衍射条纹是多缝的干涉条纹被单缝衍射条纹所调制,所以缝数为 N 的光栅的衍射条纹是:在两个相邻的主极大之间有 $(N-1)$ 个极小和 $(N-2)$ 个次极大。所以图(a)为双缝;图(b)为四缝;图(c)为单缝,图(d)为三缝。

(2) 缝宽由单缝的衍射包络线可以判断,由于 $\sin\theta_d = \dfrac{\lambda}{d}$,所以图(c)的单缝宽度最大。

(3) 图(a): $\dfrac{d}{a} = \dfrac{\sin\theta_d}{\sin\theta_i} = 2$,　± 2 级缺级;

图(b): $\dfrac{d}{a} = 4$,　± 4 级缺级;

图(d): $\dfrac{d}{a} = 3$,　± 3 级缺级。

(4) 见图 16 - 7。

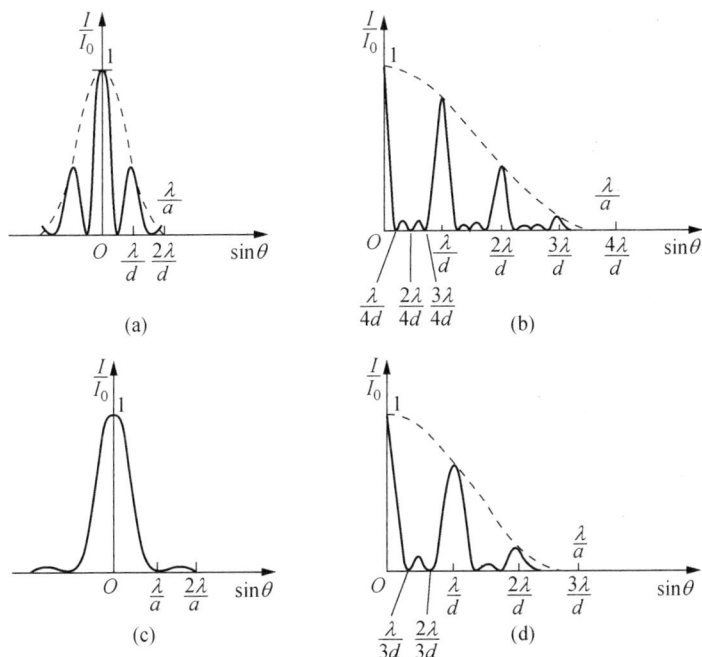

图 16 - 7

2. 光学仪器分辨率的计算

根据瑞利判据得到光学仪器最小分辨角

$$\delta\theta = 1.22\frac{\lambda}{D}$$

【例 16 - 15】 用肉眼观察 1.0 km 远处的物体,问能分辨物体的细节尺寸多大? 若用通光孔径为 5.0 cm 的望远镜观察,问能分辨尺寸多大? 设人眼瞳孔的直径为 5.0 mm,光的波长为 500 nm。

解 人眼的最小分辨角

$$\delta\theta = 1.22\frac{\lambda}{D} = 1.22 \times \frac{500 \times 10^{-9}}{5.0 \times 10^{-3}} \text{ rad} = 1.22 \times 10^{-4} \text{ rad}$$

设人眼能分辨的最小细节尺寸为 d,则

$$\delta\theta = \frac{d}{L}$$

$$d = L\delta\theta = 1.0 \times 10^3 \times 1.22 \times 10^{-4} \text{ m} = 0.122 \text{ m}$$

望远镜的最小分辨角

$$\delta\theta' = 1.22\frac{\lambda}{D'} = 1.22 \times \frac{500 \times 10^{-9}}{5 \times 10^{-2}} \text{ rad} = 1.22 \times 10^{-5} \text{ rad}$$

望远镜能分辨的最小细节尺寸

$$d' = L\delta\theta' = 1.0 \times 10^3 \times 1.22 \times 10^{-5} \text{ m} = 1.22 \times 10^{-2} \text{ m}$$

16.3 光的偏振

16.3.1 基本概念和基本规律

1. 马吕斯定律

$$I_2 = I_1\cos^2\theta$$

2. 布儒斯特定律

$$\tan i_B = \frac{n_2}{n_1}$$

当 $i = i_B$ 时,反射光与入射光相互垂直,即 $i_B + r = 90°$。

3. 光的双折射

光射入晶体后分成两束偏振光:o 光和 e 光。o 光遵守折射定律,振动方向垂

直于光轴;e 光不遵守折射定律,振动方向与光轴在同一平面内。

4. 波晶片

光轴平行于晶面的单轴晶片称为波晶片。当入射线偏振光的光振动方向与光轴有一夹角 α 时,在晶体内产生双折射,有 o 光和 e 光。

四分之一波片:线偏振光通过波晶片时,o 光和 e 光的光程差

$$\delta = (n_o - n_e)d = \frac{\lambda}{4}$$

当 $\alpha = \frac{\pi}{4}$ 时,线偏振光通过四分之一波片后将变为圆偏振光。$\alpha \neq \frac{\pi}{4}$ 时,则为椭圆偏振光。

二分之一波片:线偏振光通过波晶片时,o 光和 e 光的光程差

$$\delta = (n_o - n_e)d = \frac{\lambda}{2}$$

线偏振光通过二分之一波片后仍为线偏振光,但是其振动方向转过 2α 角。

5. 偏振光干涉

若通过波晶片或人为双折射材料以后的两束光,经过检偏器后可以使偏振光分成振动方向相同、相位差恒定的相干光,则这两束光的相位差

$$\Delta\varphi = \frac{2\pi d}{\lambda}(n_o + n_e) + \pi$$

干涉加强和减弱的条件为

$$\Delta\varphi = \frac{2\pi d}{\lambda}(n_o + n_e) + \pi = \begin{cases} 2k\pi, & k = 1, 2, 3, \cdots \quad 明纹 \\ (2k+1)\pi, & k = 0, 1, 2, \cdots \quad 暗纹 \end{cases}$$

16.3.2　习题分类、解题方法和示例

光的偏振习题主要是

(1) 马吕斯定律和布儒斯特定律的应用。

(2) 有关双折射和波晶片问题的计算。

1. 马吕斯定律和布儒斯特定律的应用

这是光的偏振现象中的两个规律。马吕斯定律是指线偏振光通过偏振片后光强变化的规律。注意:自然光通过偏振片后,光强变化关系不满足此定律。若不考虑偏振片对光的吸收,则透出的偏振光的强度是自然光强度的一半。布儒斯特定律是指反射起偏的入射角必须满足布儒斯特角(起偏振角)的规律。反射光的偏振方向垂直于入射面。

【例 16-16】 自然光入射到两片互相重叠的偏振片上,在下列情况中,这两个偏振片的偏振化方向的夹角是多少?(1)透射光强为透射光最大光强的三分之一;(2)透射光强是入射光强的三分之一。

解 (1)设自然光强为 I_0,自然光入射偏振片后透射光强最大,两片偏振片的偏振化方向相同,即 $\theta = 0$,这最大透射光强为 $\frac{I_0}{2}$。如果透射光强是最大透射光强的三分之一,那么

$$I = \frac{I_0}{2}\cos^2\theta_1 = \frac{1}{3}\left(\frac{I_0}{2}\right)$$

两片偏振片的偏振化方向之间的夹角

$$\theta_1 = \arccos\sqrt{\frac{1}{3}} = 54°44'$$

(2)如果透射光强是入射光强的三分之一,那么

$$I' = \frac{I_0}{2}\cos^2\theta_2 = \frac{1}{3}I_0$$

所以有

$$\theta_2 = \arccos\sqrt{\frac{2}{3}} = 35°16'$$

【例 16-17】 由自然光和线偏振光组合的混合光束,垂直入射到一偏振片上,偏振片可绕入射光旋转,测得透射光强最大值是最小值的 5 倍。求入射光束中自然光与线偏振光的光强比值。

解 设混合光中自然光光强为 I_0,线偏振光光强为 I_1,自然光通过偏振片后,不管偏振片的偏振化方向如何,其透射光强总等于 $\frac{I_0}{2}$。而线偏振光通过偏振片后,透射光的最大光强为 I_1(偏振光的振动方向与偏振片的偏振化方向相同时),最小光强为零(两者垂直时),因此透射光的最大光强

$$I_{max} = \frac{I_0}{2} + I_1$$

最小光强

$$I_{min} = \frac{I_0}{2}$$

由题意得

$$\frac{I_0}{2} + I_1 = 5 \times \frac{I_0}{2}$$

所以

$$\frac{I_0}{I_1} = \frac{1}{2}$$

【例 16 - 18】　如图 16 - 8 所示,自然光由空气入射到折射率 $n_2 = 1.33$ 的水面上,入射角为 i 时使反射光为完全偏振光。今有一块玻璃浸入水中,其折射率为 $n_3 = 1.50$。若使由玻璃面反射的光也成为完全偏振光,求水面与玻璃之间的夹角。

　　解　根据反射光成为完全偏振光的条件

$$i + r = 90°, \ i = 90° - r$$

由折射定律可得

$$\sin r = \frac{n_1}{n_2} \sin i = \frac{n_1}{n_2} \cos r$$

即

$$\tan r = \frac{n_1}{n_2} = \frac{1}{1.33}$$

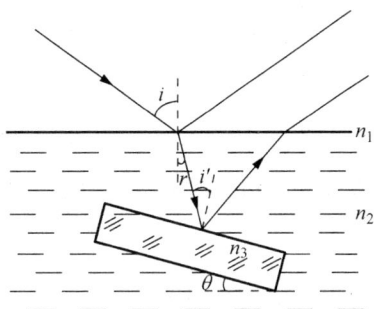

图 16 - 8

所以

$$r = 36°56'$$

又因 i' 是布儒斯特角,由布儒斯特定律可得

$$\tan i' = \frac{n_3}{n_2} = \frac{1.50}{1.33}$$

可求出

$$i' = 48°26'$$

由几何关系可知

$$i' = \theta + r$$

$$\theta = i' - r = 48°26' - 36°56' = 11°30'$$

　*【例 16 - 19】　偏光分束器可把入射的自然光分成两束传播方向相互垂直的偏振光,其结构如图 16 - 9 所示。两个等边直角玻璃棱镜,斜面对斜面间有一层多层膜,并黏合在一起,多层膜是由高折射率的硫化锌($n_H = 2.38$)和低折射率的冰晶石

$(n_L = 1.25)$ 交替镀制而成。如用激光以 45°角入射到多层膜上,(1) 为使反射光为线偏振光,玻璃棱镜的折射率应取多少？(2) 试指出反射光和透射光的振动方向 α。

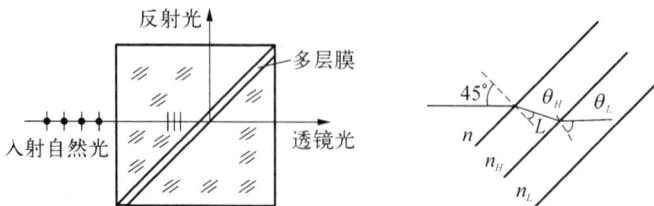

图 16 - 9

分析 为使反射光是线偏振光,必须符合布儒斯特定律。判断某种光是否为偏振光,仍以起偏角来决定。

解 (1) 由折射定律,有

$$n \sin 45° = n_H \sin \theta_H = n_L \sin \theta_L$$

反射光是线偏振光,由布儒斯特定律有

$$\theta_H + \theta_L = 90°$$

由以上两式解得

$$n = \frac{\sqrt{2} n_H n_L}{\sqrt{n_H^2 + n_L^2}} = \frac{\sqrt{2} \times 2.38 \times 1.25}{\sqrt{(2.38)^2 + (1.25)^2}} = 1.57$$

(2) 光线从玻璃入射到第一层介质时,产生偏振光的起偏角 i_B 为

$$i_B = \arctan \frac{2.38}{1.57} < 49°$$

现入射角为 45°,它不等于此界面的起偏振角,所以反射光是部分偏振光,而在多层膜上的反射光都是完全偏振光,其振动方向垂直于入射面。对于经过多次折射的折射光,接近于完全偏振光,振动方向在入射面内。

*【例 16 - 20】 图 16 - 10 所示为一沃拉斯顿棱镜的截面,它是由两个 45°的直角方解石沿斜面黏合而成的。两棱镜的光轴 AB 方向如图 16 - 10 所示。当单色自然光垂直于 AB 入射时,求两束出射光线间的夹角和振动方向。已知方解石的折射率 $n_o = 1.66$, $n_e = 1.49$。

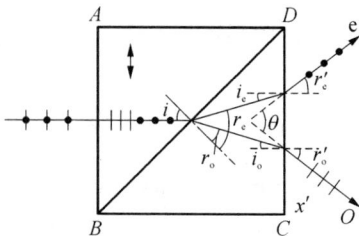

图 16 - 10

分析　当自然光垂直入射至第一个棱镜(ABO),因为光轴与 AB 平行,所以在晶体内,o 光和 e 光分别以 v_o 和 v_e 沿原方向传播,$v_o < v_e$。

对第二个棱镜(BCD)来说,由于光轴方向与第一个棱镜不同,o 光和 e 光的主平面不再重合,在第一个棱镜中的 o 光,在第二个棱镜中成为 e 光,而第一个棱镜中的 e 光则成为 o 光。而且对 BD 面入射时,o 光和 e 光的传播方向将分开。

当光线进入第二个棱(CDB)时,由于光轴垂直于纸面,o 光和 e 光的主平面不重合,光矢量振动方向垂直于第一个棱镜光轴的 o 光,对于第二个棱镜来说,成为光矢量振动方向平行于光轴的 e 光,即在第一棱镜中的 o 光,在第二棱镜成为 e 光;在第一棱镜中的 e 光,在第二棱镜中成为对于垂直面的偏振光,在 BD 面上发生折射,是由折射率大的媒质射向折射率小的媒质(即 o 光转变为 e 光),折射光远离法线,$r_e > i$,而平行纸面振动的偏振光在 BD 面上折射,是由折射率小的媒质射向折射率大的媒质(即 e 光变成 o 光),折射光靠近法线。因两束光在晶体中的折射率都大于 1,所以当它们射出界面 CD 时,都要向远离 CD 界面法线方向偏折。

解　在 BD 界面折射时,入射角 $i = 45°$,对于入射的 o 光折射成 e 光,根据折射定律有

$$n_o \sin i = n_e \sin r_e$$

$$r_e = \arcsin\left(\frac{n_o \sin i}{n_e}\right) = \arcsin\left(\frac{1.49}{1.66} \times \frac{\sqrt{2}}{2}\right) = 39.4°$$

对于入射的 e 光折射成 o 光,有

$$n_e \sin i = n_o \sin r_o$$

$$r_o = \arcsin\left(\frac{n_e \sin i}{n_o}\right) = \arcsin\left(\frac{1.66}{1.49} \times \frac{\sqrt{2}}{2}\right) = 52.0°$$

再考虑两束光在 CD 界面上的折射,o 光的入射角 $i_o = i - r_o = 45° - 39.4° = 5.6°$,e 光的入射角 $i_e = r_e - i = 52.0 - 45 = 7.0°$。再次运用折射定律,求得两偏振光在空气中的折射角:

$$n_o \sin i_o = n \sin r'_o \quad (n = 1)$$

$$r'_o = \arcsin(n_o \sin i_o) = \arcsin(1.66 \sin 5.6°) = 9.3°$$

同样　　　　　　　　　$$n_e \sin i_e = n \sin r'_e \quad (n = 1)$$

$$r'_e = \arcsin(n_e \sin i_e) = \arcsin(1.49 \sin 7.0°) = 10.5°$$

两束出射光间的夹角为

$$\theta = r'_o + r'_e = 9.3° + 10.5° = 19.8°$$

2. 有关双折射和波晶片问题的计算

波晶片的光轴平行于晶面,当一束单色线偏振光垂直入射波晶片时,通过波晶片的 o 光和 e 光存在光程差和相位差:

$$\delta = (n_o - n_e)d, \quad \Delta\phi = \phi_o - \phi_e = \frac{2\pi}{\lambda}(n_o - n_e)d$$

式中 d 是波晶片的厚度。计算有关波晶片的问题时,画出 o 光和 e 光的光矢量图是很有帮助的。

【例 16 - 21】 一方解石晶片的表面与其光轴平行,放在偏振化方向相互正交的偏振片之间,晶片的光轴与偏振片的偏振化方向成 45°角。试求:

(1) 要使 500 nm 的光不能透过检偏器,则晶片的厚度至少为多大?

(2) 若两个偏振片的偏振化方向平行,要使 $\lambda = 500$ nm 的光不能透过检偏器,晶片的厚度又为多大? 已知方解石的 $n_o = 1.658$,$n_e = 1.486$。

解　入射光经过起偏器后变为偏振光,当投射到晶片上时,偏振光产生的 o 光和 e 光在晶片中沿同一方向传播但速度不同,因而导致一定的相位差

$$\Delta\phi_1 = \frac{2\pi}{\lambda}(n_o - n_e)d$$

(1) 在检偏器的偏振化方向上,o 光和 e 光的光矢量的投影方向相反[见图 16 - 11(a)],由此导致的相位差

$$\Delta\phi_2 = \pi$$

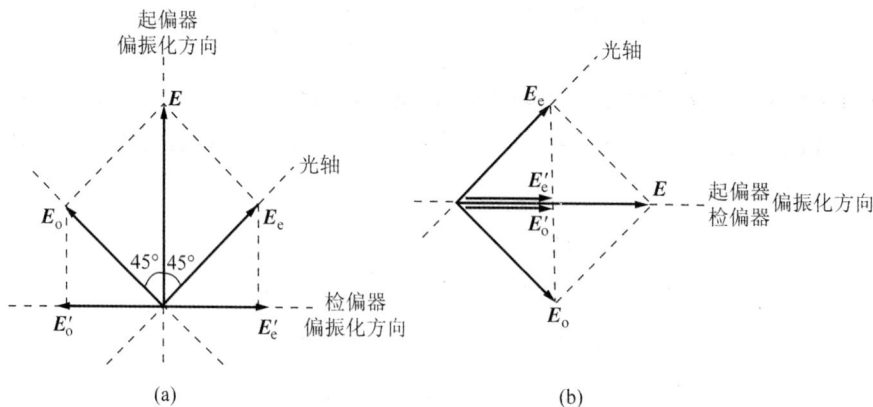

图 16 - 11

从检偏器出来的两光束的相位差

$$\Delta \phi = \Delta \phi_1 + \Delta \phi_2 = \frac{2\pi}{\lambda}(n_o - n_e)d + \pi$$

要使光不能透过检偏器,则两光束必须反相,满足条件

$$\Delta \phi = (2k + 1)\pi$$

由此得

$$d = \frac{k\lambda}{n_o - n_e}$$

当 $k = 1$ 时,d 最小,有

$$d_1 = \frac{\lambda}{n_o - n_e} = \frac{500 \times 10^{-9}}{1.658 - 1.486} = 2.9 \times 10^{-6} \text{ m} = 2.9 \ \mu\text{m}$$

(2) 若两个偏振片的偏振化方向平行时,在检偏器的偏振化方向上,o 光和 e 光的光矢量的投影方向一致,如图 16 - 11(b)所示,由此导致的相位差

$$\Delta \phi_2' = 0$$

从检偏器出来的两束光的相位差

$$\Delta \phi' = \Delta \phi_1 + \Delta \phi_2' = \frac{2\pi}{\lambda}(n_o - n_e)d$$

要使光不能通过检偏器,则两光束干涉相消,满足条件

$$\Delta \phi' = (2k + 1)\pi$$

由此得

$$d = \frac{\left(k + \frac{1}{2}\right)\lambda}{n_o - n_e}$$

当 $k = 0$ 时,d 最小,有

$$d_2 = \frac{\lambda}{2(n_o - n_e)} = \frac{500 \times 10^{-9}}{2 \times (1.658 - 1.486)} \text{ m} = 1.45 \times 10^{-6} \text{ m} = 1.45 \ \mu\text{m}$$

第17章 量子物理与量子力学

17.1 基本概念和基本规律

1. 黑体辐射实验定律

（1）斯特藩-玻耳兹曼定律：

$$M_0(T) = \sigma T^4, \ \sigma = 5.67 \times 10^{-8} \ \text{W/m}^2 \cdot \text{K}^4$$

（2）维恩位移定律：

$$\lambda_m T = b, \ b = 2.897 \times 10^{-3} \ \text{m} \cdot \text{K}$$

2. 普朗克黑体辐射公式

$$M_0(\lambda, \ T) = 2\pi hc^2 \lambda^{-5} \frac{1}{\mathrm{e}^{\frac{hc}{\lambda kT}} - 1}$$

$$M_0(\nu, \ T) = \frac{2\pi h\nu^3}{c^2} \frac{1}{\mathrm{e}^{\frac{h\nu}{kT}} - 1}$$

$$h = 6.63 \times 10^{-34} \text{J} \cdot \text{s}$$

3. 爱因斯坦光电效应方程

$$h\nu = \frac{1}{2}mv^2 + A$$

红限频率：

$$\nu_0 = \frac{A}{h}$$

4. 康普顿散射公式

$$\Delta\lambda = \frac{h}{m_0 c}(1 - \cos\varphi) = \frac{2h}{m_0 c}\sin^2\frac{\varphi}{2} = 2\lambda_C \sin^2\frac{\varphi}{2}$$

电子的康普顿波长： $\lambda_C = 2.43 \times 10^{-12} \ \text{m}$

5. 光子的能量、质量和动量

$$\varepsilon = h\nu$$

$$m_{\varphi}=\frac{\varepsilon}{c^2}=\frac{h\nu}{c^2}, \quad m_{\varphi,0}=0$$

$$p=m_{\varphi}c=\frac{h\nu}{c}=\frac{h}{\lambda}$$

6. 实物粒子的波-粒二象性

$$E=mc^2=h\nu$$

$$p=mv=\frac{h}{\lambda}$$

7. 海森伯不确定关系

坐标和动量的不确定关系：

$$\Delta x\Delta p_x\geqslant\frac{\hbar}{2}, \quad \Delta y\Delta p_y\geqslant\frac{\hbar}{2}, \quad \Delta z\Delta p_z\geqslant\frac{\hbar}{2}$$

能量和时间的不确定关系：

$$\Delta E\Delta t\geqslant\frac{\hbar}{2}$$

8. 定态薛定谔方程

$$\mathbf{\nabla}^2\psi+\frac{2m}{\hbar^2}(E-U)\psi=0$$

$$\Psi(r,\ t)=\psi(r)\mathrm{e}^{-\frac{2\pi i}{h}Et}$$

概率密度： $$w=\Psi\Psi^*$$

波函数的归一化条件：

$$\iiint_{-\infty}^{\infty}|\psi|^2\mathrm{d}x\,\mathrm{d}y\mathrm{d}z=1$$

9. 一维无限深势阱中的粒子

定态波函数： $\psi_{\mathrm{e}}(x)=0$

$$\psi_{\mathrm{i}}(x)=\sqrt{\frac{2}{a}}\sin\frac{n\pi}{a}x, \quad n=1,\ 2,\ 3,\ \cdots$$

能量： $$E_n=\frac{n^2\pi^2\hbar^2}{2ma^2}, \quad n=1,\ 2,\ 3,\ \cdots$$

10. 氢原子光谱

波数公式： $$\tilde{\nu}=R\left(\frac{1}{k^2}-\frac{1}{n^2}\right), \quad k=1,\ 2,\ 3,\ \cdots; n=k+1,\ k+2,\ k+3,\ \cdots$$

$$R = 1.097\ 373\ 1 \times 10^7 \ \text{m}^{-1}$$

11. 玻尔的氢原子理论

定态假设：原子系统只能处于一系列不连续的能量状态，这些状态称为定态。

频率条件：
$$\nu_{k,n} = \frac{|E_k - E_n|}{h}$$

量子化条件：
$$L = n\frac{h}{2\pi}, \quad n = 1, 2, 3, \cdots$$

氢原子的轨道半径和能量：

$$r_n = n^2 \left(\frac{\varepsilon_0 h^2}{\pi m e^2} \right), \ \text{玻尔半径} \ r_1 = 0.529 \times 10^{-10} \ \text{m}$$

$$E_n = -\frac{1}{n^2} \left(\frac{m e^4}{8\varepsilon_0^2 h} \right), \ \text{基态能级的能量} \ E_1 = -13.6 \ \text{eV}$$

12. 确定原子中电子状态的四个量子数

主量子数 n：$\qquad n = 1, 2, 3, \cdots$

副量子数 l：$\qquad l = 0, 1, 2, \cdots, n-1$

磁量子数 m_l：$\qquad m_l = 0, \pm 1, \pm 2, \cdots, \pm l$

自旋磁量子数 m_s：$\quad m_s = \pm \dfrac{1}{2}$

17.2　习题分类、解题方法和示例

本章的习题可分为以下几类：

（1）黑体辐射定律的应用；

（2）光电效应和康普顿效应关系式的应用；

（3）玻尔氢原子理论的应用；

（4）德布罗意波长的计算；

（5）不确定关系的应用；

（6）波函数的计算。

下面将分别对各类问题的解题方法进行讨论，并举例加以说明。

17.2.1　黑体辐射定律的应用

熟悉有关公式的物理意义，并熟记这些公式。

【例 17-1】　在加热黑体过程中，其单色辐出度的峰值波长是由 $0.69\ \mu\text{m}$ 变化

到 0.50 μm，试求总辐出度改变为原来的几倍?

解　当 $\lambda_{m1} = 0.69$ μm 时，根据维恩位移定律，黑体的温度

$$T_1 = \frac{b}{\lambda_{m1}} = \frac{2.897 \times 10^{-3}}{0.69 \times 10^{-6}} \text{ K} = 4.20 \times 10^3 \text{ K}$$

根据斯特藩-玻耳兹曼定律，黑体的总辐出度

$$M_{01} = \sigma T_1^4 = 5.67 \times 10^{-8} \times (4.20 \times 10^3)^4 \text{ W/m}^2$$
$$= 1.76 \times 10^7 \text{ W/m}^2$$

当 $\lambda_{m2} = 0.50$ μm 时，黑体的温度

$$T_2 = \frac{b}{\lambda_{m2}} = \frac{2.897 \times 10^{-3}}{0.50 \times 10^{-6}} \text{ K} = 5.79 \times 10^3 \text{ K}$$

黑体的总辐出度

$$M_{02} = \sigma T_2^4 = 5.67 \times 10^{-8} \times (5.79 \times 10^3)^4 \text{ W/m}^2$$
$$= 6.37 \times 10^7 \text{ W/m}^2$$

所以

$$\frac{M_{02}}{M_{01}} = \frac{6.37 \times 10^7}{1.76 \times 10^7} = 3.62$$

$$M_{02} = 3.62 M_{01}$$

*【**例 17 - 2**】　如太阳表面温度为 $T_S = 6\,000$ K，太阳半径 $R_S = 6.96 \times 10^8$ m，太阳到地球的距离 $r = 1.496 \times 10^{11}$ m，试求地球的表面温度。假设太阳和地球都可以视为黑体，而地球表面各处温度相同。

解　根据斯特藩-玻耳兹曼定律，太阳的总辐出度(即单位时间单位面积辐射的能量)

$$M_{0S} = \sigma T_S^4$$

它的辐射功率　　　　　　$P_S = M_{0S} 4\pi R_S^2 = \sigma T_S^4 4\pi R_S^2$

它在单位立体角内的辐射功率

$$P'_S = \frac{P_S}{4\pi} = \sigma T_S^4 R_S^2$$

地球对太阳所张的立体角

$$\Omega = \frac{\pi R_E^2}{r^2}$$

式中 R_E 为地球的半径。因此地球接收的功率

$$P_E = P'_S \Omega = \sigma T_S^4 R_S^2 \frac{\pi R_E^2}{r^2}$$

设地球的表面温度为 T_E,它的总辐出度

$$M_{0E} = \sigma T_E^4$$

它的辐射功率

$$P'_E = M_{0E} 4\pi R_E^2 = \sigma T_E^4 4\pi R_E^2$$

当达到热平衡时,有 $P'_E = P_E$,即

$$\sigma T_S^4 R_S^2 \frac{\pi R_E^2}{r^2} = \sigma T_E^4 4\pi R_E^2$$

$$T_E = \left(\frac{R_S^2}{4r^2}\right)^{\frac{1}{4}} T_S$$

代入数据得

$$T_E = 289 \text{ K}$$

【例 17-3】 黑体的温度 $T_1 = 6\,000$ K, 问 $\lambda_1 = 0.35\ \mu$m 和 $\lambda_2 = 0.70\ \mu$m 的单色辐出度之比等于多少? 当温度上升到 $T_2 = 7\,000$ K 时,λ_1 的单色辐出度增加到多少倍?

解　根据普朗克公式

$$M_0(\lambda, T) = 2\pi hc^2 \lambda^{-5} \frac{1}{e^{\frac{hc}{\lambda kT}} - 1}$$

可得

$$\frac{M_0(\lambda_1, T_1)}{M_0(\lambda_2, T_1)} = \left(\frac{\lambda_2}{\lambda_1}\right)^5 \frac{e^{\frac{hc}{\lambda_2 kT_1}} - 1}{e^{\frac{hc}{\lambda_1 kT_1}} - 1}$$

代入数据,得

$$\frac{hc}{\lambda_1 kT_1} = 6.86, \qquad \frac{hc}{\lambda_2 kT_1} = 3.43$$

$$\frac{M_0(\lambda_1, T_1)}{M_0(\lambda_2, T_1)} = \left(\frac{0.70}{0.35}\right)^5 \frac{e^{3.43} - 1}{e^{6.86} - 1} = 1.004$$

当温度由 $T_1 = 6\,000\ \text{K}$ 上升到 $T_2 = 7\,000\ \text{K}$ 时，λ_1 的单色辐出度

$$M_0(\lambda_1,\ T_2) = 2\pi hc^2 \lambda_1^{-5}\ \frac{1}{\text{e}^{\frac{hc}{\lambda_1 kT_2}} - 1}$$

所以

$$\frac{M_0(\lambda_1,\ T_1)}{M_0(\lambda_1,\ T_2)} = \frac{\text{e}^{\frac{hc}{\lambda_1 kT_1}} - 1}{\text{e}^{\frac{hc}{\lambda kT_2}} - 1}$$

代入数据则得

$$\frac{hc}{\lambda_1 kT_2} = 5.88$$

$$\frac{M_0(\lambda_1,\ T_1)}{M_0(\lambda_1,\ T_2)} = \frac{\text{e}^{6.86} - 1}{\text{e}^{5.88} - 1} = 2.67$$

17.2.2　光电效应和康普顿效应关系式的应用

熟悉有关公式的物理意义，并熟记这些公式，注意单位的换算。

【例 17-4】　已知铝的逸出功 $A = 4.2\ \text{eV}$。今用波长 $\lambda = 200\ \text{nm}$ 的紫外光照射到铝表面上，发射的电子的最大初动能是多少？遏止电势差为多大？铝的红限波长是多大？

解　（1）根据光电效应方程

$$h\nu = \frac{1}{2}mv_\text{m}^2 + A$$

得电子的最大初动能

$$
\begin{aligned}
E_\text{km} &= \frac{1}{2}mv_\text{m}^2 = h\nu - A = h\,\frac{c}{\lambda} - A \\
&= \left[\frac{6.63 \times 10^{-34} \times 3 \times 10^8}{200 \times 10^{-9}} - 4.2 \times 1.60 \times 10^{-19} \right]\ \text{J} \\
&= 3.23 \times 10^{-19}\ \text{J} = 2.0\ \text{eV}
\end{aligned}
$$

（2）遏止电势差满足关系式

$$eU_\text{a} = \frac{1}{2}mv_\text{m}^2$$

$$U_\text{a} = \frac{\frac{1}{2}mv_\text{m}^2}{e} = \frac{2.0}{e}\ \text{eV} = 2.0\ \text{V}$$

（3）铝的遏止频率 ν_0 满足关系式

$$h\nu_0 = A$$

故铝的红限波长

$$\lambda_0 = \frac{c}{\nu_0} = \frac{hc}{A} = \frac{6.63 \times 10^{-34} \times 3 \times 10^8}{4.2 \times 1.60 \times 10^{-19}} \text{ m}$$
$$= 2.96 \times 10^{-7} \text{ m} = 296 \text{ nm}$$

【例 17 - 5】 波长 $\lambda_0 = 0.0708$ nm 的 X 射线在石蜡上受到康普顿散射，试求在 $\frac{\pi}{2}$ 和 π 方向上所散射的 X 射线的波长以及反冲电子所获得的能量。

解 散射 X 射线的波长 λ 与散射角 φ 的关系是

$$\lambda = \lambda_0 + \frac{2h}{m_0 c}\sin^2\frac{\varphi}{2} = \lambda_0 + 2\lambda_C\sin^2\frac{\varphi}{2}$$

当 $\varphi = \frac{\pi}{2}$ 时，

$$\lambda_1 = \lambda_0 + 2\lambda_C\sin^2\frac{\pi}{4}$$
$$= \left(0.0708 \times 10^{-9} + 2 \times 2.43 \times 10^{-12} \times \frac{1}{2}\right) \text{ m}$$
$$= 7.32 \times 10^{-11} \text{ m} = 0.0732 \text{ nm}$$

根据能量守恒定律，反冲电子获得的能量就是入射光子和散射光子能量之差，所以

$$\Delta E_1 = h\nu_1 - h\nu_0 = \frac{hc}{\lambda_1} - \frac{hc}{\lambda_0} = \frac{hc}{\lambda_1\lambda_0}\Delta\lambda$$
$$= \left[\frac{6.63 \times 10^{-34} \times 3 \times 10^8}{0.0708 \times 10^{-9} \times 0.0732 \times 10^{-9}} \times (0.0708 - 0.0732) \times 10^{-9}\right] \text{ J}$$
$$= 9.21 \times 10^{-17} \text{ J} = 576 \text{ eV}$$

当 $\varphi = \pi$ 时

$$\lambda_2 = \lambda_0 + 2\lambda_C\sin^2\frac{\pi}{2} = \lambda_0 + 2\lambda_C$$
$$= 0.0757 \text{ nm}$$

反冲电子的能量

$$\Delta E_2 = \frac{hc}{\lambda_2 \lambda_0} \Delta \lambda$$

$$= 1.82 \times 10^{-16} \text{ J} = 1.14 \times 10^3 \text{ eV}$$

17.2.3 玻尔氢原子理论的应用

理解玻尔氢原子理论的意义。

【例 17 - 6】 在气体放电管中,高速电子撞击原子发光。如高速电子的能量为 12.2 eV,轰击处于基态的氢原子。试求氢原子被激发后所能发射的光谱线的波长。

解 基态氢原子受到 12.2 eV 的电子轰击后,氢原子具有的最高能量 E_n,根据能量守恒定律

$$E_n - E_1 = 12.2 \text{ eV}$$

$$E_n = E_1 + 12.2 = (-13.6 + 12.2) \text{eV} = -1.4 \text{ eV}$$

氢原子的激发态能量和基态能量的关系为 $E_n = \dfrac{E_1}{n^2}$,由此得氢原子激发态的最大级次

$$n = \sqrt{\frac{E_1}{E_n}} = \sqrt{\frac{-13.6}{-1.4}} = 3.49, \text{ 取 } n = 3。$$

由跃迁条件可知,可能的跃迁是 $E_3 \rightarrow E_1$, $E_3 \rightarrow E_2$, $E_2 \rightarrow E_1$,有 3 条谱线。对应的波长由 $\tilde{\nu}_{nk} = \dfrac{1}{\lambda} = R\left(\dfrac{1}{k^2} - \dfrac{1}{n^2}\right)$ 可得

$$\lambda_{31} = \frac{9}{8R} = 102.6 \text{ nm}$$

$$\lambda_{32} = \frac{36}{5R} = 656.3 \text{ nm}$$

$$\lambda_{21} = \frac{4}{3R} = 121.6 \text{ nm}$$

也可以由氢原子的能级求解:

$$E_n = -\frac{1}{n^2}\left(\frac{me^4}{8\varepsilon_0^2 h^2}\right)$$

$$h\nu_{nk} = E_n - E_k = \frac{me^4}{8\varepsilon_0^2 h^2}\left(\frac{1}{k^2} - \frac{1}{n^2}\right)$$

【例 17 - 7】　有一 μ 子原子,它有一带 Ze 正电荷的核和一个绕核运动的 μ^- 子,μ^- 子带有 $-e$ 电荷,质量是电子质量的 207 倍。按玻尔氢原子理论,试计算:(1) 当 $Z=1$ 时,该原子的第一轨道半径;(2) 基态的能量;(3)"赖曼系"的第一条谱线的波长,并与氢原子的第一条谱线进行比较。

解　根据牛顿运动定律和库仑定律,μ^- 子的运动方程为

$$\frac{Ze^2}{4\pi\varepsilon_0 r^2}=m_\mu\frac{v^2}{r}$$

又根据玻尔的角动量量子化的条件

$$m_\mu vr=n\frac{h}{2\pi}$$

得 μ^- 子运动的轨道半径

$$r_n=\frac{n^2\varepsilon_0 h^2}{\pi m_\mu e^2 Z}$$

又原子系统的总能量

$$E_n=\frac{1}{2}m_\mu v_n^2-\frac{Ze^2}{4\pi\varepsilon_0 r}=-\frac{Z^2 m_\mu e^4}{8\varepsilon_0^2 h^2}\frac{1}{n^2}$$

(1) 当 $Z=1$ 时,μ^- 子的第一轨道半径

$$r_1=\frac{\varepsilon_0 h^2}{\pi m_\mu e^2}=\frac{\varepsilon_0 h^2}{\pi 207 m_e e^2}=\frac{1}{207}r_B$$

式中 $r_B=5.29\times10^{-11}$ m 为基态氢原子的半径,所以

$$r_1=\frac{1}{207}\times5.29\times10^{-11}\text{ m}=2.56\times10^{-13}\text{ m}$$

(2) 基态能量

$$E_1=-\frac{m_\mu e^4}{8\varepsilon_0^2 h^2}=-\frac{207 m_e e^4}{8\varepsilon_0^2 h^2}=207E_H$$

式中 $E_H=-13.6$ eV 为氢原子的基态能量,所以

$$E_1=207\times(-13.6)\text{ eV}=-2.82\times10^3\text{ eV}$$

(3) 根据玻尔的跃迁条件,原子系统中 μ^- 子从较高能级 E_n 跃迁到较低能级 E_k 时所发射的单色光频率

$$\nu_{nk} = \frac{E_n - E_k}{h} = \frac{Z^2 m_\mu e^4}{8\varepsilon_0 h^3}\left(\frac{1}{k^2} - \frac{1}{n^2}\right)$$

$$= Z^2 R_\mu c\left(\frac{1}{k^2} - \frac{1}{n^2}\right)$$

式中 R_μ 为 μ^- 子原子的里德堡常数

$$R_\mu = \frac{m_\mu e^4}{8\varepsilon_0^2 h^3 c} = 207 R_H$$

而氢原子的 $R_H = 1.097 \times 10^7 \ \text{m}^{-1}$。

　　赖曼系的第一条谱线是由 $n=2$ 能级跃迁到 $n=1$ 能级,所以 μ^- 子原子赖曼系的第一条谱线频率

$$\nu_\mu = \frac{3}{4} R_\mu c = \frac{3}{4} \times 207 R_H c = \frac{621}{4} R_H c$$

波长

$$\lambda_\mu = \frac{c}{\nu_\mu} = \frac{4}{621}\frac{1}{R_H} = \frac{4}{621} \times \frac{1}{1.097 \times 10^7} \ \text{m} = 5.87 \times 10^{-7} \ \text{m}$$

$$= 587 \ \text{nm}$$

而

$$\frac{\lambda_\mu}{\lambda_H} = \frac{R_H}{R_\mu} = \frac{1}{207}$$

即

$$\lambda_\mu = \frac{1}{207}\lambda_H$$

17.2.4　德布罗意波长的计算

　　【例 17-8】　试计算:(1) 电子经 10^4 V 电压加速后的德布罗意波长;(2) 动能为 0.10 MeV 的电子的德布罗意波长。

　　解　电子的静能

$$E_0 = m_0 c^2 = 9.11 \times 10^{-31} \times (3 \times 10^8)^2 \ \text{J}$$

$$= 81.9 \times 10^{-15} \ \text{J} = 5.11 \times 10^5 \ \text{eV} = 0.511 \ \text{MeV}$$

(1) 当电子被 10^4 V 电压加速后,其动能

$$E_k = \frac{1}{2}mv^2 = eU = 1.60 \times 10^{-19} \times 10^4 = 1.60 \times 10^{-15} \ \text{J}$$

因 $E_k \ll E_0$，故不需用相对论关系计算，有

$$\lambda = \frac{h}{p} = \frac{h}{\sqrt{2me}} \frac{1}{\sqrt{U}}$$

$$= \frac{6.63 \times 10^{-34}}{\sqrt{2 \times 9.1 \times 10^{-31} \times 1.60 \times 10^{-19}}} \frac{1}{\sqrt{10^4}} \text{ m}$$

$$= 1.23 \times 10^{-11} \text{ m} = 0.012\ 3 \text{ nm}$$

(2) 当电子的动能 $E_k = 0.10$ MeV 时，与电子的静能有相同的数量级，所以要用相对论能量公式和质量公式计算：

$$E_k = mc^2 - m_0 c^2$$

$$m = \frac{m_0}{\sqrt{1 - \dfrac{v^2}{c^2}}}$$

解得

$$v = \frac{c\sqrt{E_k^2 + 2E_k m_0 c^2}}{E_k + m_0 c^2}$$

$$m = \frac{E_k + m_0 c^2}{c^2}$$

于是可得电子的波长

$$\lambda = \frac{h}{p} = \frac{h}{mv} = \frac{ch}{\sqrt{E_k^2 + 2E_k m_0 c^2}}$$

代入数据得

$$\lambda = 3.7 \times 10^{-12} \text{ m} = 0.003\ 7 \text{ nm}$$

17.2.5　不确定关系的应用

在应用不确定关系 $\Delta p_x \Delta x \geqslant \dfrac{h}{2}$ 时，有时也用 $\Delta p_x \Delta x \geqslant h$ 的形式，虽然计算的结果量值不同，但其数量级是相同的，在估算不确定量的数量级时不受影响。

【例 17 - 9】　如果确定一个运动粒子的位置时，其不确定量恰等于这粒子的德布罗意波长，问同时确定这个粒子的速度时，其不确定量是多大？

解　已知 $\Delta x = \lambda$，而粒子的德布罗意波长 $\lambda = \dfrac{h}{p}$，所以根据不确定关系有

$$\Delta p \geqslant \frac{\hbar}{2\Delta x} = \frac{h}{4\pi\Delta x} = \frac{h}{4\pi\lambda}$$

又因 $\Delta p = \Delta(mv)$，在近似认为质量 m 不变的情况下，有 $\Delta p = m\Delta v$，故

$$\Delta v \geqslant \frac{h}{4\pi m\lambda} = \frac{p}{4\pi m} = \frac{v}{4\pi}$$

【例 17 - 10】　电子从某激发能级跃迁到基态能级所产生的谱线波长为 400 nm，测得谱线宽度为 10^{-5} nm。试求此激发能级的平均寿命。

解　因光子能量

$$E = h\nu = \frac{hc}{\lambda}$$

由于波长能级有一定宽度 ΔE，造成谱线也有一定的宽度 $\Delta\lambda$，两者的关系为

$$|\Delta E| = \frac{hc}{\lambda^2}\Delta\lambda$$

由不确定关系 $\Delta E\Delta t \geqslant \dfrac{\hbar}{2}$ 得

$$\Delta t = \tau \geqslant \frac{\hbar}{2\Delta E} = \frac{\lambda^2}{4\pi c\Delta\lambda} = 4.2\times10^{-9}\ \text{s}$$

【例 17 - 11】　电视机显像管中电子的加速电压为 9 kV，电子枪枪口直径约为 0.50 mm，枪口离荧光屏的距离为 0.30 m。试求荧光屏上一个电子形成的亮斑直径。这样的亮斑会影响电视图像的清晰度吗？

解　取 $\Delta y = 0.50$ mm，由不确定关系得

$$\Delta p_y = \frac{\hbar}{2\Delta y}$$

而

$$p_x = \sqrt{2m_e E}$$

荧光屏上亮斑直径

$$d = \frac{2\Delta p_y}{p_x}l = \frac{\hbar l}{\Delta y p_x} = \frac{\hbar l}{\Delta y\sqrt{2m_e E}}$$

$$= \frac{1.05\times10^{-34}\times0.30}{0.5\times10^{-3}\times\sqrt{2\times9.1\times10^{-31}\times9\times10^3\times1.6\times10^{-12}}}\ \text{m}$$

$$= 1.2\times10^{-9}\ \text{m} = 1.2\ \text{nm}$$

此亮斑的大小不会影响电视机图像的清晰度。

亮斑的直径也可用波的衍射计算：

$$d = 2\theta l = 2 \times \frac{1.22\lambda}{\Delta y} l = \frac{2.44hl}{\Delta y p}$$

$$= \frac{2.44 \times 2\pi\hbar l}{\Delta y \sqrt{2m_e E}} \approx \frac{\hbar l}{\Delta y \sqrt{2m_e E}}$$

17.2.6 波函数的计算

波函数的概念比较抽象，较难接受，它并不是指某个实在的物理量在空间的波动，而是指用波函数的模平方 $|\psi(r, t)|^2$ 表示在空间某处粒子出现的概率密度。由于粒子在空间所有点出现的概率之总和恒等于 1，即 $\iiint_V |\psi(x)|^2 dV \equiv 1$，此即为归一化条件。对概率函数 $|\psi(x)|^2$ 求极值可得到粒子在空间出现的概率最大或最小的位置。

【例 17‑12】 已知一维运动粒子的波函数

$$\psi(x) = \begin{cases} Ax\,e^{-\lambda x}, & x \geqslant 0 \\ 0, & x < 0 \end{cases}$$

式中 $\lambda > 0$。试求：(1) 归一化常数 A 和归一化函数；(2) 该粒子的概率密度；(3) 在何处找到粒子的概率最大。

解 (1) 由归一化条件 $\int_{-\infty}^{\infty} |\psi(x)|^2 dx = 1$，有

$$\int_{-\infty}^{0} 0^2 dx + \int_{0}^{\infty} A^2 x^2 e^{-2\lambda x} dx = \frac{A^2}{4\lambda^3} \equiv 1$$

$$A = 2\lambda^{\frac{3}{2}}$$

经归一化后的波函数

$$\psi(x) = \begin{cases} 2\lambda^{\frac{3}{2}} x\,e^{-\lambda x}, & x \geqslant 0 \\ 0, & x < 0 \end{cases}$$

(2) 粒子的概率密度

$$w = |\psi(x)|^2 = \begin{cases} 4\lambda^3 x^2 e^{-2\lambda x}, & x \geqslant 0 \\ 0, & x < 0 \end{cases}$$

(3) 令 $\dfrac{\mathrm{d}\,|\psi(x)|^2}{\mathrm{d}x}=0$，有

$$4\lambda^3(2x\,\mathrm{e}^{-2\lambda x}-2\lambda x^2\,\mathrm{e}^{-2\lambda x})=0$$

当 $x=0$，$x=\dfrac{1}{\lambda}$ 和 $x\to\infty$ 时，函 数 $|\psi(x)|^2$ 有 极 值。由二阶导数

$\dfrac{\mathrm{d}^2\,|\psi(x)|^2}{\mathrm{d}x^2}\Big|_{x=\frac{1}{\lambda}}<0$ 可知，在 $x=\dfrac{1}{\lambda}$ 处，$|\psi(x)|^2$ 有最大值，即粒子在该处出现的

概率最大。

【例 17-13】　设有一电子在宽为 0.20 nm 的一维无限深的方势阱中运动。
(1) 计算电子在最低能级的能量；(2) 当电子处于第一激发态 $(n=2)$ 时，在势阱中
何处出现的概率最小，其值是多少？

解　(1) 一维无限深势阱中粒子的可能能量 $E_k=n^2\dfrac{h^2}{8ma^2}$，式中 a 为势阱宽

度。当 $n=1$ 时，粒子处于基态，能量最低，其值

$$E_1=\frac{h^2}{8ma^2}=1.51\times10^{-18}\ \mathrm{J}=9.43\ \mathrm{eV}$$

(2) 粒子在无限深方势阱中的波函数为

$$\psi(x)=\sqrt{\frac{2}{a}}\sin\frac{n\pi}{a}x,\quad n=1,2,\cdots$$

当它处于第一激发态 $(n=2)$ 时，波函数为

$$\psi(x)=\sqrt{\frac{2}{a}}\sin\frac{2\pi}{a}x,\quad 0\leqslant x\leqslant a$$

相应的概率密度

$$w=|\psi(x)|^2=\frac{2}{a}\sin^2\frac{2\pi}{a}x,\quad 0\leqslant x\leqslant a$$

令 $\dfrac{\mathrm{d}\,|\psi(x)|^2}{\mathrm{d}x}=0$，得

$$\frac{8\pi}{a^2}\sin\frac{2\pi}{a}x\cos\frac{2\pi}{a}x=0$$

在 $0 \leqslant x \leqslant 0$ 范围内,当 $x = 0$,$\dfrac{a}{4}$,$\dfrac{a}{2}$,$\dfrac{3a}{4}$ 和 a 时,函数 $|\psi(x)|^2$ 有极值。由 $\dfrac{\mathrm{d}^2\,|\psi(x)|^2}{\mathrm{d}x^2} > 0$ 可知,函数在 $x = 0$,$x = \dfrac{a}{2}$ 和 $x = a$ 处的概率最小,即 $x = 0$,$x = 0.10\ \mathrm{nm}$ 和 $x = 0.20\ \mathrm{nm}$ 处概率最小,其值均为零。